21 世纪全国本科院校土木建筑类创新型应用人才培养规划教材

建筑电气

主　编　李　云

副主编　孙　良　杨廷方　赵成奇

参　编　段姣姣　吴兴应

主　审　陈　文　黎灿兵

内容简介

本书以建筑电气学科的知识体系与解决民用建筑电气设计工程实际问题相结合为构思，在以往教材基础上与时俱进，引用新规范、新参数和新技术方法，增加建筑电气安全技术和工程设计章节。全书共分为12章，内容可侧重讲解，满足不同课时的要求。本书主要介绍电力系统概念及组成、电力系统的额定电压、建筑供配电的负荷分级及供电要求；建筑供配电负荷特点及计算方法、无功功率的补偿；建筑设备电气与控制；变配电所工程及柴油发动机；电缆的选择与施工安装；建筑照明基础知识、照度计算、灯具选择与控制、建筑照明施工的设计；高层建筑的负荷特点与级别、高层建筑供配电的网络结构、高层建筑的动力配电系统；建筑施工现场临时供电设计；建筑物防雷接地及等电位联结；最后对建筑电气设计(包括课程设计和建筑电气施工图设计)做了比较系统的介绍。本书注重理论与实际工程相结合，配有详细的实际工程施工图，为学生的课程设计和施工图设计创造了条件。

本书可作为高等院校建筑环境与能源应用工程专业的教材，也可作为土木工程、工程造价、给排水科学与工程等相关专业的教材，还可作为从事建筑电气设计、施工、物业运行管理及注册电气工程师考试人员的学习参考用书。

图书在版编目(CIP)数据

建筑电气/李云主编．—北京：北京大学出版社，2014.3
(21世纪全国本科院校土木建筑类创新型应用人才培养规划教材)
ISBN 978-7-301-23597-3

Ⅰ．①建…　Ⅱ．①李…　Ⅲ．①房屋建筑设备—电气设备—高等学校—教材　Ⅳ．①TU85

中国版本图书馆CIP数据核字(2013)第305682号

书　　名：建筑电气
著作责任者：李　云　主编
策 划 编 辑：吴　迪
责 任 编 辑：卢　东
标 准 书 号：ISBN 978-7-301-23597-3/TU·0379
出 版 发 行：北京大学出版社
地　　址：北京市海淀区成府路205号　100871
网　　址：http://www.pup.cn　新浪官方微博：@北京大学出版社
电 子 信 箱：pup_6@163.com
电　　话：邮购部62752015　发行部62750672　编辑部62750667　出版部62754962
印 刷 者：北京虎彩文化传播有限公司
经 销 者：新华书店
787毫米×1092毫米　16开本　22.25印张　513千字
2014年3月第1版　2020年3月第3次印刷
定　　价：45.00元

前　言

随着建筑经济的发展和建筑理念的变化——智能建筑的产生，建筑不仅仅是单一的由建筑师来决定，它被赋予了新的内涵，人们对建筑自身的控制与管理、节能与安全提出了更高的要求，从而使建筑设备之间的连接与控制管理显得尤为重要。本书采用最新国家标准符号和新技术规程，内容系统、全面，力求达到实用和好用的目的。通过本书的学习，学生能掌握一定的建筑电气技术知识，为今后从事民用建筑工程的电气设计、施工、监理和管理等工作打下坚实基础。

本书编写的基本原则是：概念准确、基础扎实、突出应用。本书通过引入工程实例，将教学内容与实际有机结合。本书的突出特点是既照顾学科体系的完整，保证学生有坚实的数理科学基础，又重视工程实际，加强工程实践的训练环节，增加建筑电气施工图设计章节，删减了电工基础知识(该知识在大学物理和电工电子学等课程有讲述)；同时与时俱进，注重新技术、新工艺、新设备、新成果，结合最新的规范、标准体现先进性与规范性，更新知识内容，增加了建筑电气安全技术和建筑弱电技术；还做到内容叙述力求结构合理，层次分明，逻辑性强，语言简练，深入浅出，行文流畅，便于阅读，满足我国建筑事业对专业人才的要求。

本书由湖南城市学院李云主编，并负责全书的构思、编写组织和统稿工作。本书第2、3、5、7、11章由湖南城市学院孙良和湖南工业大学赵成奇编写；第6章由湖南城市学院段姣姣和李云编写；第8、10章由湖南城市学院李云、吴兴应和陈文编写；第1、4、9、12章由李云和长沙理工大学杨廷方编写。全书由陈文和湖南大学黎灿兵主审。

本书在编写过程中参考了许多研究成果和资料，在此向相关作者表示衷心的感谢！

由于作者水平有限，不足之处在所难免，真诚地希望广大读者提出宝贵意见和建议。

编　者

2013年10月

目　录

第10章 建筑电气安全技术 …………………… 217

第11章 建筑中的弱电系统 …………………… 242

第12章 建筑电气设计 …………………… 259

第1章 绪　论

教学目标

本章主要介绍电力系统、建筑供配电系统的基本概念与特点；电力系统的额定电压；电力负荷分级原则、分级及其供电要求；建筑供配电施工的内容、程序与要求；建筑电气设计与有关单位及专业间的协调；建筑电气课程性质、要求和学习方法。要求通过本章的学习达到以下目标：

(1) 掌握电力系统、建筑供配电系统的基本概念与特点；

(2) 掌握电力系统的额定电压；

(3) 掌握电力负荷分级原则、分级及其供电要求；

(4) 了解建筑电气课程性质、要求和学习方法。

教学要求

知识要点	能力要求	相关知识
电力系统概念及组成	(1) 了解电能的特点 (2) 掌握电力系统概念及组成 (3) 掌握建筑供配电系统及其组成 (4) 掌握电力系统运行的特点	(1) 电能的基本知识 (2) 电力系统的概念及组成 (3) 建筑供配电系统及其组成
电力系统的额定电压	(1) 掌握电力系统额定电压的规定 (2) 用电设备、发电机、变压器的额定电压分析 (3) 掌握电压偏差的作用和意义 (4) 掌握电压等级选择	(1) 额定电压 (2) 用电设备、发电机、变压器的额定电压 (3) 电压偏差 (4) 电压等级
建筑供配电的负荷分级及供电要求	(1) 掌握供电可靠性 (2) 掌握负荷等级 (3) 掌握各级负荷的供电措施	(1) 供电可靠性 (2) 负荷等级 (3) 各级负荷的供电措施
建筑电气施工的内容、程序与要求	(1)了解建筑供配电工程施工 (2) 了解电气安装工程施工程序 (3)了解电气工程的竣工验收	(1) 建筑供配电工程施工； (2) 电气安装工程施工程序 (3) 竣工验收
建筑电气课程性质、要求和学习方法	(1) 了解课程性质 (2) 课程要求 (3) 学习方法	(1) 课程性质 (2) 技能训练 (3) 生产实际

基本概念

电力系统、建筑供配电系统、额定电压、负荷、负荷分级

引例

电力行业和人们的生活、生产息息相关，一旦电力设施遭遇破坏或电力负荷设计不合理，就会造成大面积停电，其后果不堪设想，例如2003年美加“8·14”大停电和2005年莫斯科“5·25”大停电这两起大面积停电事故给我们敲响了警钟。分析本案例停电事故，其重要的原因之一是电力负荷在设计上没有考虑其发展或考虑不足，而建筑供配电系统是电力系统的一个重要组成部分，建筑供配电系统的供电级别是根据电力负荷级别来设计的，不同的电力负荷级别对电源的要求不同。

1.1 电力系统

1. 电能的特点

建筑电气是以电能、电气设备、计算机技术和通信技术为手段，创造、维持和改善室内空间的电、光、热、声及通信和管理环境的一门科学，目的是使建筑物更充分地发挥其特点，实现其功能。

电能是人类最常用的一种能量，现代人类生活对电的依赖性非常强。人类广泛利用电能，不但是因为电容易传输，也是因为其容易转化为其他形式的能，即电能易与其他形式的能源相互转化；输配简单经济；可以精确控制、调节和测量。图1.1为一些常用电器件，电能被转换为了洗衣机的机械能、电饭锅等的热能、吹风机的风能和热能及计算机的信号等。

图1.1　电能的应用

2. 电力系统的概念及组成

在电力系统中，各级电压的电力线路及其所联系的变电所称为电力网，简称电网。它是电力系统的一个重要组成部分，承担了将电力由发电厂提供给用户的工作，即担负着输电、变电与配电的任务。电力网按其在电力系统中的作用，分为输电网和配电网。

输电网是以输电为目的，采用高压或超高压将发电厂、变电所或变电所之间连接起来的送电网络，它是电力网中的主网架。

电力系统是由发电厂、输配电网、变电所及电力用户组成的统一整体，如图 1.2 和图 1.3 所示。直接将电能送到用户去的网络称为配电网或配电系统，它是以配电为目的的。配电网的电压由系统及用户的需要而定，因此配电网又分为高压配电网(通常指 35kV 及以上的电压，目前最高为 110kV)、中压配电网(通常指 3kV、6kV 和 10kV)及低压配电网(通常指 220V、380V)。

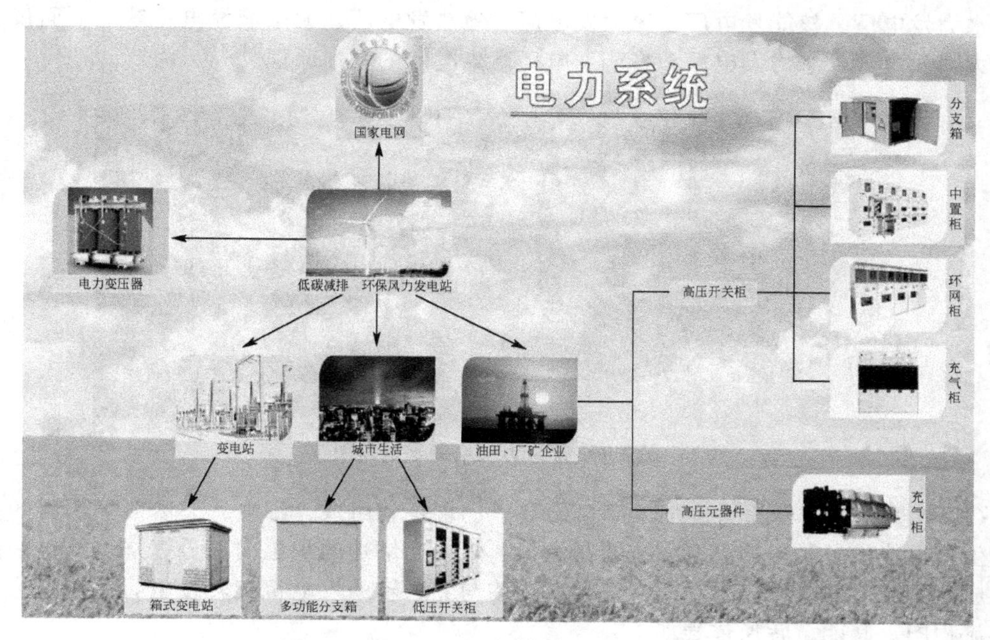

图 1.2 电力系统结构图

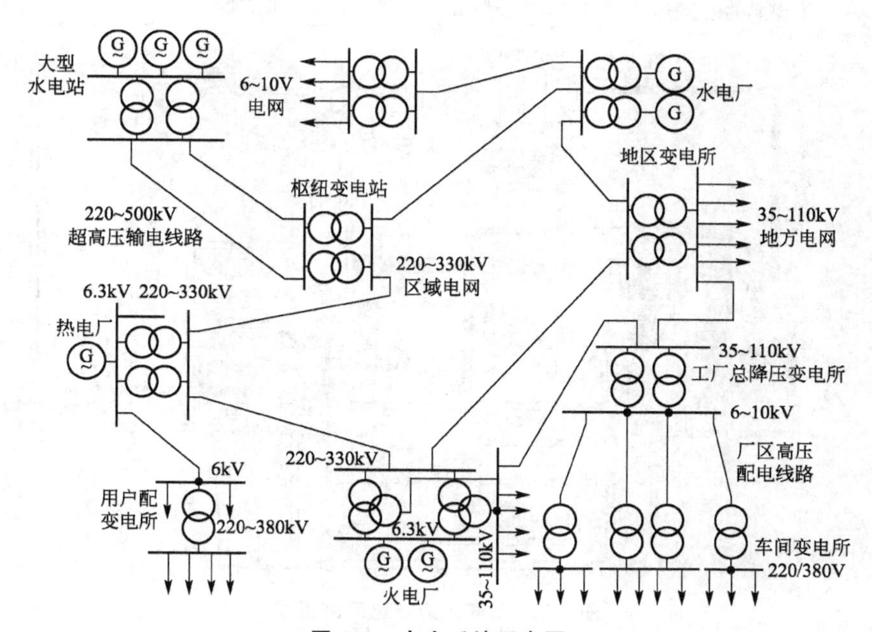

图 1.3 电力系统示意图

电力网按其电压高低和供电范围大小分为区域电网和地方电网。区域电网的范围大，电压一般在 220kV 及以上。地方电网的范围小，电压一般在 35～110kV。建筑供配电系统属于地方电网的一种。

1）发电厂

发电厂是生产电能的工厂，可将自然界蕴藏的各种一次能源(如热能、水的势能、太阳能及核能)转变为电能，如图 1.4 所示。发电厂按所使用的能源不同，可分为火力发电厂、水力发电厂、核能发电厂、风力发电厂、地热发电厂、太阳能发电厂等。下面仅分别叙述火力发电厂、水力发电厂和核能发电厂产生电能的基本原理。

图 1.4　某火力发电装置模型图

(1) 火力发电厂。火力发电厂简称火电厂，它是利用煤、石油、天然气等燃料的化学能来生产电能的。我国的火电厂主要是燃煤。煤粉在锅炉的炉膛内充分燃烧，将锅炉内的水烧成高温高压的蒸汽，推动汽轮机转动，使与它联轴的发电机旋转发电，图 1.5 为火力发电流程图。其能量转换过程如下：

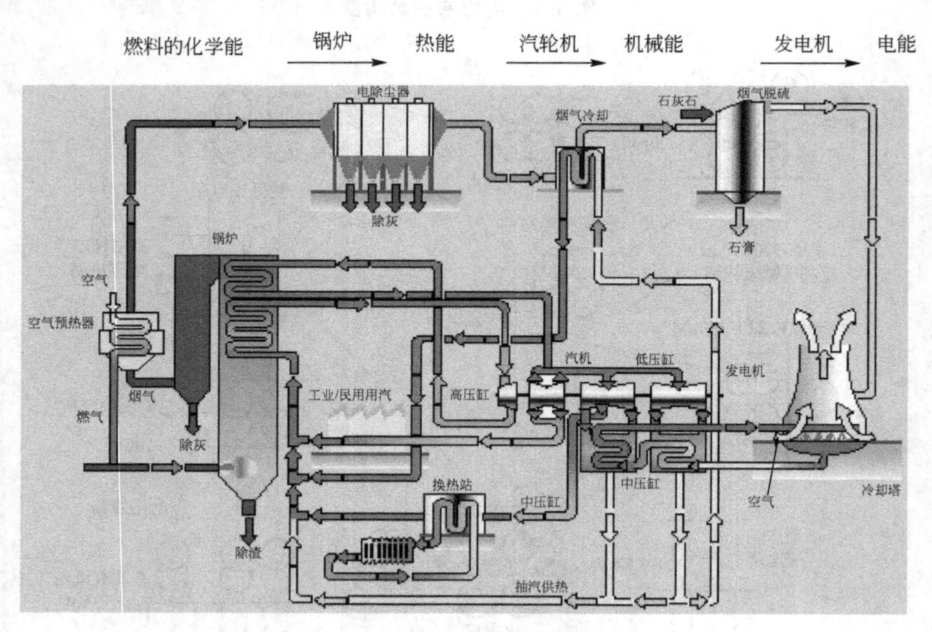

图 1.5　燃煤火力发电厂流程图

(2) 水力发电厂。水力发电厂简称水电厂或水电站，它是利用水流的位能来生产电能的。当控制水流的闸门打开时，水流沿进水管进入水轮机蜗壳室，冲动水轮机，带动发电机发电，如图 1.6 所示为三峡电站水力发电原理图。其能量转换过程如下：

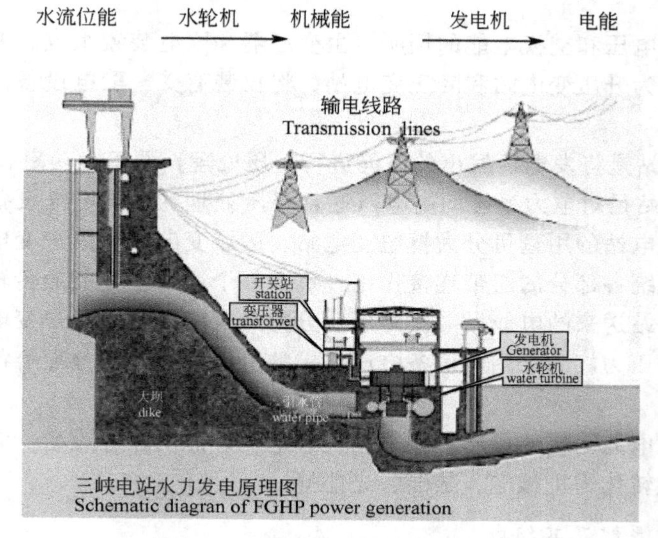

图 1.6 三峡电站水力发电原理图

(3) 核能发电厂。核能发电厂又称为原子能发电厂，简称核电厂或核电站，它主要是利用原子核的裂变能来生产电能的。它的生产过程与火电厂基本相同，主要区别是以核反应堆(俗称原子锅炉)代替了燃煤锅炉，以少量的核燃料代替了大量的煤炭，如图 1.7 所示。其能量转换过程如下：

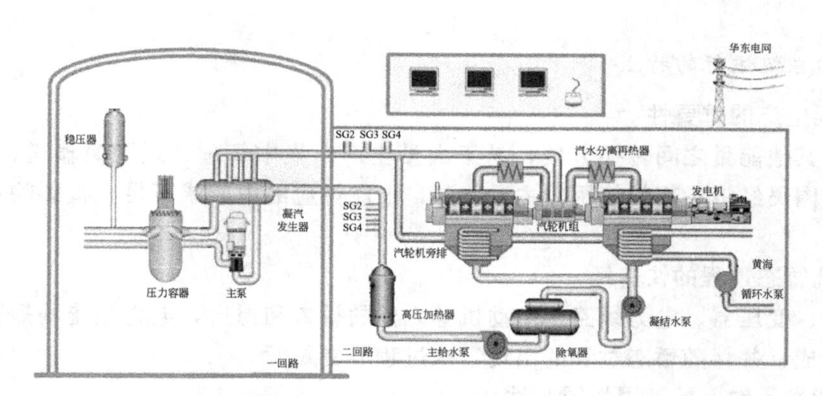

图 1.7 田湾核电站原理流程图

2) 输配电网

输配电网是进行电能输送的通道，分为输电线路和配电线路两种。输电线路是将发电厂发出的经升压后的电能送到邻近负荷中心的枢纽变电站，或连接相邻的枢纽变电站，由枢纽变电站将电能送到地区变电站，其电压等级一般在220kV以上；配电线路是将电能从地区变电站经降压后输送到电能用户的线路，其电压等级一般为110kV及以下。

3）变电站

变电站是变换电压和交换电能的场所，由变压器和配电装置组成。变电站按变压器的性质和作用又可分为升压变电站和降压变电站。将仅装有受、配电设备而没有变压器的场所称为配电所。

(1) 升压变电站是将发电厂发出的电能进行升压处理，便于大功率和远距离传输。

(2) 降压变电站是对电力系统的高电压进行降压处理，以便电气设备的使用。在降压变电站中，根据变电站的用途可分为枢纽变电站、区域变电站和用户变电站。枢纽变电站起到对整个电力系统各部分的纽带连接作用，负责整个系统中电能的传输和分配；区域变电站是将枢纽变电站送来的电能做一次降压后分配给电能用户；用户变电站接受区域变电站的电能，将其降压为能满足用电设备电压要求的电能且合理地分配给各用电设备。

4）电力用户

电力用户就是电能消耗的场所，如电动机、电炉、照明器等设备。它从电力系统中汲取电能，并将电能转化为机械能、热能、光能等。

3. 建筑供配电系统及其组成

各类建筑为了接收从电力系统送来的电能，需要有一个内部的供配电系统。建筑供配电系统由高压(10kV)配电线路、变电站(包括配电站)、低压配电线路和用电设备组成。

一般民用建筑的供电电压在10kV及以下，只有少数特大型民用建筑物及用电负荷大的工业建筑供电电压在35～110kV。

根据国家注册电气工程师考试大纲中关于发输变电和供配电专业的划分规定：发输变电专业为发电厂、输电线路和变压器二次侧为10kV的变电所及其输电线路；供配电专业为35kV及以下供电线路、10kV变电所至建筑智能化系统。建筑供配电学习的重点应放在10kV及以下电源及供配电系统、防雷接地系统、照明系统、电气传动控制系统和智能建筑系统。

4. 电力系统运行的特点

1）电能生产的重要性

电能与其他能量之间转换方便，易于大量生产、集中管理、远距离输送、自动控制。因此电能是国民经济各部门使用的主要能源，电能供应的中断或不足直接影响各部门的正常运转。

2）系统暂态过程的快速性

发动机、变压器、电力线路、电动机等元件的投入和退出，电力系统的短路等故障都在一瞬间完成，并伴随暂态过程的出现，该过程非常短暂。

3）电能发、输、配、用的同时性

电能的生产、分配、输送和使用几乎是同时进行，即发电厂任何时刻产生的电能必须等于该时刻用电设备使用的电能与分配、输送过程中损耗的电能之和。这就要求系统结构合理，便于运行调度。

1.2 电力系统的额定电压

额定电压是指能使电气设备长期运行的最经济的电压。目前我国常用的电压等级为220V、380V、6kV、10kV、35kV、110kV、220kV、330kV、500kV。通常将35kV及35kV以上的电压线路称为送电线路。10kV及其以下的电压线路称为配电线路。将额定电压在1kV以上电压称为“高电压”，额定电压在1kV以下电压称为“低电压”。我国规定安全电压为36V、24V、12V三种。

1. 电力系统额定电压的规定

在图1.3所示系统中，各部分电压等级是不同的。当输送功率一定时，电压越高，电流越小，电气设备等的载流部分所需的截面积越小，有色金属投资也就越小，同时传输线路上的功率损耗和电压损失越小。另一方面，电压越高，对绝缘的要求则越高，变压器、开关等设备及线路的绝缘投资也就越大。综合考虑这些因素，对应一定的输送功率和输送距离都有一个最为经济、合理的输电电压。但从设备制造角度考虑，为保证产品生产的标准化和系列化，又不应任意确定线路电压，甚至规定的标准电压等级过多也不利于电力设备的制造和运行业的发展。

我国国家标准《标准电压》(GB/T 156—2007)规定的部分额定电压见表1-1和表1-2。

表1-1 220V至10000(1140)V的交流电力系统及电气设备的标称电压值或额定电压值

三相四线系统或三相三线交流系统标称电压值及电气设备的额定电压值/V
220/380
380/660
10000(1140)

注：① 1140V仅限于煤矿井下使用。

② 表中有斜线“/”的数值，斜线之上为相电压，斜线之下为线电压。无斜线者为三相系统线电压。

表1-23kV及以上的交流三相系统的标称电压值及电气设备的最高电压值 (kV)

系统的标称电压	电气设备的最高电压	系统的标称电压	电气设备的最高电压
3	6	66	72.5
6	7	110	126(123)
10	12	220	252(245)
(20)	(24)	330	363
35	40.5	500	550

注：① 括号中的数值为用户有要求时使用。

② 电气设备的额定电压可从表中选取，由产品标准确定。

0.66kV、3.00kV及6.00kV电压一般在工业设计时采用，民用建筑电气设计基本不采用此电压等级。

2. 用电设备、发电机、变压器的额定电压分析

电气设备的额定电压等级与电网额定电压等级相对应。根据电气设备在系统中的作用和位置，电气设备的额定电压简述如下。

1）用电设备的额定电压

电气设备的额定电压等级与电网额定电压等级一致。实际上，由于电网中有电压损失，致使各点实际电压偏离额定值。为了保证用电设备的良好运行，国家对各级电网电压的偏差均有严格的规定。

2）发电机

发电机的额定电压一般比同级电网额定电压高出5%，用于补偿电网上的电压损失。

3）变压器

变压器的额定电压分为一次和二次绕组。对于一次绕组，当变压器接于电网时，性质等同于电网上的一个负荷(如住宅小区降压变压器)，故其额定电压与电网电压一致；当变压器接于发电机输出端(如发电机厂升压变压器)时，其额定电压应与发电机电压相同。对于二次绕组，额定电压是指空载电压，考虑到变压器承载时自身电压损失(按5%计)，变压器二次绕组额定电压应比电网额定电压高5%；若二次侧输电距离较长，还应考虑到线路电压损失(按5%计)，此时次绕组额定电压应比电网额定电压高10%。

3. 电压偏差

在配电设计中，用电设备端子的电压偏差不应超过表1-3的允许值。为了保证用电设备的正常运行，在综合考虑了设备制造和电网建设的经济合理性后，对各类用户设备规定了允许偏差值，此值为工业企业供配电系统设计提供了依据。

表1-3 用电设备端子的电压偏差允许值 (%)

名　　称	电压偏差允许值	名　　称	电压偏差允许值
电动机： 正常情况下 少数远离变电所	 -5～+5 -10～+5	照明： 一般场所 远离变电所的小面积一般工作场所 应急照明、安全特低电压供电的照明、道路照明	 -5～+5 -10～+5 -10～+5

用电设备的运行指标和额定寿命是对其额定电压而言的。当其端子上出现电压偏差时，其运行参数和寿命将受到影响，影响程度视偏差的大小、持续的时间和设备状况而异，电压偏差计算式如下：

$$电压偏差(\%)=(实际电压-额定电压)/额定电压\times100\%$$

在工业企业中，改善电压偏差的主要措施有以下三个方面。

(1) 就地进行无功功率补偿，及时调整无功功率补偿量。无功负荷的变化在电网各级系统中均产生电压偏差，它是产生电压偏差的源，因此，就地进行无功功率补偿，及时调整无功功率补偿量，从源上解决问题，是最有效的措施。

(2) 调整同步电动机的励磁电流。在铭牌规定值的范围内适当调整同步电动机的励磁

电流，使其超前或滞后运行，就能产生超前或滞后的无功功率，从而达到改善网络负荷的功率因数和调整电压偏差的目的。

（3）采用有载调压变压器。从总体上考虑，无功负荷只宜补偿到功率因数为0.90～0.95，仍然有一部分变化无功负荷要电网供给，从而产生电压偏差，这就需要分区采用一些有效的办法来解决，采用有载调压变压器就是有效而经济的办法之一。

4. 电压等级选择

（1）城镇的高压配电电压宜采用10kV，低压配电电压应采用380/220V。

（2）用电单位(或称为用户)的供电电压应根据其计算容量、供电距离、用电设备特性、供电回路数量、远景规划及当地公共电网的现状和发展规划等技术经济因素综合考虑确定。

（3）小负荷用户宜接入当地低压电网，当用户的计算容量为200kVA或用电设备单台功率不小于250kW；当供电距离大于250m，计算负荷大于100kVA时，宜采用高压供电。

1.3 建筑供配电的负荷分级及供电要求

1.3.1 供电可靠性

供电系统的供电质量主要由电能质量和供电可靠性两大指标来衡量。电能质量指标包括电压、波形和频率的质量；供电可靠性是指供电系统持续供电的能力，是考核供电系统电能质量的重要指标，反映了电力工业对国民经济电能需求的满足程度，已经成为了衡量一个国家经济发达程度的标准之一。

1.3.2 负荷等级

这里“负荷”的概念是指用电设备，“负荷的大小”是指用电设备的功率的大小。不同的负荷，重要程度是不同的。重要的负荷对供电可靠性的要求高，反之则低。我国将电力负荷按其对供电可靠性的要求及中断供电在政治、经济上造成的损失或影响的程度划分为三级，分别为一级、二级、三级负荷。

（1）符合下列情况之一时，应为一级负荷。

① 中断供电将造成人身伤亡时。

② 中断供电将在政治、经济上造成重大损失时，如重大设备损坏、重大产品报废、重要原料生产的产品大量报废、国民经济中重点企业的连续生产过程被打乱需要长时间才能恢复等。

③ 中断供电将影响有重大政治、经济意义的用电单位的正常工作，如重要交通枢纽、重要通信枢纽、重要宾馆、大型体育场馆、经常用于国际活动的大量人员集中的公共场所等用电单位中的重要电力负荷。

在一级负荷中，将中断供电会发生中毒、爆炸和火灾等情况的负荷，以及特别重要场所的不允许中断供电的负荷，应视为特别重要的负荷。

(2) 符合下列情况之一时，应为二级负荷。

① 中断供电将在政治、经济上造成较大损失时，如主要设备损坏、大量产品报废、连续生产过程被打乱需较长时间才能恢复、重点企业大量减产等。

② 中断供电将影响重要用电单位的正常工作，如交通枢纽、通信枢纽等用电单位中的重要电力负荷，以及中断供电将造成大型影剧院、大型商场等较多人员集中的重要的公共场所秩序混乱。

(3) 不属于一级和二级负荷者应为三级负荷。

对一些非连续性生产的中小型企业，停电仅影响产量或造成少量产品报废的用电设备，以及一般民用建筑的用电负荷等均属三级负荷 。

负荷分级情况见表 1－4。

表 1－4　负荷分级表

<table>
<tr><th>序号</th><th>用电单位</th><th colspan="2">用电设备或场合名称</th><th>负荷级别</th></tr>
<tr><td rowspan="4">1</td><td rowspan="4">一类高层建筑</td><td colspan="2">① 消防用电：消防控制室、消防泵、防排烟设施、消防电梯及其排水泵、火灾应急照明及疏散指示标志、电动防火卷帘等</td><td rowspan="4">一级</td></tr>
<tr><td colspan="2">② 走道照明、值班照明、警卫照明、航空障碍标志灯</td></tr>
<tr><td colspan="2">③ 主要业务用计算机系统电源、安防系统电源、电子信息机房电源</td></tr>
<tr><td colspan="2">④ 客梯电力、排污泵、变频调速恒压供水生活泵</td></tr>
<tr><td rowspan="4">2</td><td rowspan="4">二类高层建筑</td><td colspan="2">① 消防用电：消防控制室、消防泵、防排烟设施、消防电梯及其排水泵、火灾应急照明及疏散指示标志、电动防火卷帘等</td><td rowspan="4">二级</td></tr>
<tr><td colspan="2">② 主要通道及楼梯间照明、值班照明、航空障碍标志灯等</td></tr>
<tr><td colspan="2">③ 主要业务用计算机系统电源，电子信息机房电源，安防系统电源</td></tr>
<tr><td colspan="2">④ 客梯电力、排污泵、变频调速恒压供水生活泵</td></tr>
<tr><td rowspan="5">3</td><td rowspan="5">非高层建筑</td><td>建筑高度大于 50m 的乙、丙类厂房和丙类库房</td><td rowspan="5">消防用电</td><td>一级</td></tr>
<tr><td>① 超过 1500 个座位的影剧院、超过 3000 个座位的体育馆</td><td rowspan="4">二级</td></tr>
<tr><td>② 任一层面积大于 3000m² 的展览楼、电信楼、财贸金融楼、商店、省市级及以上广播电视楼</td></tr>
<tr><td>③ 室外消防用水量大于 25L/s 的其他公共建筑</td></tr>
<tr><td>④ 室外消防用水量大于 30L/s 的工厂、仓库</td></tr>
</table>

（续）

<table>
<tr><th>序号</th><th colspan="2">用电单位</th><th colspan="2">用电设备或场合名称</th><th>负荷级别</th></tr>
<tr><td rowspan="2">4</td><td colspan="2" rowspan="2">国家级国宾馆大会堂
国际会议中心</td><td colspan="2">主会场、接见厅、宴会厅照明，电声、录像、计算机系统</td><td>一级(特)</td></tr>
<tr><td colspan="2">地方厅、总值班室、主要办公室、会议室、档案室、客梯、生活泵</td><td>一级</td></tr>
<tr><td>5</td><td colspan="2">国家计算中心</td><td colspan="2">电子计算机系统电源</td><td>一级(特)</td></tr>
<tr><td>6</td><td colspan="2">国家气象台</td><td colspan="2">气象业务用计算机系统电源</td><td>一级(特)</td></tr>
<tr><td rowspan="2">7</td><td colspan="2" rowspan="2">防灾中心
电力调度中心交通指挥中心</td><td rowspan="2">国家及省级的</td><td>防灾、电力调度及交通指挥计算机系统电源</td><td>一级(特)</td></tr>
<tr><td>其他用电负荷的负荷等级套用序号 1、2、3、8 的负荷分级表</td><td></td></tr>
<tr><td rowspan="5">8</td><td rowspan="5">办公建筑</td><td>国家级政府办公建筑</td><td colspan="2">主要办公室、会议室、总值班室、档案室及主要通道照明、消防用电、客梯、生活泵等负荷</td><td>一级</td></tr>
<tr><td rowspan="4">其他办公建筑</td><td>一类办公建筑、一类高层办公建筑</td><td rowspan="3">包括客梯、主要办公室、会议室、总值班室、档案室及主要通道照明及消防用电负荷、生活泵等</td><td>一级</td></tr>
<tr><td>二类办公建筑，二类高层办公建筑高度不大于 50m 的省、部级行政办公楼</td><td>二级</td></tr>
<tr><td>三类办公建筑</td><td>三级</td></tr>
<tr><td colspan="2">除一、二级负荷以外的用电设备及部位</td><td>三级</td></tr>
<tr><td rowspan="5">9</td><td rowspan="5">旅馆建筑</td><td rowspan="3">一、二级（含四星级及四星级以上宾馆饭店）</td><td colspan="2">经营及设备管理用计算机系统的电源</td><td>一级(特)</td></tr>
<tr><td colspan="2">电子计算机、电话、电声及录像设备电源，新闻摄影电源，地下室污水泵、雨水泵，主要客梯、宴会厅、餐厅、康乐设施、门厅及高级客房、主要通道等场所的照明用电</td><td>一级</td></tr>
<tr><td colspan="2">其余如普通客房照明、厨房用电等负荷</td><td rowspan="2">二级</td></tr>
<tr><td>三级</td><td colspan="2">相应项目的负荷等级比一、二级旅馆低一级</td></tr>
<tr><td>四至六级</td><td colspan="2"></td><td>三级</td></tr>
<tr><td rowspan="6">10</td><td rowspan="6">商店建筑</td><td rowspan="3">大型</td><td colspan="2">经营管理用计算机系统电源</td><td>一级(特)</td></tr>
<tr><td colspan="2">营业厅、门厅、主要通道的照明、事故照明</td><td>一级</td></tr>
<tr><td colspan="2">自动扶梯、客梯、空调设备</td><td>二级</td></tr>
<tr><td>中型</td><td colspan="2">营业厅、门厅、主要通道的照明、事故照明、客梯</td><td>二级</td></tr>
<tr><td>其他</td><td colspan="2">大中型商店的其余负荷及小型商店的全部负荷</td><td>三级</td></tr>
<tr><td colspan="4">高层建筑附设商店负荷等级同其最高负荷等级</td></tr>
</table>

（续）

序号	用电单位	用电设备或场合名称	负荷级别
11	医疗建筑（县级或二级及以上）	急诊部的所有用房；监护病房、产房、婴儿室、血液病房的净化室、血液透析室；病理切片分析、磁共振、手术部、CT扫描室、高压氧仓、加速器机房、治疗室、血库、配血室的电力照明，以及培养箱、冰箱，恒温箱和其他必须持续供电的精密医疗装备；走道照明；重要手术室空调	一级
		电子显微镜、X光机电源、高级病房、肢体伤残康复病房照明、一般手术室空调、客梯电力	二级
12	科研院所 高等院校	重要实验室电源，如生物制品、培养剂用电等	一级
		高层教学楼客梯、主要通道照明	二级
13	民用机场	航空管制、导航、通信、气象、助航灯光系统设施和台站；边防、海关的安全检查设备；航班预报设备；三级以上油库、为飞机及旅客服务的办公用房	一级(特)
		候机楼、外航驻机场办事处、机场宾馆及旅客过夜用房、站坪照明、站坪机务用电	一级
		除一级负荷和特别重要负荷外的其他用电	二级
14	铁路客运站（火车站）	最高聚集人数不少于4000人的旅客车站和国境站用电（包括旅客站房、站台、天桥及地道等的用电负荷）	一级
		最高聚集人数少于4000人的大型站和中型站用电（包括旅客站房、站台、天桥及地道等的用电负荷）	二级
		小型站的用电负荷（包括旅客站房、站台、天桥及地道等的用电负荷）	三级
15	港口客运站	通信、导航设施用电负荷	一级
		港口重要作业区，一、二级站的用电负荷	二级
16	汽车客运站	一、二级站用电负荷	二级
		四级站用电负荷	三级
17	图书馆	藏书量超过100万册的图书馆的主要用电设备	≥二级
		其他图书馆的用电负荷等级	≥三级

注：① 我国的用电负荷只有一、二、三共3个负荷等级。

② 表格中“一级(特)”表示一级负荷中的特别重要负荷，它也属于一级负荷，不能将其与一、二、三级负荷并列为第四种负荷级别。

1.3.3 各级负荷的供电措施

1. 一级负荷用户和设备的供电措施

(1) 一级负荷的供电电源应符合下列要求。

① 一级负荷应由两个电源供电，当一个电源发生故障时，另一个电源应不致同时受到损坏。而且当一个电源中断供电时，另一个电源应能承担本用户的全部一级负荷设备的供电(根据当地电源的可靠程度及用户要求，在已有两路市电的情况下，可增设自备电源)。

② 当一级负荷设备容量在200kW以上或有高压用电设备时，应采用两个高压电源，这两个高压电源一般是由当地电力系统的两个区域变电站分别引来。

两个电源的电压等级宜相同。但根据负荷需要及地区供电条件，采用不同电压更经济合理时，亦可经当地供电部门同意，采用不同电压供电，或自备柴油发电机。

③ 当需双电源供电的用电设备容量在100kW及以下，又难以从地区电力网取得第二电源时，宜从邻近单位取得第二低压电源，否则应设应急电源(EPS)或柴油发电机组备用电源。

④ 作为应急用电的自备电源与电力网的正常电源之间必须采取防止并列运行的措施。

⑤ 分散的小容量一级负荷，如电话机房、消防中心(控制室)、应急照明等，亦可采用设备自带的蓄电池(干电池)或集中供电的EPS作为自备应急电源。

(2) 一级负荷的供配电系统应符合下列要求。

① 一级负荷用户的变配电室内的高低压配电系统，均应采用单母线分段系统，分列运行互为备用。

② 一级负荷设备应采用双电源供电，并在最末一级配电装置处自动切换。

③ 不同级别的负荷不应共用供电回路。

④ 为一级负荷供电的低压配电系统，应简单可靠，尽量减少配电级数。

(3) 特别重要负荷，除上述两个电源外，还必须增设应急电源。为保证对特别重要负荷的供电，严禁将其他负荷接入应急供电系统。

凡满足下列条件之一者均可视为满足一级负荷供电要求(其中的任一项所指的双电源均可视为独立双电源)。

① 两路电源分别来自不同发电厂(包括自备电厂)的电源回路。

② 两路电源分别来自不同变电站的电源回路。

③ 两路电源分别来自不同发电厂和变电站的电源回路。

④ 两路电源分别来自不同发电厂和区域变电站。

⑤ 两路电源分别来自不同的区域变电站。

⑥ 两路电源回路来自同一区域变电站的不同母线段。

⑦ 两路电源分别来自一路高压电源和自备发电机(UPS或EPS)。

⑧ 两路电源分别来自一路高压电源和一路取自市政或邻近单位的低压电源。

2. 二级负荷用户和设备的供电措施

二级负荷的供电系统应做到当电力变压器或线路发生常见故障时，不致中断供电或中断供电能及时恢复。

(1) 二级负荷用户的供电可根据当地电网的条件，采取下列方式之一。

① 宜由两个回路供电，其第二回路可来自地区电力网或邻近单位，也可用自备柴油发电机组，但必须采取防止与正常电源并联运行的措施。

② 由同一座区域变电站的两段母线分别引来的两个回路供电。

③ 在负荷较小或地区变电条件困难时，二级负荷可由一路 6kV 及以上专用的架空线路供电，或采用两根电缆供电，其每根电缆应能承担全部二级负荷。

(2) 二级负荷设备的供电应根据本单位的供电条件及负荷的重要程度，采取下列方式之一。

① 双电源(或双回路)供电，在最末一级配电装置内自动切换。

② 双电源(或双回路)供电到适当的配电点自动互投后用专线送到用电设备或其控制装置上。

③ 由变电所引出可靠的专用单回路供电。

④ 应急照明等分散的小容量负荷，可采用一路市电加 EPS 或用一路电源与设备自带的蓄(干)电池(组)在设备处自动切换。

3. 三级负荷用户和设备的供电要求及其供电措施

三级负荷对供电无特殊要求，一般采用单回线路供电，但应尽量使配电系统简洁可靠，尽量减少配电级数(不宜超过四级)，在技术经济比较合理的前提下尽量减少或减小电压偏差和电压波动。在以三级负荷为主，有少量一、二级负荷的用户，可设置仅满足一、二级负荷需要的自备电源。

常用的应急电源有下列几种。

(1) 独立于正常电源的发电机组。

(2) 供电网络中有效地独立于正常电源的专门馈电线路。

(3) 蓄电池(包括大容量 UPS 或 EPS 不间断电源)。

4. 几个重要的基础概念或问题

(1) 用电单位与用电设备。用电单位即负荷用户，用电单位的供电要求和措施都是依赖于外部电源条件的，其负荷等级是对引入外部电源或供电线路供电可靠性的要求；用电设备的供电要求及供电措施则主要依赖于单位内部的电源条件，其负荷等级是对该单位外部及内部电源和供电线路可靠性的要求。最末一级配电装置是指用电设备附近的直配电源箱或设备控制箱。

(2) 双电源和双回路。

① 双电源是指相对互相独立的两个电源。对负荷用户或负荷设备而言，所谓的双电源包含着两层意思：一是双电源，二是回路(可能距离会很短，如自带蓄电池的应急灯)，它既强调两个电源的互相备用或一用一备，又强调两回线路的互相备用或一用一备。

② 双回路则只是指两回线路，它只强调供配电线路的互相备用或一用一备，对电源无要求，即此双回路可以由一个公共的电源供电，也可以由两个不同的电源供电。

(3) 配电箱、双切箱、双切配电箱、控制箱、配电控制箱及双切配电控制箱(盘、柜)。

① 配电箱是强调对电能进行“一进几出”式分配的配电装置。

② 双切箱是用于对双电源或双回路在主电源或主回路故障时将用电负荷切换到第二电源或第二回路的一种配电装置，仅强调切换。

③ 双切配电箱是既强调切换又强调分配的配电装置。

④ 控制箱主要强调其对受控设备的控制功能。

⑤ 配电控制箱既强调分配电能，又强调控制受控设备的功能。

⑥ 双切配电控制箱在强调双切及电能分配的同时还强调控制功能。

国家规范和标准图集基本未对这些概念详加区分，但读者应有此相关概念。

(4) 同一级别的负荷，消防设备和非消防设备的供电要求是不同的。一级消防负荷要求采用相互独立的双电源供电，且双电源在最末一级配电装置处自动切换；二级消防负荷要求采用双回路供电(有条件时宜采用双电源)，且双回路在最末一级配电装置处自动或手动切换，也就是要求一、二级消防负荷必须在最末一级配电装置处“双切”(对三级消防负荷的电源和回路数量不做要求)。非消防负荷则不论其负荷等级为一级或是二级，都不要求必须在最末一级配电装置处进行“双切”，二级非消防负荷甚至不要求必须采用双回路供电。当经济技术条件允许时，一、二级非消防负荷也应在末端配电装置处“双切”；无条件时，一、二级非消防负荷可以在负荷附近适当的配电点进行“双切”后用专线送到用电设备或者用电设备的控制装置上即可。另外，不论是一级还是二级消防负荷，规范均强调其供电回路的专用性，即从低压配电室(或建筑物的第一级配电装置处)起直至最末一级配电装置处始终要与非消防配电线路严格独立分开(即不得把非消防设备接入消防专用回路)。

应当注意一、二级负荷对“双切”的时间和是否必须采用自动切换的要求不同。

(5) 不同等级的负荷不应混接于同一供电回路。为特别重要一级负荷供电的回路中严禁接入其他级别的负荷，为普通一级负荷或二级负荷供电的回路中不应接入其他级别的负荷。

(6) 各级负荷用户的低压配电系统构成均应简单可靠，尽量减少配电级数(对电能进行一次分配算一个配电级数，一般一个“配电路由”上经过 n 个配电箱即可视为配电级数为 n)。一般情况下，一、二级负荷设备的配电级数不应超过三级，三级负荷设备的配电级数不宜超过四级。

(7) 为避免发生倒送电等各类事故，用电单位的自备电源与电力系统电源之间必须采取防止其并列运行的机械联锁或电气联锁技术措施。自备电源的容量一般均可按仅满足一、二级负荷的需要选取。

1.4 建筑电气课程性质、要求和学习方法

1. 课程性质

建筑电气课程内容涵盖了建筑电工基础及建筑电气方面的知识，既有强电，又有弱电，知识面广，理论与实践有机统一，实践性较强。建筑电气是现代建筑的重要组成部分，现在经常提到的智能建筑，从某种角度讲，它在很大程度上要依赖于建筑电气。建筑电气是现代电气技术与现代建筑的巧妙集成，它是一个国家建筑产业状况的具体表征。

2. 课程要求

本课程的具体要求：了解建筑电气的任务、组成及建筑电气设备和系统的种类；熟悉建筑电气设计施工的原则与程序，能够看懂建筑电气施工图；掌握建筑电气的电工基本理论与知识；掌握建筑电气配电系统的布置，能进行相关的计算；熟悉建筑电气照明，能进行灯具的选择、布置和照度的计算；了解现代建筑的安全技术。

3. 学习方法

学习本课程时应注意的问题：正确处理理论学习与技能训练的关系，在认真学习理论知识的基础上，注意加强技能训练，密切联系生产实际，深入实际，勤学苦练，注意积累经验，总结规律，逐步培养独立分析、解决实际问题的能力。本课程宜安排一次电工工艺实训和建筑电气识图课程设计，时间各为一周。

本章小结

本章主要讲述了电力系统、建筑供配电系统的基本概念与特点，电力系统的额定电压，电力负荷分级原则、分级要求及其供电要求，建筑供配电施工的内容、程序与要求，建筑电气设计与有关单位及专业间的协调，建筑电气课程性质、要求和学习方法。

本章的重点是电力负荷分级原则、分级要求及供电要求。

思考与练习题

1. 什么叫电力系统？什么叫供配电系统？两者的关系和区别是什么？
2. 电力负荷分级的依据是什么？各级负荷对供电有何要求？
3. 常用的应急电源有哪些？
4. 建筑电气课程的性质与要求是什么？
5. 电能的特点是什么？
6. 如何选择电力系统的额定电压？

第2章 建筑供配电的负荷计算与无功功率补偿

教学目标

本章主要讲述了建筑用电负荷的特征、计算负荷和无功功率补偿的基本理论，并举例说明了这些基本理论在典型建筑负荷计算中的具体应用。要求通过本章的学习，达到以下目标：

(1) 了解计算负荷的意义与计算目的；

(2) 了解用电设备的主要特征；

(3) 掌握负荷计算的方法；

(4) 了解建筑用电负荷的特征；

(5) 掌握建筑供配电系统无功功率补偿的方法；

(6) 了解供配电系统中的能量损耗。

教学要求

知识要点	能力要求	相关知识
计算负荷的意义和计算目的	(1) 掌握计算负荷的意义 (2) 掌握负荷曲线	(1) 计算负荷 (2) 负荷曲线
用电设备的主要特征	了解用电设备的工作制	(1) 长期连续工作制 (2) 短时工作制 (3) 断续周期工作制
负荷计算方法	(1) 掌握负荷计算方法及用途 (2) 掌握需要系数法确定计算负荷	(1) 需要系数法 (2) 利用系数法 (3) 二项式法 (4) 单位面积功率法、单位指标法和单位产品耗电量法
建筑用电负荷的特征	了解建筑用电负荷的分类	(1) 给排水动力负荷 (2) 冷冻机组动力负荷 (3) 电梯负荷 (4) 照明负荷 (5) 风机负荷 (6) 弱电设备负荷
建筑供配电系统无功功率的补偿	掌握无功补偿的方法	(1) 功率因数 (2) 无功补偿
供配电系统中的能量损耗	了解供配电系统中的功率损耗	(1) 变压器的功率损耗 (2) 供电线路的功率损耗 (3) 供配电系统年电能损耗 (4) 线损率和年电能需要量计算

基本概念

计算负荷、负荷曲线、长期连续工作制、短时工作制、断续周期工作制、需要系数法、利用系数法、二项式法、单位面积功率法、单位指标法和单位产品耗电量法、给排水动力负荷、冷冻机组动力负荷、电梯负荷、照明负荷、风机负荷、弱电设备负荷、功率因数、无功补偿

引例

2013年6月中旬至近3个月以来，上海、浙江、江苏、山东、安徽、武汉、长沙等全国多地气温高居35℃以上，甚至有的高至41℃，电网也承受了连创历史最高纪录的负荷之重。持续高温下的超负荷运行，给电网设备带来严峻考验，在此酷暑非常时期，各地电网公司安全供电保卫战全面打响。在实际工程中，电气负荷的各种参数是会随时变化的。负荷计算就是确定设计选择和校验供配电系统及其各个元件所需的各项负荷数据。建筑供配电系统的负荷计算与无功功率补偿是建筑电气设计的基础，是选择电气设备的依据之一。合理的负荷计算能使所选变配电设备得以充分利用，降低电力系统的投资，降低运行成本，节约能源。

2.1 计算负荷

2.1.1 计算负荷的意义

在进行建筑供配电设计时，电气设计人员根据一个假想负荷——计算负荷，按照允许发热条件选择供配电系统的导线截面，确定变压器容量，制订提高功率因数的措施，选择及整定保护设备。那么这个假想的计算负荷从何而来呢？从电气本专业及电气以外设计人员提供的设备安装条件，电气设计人员可以知道设计图样中所有用电设备的安装额定容量、额定电压和工艺过程等原始设计资料，这些就是负荷计算的依据之一。

根据这些原始资料及设备的工作特性，选择适当的计算方法，通过一系列的计算将设计中的设备安装负荷变成计算负荷。

负荷计算是供配电系统设计的基础，一般需要计算设备容量、有功功率、无功功率、视在功率、计算电流、尖峰电流等。

2.1.2 负荷曲线

负荷曲线是反映电力负荷随时间变化情况的曲线。它直观地反映了用户用电的特点和规律，如图2.1所示。

负荷曲线是在直角坐标系中表示负荷随时间变化的曲线，用横坐标表示时间，纵坐标表示负荷量，它通常是根据每隔30min所测定的最大负荷量绘制而成的。计算30min最大负荷的目的是按发热条件选择导线及配电设备。根据纵坐标表示的功率不同，分为有功功率负荷曲线和无功功率负荷曲线。根据负荷延续时间的不同(即横坐标的取值范围不同)，

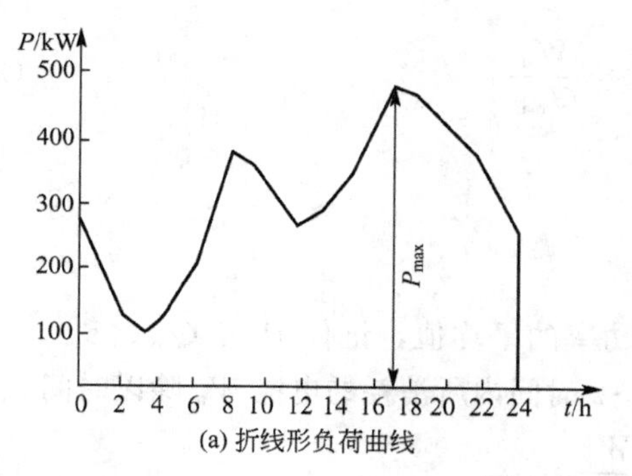

(a) 折线形负荷曲线

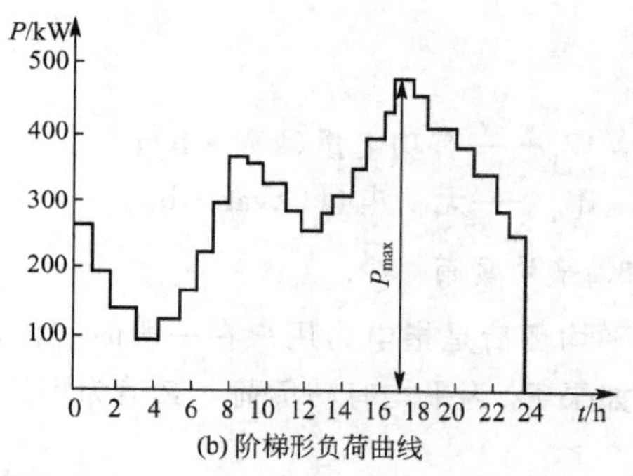

(b) 阶梯形负荷曲线

图 2.1 日有功负荷曲线

分为日负荷曲线和年负荷曲线。

如图 2.2 所示为南方某厂的年负荷曲线，图中 P_1 是年负荷曲线上所占的时间，为 $T_1=200t_1+165t_2$。

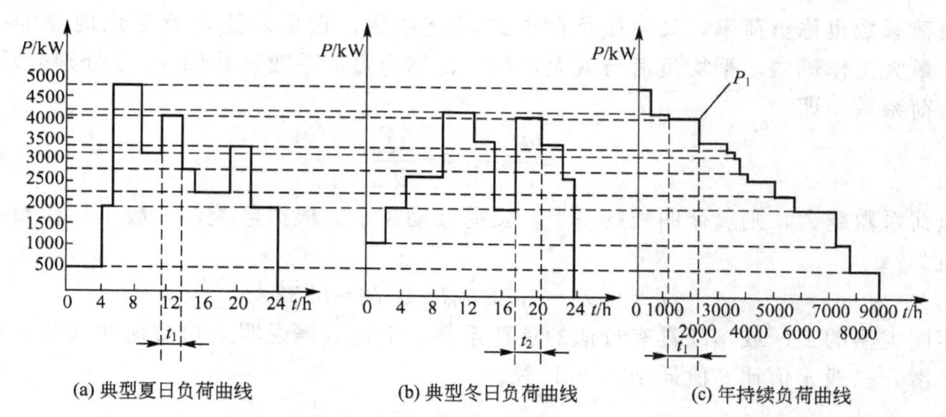

(a) 典型夏日负荷曲线　(b) 典型冬日负荷曲线　(c) 年持续负荷曲线

图 2.2 年持续负荷曲线的绘制

2.1.3 负荷曲线中的几个物理量

1. 年最大负荷

年最大负荷是负荷曲线上的最高点，指全年中最大工作班内半小时平均功率的最大值，并用符号 $P_{\max}$、$Q_{\max}$和 $S_{\max}$分别表示年有功、无功和视在最大负荷。所谓最大工作班，是指一年中最大负荷月份内最少出现 2～3 次的最大负荷工作班，而不是偶然出现的某一个工作班。

2. 最大负荷利用小时数

年最大负荷利用小时数 $T_{\max}$是一个假想时间，是标志工厂负荷是否均匀的一个重要指标。其物理意义是：如果用户以年最大负荷(如 $P_{\max}$)持续运行时间 $T_{\max}$所消耗的电能恰好等于全年实际消耗的电能，那么 $T_{\max}$即为年最大负荷利用小时数。

$$T_{\max}=\frac{W_{p}}{P_{\max}} \tag{2-1}$$

同理

$$T_{max}(无功)=\frac{W_q}{Q_{max}} \tag{2-2}$$

式中，W_p——有功电量(kW·h)；

W_q——无功电量(kvar·h)。

3. 平均负荷

平均负荷是指电力用户在一段时间内消费功率的平均值，记作 P_{av}、Q_{av}、S_{av}。

如果 P_{av} 为平均有功负荷，其值为用户在 0～t 时间内所消耗的电能 W_p 除以时间 t，即

$$P_{av}=\frac{W_p}{t} \tag{2-3}$$

式中，W_p——0～t 时间内所消耗的电能(kW·h)，对于年平均负荷，全年小时数取8760h；

W_p——全年消费的总电能。

4. 负荷系数

负荷系数也称负荷率，又叫做负荷曲线填充系数。它是表征负荷变化规律的一个参数。在最大工作班内，平均负荷与最大负荷之比称为负荷系数，并用 α、β 分别表示有功、无功负荷系数，即

$$\alpha=\frac{P_{av}}{P_{max}},\ \beta=\frac{Q_{av}}{Q_{max}} \tag{2-4}$$

负荷系数越大，则负荷曲线越平坦，负荷波动越小。根据经验，一般工厂负荷系数年平均值为

$$\alpha=0.70\sim0.75,\ \beta=0.76\sim0.82 \tag{2-5}$$

相同类型的工厂或车间具有近似的负荷系数。上述数据说明无功负荷曲线比有功负荷曲线平滑。一般 α 值比 β 值低 10%～15%。

5. 需要系数 K_α

$$K_\alpha=\frac{P_{max}}{P_e} \tag{2-6}$$

式中，$P_{max}(=P_C)$——用电设备组负荷曲线上最大有功负荷(kW)；

P_e——用电设备组的设备功率(kW)。

在供配电系统设计和运行中，常用需要系数 K_d，见表 2-1～表 2-6。

表 2-1　宾馆饭店主要用电设备的需要系数和功率因数

序号	项目	需要系数 K_d	$\cos\phi$	序号	项目	需要系数 K_d	$\cos\phi$
1	全馆总负荷	0.4～0.5	0.8	9	厨房	0.35～0.45	0.7
2	全馆总电力	0.5～0.6	0.8	10	洗衣房	0.3～0.4	0.7
3	全馆总照明	0.35～0.45	0.85	11	窗式空调器	0.35～0.45	0.8
4	冷冻机房	0.65～0.75	0.8	12	客房	0.4	
5	锅炉房	0.65～0.75	0.75	13	餐厅	0.7	
6	水泵房	0.6～0.7	0.8	14	会议室	0.7	
7	通风机	0.6～0.7	0.8	15	办公室	0.8	
8	电梯	0.18～0.2	DC 0.4/AC 0.8	16	车库	1	

表 2-2 民用建筑照明负荷需要系数

建筑类别	需要系数 K_d	建筑类别	需要系数 K_d	建筑类别	需要系数 K_d
住宅楼	0.4～0.7	图书馆、阅览室	0.8	病房楼	0.5～0.6
科研楼	0.8～0.9	实验室、变电室	0.7～0.8	剧院	0.6～0.7
商店	0.85～0.95	单身宿舍	0.6～0.7	展览馆	0.7～0.8
门诊楼	0.6～0.7	办公楼	0.7～0.8	事故照明	1
影院	0.7～0.8	教学楼	0.8～0.9	托儿所	0.55～0.65
体育馆	0.65～0.75	社会旅馆	0.7～0.8		

表 2-3 10层及以上民用建筑照明负荷需要系数

户　　数	20户以下	20～50户	50～100户	100户以上
需要系数 K_d	0.6	0.5～0.6	0.4～0.5	0.4

表 2-4 建筑工地常用用电设备组的需要系数及功率因数

用电设备组名称	需要系数 K_d	功率因数 $\cos\phi$	$\tan\phi$
通风机和水泵	0.75～0.85	0.80	0.75
运输机、传送机	0.52～0.60	0.75	0.88
混凝土及砂浆搅拌机	0.65～0.70	0.65	1.17
破碎机、筛、泥浆、砾石洗涤机	0.70	0.70	1.02
起重机、掘土机、升降机	0.25	0.70	1.02
电焊机	0.45	0.45	1.98
建筑室内照明	0.80	1.0	0
工地住宅、办公室照明	0.40～0.70	1.0	0
变电所照明	0.50～0.70	1.0	0
室外照明	1.0	1.0	0

表 2-5 民用建筑常用用电设备组的需要系数及功率因数

用电设备组名称	需要系数 K_d	功率因数 $\cos\phi$	$\tan\phi$
照明	0.7～0.8	0.9～0.95	0.48
冷冻机房	0.65～0.75	0.8	0.75
锅炉房、热力站	0.65～0.75	0.75	0.88
水泵房	0.6～0.7	0.8	0.75
通风机	0.6～0.7	0.8	0.75
电梯	0.18～0.22	0.8	0.75
厨房	0.35～0.45	0.85	0.62
洗衣房	0.3～0.35	0.85	0.62
窗式空调器	0.35～0.45	0.8	0.75
舞台照明 100～200kW	0.6	1	0
200kW以上	0.5	1	0

表 2-6 机械工业需要系数表

用电设备组名称	需要系数 K_d	功率因素 $\cos\phi$	$\tan\phi$
一般工作制的小批生产金属冷加工机床	0.14～0.16	0.5	1.73
大批生产金属冷加工机床	0.18～0.2	0.5	1.73
小批生产金属热加工机床	0.2～0.25	0.55～0.6	1.51～1.33
大批生产金属热加工机床	0.27	0.65	1.17
生产用通风机	0.7～0.75	0.8～0.85	0.75～0.62
卫生用通风机	0.65～0.7	0.8	0.75
泵、空气压缩机	0.65～0.7	0.8	0.75
不联锁运行的提升机、皮带运输等连续运输机械	0.5～0.6	0.75	0.88
带联锁的运输机械	0.65	0.75	0.88
ε=25%的吊车及电动葫芦	0.14～0.2	0.5	1.73
铸铁及铸钢车间起重机	0.15～0.3	0.5	1.73
轧钢及锐锭车间起重机	0.25～0.35	0.5	1.73
锅炉房、修理、金工、装配车间起重机	0.05～0.15	0.5	1.73
加热器、干燥箱	0.8	0.95～1	0～0.33
高频感应电炉	0.7～0.8	0.65	1.17
低频感应电炉	0.8	0.35	2.67
电阻炉	0.65	0.8	0.75
电炉变压器	0.35	0.35	2.67
自动弧焊变压器	0.5	0.5	1.73
点焊机、缝焊机	0.35～0.6	0.6	1.33
对焊机、铆钉加热器	0.35	0.7	1.02
单头焊接变压器	0.35	0.35	2.67
多头焊接变压器	0.4	0.5	1.73
点焊机	0.1～0.15	0.5	1.73
高频电阻炉	0.5～0.7	0.7	1.02
自动装料电阻炉	0.7～0.8	0.98	0.2
非自动装料电阻炉	0.6～0.7	0.98	0.2

注：① 一般动力设备为 3 台以下时，需要系数为 $K_d=1$。

② 照明负荷需要系数的大小与灯的控制方式和开启率有关。大面积集中控制的灯比相同建筑面积的多个小房间分散控制的等需要系数大。插座容量的比例大时，需要系数的选择可以偏小些。

③ 消防负荷的需要系数为 $K_d=1$。

6. 利用系数

用电设备组在最大负荷班内的平均负荷的有功功率(kW)为

$$P_{av}=K_1 \cdot P_e \tag{2-7}$$

无功功率(kvar)为

$$Q_{av}=P_{av} \cdot \tan\phi \tag{2-8}$$

式中，P_{av}——用电设备组在最大负荷工作班内消耗的平均功负荷(kW)；

P_e——用电设备组的设备功率(kW)；

K_1——用电设备组在最大负荷工作班内的利用系数见表2-6；

$\tan\phi$——用电设备组功率因数的正切值。

2.1.4 负荷计算的主要内容

1. 设备容量(P_e)

设备容量也称安装容量，它是用户安装的所有用电设备的额定容量或额定功率(设备铭牌上的数据)之和，是配电系统设计和负荷计算的基础资料和依据。

2. 计算负荷(P_C)

计算负荷也称为计算容量或最大需要负荷，它是个假定的等效的持续性负荷，其热效应与同一时间内实际变动的负荷所产生的最大热效应相等。在配电设计中，通常采用能让中小截面导体达到稳定温升的时间段(30min)的最大平均负荷作为按发热条件选择配电变压器、导体及相关电器的依据，并用来计算电压损失和功率消耗。在工程上为方便计算，也可作为电能消耗量及无功功率补偿的计算依据。计算用的单位的各类总负荷也是确定供电电压等级和确定合理的配电系统的基础与依据。

3. 一级、二级负荷及消防负荷

一级、二级负荷及消防负荷用以确定变压器的台数和容量、备用电源或应急电源的形式、容量及配电系统的形式等。

4. 季节性负荷

从经济运行条件出发，季节性负荷用以考虑变压器的台数和容量。

5. 计算电流(I_C)

计算电流是计算负荷在额定电压下的电流。它是配电系统设计的重要参数，是选择配电变压器、导体、电器、计算电压偏差、功率损耗的依据，也可以作为电能损耗及无功功率的估算依据。

6. 尖峰电流(I_{if})

尖峰电流也叫做冲击电流，是指单台或多台冲击性负荷设备在运行过程中，持续时间在1s左右的最大负荷电流。一般把设备起动电流的周期分量作为计算电压损失、电压波动、电压下降，以及选择校验保护器件等的依据。在校验瞬动元件时，还应考虑起动电流的非周期分量。大型冲击性电气设备的有功、无功尖峰电流是研究供配电系统稳定性的基础。

2.2 用电设备的主要特征

用电设备的工作制分为以下几种。

1）长期连续工作制

长期连续工作制又称连续运行工作制或长期工作制，是指电气设备在运行工作中能够达到稳定的温升，能在规定环境温度下连续运行，设备任何部分的温度和温升均不超过允许值，如通风机、水泵、电动发电机、空气压缩机、照明灯具、电热设备等负荷比较稳定，它们的工作时间较长，温度稳定。

2）短时工作制

短时工作制又称短时运行工作制，是指运行时间短而停歇时间长，设备在工作时间内的发热量不足以达到稳定温升，而在间歇时间内能够冷却到环境温度，如车床上的进给电动机等。电动机在停车时间温度能降回到环境温度。

3）断续周期工作制

断续周期工作制又称断续运行工作制或反复短时工作制，该设备以断续方式反复进行工作，工作时间 t 与停歇时间 t_0 相互交替重复，周期性地工作。一个周期一般不超过 10min，如起重电动机。断续周期工作制度的设备用暂载率(或负荷持续率)来表示其工作特性。

暂载率为一个工作周期内工作时间与工作周期的百分比，用 ε 来表示，即

$$\varepsilon=\frac{t}{T}\cdot 100\%=\frac{t}{t+t_0}\cdot 100\% \qquad (2-9)$$

式中，T——工作周期；

t——工作周期内的工作时间；

t_0——工作周期内的停歇时间。

工作时间加停歇时间称为工作周期。根据中国的技术标准，规定工作周期以 10min 为计算依据。吊车电动机的标准暂载率分为15%、25%、40%、60%四种；电焊设备的标准暂载率分为 50%、65%、75%、100%四种。其中自动电焊机的暂载率为 100%。在建筑工程中通常按 100%考虑。

2.3 负荷计算的方法

2.3.1 负荷计算的方法及设备功率的确定

1. 负荷计算的方法及用途

负荷计算的方法有需要系数法、利用系数法、二项式法、单位面积功率法等几种。

(1) 需要系数法。用设备功率乘以需要系数和同时系数(一般 $K_\Sigma=0.9$)，直接求出计算负荷。这种方法比较简便，应用广泛，尤其适用于变、配电所的负荷计算。

(2) 利用系数法。利用系数求出最大负荷班的平均负荷，再考虑设备台数和功率差异的影响，乘以与有效台数有关的最大系数得出计算负荷。这种方法的理论根据是概率论和数理统计，因而计算结果比较接近实际。这种方法适用于各种范围的负荷计算，但计算过程稍繁。

(3) 二项式法。将负荷分为基本部分和附加部分，后者考虑一定数量大容量设备影响，适用于机修类用电设备计算，其他各类车间和车间变电所施工设计亦常采用，二项式法计算结果一般偏大。

(4) 单位面积功率法、单位指标法和单位产品耗电量法。前两者多用于民用建筑。后者适用于某些工业进行可行性研究和初步设计阶段电力负荷估算。

(5) 对于台数较少（4 台及以下)的用电设备。3 台及 2 台用电设备的计算负荷，取各设备功率之和；4 台用电设备的计算负荷，取设备功率之和乘以系数 0.9。

由于建筑电气负荷具有负荷容量小、数量多且分散的特点，所以需要系数法、单位面积功率法和单位指标法比较适合建筑电气的负荷计算。根据《民用建筑设计规范》(ZB-BZH/GJ 18)的规定，负荷计算方法选取原则是：一般情况下需要系数法用于初步设计及施工图设计阶段的负荷计算；而单位面积功率法和单位指标法用于方案设计阶段进行电力负荷估算；对于住宅，在设计的各个阶段均可采用单位指标法。

2. 设备功率的确定

进行负荷计算时，需将用电设备按其性质分为不同的用电设备组，然后确定设备功率。

用电设备的额定功率 P_r 或额定容量 S_r 是指铭牌上的数据。对于不同暂载率下的额定功率或额定容量，应换算为统一暂载率下的有功功率，即设备功率 P_e。一般根据用电负荷有特征(表 2-7)将其分为以下三种。

(1) 对连续工作制有

$$P_e = P_r \tag{2-10}$$

式中，P_r——电动机的额定功率 (kW)。

(2) 短时工作制的设备功率等于设备额定功率，即

$$P_e = P_r \tag{2-11}$$

(3) 断续工作制(如起重机用电动机、电焊机等)的设备功率是指将额定功率换算为统一暂载率下的有功功率。

表 2-7 用电负荷特征

用电设备类型	典型的用电设备	运行特征	负荷性能	负荷计算
机械拖动电动机	通风机、水泵、破碎机、球磨机、搅拌机、制氧机、润滑油泵	恒速持续运行工作制(现从节能角度考虑，也采用变频调速)	负荷均匀稳定且三相对称，起动时冲击大	直接根据其额定功率进行计算来选择供电设备
	烧结机、连续铸管机、卷取机、回转窑	调速持续运行工作制	负荷基本稳定要求调速	根据变流机组的原动机组功率或整流变压器的容量计算选用供电设备
	提升机、高炉卷扬机、轧钢机、吊车、起重机	反复短时工作制(必须选反复短时工作制电动机，允许过载)经常处于低负荷状态，短时冲击负荷大	负荷时刻变化(供电系统不良用户)	电动机功率换算成 25%统一暂载率时计算

(续)

用电设备类型	典型的用电设备	运行特征	负荷性能	负荷计算
工业用电(一级负荷)	电弧炼钢炉	持续运行工作制		
	电阻炉	持续运行工作制		
	感应电炉	持续运行工作制		
电焊设备	交流电焊机、直流电焊机	间歇运行工作制		

① 当采用需要系数法或二项式法计算负荷时，起重机用电动机类的设备功率为统一换算到暂载率$\varepsilon=25\%$下的有功功率，即

$$P_e=\sqrt{\frac{\varepsilon_r}{\varepsilon_{25}}}\cdot P_r=2P_r\sqrt{\varepsilon_r} \tag{2-12}$$

式中，P_r——暂载率为ε_r时的电动机的额定功率(kW)；

ε_r——电动机的额定暂载率。

② 当采用需要系数法或二项式法计算负荷时，断续工作制电焊机的设备功率是指将额定容量换算到暂载率$\varepsilon=100\%$时的有功功率，即

$$P_e=\sqrt{\frac{\varepsilon_r}{\varepsilon_{100}}}\cdot P_r=\sqrt{\varepsilon_r}\cdot S_r\cdot\cos\phi \tag{2-13}$$

式中，S_r——暂载率为ε_r时的电焊机的额定容量(kVA)；

ε_r——电焊机的额定暂载率；

$\cos\phi$——电焊机的功率因数。

2.3.2 需要系数法确定计算负荷

1. 用电设备组的计算负荷及计算电流

有功功率：

$$P_C=K_d\cdot P_e(\mathrm{kW}) \tag{2-14}$$

无功功率：

$$Q_C=P_C\cdot\tan\phi(\mathrm{kvar}) \tag{2-15}$$

视在功率：

$$S_C=\sqrt{P_C^2+Q_C^2}(\mathrm{kVA}) \tag{2-16}$$

计算电流：

$$I_C=\frac{S_C}{\sqrt{3}U_r}(\mathrm{A}) \tag{2-17}$$

式中，P_e——用电设备组的设备功率(kW)；

K_d——需要系数，见表2-1～表2-6；

$\tan\phi$——用电设备组的功率因数角的正切值；

U_r——用电设备额定电压(线电压)(kV)。

【例 2-1】 已知小型冷加工机床车间 0.38kV 系统，拥有设备如下：

(1) 机床 35 台总计 70.00kW；($K_{X1}=0.20\cos\phi_1=0.5\tan\phi_1=1.73$)

(2) 送风机 4 台总计 6.00kW；($K_{X2}=0.80\cos\phi_2=0.8\tan\phi_2=0.75$)

(3) 电暖器 4 台总计 12.00kW；($K_{X3}=0.80\cos\phi_3=1.0\tan\phi_3=0.00$)

(4) 行车 2 台总计 6kW；($K_{X4}=0.80\cos\phi_4=0.8\tan\phi_4=0.75$)

(5) 电焊机 3 台总计 22kVA；($K_{X5}=0.35\cos\phi_5=0.6\tan\phi_5=1.33\varepsilon_5=65\%$)

试求：每组负荷的计算负荷(P_C、Q_C、S_C、I_C)。

解：(1) 机床组为连续工作制设备，故

$$P_e=P_r$$

$$P_{C1}=K_{X1}\cdot Pe_1=0.20\times70=14(\text{kW})$$

$$Q_{C1}=P_{C1}\cdot\tan\phi=14\times1.73=24.22(\text{kvar})$$

$$S_{C1}=\sqrt{P_{C1}^2+Q_{C1}^2}=\sqrt{14^2+24.22^2}=27.97(\text{kvar})$$

$$I_{C1}=\frac{S_{C1}}{\sqrt{3}\times U_r}=\frac{27.97}{\sqrt{3}\times0.38}=42.05(\text{kVA})$$

(2) 送风机组为连续工作制设备，故

$$P_{C2}=K_{X2}\cdot Pe_2=0.80\times6=4.80\ (\text{kW})$$

$$Q_{C2}=P_{C2}\cdot\tan\phi_2=4.80\times0.75=3.60(\text{kvar})$$

$$S_{C2}=6.00\ (\text{kVA})$$

$$I_{C2}=9.12(\text{A})$$

(3) 电暖器为连续工作制设备，故

$$P_{C3}=K_{X3}\cdot Pe_3=0.8\times12=9.60\ (\text{kW})$$

$$Q_{C3}=P_{C3}\cdot\tan\phi_3=8.00\times0.00=0.00\ (\text{kvar})$$

$$S_{C3}=9.60\ (\text{kVA})$$

$$I_{C3}=14.59\ (\text{A})$$

(4) 行车组的设备功率为统一换算到负载持续率 $\varepsilon=25\%$时的有功功率：

$$Pe_4=2\text{Pr}_4\cdot\sqrt{\varepsilon_4}=2\times6\times\sqrt{15\%}=4.65(\text{kW})$$

$$P_{C4}=K_{X4}\cdot Pe_4=0.80\times4.65=3.72\ (\text{kW})$$

$$Q_{C4}=P_{C4}\cdot\tan\phi_4=3.72\times0.75=2.79\ (\text{kvar})$$

$$S_{C4}=4.65\quad(\text{kVA})$$

$$I_{C4}=7.07\ (\text{A})$$

(5) 电焊机组的设备功率为统一换算到负载持续率 $\varepsilon=100\%$时的有功功率：

$$Pe_5=Sr_5\times\sqrt{\varepsilon_5}\cdot\cos\phi_5=22\times\sqrt{65\%}\times0.60=10.64(\text{kW})$$

$$P_{C5}=K_{X5}P_{e5}=0.35\times10.64=3.72(\text{kW})$$

$$Q_{C5}=P_{C5}\cdot\tan\phi_5=3.72\times1.33=4.95(\text{kvar})$$

$$S_{C5}=6.19(\text{kVA})$$

$$I_{C5}=9.41(\text{A})$$

2. 多组用电设备组的计算负荷

在配电干线上或在变电所低压母线上，常有多个用电设备组同时工作，但各个用电设

备组的最大负荷并非同时出现，因此在求配电干线或变电所低压母线的计算负荷时，应再计入一个同时系数(或叫同期系数)K_Σ，具体计算如下：

$$有功功率\ P_C = K_{\sum p} \cdot \sum_{i=1}^{n} P_{Ci}\ (\text{kW}) \tag{2-18}$$

$$无功功率\ Q_C = K_{\sum q} \cdot \sum_{i=1}^{n} Q_{Ci}\ (\text{kvar}) \tag{2-19}$$

$$视在功率\ S_C = \sqrt{P_C^2 - Q_C^2}\ (\text{kVA}) \tag{2-20}$$

$$计算电流\ I_C = \frac{S_C}{\sqrt{3}U_r}\ (\text{A}) \tag{2-21}$$

式中，$\sum_{i=1}^{n} P_{Ci}$——n 组用电设备组的计算有功功率之和(kW)；

$\sum_{i=1}^{n} Q_{Ci}$——n 组用电设备组的计算无功功率之和(kvar)。

【例 2-2】 已知条件同例 2-1。当有功功率同时系数 $K\Sigma p=9.0$；无功功率同时系数 $K\Sigma q=9.5$ 时。试求：车间总的计算负荷(P_C、Q_C、S_C、I_C)。

解：通过上题的计算，已求出

(1) 机床组：$P_{C1}=14\text{kW}$，$Q_{C1}=22.22\text{kvar}$

(2) 通风机组：$P_{C2}=4.8\text{kW}$，$Q_{C2}=3.6\text{kvar}$

(3) 电炉组：$P_{C3}=9.60\text{kW}$，$Q_{C3}=0\text{kvar}$

(4) 行车组：$P_{C4}=3.72\text{kW}$，$Q_{C4}=2.79\text{kvar}$

(5) 电焊机组：$P_{C5}=3.72\text{kW}$，$Q_{C5}=4.95\text{kvar}$

$$P_C = K_{\Sigma p}\sum_{i=1}^{n} P_{Ci} = 0.90\times(14+4.8+9.6+3.72+3.72)=32.26(\text{kW})$$

$$Q_C = K_{\Sigma q}\sum_{i=1}^{n} Q_{Ci} = 0.95\times(22.22+3.6+0+2.79+4.95)=31.88\ (\text{kvar})$$

$$S_C=\sqrt{P_C^2+Q_C^2}=\sqrt{32.26^2+31.88^2}=45.35(\text{kVA})$$

$$I_C=\frac{S_C}{\sqrt{3}U_r}=\sqrt{\frac{45.35}{3\times 0.38}}=68.90(\text{A})$$

在计算多组用电设备组的计算负荷时应当注意的是：当其中有一组短时工作的设备且容量相对较小时，短时工作的用电设备组的容量不计入总容量。

3. 单相负荷计算

单相用电设备应均衡分配到三相系统，使各相的计算负荷尽量接近，由于负荷效应最终要体现在电流上，所以三相平衡应包括三相电流的平衡。当单相负荷的总计算容量小于计算范围内三相对称负荷总计算容量的 15%时，可全部按三相对称负荷计算；当超过 15%时，应将单相负荷换算为等效三相负荷，再与三相负荷相加。

单相用电设备应尽可能均衡分配在三相线路上(单相设备的总容量不超过三相设备的 15%)，否则：

(1) 单相用电设备仅接于相电压，等效三相负荷取最大相负荷的 3 倍，$P_{\text{eq}}=3P_{\max}$。

(2) 单相用电设备仅接于线电压。假定 $P_{ab}>P_{bc}>P_{ca}$，当 $P_{bc}>0.15P_{ab}$时，$P_{\text{eq}}=$

$1.5(P_{ab}+P_{bc})$；当 $P_{bc}\leqslant 0.15P_{ab}$ 时，$P_{eq}=\sqrt{3}P_{ab}$。

(3) 用电设备分别接于线电压和相电压。先将接于线电压的单相用电设备换算为接于相电压的单相负荷，再将各负荷相加，选出最大相负荷取其3倍即为等效三相负荷。

【例2-3】 七层住宅中的一个单元，一梯二户，每户容量按6kW计，每相供电负荷分配如下：L1供一、二、三层；L2供四、五层；L3供六、七层，照明系统图见下。求此单元的计算负荷。

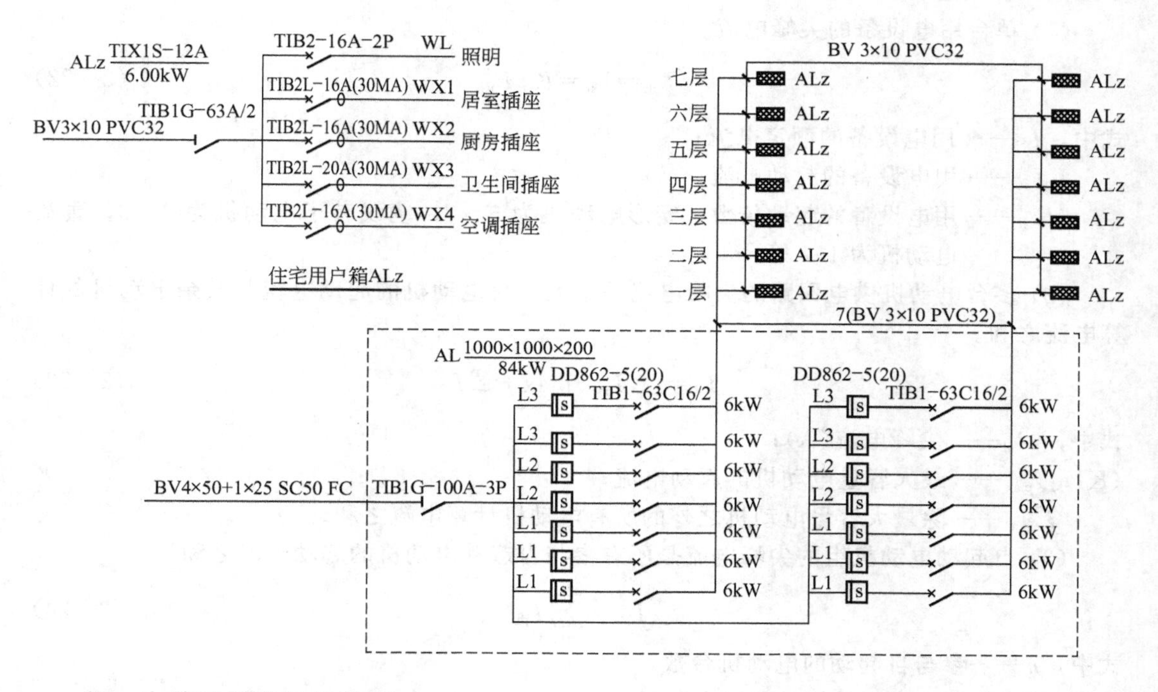

解：本单元的设备总容量：

$$Pe=\text{层数}\times\text{每层户数}\times\text{每户容量}=3\times2\times6=36(\text{kW})$$

每相容量：$Pe_{L1}=\text{供电层数}\times\text{每层户数}\times\text{每户容量}(\text{kW})$

$$Pe_{L2}=2\times2\times6=24(\text{kW})$$

$$Pe_{L3}=2\times2\times6=24(\text{kW})$$

最大相与最小相负荷之差：

$$Pe_{L1}-Pe_{L2}=36-24=12(\text{kW})$$

最大相与最小相负荷之差与总负荷之比：

$$\frac{12}{84}\times100\%=14.29\%<15\%$$

故本单元的设备等效总容量：

$$Pe=Pe_{L1}+Pe_{L2}+Pe_{L3}=24+24+36=84\ (\text{kW})$$

查表2-5可知 $KX=0.8$ $\cos\phi=0.9$ $\tan\phi=0.48$

有功功率 $P_C=K_X\cdot Pe=0.8\times84=67.20(\text{kW})$

无功功率 $Q_C = P_C \cdot \tan\phi = 67.2 \times 0.48 = 32.26$(kvar)

视在功率 $S_C = \sqrt{P_C^2 + Q_C^2} = \sqrt{67.2^2 + 32.26^2} = 74.54$(kVA)

计算电流 $I_C = \dfrac{S_C}{\sqrt{3}U_r} = \dfrac{74.54}{\sqrt{3} \times 0.38} = 113.26$(A)

4. 尖峰电流

尖峰电流一般出现在电动机起动过程中。计算电压波动、选择熔断器和自动开关、整定继电保护装置、校验电动机自起动条件时需要校验尖峰电流值。

(1) 单台用电设备的尖峰电流。

$$I_{pk} = I_{st} = K_{st} I_N \tag{2-22}$$

式中，I_N——用电设备的额定电流；

I_{st}——用电设备的起动电流；

K_{st}——用电设备的起动倍数：笼形电动机为5～7，绕线转子电动机为2～3，直流电动机为1.7等。

(2) 多台电动机供电回路的尖峰电流是最大一台电动机的起动电流与其余电动机的计算电流之和。

$$I_{jf} = (KI_{rM})\max + \sum I_C \tag{2-23}$$

式中，I_{jf}——尖峰电流(A)；

$(KI_{rM})_{max}$——最大容量电动机的起动电流；

$\sum I_C$——除最大容量电动机之外的所有电动机计算电流之和。

(3) 自起动电动机组的尖峰电流是所有参与自起动电动机的起动电流之和。

$$I_{jf} = \sum_{i=1}^{n} I_{jfi} \tag{2-24}$$

式中，n——参与自起动的电动机台数；

I_{jfi}——第 i 台电动机的起动电流(A)。

【例2-4】 有一0.38kV配电支线给电动机供电，已知有4台电动机，电动机起动电流之比设为 K，求该配电线路的尖峰电流，数据如表2-8所示。

表2-8 供电数据

电动机	1	2	3	4
K	5	4	5	2.8
I_{rM}/A	4	4	10	5

解：由已知条件，第三台电动机起动电流最大，故配电线路尖峰电流为

$$I_{jf} = K_3 I_{rM3} + (I_{rM1} + I_{rM2} + I_{rM4}) = [5 \times 10 + (4+4+5)] = 63(\text{A})$$

2.3.3 用电设备容量处理

进行负荷计算时，应先对用电设备容量进行如下处理。

(1) 单台设备的功率一般取其铭牌上的额定功率。

(2) 连续工作的电动机的设备容量即铭牌上的额定功率，是机械输出功率，未计入电动机本身的损耗。

(3) 照明负荷的用电设备容量应根据所用光源的额定功率再加上附属设备的功率，如气体放电灯、金属卤化物灯，为灯泡的额定功率加上镇流器的功耗。

(4) 低压卤钨灯的用电设备容量为灯泡的额定功率加上变压器的功率。

(5) 用电设备组的设备容量不应包括备用设备。非火灾时使用的消防设备容量应列入总设备容量。

(6) 消防时的最大负荷与非火灾时使用的最大负荷应择其大者计入总容量。

(7) 季节性用电设备(如制冷设备和采暖设备)应择其大者计入总设备容量。

(8) 反复短时工作制的用电设备功率应换算到暂载率为25%的设备功率。

(9) 单相负荷应均衡地分配到三相上。当单相负荷的总容量小于计算范围内负荷的总容量的15%时，全部按三相对称负荷计算；当单相用电设备不对称容量大于三相用电设备总容量的15%时，则设备容量应按3倍最大相负荷计算。

(10) 住宅的设备容量采用每户的用电指标之和。

2.3.4 单位面积功率法和负荷密度法确定计算负荷

$$P_C=\frac{P_e'S}{1000}\quad(\mathrm{kW})\tag{2-25}$$

式中，P_e'——单位面积功率(负荷密度)(W/m^2)；

S——建筑面积(m^2)。

2.4 建筑用电负荷的特征

随着城市建筑用地的日益减少和土地利用率的大大提高，现代建筑越来越多地向空间发展，同时都不同程度地表现出一定的社会经济、文化、商贸等多功能性。正是由于这些多功能性对建筑电气的设计和施工提出了更高的要求，所涉及的内容也就更多、更杂。就民用建筑供配电而言，现代建筑中主要用电负荷有以下几方面。

1. 给排水动力负荷

(1) 消防泵、喷淋泵这些均为消防负荷，火灾时是不能中断供电的。供电等级为本建筑物的最高负荷等级。这类设备一般均由备用机组供电，而消防泵、喷淋泵的主泵及备用泵在非火灾情况下是不使用的。这里应注意的是，消防泵、喷淋泵机房内的排污水泵的供电负荷等级应和它们的主设备相同。

(2) 生活水泵一般是为建筑物提供生活用水的。从供电的角度讲它属于非消防负荷，火灾时是不使用的。但由于它和人们的生活密切相关，故供电等级为本建筑物最高负荷等级。

2. 冷冻机组动力负荷

随着人们对生活舒适性要求的提高，采用冷冻机组技术夏季制冷、冬季制热的现代建筑日益增多。冷冻机组容量占设备总容量的30%～40%，年运行时间较长，耗电量大，在建筑供电系统中是不可忽视的，它的供电负荷等级一般为三级。在有些地区为了减少建筑物的运行费用，通常采用夏季用冷冻机组制冷，冬季用锅炉采暖的运行方式。这种情况下在变电所负荷统计时，应注意的一个地方是选取上述中较大的计入总容量；另一个要注意的就是采暖锅炉及其配套设备的供电负荷等级，根据锅炉吨位的不同，它的供电等级也有所不同，一般为二级或三级负荷。

3. 电梯负荷(非消防电梯、消防电梯)

高层建筑的垂直电梯，根据其用途的不同可分为非消防电梯和消防电梯。非消防电梯包括客梯、货梯两种。客梯一般为二、三级负荷，客梯的供电负荷根据建筑物供电负荷等级的不同也会有相应的变化。消防电梯一般是高层建筑内为了运送消防队员而设的专用电梯。消防电梯的供电负荷等级为建筑物的最高负荷等级。无论哪种电梯均要求单独回路供电。在多数建筑内消防电梯一般兼做非消防电梯中的客梯使用，这一点在变电所负荷计算时应值得注意。在商业建筑内经常采用的扶梯，其供电负荷等级根据商业建筑规模的大小一般为二、三级负荷。

4. 照明负荷

建筑内的照明负荷大体分为应急照明和普通照明两类。应急照明是火灾时绝对不能断电的负荷，一般为建筑物的最高供电负荷等级。普通照明负荷等级可为一、二、三级，根据建筑的使用性质而定。

5. 风机负荷

建筑内的风机可分为非消防风机和消防风机。消防风机负荷根据建筑物的使用性质不同，可分为一、二级负荷。非消防风机负荷等级一般偏低，按建筑物类别而定。

6. 弱电设备负荷

高层智能建筑物中的弱电系统，是现今建筑物的智能中枢神经系统，在各种通信及数据信息进行传递、交换、应答中都起到了关键的作用。弱电系统发展越来越快，系统种类繁多，设计负荷时，一般将弱电设备负荷按建筑物的最高供电负荷等级供电。

2.5 建筑供配电系统无功功率的补偿

电力系统中的供配电线路及变压器和大部分的负载都属于感性负载，它从电源吸收无功功率，功率因数较低，造成电能损耗和电压损耗，使设备使用效率相应降低。尤其是变压器轻载运行时，功率因数最低。供电部门征收电费时，将功率因数高低作为一项重要的经济指标。要提高功率因数，首先要合理选择和使用电器，减少用电设备本身所消耗的无功功率。一般在配电线路上装设静电电容器、调相机等设备，以提高整体配电线路的功率因数。

2.5.1 功率因数要求值

功率因数应满足当地供电部门的要求，当无明确要求时，应满足如下值。

(1) 高压用户的功率因数应为 0.90 以上。

(2) 低压用户的功率因数应为 0.85 以上。

2.5.2 无功补偿措施

1. 提高自然功率因数

(1) 正确选择变压器容量。

(2) 正确选择变压器台数，可以切除季节性负荷用的变压器。

(3) 减少供电线路感抗。

(4) 有条件时尽量采用同步电动机。

2. 采用电力电容器补偿

一般在负载两端并联电容器，可使整个电路功率因数提高，这种专门并联的电容器称为移相电容器。

(1) 低压侧集中补偿方式。在变电所低压侧装设移相电容器，对功率因数集中补偿。

(2) 设备附近就地补偿。在设备两端并联电容器，就地补偿功率因数。这种补偿的优点是效果好，能最大限度地减少系统的无功输送量，使得整个线路变压器的有功损耗减少，缺点是投资增加、电容器利用率低，且由于设备分散，难以统一管理。

对于连续运行的大容量设备宜采用就地补偿。

2.5.3 补偿的容量

(1) 在供电系统的方案设计时，无功补偿容量可按变压器容量的 15%～25% 估算。

(2) 在施工图设计时应进行无功功率计算。

电容器的补偿容量为

$$Q_C = P_C(\tan\phi_1 - \tan\phi_2) \tag{2-26}$$

式中，Q_C——补偿容量(kvar)；

P_C——计算负荷(kW)；

ϕ_1、ϕ_2——补偿前后的功率因数角。

常把 $\tan\phi_1 - \tan\phi_2 = \Delta q_C$，称为补偿率。

在确定了总的补偿容量后，即可以根据所选并联电容器的单个容量确定电容器个数，即

$$n = \frac{Q_C}{q_C} \tag{2-27}$$

式中，q_C——单个电容器的容量。

由上式计算所得的电容个数 n，要考虑单相、三相电容器差别，若使用单相电容器补偿三相设备，应把 n 乘以 3，以便三相平衡。

(3) 采用自动调节补偿方式时，补偿电容器的安装容量宜留有适当余量。

【例 2-5】 某用户为两班制生产，最大负荷月的有功电能为 35000kW·h，无功电能为 19500kvarh，则该用户的月平均功率因数是多少？欲将功率因数提高到 0.9，需装电容

器的总容量是多少？补偿率取 0.11。

解：(1) 根据月无功和有功电能求出功率因数，即

$$\cos\phi=\frac{35000}{\sqrt{35000^2+19500^2}}\approx0.87$$

(2) 补偿后的功率因数为 0.9，补偿率为 0.11。

用户为两班制生产，一班按 8h 计，一日生产 16h。

$$P_C=\frac{35000}{16\times30}=72.91(kW)$$

$$Q_C=P_Cq_C=72.91\times0.11\approx8.02(kvar)。$$

2.6 供配电系统中的能量损耗

当电流流过供配电线路和变压器时，引起的功率和电能损耗也要由电力系统供给。因此在确定计算负荷时，应计入这部分损耗。供电系统在传输电能过程中，线路和变压器损耗占总供电量的百分数称为线损率。供配电线路和变压器均具有电阻和电抗，因此功率损耗分为有功损耗和无功损耗两部分。

2.6.1 变压器的功率损耗

变压器的功率损耗分为有功功率损耗 ΔP_T 和无功功率损耗 ΔQ_T。

1. 有功功率损耗

有功功率损耗由空载损耗(铁损)和短路损耗(铜损)两部分组成。

$$\Delta P_T=\Delta P_0+\Delta P_k\left(\frac{S_C}{S_r}\right)^2 \tag{2-28}$$

式中，ΔP_T——变压器的有功功率损耗(kW)；

ΔP_0——变压器的空载有功功率损耗(kW)，可在产品手册查出；

ΔP_k——变压器的满载有功功率损耗(kW)，可在产品手册查出；

S_C——计算负荷的视在容量(kVA)；

S_r——变压器的额定容量(kVA)。

2. 无功功率损耗

无功功率损耗由变压器的空载无功损耗和额定负载无功损耗两部分组成。

$$\Delta Q_T=\Delta Q_0+\Delta Q_N\left(\frac{S_C}{S_N}\right)^2$$

$$\Delta Q_T\approx S_N\frac{I_0\%}{100}+S_N\frac{U_0\%}{100}\left(\frac{S_C}{S_N}\right)^2 \tag{2-29}$$

$$\approx S_N\left(\frac{I_0\%}{100}+\frac{U_0\%}{100}\beta^2\right)$$

式中，ΔQ_T——变压器无功功率损耗(kvar)；

ΔQ_0——变压器的空载无功功率损耗(kvar)；

ΔQ_N——变压器满载无功功率损耗(kvar)；

$I_0\%$——变压器空载电流占额定电流百分数，可在产品手册查出；

$\Delta u_k\%$——变压器阻抗电压占额定电压百分数，可在产品手册查出；

β——变压器负荷率。

在负荷计算中，当变压器负荷率不大于85%时，SL7、S7、S9、SC9型低损耗变压器功率损耗也可近似计算：

$$\Delta P_T = 0.01S_C \quad (\text{kW}) \tag{2-30}$$

$$\Delta Q_T = 0.05S_C \quad (\text{kvar}) \tag{2-31}$$

【例2-6】 某S9-1000/10型电力变压器额定容量为800kVA，一次电压为10kV，二次电压为0.4kV，低压侧有功计算负荷为300kW，无功计算负荷为330kvar。求变压器的有功损耗和无功损耗。

解：查资料得S9型变压器规格为

$$\Delta P_0 = 1.7\text{kW},\quad \Delta P_k = 10.3\text{kW},\quad I_0\% = 1.7,\quad \Delta u_k\% = 4.5$$

故变压器有功损耗为

$$\Delta P_T = \Delta P_0 + \Delta P_k\left(\frac{S_C}{S_r}\right)^2 = 1.7 + 10.3\left(\frac{800}{1000}\right)^2 \approx 8.29(\text{kW})$$

变压器的无功损耗为

$$\Delta Q_T = \Delta Q_0 + \Delta Q_k\left(\frac{S_C}{S_r}\right)^2 = \frac{1.7}{100}\times 1000 + \frac{4.5}{100}\times 1000\times\left(\frac{800}{1000}\right)^2 = 45.8(\text{kvar})$$

2.6.2 供电线路的功率损耗

三相供电线路的有功功率损耗ΔP_L为

$$\Delta P_L = 3I_C^2\cdot r_0\cdot l\times 10^{-3} \quad (\text{kW}) \tag{2-32}$$

无功功率损耗ΔQ_L为

$$\Delta Q_L = 3I_C^2\cdot X_o\cdot l\times 10^{-3} \quad (\text{kvar}) \tag{2-33}$$

式中，l——线路每相计算长度(km)；

r_0、x_0——线路单位长度的交流电阻和电抗。

“线间几何均距”是指三相线路间距离的几何平均值。假设A、B两相的线间距离为a_1，B、C两相的线间距离为a_2，C、A两相的线间距离为a_3，则此三相线路的线间几何均距$a_{av} = \sqrt[3]{a_1a_2a_3}$。

若三相线路为等边三角形排列，则$a_{av} = a_0$；若三相线路为水平等距离排列，则$a_{av} = \sqrt[3]{2a} = 1.26a_0$，$a_0$为相邻线间距离。

【例2-7】 有10kV送电线路，线路长30km，采用LJ-70型铝铰线，导线几何均距为1.25m，输送的计算功率为1000kVA，试求该线路的有功和无功功率损耗。

解：查资料，可得 LJ－70 型铝铰线电阻 $r_0=0.46\Omega/km$，当 $a_{av}=1.25m$ 时，$x_0=0.358\Omega/km$，所以

$$\Delta P_L=3I_C^2r_0l\times10^{-3}=\frac{S_C^2}{U_{r^2}}r_0l\times10^{-3}=\frac{1000^2}{10^2}\times0.46\times30\times10^{-3}=138(kW)$$

$$\Delta Q_L=I_C^2x_0l\times10^{-3}=\frac{S_C^2}{U_{r^2}}x_0l\times10^{-3}=\frac{1000^2}{10^2}\times0.358\times30\times10^{-3}=107.4(kvar)$$

2.6.3 供配电系统年电能损耗

在供配电系统中通常利用最大负荷损耗时间，近似地计算线路和变压器有功电能损耗。最大负荷损耗时间 τ 的物理意义为：当线路和变压器中以最大负荷电流流过 τ 小时后所产生的电能损耗，等于负荷实际变化时的电能总损耗。τ 与年最大负荷利用小时数 T_m 和负荷功率因数 $\cos\phi$ 有关。

1. 线路年电能损耗

线路年电能损耗公式为

$$\Delta W_L=\Delta P_L\tau \quad (kW\cdot h) \tag{2-34}$$

式中，ΔP_L——三相线路中有功功率损耗(kW)；

τ——最大负荷损耗小时数。

表 2－9 为不同用电行业的最大负荷利用小时数与年最大负载损耗小时数的典型值。表 2－10 为不同负荷类型的年最大负荷利用小时数。

表 2－9　不同用电行业的最大负荷利用小时数与年最大负载损耗小时数的典型值

行业名称	T_{max}/h	$\tau(\cos\phi=0.9)$	行业名称	T_{max}/h	$\tau(\cos\phi=0.9)$
有色电解	7500	6550	机械制造	5000	3400
化工	7300	6375	食品工业	4500	2900
石油	7000	5800	农村企业	3500	2000
有色冶炼	6800	5500	农业灌溉	2800	1600
黑色冶炼	6500	5100	城市生活	2500	1250
纺织	6000	4500	农村照明	1500	750
有色采选	5800	4350			

表 2－10　不同负荷类型的年最大负荷利用小时数

负荷类型	年最大负荷利用小时数 T_{max}/h	负荷类型	年最大负荷利用小时数 T_{max}/h
户内照明及生活用电	2000～3000	三班制企业用电	6000～7000
一班制企业用电	1500～2200	农业排灌用电	1000～1500
二班制企业用电	3000～4500		

2. 变压器年电能损耗

$$\Delta W_T=\Delta P_0 t+\Delta P_k\left(\frac{S_C}{S_r}\right)^2\tau \tag{2-35}$$

式中，t——变压器全年实际运行小时数；

ΔP_0——变压器空载有功功率损耗(kW)；

ΔP_k——变压器满载有功功率损耗(kW)；

τ——最大负荷损耗小时数，可按最大负荷利用小时数 T_m 及功率因数 $\cos\phi$，从表 2-5 和表 2-6 查得；

S_C——变压器计算负荷(kVA)；

S_r——变压器额定容量(kVA)。

2.6.4 线损率和年电能需要量计算

1. 线损率计算

线损率计算通常是采用一定时间内损失的电能和所对应总的供电量之比，即

$$\eta=\frac{\sum\Delta W_L+\sum\Delta W_T}{W}\cdot 100\% \tag{2-36}$$

式中，η——供电系统线损率；

$\sum\Delta W_L$——线路全年损失电量(kW·h)；

$\sum\Delta W_T$——变压器全年损失电量(kW·h)；

W——供电系统全年总供电量(kW·h)。

2. 年电能需要量计算

工厂一年内消耗的电能为年平均负荷与全年实际运行小时数的乘积，即

$$\begin{aligned}W_y&=\alpha_{av}\cdot P_C\cdot T_n(\text{kW}\cdot\text{h})\\ W_m&=\beta_{av}\cdot Q_C\cdot T_n(\text{kvarh})\end{aligned} \tag{2-37}$$

式中，P_C、Q_C——企业的计算有功功率、计算无功功率(kW，kvar)；

T_n——年实际运行小时数，一班制为 1860h，二班制为 3720h，三班制为 5580h；

α_{av}、β_{av}——年平均有功、无功负荷系数。

线路年平均损耗为

$$\Delta W_l=3I_C^2\cdot R\times\tau=\Delta P_l\cdot\tau$$

变压器年平均损耗

$$\Delta W_T\approx\Delta P_0\times 8760+\Delta P_k\cdot\beta^2\cdot\tau$$

2.7 典型建筑工程的负荷计算

某高层商业建筑，每层建筑面积 6500m²，共 5 层。其中一般照明(荧光灯)容量

680kW；应急照明(兼作一般照明光源为白炽灯)容量60kW；垂直消防电梯(交流兼作普通客梯)8台，每台12kW；扶梯(交流)30台，每台8kW；冷冻机三台，每台220kW；防排烟风机10台，每台12kW；通风机12台，每台12kW；消防水泵两台(一用一备)，每台40kW；喷淋泵两台(一用一备)，每台24kW；生活水泵两台(一用一备)，每台24kW。若要将整个建筑低压0.38kv系统的功率因数提升到0.92以上，试求该建筑总的计算负荷？

解：根据用电负荷的使用性质和功能进行分组。

1）消防负荷

(1) 消防电梯。

查表2-5：$K_{X1}=1$，$\cos\varphi_1=0.70$，$\tan\varphi_1=1.02$

$$P_{e1}=nP_{r1}=8\times12=96(\text{kW}),\ P_{c1}=P_{e1}K_{X1}=96\times1=96(\text{kW})$$

$$Q_{c1}=P_{c1}\tan\varphi_1=96\times1.02=97.9(\text{kvar})$$

(2) 防排烟风机。

查表2-5：$K_{X2}=1$，$\cos\varphi_1=0.80$，$\tan\varphi_1=0.75$

$$P_{e2}=nP_{r2}=10\times12=120(\text{kW}),\ P_{c2}=P_{e2}K_{X2}=120\times1=120(\text{kW})$$

$$Q_{c2}=P_{c2}\tan\varphi_2=120\times0.75=90(\text{kvar})$$

(3) 消防泵。

查表2-5：$K_{X3}=1$，$\cos\varphi_3=0.80$，$\tan\varphi_3=0.75$，因消防泵一用一备，计算负荷时不计入备用容量故仅需要一台容量进入计算。

$$P_{e3}=nP_{r3}=1\times40=40(\text{kW}),\ P_{c3}=P_{e3}K_{X3}=40\times1=40(\text{kW})$$

$$Q_{c3}=P_{c3}\tan\varphi_3=40\times0.75=30(\text{kvar})$$

(4) 喷淋泵。

查表2-5：$K_{X4}=1$，$\cos\varphi_4=0.80$，$\tan\varphi_4=0.75$，因喷淋泵2台，一用一备，计算负荷时只计入一台。

$$P_{e4}=nP_{r4}=1\times24=24(\text{kW}),\ P_{c4}=P_{e4}K_{X4}=24\times1=24(\text{kW})$$

$$Q_{c4}=P_{c4}\tan\varphi_4=24\times0.75=18(\text{kvar})$$

(5) 应急照明。

白炽灯：$K_{X5}=1$，$\cos\varphi_5=1.00$，$\tan\varphi_5=0.00$

$$P_{e5}=P_{r5}=60(\text{kW}),\ P_{c5}=P_{e5}K_{X5}=60\times1=60(\text{kW})$$

$$Q_{c5}=P_{c5}\tan\varphi_5=60\times0.00=0.00(\text{kvar})$$

综上消防总负荷：

$$P_{c消防}=P_{c1}+P_{c2}+P_{c3}+P_{c4}+P_{c5}=96+120+40+24+60=340(\text{kW})$$

$$Q_{c消防}=Q_{c1}+Q_{c2}+Q_{c3}+Q_{c4}+Q_{c5}=97.9+90+30+18+0=235.9(\text{kvar})$$

$$S_c=\sqrt{P_{C消防}^2+Q_{C消防}^2}=\sqrt{340^2+235.9^2}=413.82(\text{kVA})$$

2）非消防负荷

(1) 一般照明。

查表2-4：$K_{X1}=0.9$，$\cos\varphi_1=0.70$，$\tan\varphi_1=0.48$

$$P_{e1}=P_{r1}=680(\text{kW}),\ P_{c1}=P_{e1}K_{X1}=680\times0.9\text{kW}=612(\text{kW})$$

$$Q_{c1}=P_{c1}\tan\varphi_1=612\times0.48=293.76(\text{kvar})$$

(2) 扶梯。

查表 2－5：$K_{X2}=0.8$，$\cos\varphi_2=0.70$，$\tan\varphi_2=1.02$

$$P_{e2}=nP_{r2}=30\times8=240(\mathrm{kW}),\ P_{c2}=P_{e2}K_{X2}=240\times0.8=192(\mathrm{kW})$$

$$Q_{c2}=P_{c2}\tan\varphi_2=192\times1.02=195.84(\mathrm{kvar})$$

(3) 冷冻机。

查表 2－5：$K_{X3}=0.7$，$\cos\varphi_3=0.80$，$\tan\varphi_3=0.75$

$$P_{e3}=nP_{r3}=3\times220=660(kW),\ P_{c3}=P_{c3}K_{X3}=660\times0.7=462(\mathrm{kW})$$

$$Q_{c3}=P_{c3}\tan\varphi_3=462\times0.75=346.5(\mathrm{kvar})$$

(4) 通风机。

查表 2－5：$K_{X4}=0.6$，$\cos\varphi_4=0.80$，$\tan\varphi_4=0.75$

$$P_{e4}=nP_{r4}=12\times12=144(kW),\ P_{c4}=P_{e4}K_{X4}=144\times0.6=86.4(\mathrm{kW})$$

$$Q_{c4}=P_{c4}\tan\varphi_4=86.4\times0.75=64.8(\mathrm{kvar})$$

(5) 生活水泵。

查表 2－5：$K_{X5}=1$，$cos\varphi_5=0.80$，$tan\varphi_5=0.75$；生活水泵一用一备，故计算负荷时只计入一台。

$$P_{e5}=nP_{r5}=1\times24=24(\mathrm{kW}),\ P_{c5}=P_{e5}K_{X5}=24\times1=24(\mathrm{kW})$$

$$Q_{c5}=P_{c5}\tan\varphi_5=24\times0.75=18(\mathrm{kvar})$$

综上非消防总负荷：

$$P_{c非消防}=P_{c1}+P_{c2}+P_{c3}+P_{c4}+P_{c5}=612+192+462+86.4+24=1376.4(\mathrm{kW})$$

$$Q_{c非消防}=Q_{c1}+Q_{c2}+Q_{c3}+Q_{c4}+Q_{c5}=293.76+195.84+346.5+64.8+18=918.9(\mathrm{kvar})$$

平时工作总负荷应由所有非消防负荷和平时工作的消防负荷组成，即非消防负荷、垂直消防电梯负荷和应急照明负荷：

$$P_{c平时}=(1376.4+96+60)\times0.9=1379.16(\mathrm{kW})$$

$$Q_{c平时}=(918.9+97.9+0)\times0.9=915.12(\mathrm{kvar})$$

$$S_c=\sqrt{P_c^2+Q_c^2}=\sqrt{1379.16^2+915.12^2}=1655.12(\mathrm{kVA})$$

大多数消防负荷平时不工作，而火灾后启动工作，同时火灾后切断大容量的非消防负荷电源，此时应选取消防负荷和平时工作负荷中容量大者记为改建筑的总负荷。平时不工作的消防负荷不计入总负荷。因此，上述建筑物的总负荷为：$P_{C总}=1379.16\mathrm{kW}$，$Q_{C总}=915.12\mathrm{kvar}$，$S_C=1655.12\mathrm{kVA}$

补偿前的功率因数为：$\cos\varphi=\dfrac{P_C}{S_C}=\dfrac{1379.16}{1655.12}=0.83$

补偿后的功率因数要求大于等于 0.92，查表可得补偿率 $q_C=0.25$

所以用户总的预计无功补偿容量应为 $Q_C=P_Cq_C=1379.16\times0.25=344.79(\mathrm{kvar})$

根据表 2－11 选并联电容器的个数，选型号为 BCMJ0.4—30—3 的三相电容器，每个电容器额定容量为 30kvar。

$$n=\frac{344.79}{30}=11.5\approx12\ 个$$

用户总的无功补偿容量应为：$Q_补=12\times30=360(\mathrm{kvar})$

用户最终的无功容量为：$Q_{C补后}=Q_{C补前}-Q_补=915.12-360=555.12(\mathrm{kvar})$

$$S_C=\sqrt{P_C^2+Q_C^2}=\sqrt{1379.16^2+555.12^2}=1486.69(\mathrm{kVA})$$

$$I_C=\frac{S_C}{\sqrt{3}U_r}=\frac{1486.69}{\sqrt{3}\times 0.68}=2258.86(\mathrm{A}),\ \cos\varphi_{实际}=\frac{P_C}{S_C}=\frac{1379.16}{1486.69}=0.93$$

本章小结

本章主要讲述了建筑工程中用电负荷的概念和计算方法、负荷计算的原理、选用不同负荷计算方法的原则和要点、建筑用电负荷特征和配电系统无功功率补偿等。

本章的重点是负荷计算的方法。

思考与练习题

1. 日负荷曲线和年负荷曲线上面的参数有哪些？各参数之间的关系是什么？

2. 电器设备工作制如何划分？各类工作制有何特征？

3. 什么情况下进行负荷计算时，设备功率等于该设备的额定功率？

4. 设备容量如何确定？

5. 需要系数如何得出？

6. 为什么要计算尖峰电流？

7. 负荷计算要计算哪些参数？

8. 简述用需要系数法、二项式法和单位面积功率法计算负荷时，各自的适用范围。

9. 一厂房内冷加工机床组，共有额定电压380V的电动机30台，其中10kW电动机3台，4kW电动机6台，1.5kW电动机10台，2.8kW电动机10台，求计算负荷。

10. 某厂一降压变电所，有一台10/0.4kV的低损耗变压器。已知变电所低压侧有功计算负荷为540kW，无功计算负荷为730kvar，设计要求低压侧功率因数不得低于0.9。求此变电所在低压侧进行无功补偿的无功功率大小。

11. 某民用住宅楼有140户，每户设计负荷6kW，整个建筑用0.38kV线路供电，且要求三相负荷均匀分配，求该建筑的计算负荷。

第3章 建筑设备电气与控制

教学目标

本章主要讲述电气设备的选择原则、电气设备的功能，介绍低压电气设备、低压电气的保护特性配合、变频器、低压配电装置和低压配电箱的施工安装。要求通过本章的学习，达到以下目标：

(1) 掌握电气设备的功能和选择的原则；

(2) 了解现行低压电气设备；

(3) 掌握低压电气的保护特性配合；

(4) 掌握运用换土垫层法的施工工序和技术要点；

(5) 了解变频器、低压配电装置、低压配电箱的技术要求。

教学要求

知识要点	能力要求	相关知识
电气设备选择的原则	(1) 掌握按正常工作条件选择电气设备的方法 (2) 掌握按短路条件校验电气设备的动稳定和热稳定性能 (3) 掌握开关电器断流能力校验的方法	(1) 动稳定 (2) 热稳定 (3) 断流能力
电气设备的功能	(1) 掌握开关电器设备术语 (2) 了解低压电器设备的分类及用途	开关电器
低压电气设备	(1) 掌握断路器的功能和选择原则 (2) 掌握熔断器的功能和选择原则 (3) 掌握接触器的功能和选择原则 (4) 掌握热继电器的功能和选择原则 (5) 掌握漏电保护器的功能和选择原则 (6) 了解低压起动器和四极开关的功能和选择原则	(1) 断路器 (2) 熔断器 (3) 接触器 (4) 热继电器 (5) 漏电保护器 (6) 低压起动器和四极开关
低压电气的保护特性配合	掌握低压断路器的选择和整定	低压断路器
变频器	(1) 了解变频器工作原理 (2) 掌握变频器分类、选型	变频器
低压配电装置	了解低压配电装置的分类、配电等级	动力配电箱
低压配电箱的施工安装	(1) 了解低压配电箱的分类 (2) 了解低压配电箱的操作方法要求 (3) 了解低压配电箱的施工安装要求	(1) 工艺流程 (2) 明装 (3) 暗装

基本概念

动稳定、热稳定、断流能力、开关电器、断路器、熔断器、接触器、热继电器、漏电保护器、低压起动器和四极开关、低压断路器、变频器、动力配电箱、工艺流程、明装、暗装

引例

2011年3月开始，江西省新干县的某一个居民小区一台电压为400V，容量为500kW的低压小型柴油发电机组，在运行中偶尔出现不规律的主开关异常跳闸，从而使发电机运行受冲击，并且导致该电网不稳定的疑难故障，也就是俗话所说的"偷跳"现象。这种现象很不规律，有时一两小时出现一次，有时一天才出现一次。持续时间已有四个多月，严重影响了发电机组的安全、可靠与稳定运行，给居民的安全用电带来了不小的影响。经过各种原因的分析和设备的排除替换等手段都没有解决根本问题，结合以前的检查分析进行推断，最后决定重点检查开关屏。该发电机组的主开关采用DW10—1500/3型自动空气断路器，经检查其故障是润滑油添加过量，润滑油流到了失压脱扣器的衔铁和线圈上，并渗透到整个线圈内部，使线圈在承受工作电压，产生温升时，绝缘强度发生了变化，也就是引起了匝间短路的发生。所以说了解电气设备元件的原理和特性是很重要的。

3.1 电气设备的选择原则及功能

3.1.1 电气设备的选择原则

供配电系统中的电气设备的选择，既要满足在正常工作时能安全可靠地运行，同时还要满足在发生短路故障时不致产生损坏，开关电器还必须具有足够的断流能力，并适应所处的位置(户内或户外)、环境温度、海拔高度，以及防尘、防火、防腐、防爆等环境条件。电气设备的选择一般应根据以下原则。

1. 按工作环境及正常工作条件选择电气设备

(1) 根据电气装置所处的位置(户内或户外)、使用环境和工作条件，选择电气设备形式。

① 装在保护箱内或有围栏的控制屏上，仅允许运行人员接触。

② 装在可以锁门的控制箱及柜内，或装在特别隔开的房间内的控制屏上，该房间仅允许运行人员进入。

③ 装在不燃材料制成的防尘式控制箱、柜内。

④ 装在临近适于安装该类设备的房间内，或单独的配电室内。

⑤ 与可能堆积易燃品的地方保持适当的距离，该距离应使易燃品不致因电气设备产生火花而引起燃烧。

⑥ 装在适合于户外使用的控制箱、柜内。

(2) 按工作电压选择电气设备的额定电压。电气设备的额定电压 U_N 应不低于其所在

线路的额定电压$U_{W,N}$，即

$$U_N \geqslant U_{W,N} \tag{3-1}$$

(3) 按最大负荷电流选择电气设备的额定电流。

电气设备的额定电流I_N应不小于实际通过它的最大负荷电流I_{max}（或计算电流I_C），即

$$I_N \geqslant I_{max} \tag{3-2}$$

或

$$I_N \geqslant I_C \tag{3-3}$$

2. 按短路条件校验电气设备的动稳定和热稳定

为了保证电气设备在发生短路故障时不致损坏，必须按最大可能的短路电流校验电气设备的动稳定和热稳定。动稳定是指电气设备在短路冲击电流所产生的电动力作用下，电气设备不致损坏的能力。热稳定是指电气设备载流导体在最大稳态短路电流作用下，其发热温度不超过载流导体短路时的允许发热温度。

3. 开关电气断流能力校验

断路器和熔断器等电气设备担负着切断短路电流的任务，通过最大短路电流时必须可靠地切断，因此，开关电气还必须校验其断流能力。开关设备的断流容量不小于安装地点最大三相短路容量。

3.1.2 电气设备的功能

1. 开关电气设备术语

在开关设备的工程问题中，经常涉及的常用术语有隔离、控制、保护等。

1）隔离

隔离的用途：将回路或电器与装置的其余部分隔开或断开。

主要的隔离设备：隔离器、隔离开关和断路器。断路器和隔离开关一般安装在各回路的始端。

2）功能性通断

功能性通断的用途：在正常运行中可以使装置的任何部件通电或断电。

功能性通断操作可以是人力的(手动)或电气的(遥控)。主要的通断设备有开关、选择开关、接触器、脉冲继电器、断路器、电源插座等。主要通断性设备安装在装置的始端或负荷一侧。

3）电气保护

电气保护的用途：防止电缆和设备过载；防止由于运行故障而引起过电流；防止由于带电导体之间的故障而引起短路电流。主要电气保护设备有断路器、熔断器等。

2. 低压电气设备的分类及用途

在工业和民用工程中，要大量使用各种类型、各种具有特定功能的低压电气设备。低压电气是指电压在500V以下的各种控制设备、继电器及保护设备等。其主要品种包括刀

开关、转换开关、熔断器、低压断路器、接触器、磁力起动器及各种继电器等。低压电气设备的类型和用途见表3-1。

表3-1 低压电气的分类及用途

分类名称		主要品种	用途
配电电器	断路器	万能式断路器 塑料外壳式断路器 限流式断路器 灭磁断路器 漏电保护断路器	用做交、直流线路的过载、短路或欠电压保护，也可用于不频繁通断操作电路。用于发电机励磁电路保护。漏电保护断路器用于人身触电保护
	熔断器	有填料封闭管式熔断器 保护半导体器件熔断器 无填料密闭管式熔断器 自复熔断器	用做交、直流线路和设备的短路和过载保护
	刀开关	熔断器式刀开关 大电流刀开关 负荷开关	用做电路隔离，也能接通与分断电路额定电流
	转换开关	组合开关 换向开关	主要作为两种及以上电源或负载的转换和通断电路用
控制电器	接触器	交流接触器 直流接触器 真空接触器 半导体接触器	用做远距离频繁地起动或控制交、直流电动机以及接通分断正常工作的主电路和控制电路
	控制继电器	电流继电器 电压继电器 时间继电器 中间继电器 热过敏继电器 温度继电器	在控制系统中，做控制其他电器或做主电路的保护之用
	起动器	电磁起动器 手动起动器 农用起动器 自耦减压起动器 Y-△起动器	用做交流电动机的起动或正反向控制
	控制器	凸轮控制器 平面控制	用做电气控制设备中转换主回路或励磁回路的接法，以达到电动机的起动、换向和调速
	主令电器	按钮 限位开关 微动开关 万能转换开关	用做接通、分断控制电路，以发布命令或用做程序控制

3. 低压电气的选用

低压电气品种繁多，选择时应遵循以下两个基本原则。

(1) 安全性。所选设备必须保证电路及用电设备安全可靠地运行，保证人身安全。

(2) 经济性。在满足安全要求和使用需要的前提下，尽可能采用合理的、经济的方案及电气设备。低压电器的选择条件见表 3-2。

表 3-2 低压电气的选择条件

选择条件 设备名称	额定电压不小于回路工作电压	额定电流不小于回路工作电流	设备遮断电流不小于短路电流	设备动热稳定保证值不小于计算值	按回路起动情况选择
刀开关及组合开关	√	√		√	
熔断器	√	√	√		√
断路器	√	√	√		√
交流接触器	√	按电动机容量或电流选等级及型号		√	

3.2 低压电气设备

3.2.1 断路器

低压断路器是建筑工程中应用最广泛的一种控制设备，也称为自动断路器或空气开关。它除了具有全负荷分断能力外，还具有短路保护、过载保护、失电压和欠电压保护等功能。断路器具有很好的灭弧能力，常用做配电箱中的总开关或分路开关。

1. 低压断路器的工作原理

低压断路器的原理结构如图 3.1 所示，当出现过载时，电流增大，发热元件 6 发热，使双金属片 8 弯曲，通过顶杆顶开锁扣 3，拉力弹簧 1 使之跳闸；出现短路时，电磁铁 5 产生强大吸力，使顶杆顶开锁扣 3 而跳闸；失电压或欠电压时，电磁铁 7 吸力降低，拉力弹簧 9 的弹力使顶杆顶开锁扣 3，使开关跳闸。

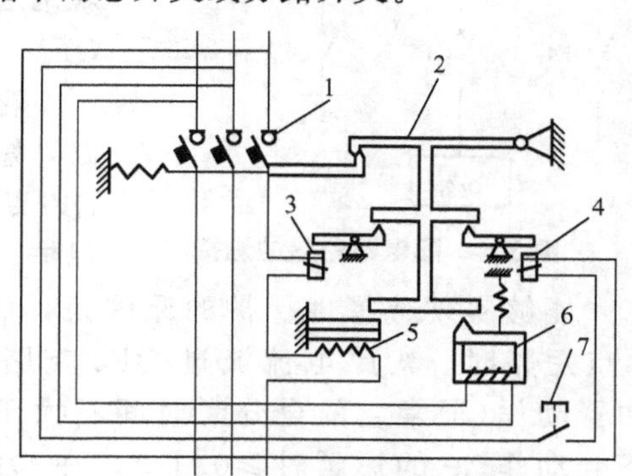

图 3.1 低压断路器原理结构图

1—主触头；2—自由脱扣器；3—过电流脱扣器；4—分励脱扣器；5—热脱扣器；6—失压脱扣器；7—按钮

2. 低压断路器的分类

低压断路器的种类繁多，可按使用类别、结构形式、灭弧介质、用途、操作方式、极数、安装方式等多种方式进行分类。

3. 低压断路器选择应用

1）根据需要选择脱扣器

断路器脱扣器形式主要有热磁式和电子式两种。热磁式的脱扣器最多只能提供过载长延时保护和短路瞬动保护；而电子式的脱扣器有的具有两段保护功能，有的具有3段保护功能，即过载长延时保护、短路短延时保护和短路瞬动保护功能，如图3.2和图3.3所示。

图3.2 国产ZN28A、ZN28系列断路器

图3.3 ZN63A－12(VS1)户内交流高压真空断路器

额定电流在600A以下，且短路电流较小时，可选用塑壳断路器；额定电流较大，短路电流亦较大时，应选用万能式断路器。

2）根据负荷选择断路器

配电型断路器有A类和B类之分：A类为非选择型，B类为选择型。

最常见的负载有配电线路、电动机和家用与类似家用(照明、家用电器等)3大类。

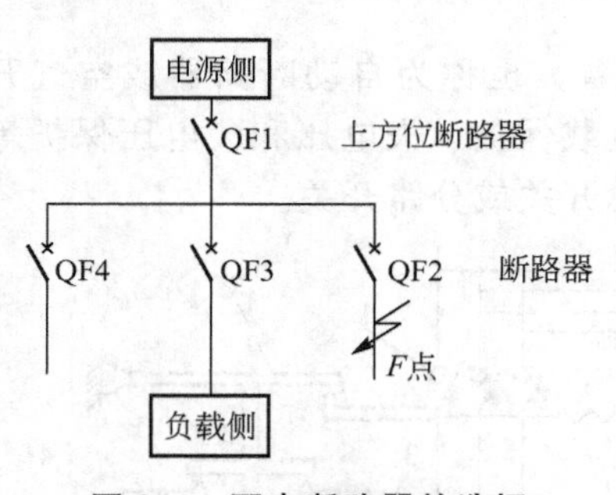

图3.4 配电断路器的选择

(1) 配电型断路器。配电型断路器具有选择性保护，如图3.4所示。当F点短路时，只有靠近F点的QF2断路器动作，而上方位的QFl断路器不动作，这就是选择性保护(由于QFl不动作，就使未发生故障的QF3、QF4支路保持供电)。

若QF2和QFl都是A类断路器，当F点发生短路，短路电流值达到一定值时，QFl、QF2同时动作，QFl断路器回路及其支路全部停电，则为非选择性保护。

能够实现选择性保护的原因是，QFl为B类断路器，具有短路短延时性能，当F点短路时，短路电流流过QF2支路，同时也流过QFl回路，QF2的瞬时动作脱扣器动作(通常它的全分断时间不大于0.02s)，因QFl的短延时，QFl在0.02s内不会动作(它的短延时≥0.1s)。在QF2动作切断故障线路时，整个系统就恢复了正常。可见，如果要达到选择性保护的要求，上一级的断路器应选用具有3段保护的B型断路器。表3－3为配电保护型断路器的反时限断开特性。

表 3－3 配电保护型断路器的反时限断开特性

通过电流名称	整定电流倍数	约定时间/h		
		$I_n \leqslant 63A$		$I_n \geqslant 63A$
约定不脱扣电流	$1.05I_n$	≥1		≥2
约定脱扣电流	$1.30I_n$	<1		<2
返回特性电流	$3.01I_n$	可返回时间/s		
		5	8	12

可返回特性指的是考虑到配电线路内有电动机群，由于电动机仅是其负载的一部分，且电动机群不会同时起动，故确定为 $3I_n$（I_n 为断路器的额定电流，$I_n \geqslant I_L$，I_L 为线路额定电流），对断路器进行试验，当试验电流为 $3I_n$ 时保持 5s（$I_n \leqslant 40A$ 时），8s（$40A < I_n < 250A$ 时），12s（$I_n > 250A$ 时），然后将电流返回至 I_n，断路器应不动作，这就是返回特性。

配电保护型的瞬动整定电流为 $10I_n$（误差为±20%），I_n 为 400A 及以上规格，可以在 $5I_n$ 和 $10I_n$ 中任选一种（由用户提出，制造厂整定）；电动机保护型的瞬动整定电流为 $12I_n$，一般设计时 I_n 可以等于电动机的额定电流。

（2）电动机保护型断路器。对于直接保护电动机的电动机保护型断路器，只要有过载长延时和短路瞬时的二段保护性能就可以了，也就是说它可选择 A 类断路器（包括塑壳式和万能式）。

表 3－4 为电动机保护型断路器的反时限断开特性。

表 3－4 电动机保护型断路器的反时限断开特性

通过电流名称	整定电流倍数	约定时间
约定不脱扣电流	$1.0I_n$	≥2h
约定脱扣电流	$1.2I_n$	<2h
	$1.5I_n$	按电动机负载性质可以选 2、4、8、12min 之内动作，一般选 2～4min
	$7.2I_n$	$7.2I_n$ 也是一种可返回特性，它必须躲过电动机的起动电流（5～7 倍 I_n）

（3）家用断路器。家用和类似场所的保护，也是一种小型的 A 类断路器。配电（线路）、电动机和家用等的过电流保护断路器，因保护对象（如变压器、电线电缆、电动机和家用电器等）的承受过载电流的能力（包括电动机的起动电流和起动时间等）有差异，因此，选用的断路器的保护特性也是不同的。表 3－5 为家用和类似场所用断路器的过载脱扣特性。

表 3－5 中 B、C、D 型是瞬时脱扣器的形式：B 型脱扣电流 $>3\sim5I_n$；C 型脱扣电流 $>5\sim10I_n$；D 型脱扣电流 $>10\sim50I_n$。用户可根据保护对象的需要，任选其中的一种。

表 3-5　家用和类似场所用断路器的过载脱扣特性

脱扣器形式	断路器的脱扣器额定电流 I_n	通过电流	规定时间(脱扣或不脱扣极限时间)	预期结果
B、C、D	≤63	$1.13I_n$	≥1h	不脱扣
	>63		≥2h	
B、C、D	≤63	$1.45I_n$	<1h	脱扣
	>63		<2h	
B、C、D	≤32	$2.55I_n$	1～60s	脱扣
	>32		1～120s	
B	所有值	$3I_n$	≥0.1s	不脱扣
C		$5I_n$		
D		$10I_n$		
B	所有值	$5I_n$	<0.1s	脱扣
C		$10I_n$		
D		$20I_n$		

4. 低压断路器灵敏度校验

低压断路器短路保护灵敏度应满足以下关系

$$K_S=\frac{I_{K,min}}{I_{OP}}\geqslant 1.3 \tag{3-4}$$

式中，K_S——灵敏度；

I_{OP}——瞬时或短延时过电流脱扣器的动作电流整定值(kA)；

$I_{K,min}$——保护线路末端在最小运行方式下的短路电流(kA)。

3.2.2　接触器

接触器是在按钮或继电器的控制下，通过电磁铁在通电时的吸引力使动触头、静触头闭合或断开的控制电器。在正常条件下，接触器主要通过频繁地切断、接通电路，来控制需要频繁起动的控制对象。通常接触器只能进行负荷电流的通断操作，不能切断过载的电流和故障电流。因此，接触器经常和熔断器、热继电器配合使用。

交流接触器(图 3.5)广泛用于电力的开断和控制电路。它利用主接点来开闭电路，用辅助接点来执行控制指令。主接点一般只有常开接点，而辅助接点常有两对具有常开和常闭功能的接点，小型的接触器也经常作为中间继电器配合主电路使用。交流接触器结构原理如图 3.6 所示。

1）分类

交流接触器是一种用于远距离频繁地接通和断开交流 50Hz(或 60Hz)，电压至 380V(或 660/690V，有的主电路还可至 1000/1140V)的主电路及控制电路的电器，其主要控制对象为交流电动机，也可控制其他电力负载，如电热器、照明灯、电焊机、变压器和电容器组等。

(a) 外形

(b) 结构

图 3.5 交流接触器的外形与结构

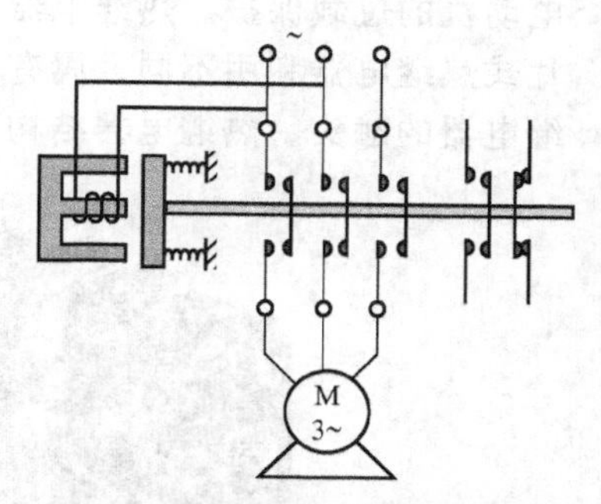

图 3.6 交流接触器结构原理图

直动式交流接触器控制的电动机主要是鼠笼式，由于其体积小，普遍用于机床行业中。转动式交流接触器控制的电动机为绕线式，主要用于起重设备中及冶金、轧钢等企业。

(1) 按照灭弧方式分为空气式和真空式。

(2) 按照操动方式分为电磁式、气动式和电磁气动式。

(3) 接触器额定电压参数分为高压和低压，低压一般为 380V、500V、660V、1140V 等。

(4) 电流按形式分为交流、直流。

(5) 按有无触头可分为有触头式接触器和无触头式接触器。

(6) 按主触头的极数可分为单极、双极、三极、四极和五极等。

2) 接触器的选择

接触器作为通断负载电源的设备，其选用应按满足被控制设备的要求进行，除额定工作电压与被控设备的额定工作电压相同外，被控设备的负载功率、使用类别、控制方式、操作频率、工作寿命、安装方式、安装尺寸及经济性是选择的依据。选用原则如下。

(1) 交流接触器的电压等级要和负载相同，选用的接触器类型要和负载相适应。

(2) 负载的计算电流要符合接触器的容量等级，即计算电流小于等于接触器的额定工作电流。接触器的接通电流大于负载的起动电流，分断电流大于负载运行时分断需要电流。负载的计算电流要考虑实际工作环境和工作情况，对于起动时间较长的负载，半小时内峰值电流不能超过约定发热电流。

(3) 按短路时的动、热稳定校验。线路的三相短路电流不应超过接触器允许的动、热稳定电流，当使用接触器断开短路电流时，还应校验接触器的分断能力。

(4) 接触器吸引线圈的额定电压、电流及辅助触头的数量、电流容量应满足控制回路接线的要求。要考虑接在接触器控制回路的线路长度，一般推荐的操作电压值，接触器要能够在 85%～110%的额定电压值下工作。如果线路过长，由于电压降太大，接触器线圈对合闸指令有可能不能反应；另外线路电容太大，也有可能对跳闸指令不起作用。

(5) 根据操作次数校验接触器所允许的操作频率。如果操作频率超过规定值，额定电流应增大 1 倍。

(6) 短路保护元件参数应该和接触器参数配合选用。

3.2.3 热继电器

热继电器(图 3.7)是利用电流热效应原理制成的一种保护用的继电器，广泛地应用于电动机的过载保护。热继电器主要有双金属片式、热敏电阻式和易熔合金式 3 种。双金属片式热继电器利用不同金属有不同的热膨胀系数的原理制成。当金属受热弯曲后，则推动继电器的触头。热继电器结构原理如图 3.8 所示。

(a) 外形

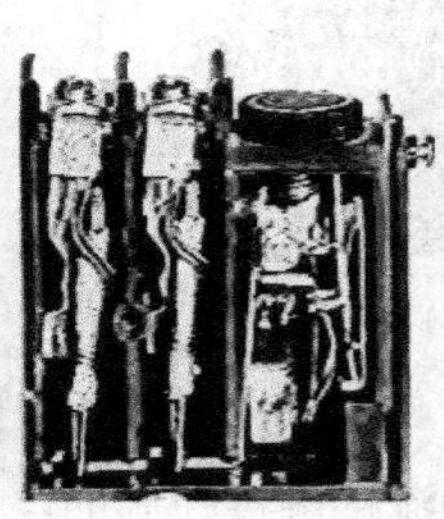

(b) 结构

图 3.7 热继电器的外形与结构

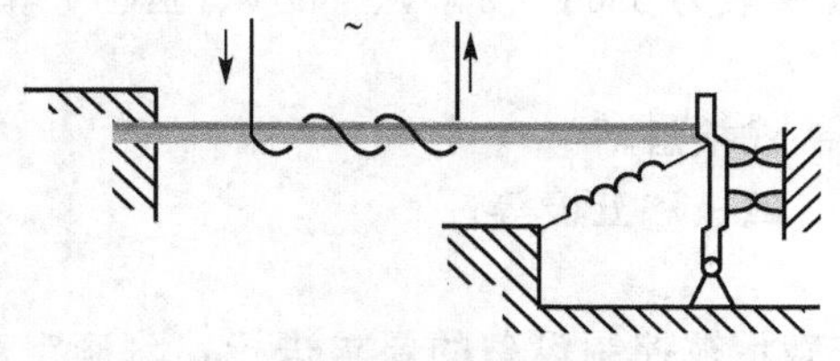

图 3.8 热继电器结构原理图

热继电器主要用于电动机的过载保护，使用中应考虑电动机的工作环境、起动情况、负载性质等因素，具体应按以下几个方面来选择。

(1) 热继电器结构形式的选择。星形接法的电动机可选用两相或三相结构热继电器，三角形接法的电动机应选用带断相保护装置的三相结构热继电器。

(2) 热继电器的动作电流整定值一般为电动机额定电流的 1.05～1.1 倍。

(3) 对于重复短时工作的电动机(如起重机电动机)，由于电动机不断重复升温，如果热继电器双金属片的温升跟不上电动机绕组的温升，电动机将得不到可靠的过载保护。因此，不宜选用双金属片热继电器，而应选用过电流继电器或能反映绕组实际温度的温度继电器来进行保护。

(4) 热继电器的额定电压应不小于电动机的额定电压。

(5) 电动机的使用条件和负荷性质。当负荷性质不允许停机，即便过载会使电动机寿命缩短，也不应该让电动机脱扣，以免产生巨大损失。这种情况下最好采用热继电器和其他保护电器有机组合的保护措施，只有在发生非常危险的过载时方可考虑脱扣。

(6) 操作频率。当电动机的操作频率超过热继电器的操作频率时，热继电器就不能提供保护，可考虑选用半导体温度继电器进行保护。

3.3 低压配电装置

3.3.1 低压配电装置的分类

低压配电箱(柜)是按电气接线要求将开关设备、测量仪表、保护电器和辅助设备组装在封闭或半封闭的金属柜中，构成低压配电装置。

低压配电箱(柜)在正常运行时可借助手动或自动开关接通或分断电路，出现故障或不正常运行时则借助保护电器切断电路或报警。测量仪表可显示运行中的各种参数，还可对某些电气参数进行调整，当偏离正常工作状态时进行提示或发出信号，常用于各发、配、变电所中。

常用配电箱柜的符号见表 3-6。

表 3-6 常用配电箱柜的符号

名称	编号	电气箱柜名称	编号	电气箱柜名称	编号
高压开关柜	AH	低压动力配电箱柜	AP	计量箱柜	AW
高压计量柜	AM	低压照明配电箱柜	AL	励磁箱柜	AE
高压配电柜	AA	应急电力配电箱柜	APE	多种电源配电箱柜	AM
高压电容柜	AJ	应急照明配电箱柜	ALE	刀开关箱柜	AK
双电源自动切换箱柜	AT	低压负荷开关箱柜	AF	电源插座箱	AX
直流配电箱柜	AD	低压电容补偿柜	ACC 或 ACP	建筑自动化控制器箱	ABC
操作信号箱柜	AS	低压漏电断路器箱柜	ARC	火灾报警控制器箱	AFC
控制屏台箱柜	AC	分配器箱	AVP	设备监控器箱	ABC
继电保护箱柜	AR	接线端子箱	AXT	住户配线箱	ADD
信号放大器箱	ATF				

3.3.2 低压配电装置的结构

分配电能的箱体叫做配电箱，主要用做对用电设备的控制、配电，并且对线路的过载、短路、漏电起保护作用。配电箱安装在各种场所，如学校、机关、医院、工厂、车间、家庭等，以及照明配电箱、动力配电箱等。

1. 开关柜

开关柜是一种成套开关设备和控制设备，作为动力中心和主配电装置，主要用做对电力线路、主要用电设备的控制、监视、测量与保护，常设置在变电站、配电室等处，如图 3.12 所示。

动力配电柜，进线 380V 电压，交流三相进线，主要作为电动机等动力设备的配电，动力配电断路器选择配电型、动力型(短时过载倍数中、大)。

照明配电柜，进线 220V 电压，交流单相进线，或进线 380V 电压，交流三相进线，照明配电断路器一般选择配电型、照明型(短时过载倍数中、小)。

2. 智能配电柜

智能配电柜的特点如下。

图 3.12　KYN28－12 金属铠装开关柜

（1）远程控制。在配电箱内采用微机处理程序，根据无线电遥控、电话遥控及用户要求(面板)进行控制，实现远程控制，如图 3.13 和图 3.14 所示。

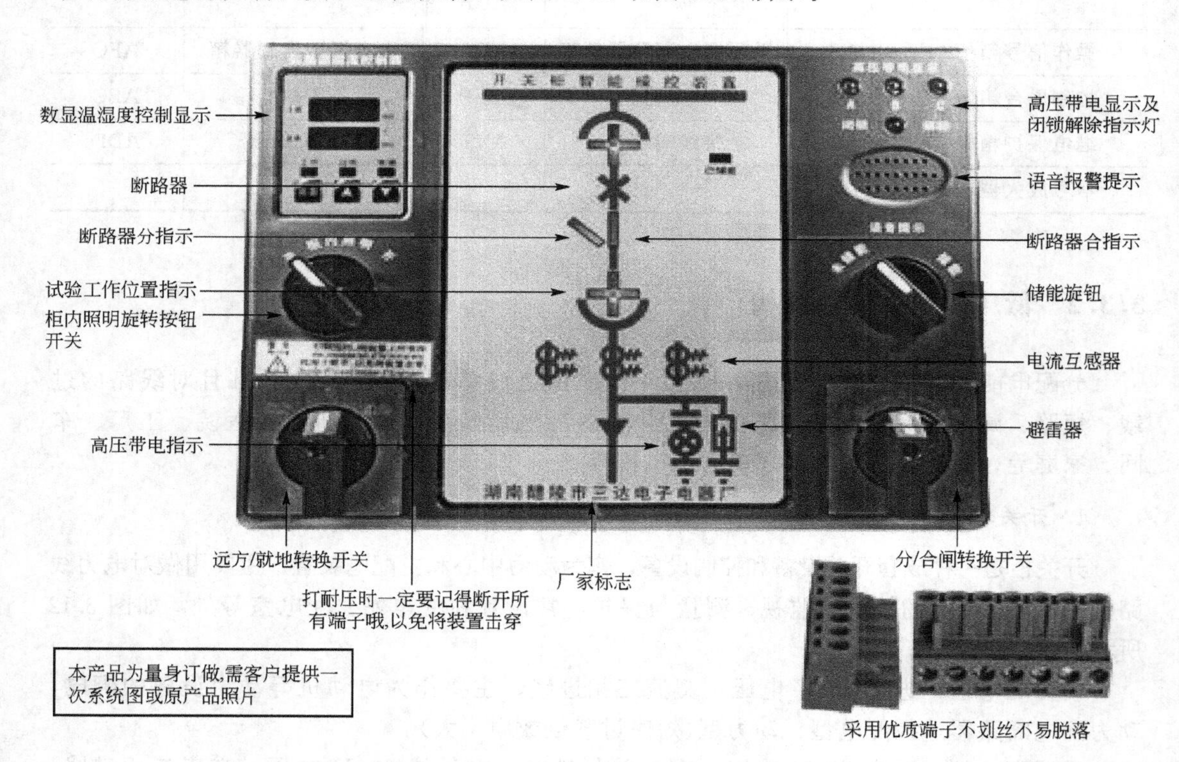

图 3.13　三达开关柜智能操控产品实物正面图

（2）功能齐全。除拥有原配电箱的隔离断开、过载、短路、漏电保护功能外，还实现了人性化操作控制。具备了定时、程序控制、监控、报警及声音控制、指纹识别等功能。

（3）硬件配合。相应的断路器与漏电保护器均按照设计要求安装到配电箱内；电路控

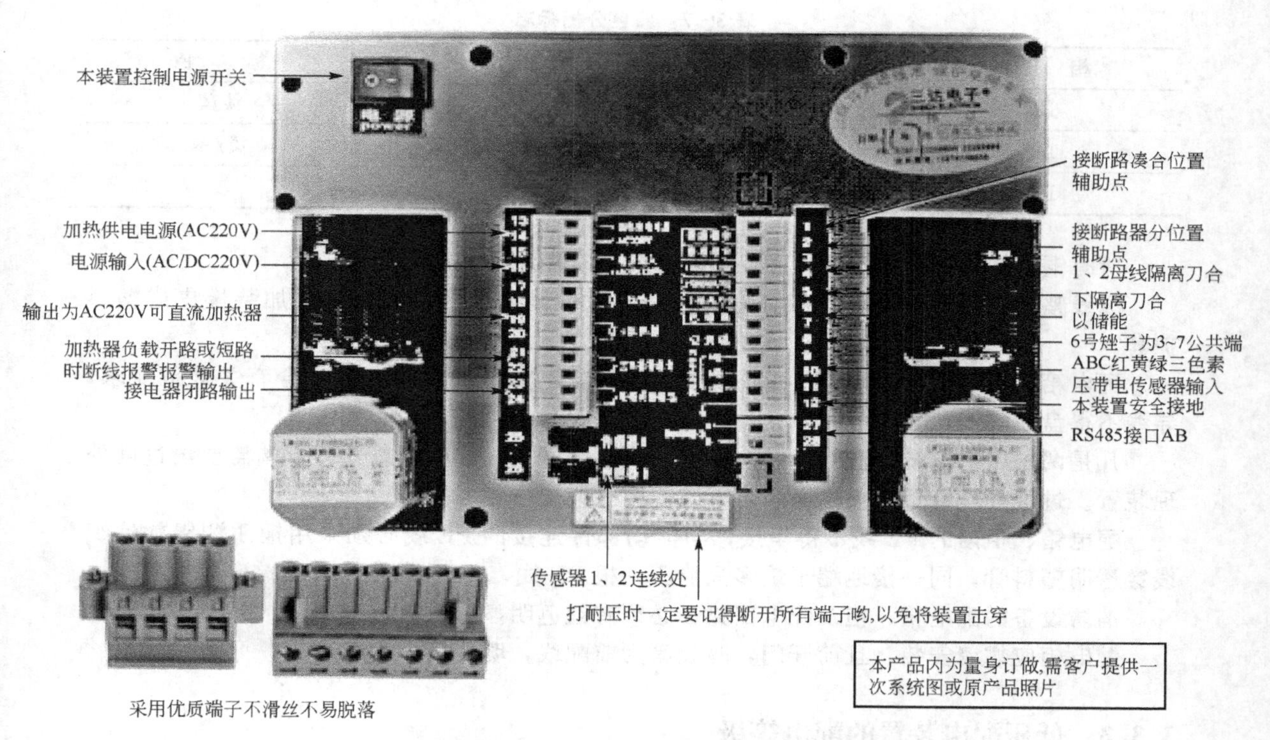

图 3.14　三达开关柜智能操控产品实物背面图

制板采用继电器、晶闸管与晶体管作为输出，对电器进行控制；输入采用模块化接口，有模拟量、开关量两种方式；面板控制采用触摸方式，遥控器采用无线电或者红外线方式进行控制。

（4）布线方式。由于采用集中控制，原有的穿线必须换掉或者增加控制信号，因此配管必须增大型号。

3．配电箱

配电箱和开关柜除了功能、安装环境、内部构造、受控对象等不同外，最显著的区别是外形尺寸不同：配电箱体积小，可暗设在墙内，可矗立在地面；而开关柜体积大，只能装置在变电站、配电室内。

配电箱、柜上的电器、仪表应符合电器、仪表排列间距要求。紧固件均采用镀锌件。二次配线均采用加套管编序，线径按厂家标准。分层配电箱接线应考虑干线进出。开关接线端子应与导线截面匹配。配电箱、柜装有计量仪表的导线(如多芯铜线)须采用套管或线鼻压接，并做好搪锡。电器安装后的配线须排列整齐，用尼龙带绑扎成束或敷于专用线槽内，并卡固在板后或柜内安装架处，配线应留适当长度。

配电箱、柜所装的各种开关、继电器，当处于断开状态时，可动部分不宜带电；垂直安装时。上端接电源，下端接负荷，水平安装时，左端接电源，右端接负荷(指面对配电装置)。

配电箱、柜电源指示灯，应接在总电源开关前侧。配电箱、柜内的配线须按设计图样相序分色。

配电箱、柜内的电源母线，应有颜色分相标志，见表 3-7。

表 3-7　颜色分相标志

相　　序	标　　色	相　　序	标　　色
L1	黄	N	淡蓝
L2	绿	PE	黄/绿
L3	红		

所有铜母线连接处做搪锡处理，裸露部分均喷黑漆，并贴色标。

配线整齐、清晰，导线绝缘良好。导线穿过铁制安装孔、面板时要加装橡皮或塑料护套。

配电箱、柜内的N线、PE线必须设汇流排，汇流排的大小必须符合有关规范要求，导线不得盘成弹簧状。

凡是两根以上电缆(包括有π接的电缆)进一个开关的配电箱总开关上端需要设过度处理装置。过度处理装置的规格必须与系统图中电缆规格相匹配。

配电箱、柜内的PE线不得串接，与活动部件连接的PE线必须采用铜质涮锡软编织线穿透明塑料管，同一接地端子最多只能压一根PE线，PE线截面应符合施工规范要求。

消防设备的配电箱、柜及配电回路，必须有红色明显标识。

配电柜应靠墙安装，且前开门，暗装箱为前配线，明装箱为后配线。

3.3.3　低压配电装置的配电等级

变压器低压380V(400V)出线进入低压配电柜，经过配电柜对电能进行了一次分配(分出多路)，即是一级配电。

一级配电出线到各楼层配电箱(柜)，再次分出多路，此配电箱对电能进行了第二次分配，属二级配电。

二次分配后的电能可能还要经过区域配电箱的第三次电能分配，即三级配电。

一般配电级数不宜过多，过多使系统可靠性降低，但也不宜太少，否则故障影响面会太大，民用建筑常见的是采取三级配电，规模特别大的也有四级。

配电箱的保护是指漏电脱扣保护功能，一般是设置在配电系统的第二级或第三级出线端，分别用来保护第三级和终端用电器。

3.4　低压配电箱的施工安装案例

3.4.1　低压配电箱的施工安装工艺流程

工艺流程：清理洞口(明装测量定位放线)→箱盘就位→电气配件组装→柜盘二次回路接线→试验调整→送电试运行→工程验收。

3.4.2 低压配电箱的施工安装操作方法要求

(1) 按图样要求将暗装配电箱位置、测位找准，定位放线、预留箱体洞口。

(2) 暗装配电箱先将配电箱按照要求的高度定位，箱体与墙面距离 1cm(墙面抹灰层为 1cm)，配电箱与墙面接触四周应无空隙，其面板四周边缘应紧贴，墙面配管与箱体连接应做到一管一孔，顺直入箱，露出长度小于 5mm，管孔吻合。未用的敲落孔不应敲落，箱体与配管连接处不应开长孔和用电气焊开孔。

(3) 削电线绝缘层时应分层(两次)完成，第一次削去绝缘层，且削出裸线，长度要适当；第二次削去电线保护层，其长度不得大于 10mm。

(4) 配电箱内，应分别设置中性线和保护地线(PE 线)汇流排，中性线和保护线应在汇流排连接，不得绞接，并应有编号。

(5) 配电板上的设备应排列整齐，板后的布线不要挤压太紧，不得将电线压在配电板的边缘，接地应符合要求。

(6) 接完线后，应清扫箱内安装过程中的杂物，绘出配电板的单线系统图，贴在箱门的背后或在板面做出回路标志。

(7) 配电板上的各种电器布置(包括出线口等)距板面四周均不得小于 30mm，各种电器间的水平距离也不得小于 30mm，其垂直距离应在拉闸时不碰到上面的闸尾为宜。

(8) 明装配电箱用膨胀螺栓直接固定在墙上，配电箱应安装在安全、干燥、易操作的场所，配电箱内配线应排列整齐，并绑扎成束，压头牢固可靠，配电箱上的电气器具应牢固、平整、间距均匀、启闭灵活，铜端子无松动，零部件齐全。

根据设计要求找出配电箱位置，并按照箱外形尺寸进行弹线定位，确定固定点位置，用电锤在固定点位置钻孔，孔的大小应刚好将金属膨胀螺栓的胀管部分埋入墙内，将配电箱调整平直后固定。管线入箱后，将导线理顺，分清支路和相序，绑扎成束，剥削导线端头，逐个压在器具上。进出配电箱的导线应留有适当余度。

(9)配电箱位置正确，部件齐全，箱体开孔合适，切口整齐。暗式配电箱盖紧贴墙面；中性线、地线经汇流排连接，无绞接，箱体油漆完整。

(10) 配电箱(盘、板)安装允许偏差的要求如下。

① 对于盘、板垂直度的要求是箱(盘、板)体高 50cm 以下允许偏差 1.5‰；体高 50cm 及以上允许偏差 3mm。

② 明开关的底板和暗开关的面板并列安装高度差允许偏差为 0.5mm。

③ 同一场所高度差允许偏差为 5mm；面板垂直度允许偏差为 0.5mm。

3.4.3 低压配电箱安装的技术要求

在低压配电箱安装的施工过程中，配电箱的设置位置是十分重要的，位置不正确不但会给安装和维修带来不便，还会影响建筑物的结构强度。安装位置应便于操作与维修，尽可能安装在用电设备附近。低压配电箱应安装在干燥、通风及常温场所。

根据设计要求找出配电箱位置，并按照配电箱外形尺寸定位，配电箱安装底口距地一般为 1.5m，明装电度表板底口距地不小于 1.8m。在同一建筑物内，同类配电箱安装高度应一致，允许偏差10mm。为了保证使用安全，配电箱与采暖管的距离不应小于300mm；与给排水管道的距离不应小于200mm；与煤气管、表的距离不应小于300mm。安装在室外的配电箱，应采取防雨措施；安装在公共场所的配电箱，箱门应加锁。

(1) 安装配电箱所需的木砖及铁件等均应预埋。挂式配电箱应采用金属膨胀螺栓固定。

(2) 加包铁皮或铁制配电箱，外皮必须采取保护接地或接零，以确保人身安全。采用保护接地时，接地电阻值应不大于4Ω。

(3) 配电箱上配线需排列整齐，并绑扎成束，在活动部位应该两端固定。盘面引出及引进的导线应留有适当余度，以便于检修。

(4) 导线剥削处不应损伤线芯或使线芯过长，导线压头应牢固可靠，多股导线不应盘圈压接，应加装压线端子(有压线孔者除外)。如必须穿孔用顶丝压接时，多股线应涮锡后再压接，不得减少导线股数。

(5) 配电箱的盘面上安装的各种刀闸及自动开关等，当处于断路状态时，刀片可动部分均不应带电(特殊情况除外)。

(6) 低压配电箱内垂直安装的开关，导线连接时，上方接电源，下方接负荷，且相序应一致；横装的开关，左方接电源，右方接负荷。

(7) 配电箱上的电源指示灯，其电源应接至总开关的外侧，并应装单独熔断器(电源侧)。盘面闸具位置应与支路相对应，其下面应装设卡片框，并标明路别及容量。

(8) 零母线在配电箱上应用专用中性线端子板分路，其端子板应按中性线截面布置，中性线入端子板不能断股，多股线入端子板还应做处理后再入端子。中性线端子板分支路排列布置应与图样中各种开关相对应。

(9) 瓷插式熔断器底座中心明露螺钉孔应填充绝缘物。瓷插保险不得裸露金属螺钉，应填满火漆，以防止对地放电。

(10) 配电箱上的母线应按要求涂色，L1相为黄色，L2相为绿色，L3相为红色，工作中性线为淡蓝色，PE线(保护线)为黄绿相间双色线。

(11) 电源线及配线均应采用绝缘线。导线穿过木盘面时，应套上瓷套管，导线穿过铁盘面时应装橡皮护圈。

(12) 配电箱上电器、仪表应牢固、平正、整洁、间距均匀。铜端子无松动，启闭灵活，零部件齐全。其排列间距应符合表3-8的要求。

表3-8 电器、仪表排列间距要求

间距	最小尺寸/mm		
仪表侧面之间或侧面与盘边	60以上		
仪表顶面或出线孔与盘边	50以上		
闸具侧面之间或侧面与盘边	30以上		
上下出线孔之间	40(隔有卡片框)、20(不隔卡片框)		
插入式熔断器顶面或底面与出线孔	插入式熔断器规格/A	10～15	20以上
		20～30	30以上
		60	50以上
仪表、胶盖闸顶间或底面与出线孔	导线截面/mm^2	10及以下	80
		16～25	100

3.4.4 N线及PE线端子板(排)的设置

(1) 公用建筑物照明配电箱应设置N线及PE线端子板(排)。

(2) 民用住宅建筑照明总配电箱内应设置N线和PE线端子板(排)，各照明支路N线及PE线应经端子板(排)配出。层箱及户箱不宜设PE线端子板(排)，各用电器具PE线支线与PE线干线采用直接连接，并包好绝缘放于二层板后。

(3) 在照明配电工程中，当采用TN-C系统供电时，N线干线不应设接线端子板(排)。当采用TN-C-S系统时，一般应在建筑物进线口的配电箱内分别设置N母线和PE母线，并由此分开。电源进线的PEN线应先接到PE母线上，再以连接板或其他方式与N母线相连，N线应与地绝缘，PE线宜采用专门的导线，并应尽量靠近相线敷设。

(4) 当PE线所用材质与相线相同时，应按热稳定性要求选择截面积，其值不小于表3-9所列数值。

表3-9 保护导线的最小截面积

装置的相导线截面积 S/mm^2	相应的保护导线最小截面积 S_{PE}/mm^2
$S \leqslant 16$	$S_{PE}=S$
$16<S\leqslant 35$	$S_{PE}=16$
$S>35$	$S_{PE}=S/2$

若PE线不是供电电缆或电缆外护层的组成部分，按机械强度要求，截面积不应小于下列数值：有机械性保护时为$2.5mm^2$；无机械性保护时为$4mm^2$。

3.4.5 明装配电箱(盒)

1. 铁架固定配电箱(盘)

将角钢调直，量好尺寸，画好锯口线，锯断煨弯，钻孔位，焊接。煨弯时用方尺找正，再用电(气)焊将对口缝焊牢，并将埋入端做成燕尾形，然后除锈，刷防锈漆。再按照标高用水泥砂浆将铁架燕尾端埋入牢固，埋入时要注意铁架的平直程度和孔间距离，应用线坠和水平尺测量准确后再稳住铁架，待水泥砂浆凝固后方可进行配电箱(盘)的安装。

2. 金属膨胀螺栓固定配电箱(盘)

采用金属膨胀螺栓可在混凝土墙或砖墙上固定配电箱(盘)。根据弹线定位的要求找出准确的固定点位置，用电钻或冲击钻在固定点位置钻孔，其孔径应刚好将金属膨胀螺栓的胀管部分埋入墙内，且孔洞应平直不得歪斜。

3. 配电箱(盘)的加工

盘面可采用厚塑料板、包铁皮的木板或钢板。以采用钢板做盘面为例，将钢板按尺寸用方尺量好，画出切割线后进行切割，切割后用扁锉将棱角锉平。

4. 盘面的组装配线

(1) 实物排列：将盘面板放平，再将全部电具、仪表置于其上，进行实物排列。对照设计图及电具、仪表的规格和数量，选择最佳位置使之符合间距要求，并保证操作维修方便及外形美观。

(2) 加工：位置确定后，用方尺找正，画出水平线，分均孔距，然后撤去电具、仪表，进行钻孔(孔径应与绝缘嘴吻合)，钻孔后除锈，刷防锈漆及灰油漆。

(3) 固定电具：油漆干后装上绝缘嘴，并将全部电具与仪表摆平、找正，用螺钉固定牢固。

(4) 电盘配线：根据电具、仪表的规格、容量和位置，选好导线的截面和长度，加以剪断进行组配。盘后导线应排列整齐，绑扎成束。压头时，将导线留出适当余量，削出线芯，逐个压牢，多股线需用压线端子。如果为立式盘，开孔后应首先固定盘面板，然后再进行配线。

5. 配电箱(盘)的固定

在混凝土墙或砖墙上固定明装配电箱(盘)时，采用暗配管及暗分线盒和明配管两种方式。如有分线盒，先将盒内杂物清理干净，然后将导线理顺，分清支路和相序，按支路绑扎成束。待箱(盘)找准位置后，将导线端头引至箱内或盘上，逐个剥削导线端头，然后再逐个压接在器具上，同时将PE保护地线压在明显的地方，并将箱(盘)调整平直后进行固定。在电具、仪表较多的盘面板安装完毕后，应先用仪表校对有无差错，调整无误后试送电，在卡片框内的卡片上填写部位、编号。

在木结构或轻钢龙骨护板墙上固定配电箱(盘)时，应采用加固措施。例如，配管在护板墙内暗敷设，并有暗接线盒时，要求盒口应与墙面平齐，在木制护板墙处应做防火处理，可涂防火漆或加防火材料衬里进行防护。除以上要求外，有关固定方法同上所述。

本章小结

本章主要讲述了电气设备的概念和选用原则、低压电气设备、低压电气设备保护特性、变频器和低压配电装置、电气设备的施工安装等。

本章的重点是电气设备的选用原则、低压配电设备的设计与施工。

思考与练习题

1. 电气设备选择的一般原则是什么？

2. 低压电气是怎样分类的？各有什么用途？

3. 低压断路器的作用是什么？为什么它能带负荷通断电路？

4. 怎样选择熔断器和熔体、接触器和热继电器？

5. 某380V动力线路，有一台15kW电动机，功率因数为0.8，效率为0.88，起动倍数为7，起动时间为3～8s，塑料绝缘铜芯导线截面为10mm^2，穿钢管敷设，三相短路电流为16.7kA，采用熔断器做短路保护并与线路配合。试选择熔断器及熔体额定电流(环境温度按30℃计)。

6. 某电力设备电动机为J02-42-4型，额定功率为15kW，电压为380V，电流为28.5A，起动电流为额定电流的7倍，需有短路和过载保护，应选用何种型号和规格的断路器？

第4章 变配电所及柴油发电机

教学目标

在建筑供电中，供电是最核心的问题。本章主讲建筑供电中变配电所的设计与柴油发电机的选择问题，这是具有专业特色的部分，要求通过本章的学习，达到以下目标：

(1) 掌握变配电所的规划和形式；

(2) 掌握变压器容量及台数的确定；

(3) 掌握变配电所的主接线和设备配置；

(4) 了解柴油发电机容量及台数的确定。

教学要求

知识要点	能力要求	相关知识
变配电所的规划和形式	(1) 了解变配电所的位置及布置 (2) 掌握变配电所的总体布置要求 (3) 掌握变配电所的类型和结构	(1) 变配电所的位置及布置 (2) 变配电所的类型和结构 (3) 最小净距
变压器容量及台数的确定	(1) 掌握变压器容量的选择 (2) 掌握变压器台数的选择 (3) 掌握变压器型号的选择 (4) 掌握变压器联结组的选择	(1) 变压器容量的选择 (2) 变压器台数的选择 (3) 变压器型号的选择 (4) 可燃油油浸电力变压器 (5) 变压器联结组的选择
变配电所的主接线和设备配置	(1) 掌握建筑供电的高压主接线 (2) 掌握建筑系统接线 (3) 了解柴油发电机容量及台数的确定	(1) 建筑供电的高压主接线 (2) 单母线不分段 (3) 单母线分段 (4) 放射式、树干式和环形式 (5) 柴油发电机容量及台数

基本概念

变配电所、变压器、容量、变压器联结组、主接线、柴油发电机

引例

2003年以来，由于国民经济的迅猛发展，以及国际加工产业新格局的形成，一些高能耗、低效益的加工业逐步转向国内，这无疑进一步加剧了能源紧张这一矛盾。发生在我国许多省市的“电荒”已成为相当普遍的严重问题，尽管我国电力建设超常规增长，但电力供应仍严重不足。而供电任务主要由变配

电所承担，一类负荷还要考虑自备应急电源，在国内外高层建筑中，作为应急电源的自备发电机组，几乎毫无例外地选择柴油发电机。发电厂生产出的电能，须由变电所升压，经高压输电线送出，再由配电所降压后才能供给用户。所以，变配电所也是联系发电厂与用户的中间环节，它起着变换与分配电能的作用。本章主讲建筑供电中变配电所的设计与柴油发电机的选择问题，这是具有专业特色的部分。

4.1 变配电所的规划和形式

变配电所设计除应考虑根据工程特点、负荷性质、用电容量、所址环境、供电条件和节约电能等因素，合理确定设计方案，还应根据工程的5～10年发展规划进行，做到远、近期结合，以近期为主，正确处理近期建设与远期发展的关系，适当考虑扩建的可能。对设备的选型，优先采用节能的成套设备和定型产品，是贯彻执行国家关于节约能源和保证设计质量的根本措施。选用成套设备和定型产品，一般比较经济合理，但应优先采用低损耗设备。变配电所设计除应符合《民用建筑电气设计规范》(JGJ 16—2008)外，还应符合现行国家标准《10kV及以下变电所设计规范》(GB 50053—1994)的规定。

4.1.1 变配电所的位置及布置

变配电所主要由高压配电室、变压器室、低压配电室、电容器室、值班室等组成。具体布置应结合建筑物或建筑群的条件和需要灵活安排。高压配电室中设置高压进电柜或进电开关；变压器室设置变压器；低压配电室设置低压配电柜；电容器室设置补偿电容器柜；值班室供人员值班，设置变配电室监控仪表和监控台。其余可根据条件和需要加设卫生间、修理间等辅助房间。

1. 变配电所的位置选择

变配电所位置选择，应根据下列要求综合考虑确定。

(1) 接近负荷中心。

(2) 进出线方便。

(3) 接近电源侧。

(4) 设备吊装、运输方便。

(5) 不应设在有剧烈振动的场所。

(6) 不宜设在多尘、多水雾(如大型冷却塔)或有腐蚀性气体的场所，如无法远离时，不应设在污染源的下风侧。

(7) 不应设在厕所、浴室或其他经常积水场所的正下方或贴邻。

(8) 不应设在爆炸危险场所以内和有火灾危险场所的正上方或正下方，如无法避免布置在爆炸危险场所范围以内和与火灾危险场所的建筑物毗连时，应符合现行的《爆炸和火灾危险环境电力装置设计规范》(GB 50058—1992)的规定。

(9) 变配电所为独立建筑物时，不宜设在地势低洼和可能积水的场所。

(10) 装有可燃性油浸电力变压器的变电所，不应设在防火等级为三、四级的建筑中。

(11) 在无特殊防火要求的多层建筑中，装有可燃性油的电气设备的变配电所，可设置在底层靠外墙部位，但不应设在人员密集场所的上方、下方、贴邻或疏散出口的两旁。

（12）高层建筑的变配电所，宜设置在地下层或首层；当建筑物高度超过 100m 时，也可在高层区的避难层或上技术层内设置变电所。

（13）一类高、低层主体建筑内，严禁设置装有可燃性油的电气设备的变配电所。二类高、低层主体建筑内不宜设置装有可燃性油的电气设备的配变电所，如受条件限制，亦可采用难燃性油的变压器，并应设在首层靠外墙部位或地下室，且不应设在人员密集场所的上下方、贴邻或出口的两旁，并应采取相应的防火和排油措施。

2. 变配电所的布置

变配电设备中带有可燃性油的高压开关柜宜装在单独的高压配电装置室内，当高压开关柜的数量在 5 台以下时，可和低压配电屏装设在同一房间内。而不带可燃性油的高、低压配电装置和非油浸的电力变压器及非可燃性油浸电容器可设在同一房间内。

有人值班的变配电所应设单独的值班室。当有低压配电装置室时，值班室可与低压配电室合并，值班人在经常工作的一面或一端。

独立变电所宜单层布置，当采用双层布置时，变压器应设在底层，设在二层的配电装置应有吊运设备的吊装孔或吊装平台。吊装平台门或吊装孔的尺寸，应能满足最大设备的需要，吊钩与吊装孔的垂直距离应满足吊装最高设备的需要(图 4.1～图 4.3)。

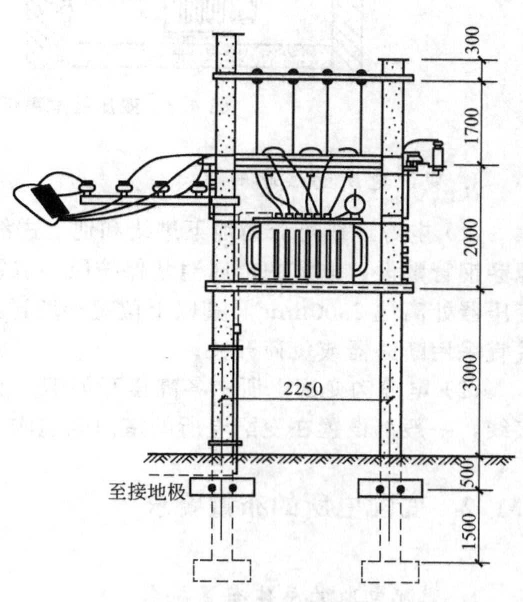

图 4.1　三相杆上变压器示意图

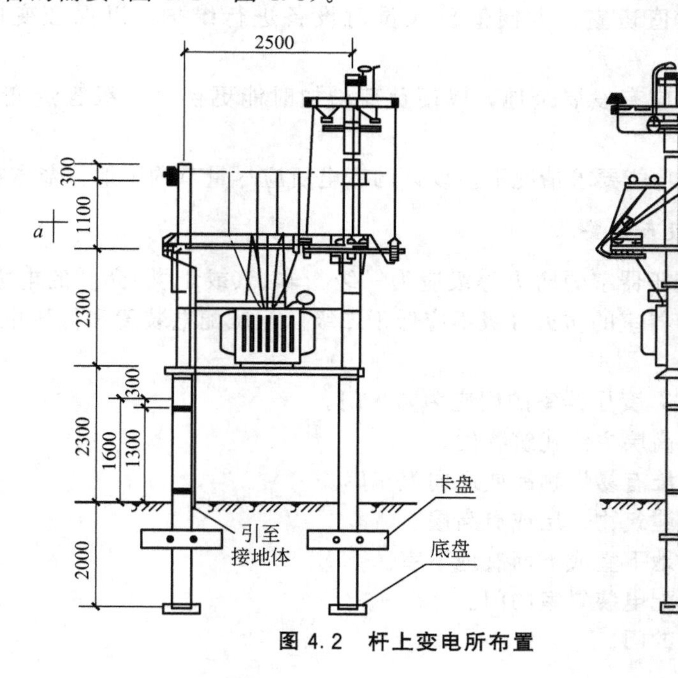

图 4.2　杆上变电所布置

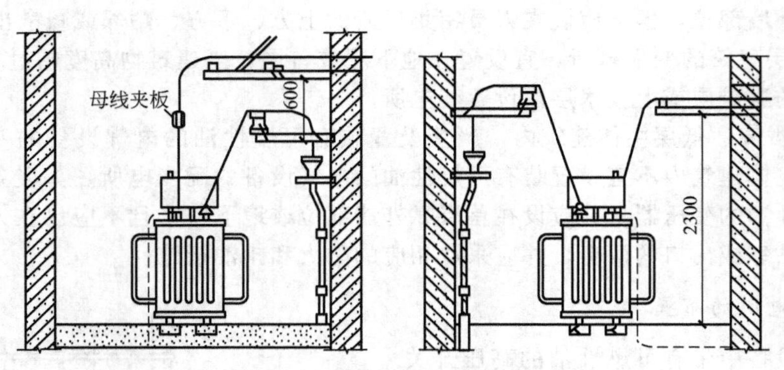

图 4.3　变压器室高低压母线布置的两种方案

3．变配电所的线路布置

（1）电源进线可分为地下进线和地上进线。其中，地下进线一般采用铠装铜芯电缆埋地穿钢管敷设，电缆的金属铠装保护层接避雷器接地保护；地上进线采用单芯电缆在靠近变压器处离地 2300mm 及其以上位置穿墙进入，进线处设担杆瓷瓶承受拉力。电源进线开关宜采用断路器或负荷开关。

（2）电缆沟变配电所中各高压开关柜、变压器、低压柜、补偿电容器柜等设备间的连接线，一般都设置在变配电所的室内电缆沟中。

4.1.2　变配电所的布置要求

1．变配电所的总体布置要求

（1）变电所内需建值班室，方便值班人员对设备进行维护，以保证变电所的安全运行。

（2）变电所的建设应有发展余地，以便负荷增加时能更换大一级容量变压器，增加高、低压开关柜等。

（3）在满足变电所功能要求情况下，设计的变电所应尽量节约土地，节省投资。

2．变压器室的一般布置要求

可燃油油浸电力变压器室的防火等级应为一级，非燃（或难燃）介质的电力变压器室、高压配电室和高压电容器室的防火等级不应低于二级。低压配电装置和低压电容器室的防火等级不应低于三级。

有下列情况之一时，变压器室的门应为防火门。

（1）变压器室位于高层主体建筑物内。

（2）变压器室附近堆有易燃物品或通向汽车库。

（3）变压器室位于建筑物二层或更高层。

（4）变压器室位于地下室或下面有地下室。

（5）变压器室通向配电装置室的门。

（6）变压器室之间的门。

变压器的通风窗，应采用非燃烧材料。配电装置室及变压器室门的宽度宜按不可拆卸部件最大宽加 0.3m，高度宜按不可拆卸部件最大高度加 0.3m。

变压器的最小尺寸应根据变压器的外廓与变压器室墙壁和门的最小允许净距来决定。此净距不应小于表 4－1 所列数据。对于设置于室内的干式变压器，其外廓与四周墙壁的间距不应小于 0.8m，干式变压器之间的距离不应小于 1.2m，并应满足巡视维修要求。

表 4－1 变压器外廓(防护外壳)与变压器室墙壁和门的最小净距 (m)

变压器容量/kVA	100～1000	1250～2500
油浸变压器外廓与后壁、侧壁净距/m	0.6	0.8
油浸变压器外廓与门净距/m	0.8	1.0
干式变压器带有 IP2X 及以上防护等级金属外壳与后壁、侧壁净距/m	0.6	0.8
干式变压器带有 IP2X 及以上防护等级金属外壳与门净距/m	0.8	1.0

注：表中各值不适用于制造厂的成套产品。

对于就地检修的室内油浸变压器，室内高度可按吊芯所需的最小高度再加 0.7m；宽度可按变压器两侧各加 0.8m 确定。

3. 高压配电室的一般布置要求

高压配电室装设有高压配电装置，高压配电装置是用来接收和分配电能的开关设备，目前我国生产的室内成套高压开关柜有固定式和手车式两种基本类型。

(1) 配电装置的布置和导体、电器的选择，应满足在正常运行、检修、短路和过电压情况下的要求，并应不危及人身安全和周围设备安全。配电装置的布置，应便于设备的操作、搬运、检修和试验，并应考虑电缆或架空线进出线方便。

(2) 配电装置的绝缘等级，应和电力系统的额定电压相配合。

(3) 配电装置中相邻带电部分的额定电压不同时，应按较高的额定电压确定其安全净距。配电装置室内各种通道的宽度(净距)不应小于表 4－2 中所列数值。

表 4－2 配电装置室内各种通道的最小净宽 (m)

通道分类 布置方式	维护通道	操作通道		通往防爆间隔的通道
		固定式	手车式	
一面有开关设备时	0.8	1.5	单车长＋1.2	1.2
两面有开关设备时	1.0	2.0	双车长＋0.9	1.2

(4) 高压配电室、高压柜(图 4.4～图 4.6)前留有巡检操作通道，应大于 1.8m；柜后及两端留有检修通道，应大于 1m。

(5) 屋内配电装置距屋顶(梁除外)的距离一般不小于 0.8m；高压配电室的高度应大于 2.5m。

4. 低压配电室布置一般要求

低压配电室装设有低压配电装置，低压配电装置作为三相交流电 0.38kV 及以下电力

图 4.4　GG－1A(F)型固定式高压开关设备

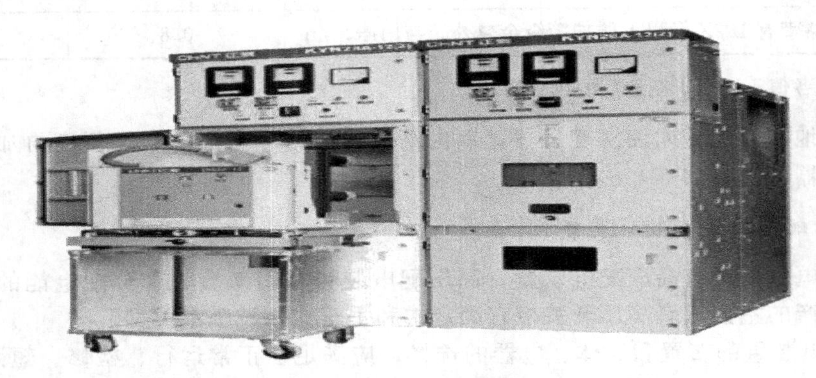

图 4.5　KYN28A－12(Z)B 型铠装移开式交流金属开关设备

图 4.6　XGN2－12(Z)箱型固定式交流金属封闭开关设备

系统的动力、照明配电和用电设备集中控制之用。目前我国生产的室内低压配电柜有固定式和抽屉式两种基本类型。固定式的有 PGL、GGD 等系列交流低压配电柜，作为变压器低压侧保护馈电之用。

(1) 选择低压配电装置时，除应满足所在网络的标称电压、频率及所在回路的计算电流外，还应满足短路条件下的动、热稳定。对于要求断开短路电流的通、断保护电器，应满足短路条件下的通、断能力。

(2) 配电装置的布置，应考虑设备的操作、搬运、检修和试验的方便。

(3) 成排布置的配电屏，其长度超过 6m 时，屏后面的通道应有两个通向本室或其他房间的出口并宜布置在通道的两端。当两出口之间的距离超过 15m 时，其间还宜增加出口。

(4) 成排布置的配电屏，其屏前和屏后的通道宽度，不应小于表 4-3 中所列数值。

表 4-3 配电屏前后的通道宽度 (m)

布置方式装置种类	单排布置		双排对面布置		双排背对背布置		多排同向布置	
	屏前	屏后	屏前	屏后	屏前	屏后	屏前	屏后
固定式	1.5 (1.3)	1.0 (0.8)	2.0	1.0 (0.8)	1.5 (1.3)	1.5	2.0	
抽屉式、手车式	1.8 (1.6)	0.9 (0.8)	2.3 (2.0)	0.9 (0.8)	1.8	1.5	2.3 (2.0)	
控制屏(柜)	1.5	0.8	2.0	0.8	—	—	2.0	屏前检修时靠墙安装

注：括号内的数字为有困难时(如受建筑平面的限制、通道内墙面有凸出的柱子或暖气片等)的最小宽度。

(5) 同一配电室内的两段母线，若任一母线有一级负荷，则母线分段处应有防火隔断措施。由同一变配电所供给一级负荷用电的双回路电源，其双电源配电装置宜分列设置，当不能分别设置时，其母线分段处应设置防火隔板或隔墙。供给一级负荷用电的双回路电源电缆不应通过同一电缆沟，当无法分开时，该双电源电缆可采用防火类电缆；或采用绝缘和护套均为非延燃性材料的电缆，但应分别设置在电缆沟的两侧支架上，或穿金属管保护。

4.1.3 变配电所的类型和结构

变电所的类型很多，从整体结构而言，可分为室内型、半室内型、室外型及成套变电所等。但就变电所所处的位置而言，可分为：独立变配电所、附设变配电所、杆上式或高台式变电所和组合式变电所。而附设变配电所根据它与建筑的关系又可分为：内附式变配电所 、外附式变配电所、外附露天式变配电所和室内式变配电所等几种形式。

变电所的形式应根据用电负荷的状况和周围环境情况确定，并应符合下列规定：

(1) 负荷较大的车间和站房，宜设附设变电所或半露天变电所。

(2) 负荷较大的多跨厂房，负荷中心在厂房的中部且环境许可时，宜设车间内变电所或组台式成套变电站。

(3) 高层或大型民用建筑内，宜设室内变电所或组合式成套变电站。

(4) 负荷小而分散的工业企业和大中城市的居民区，宜设独立变电所，有条件时也可设附设变电所或户外箱式变电站。

(5) 环境允许的中小城镇居民区和工厂的生活区，当变压器容量在 315kVA 及以下时，宜设杆上式或高台式变电所。

4.2 变压器容量及台数的确定

4.2.1 变压器容量的选择

变压器容量本着“小容量，密布点”的原则，配电变压器应尽量位于负荷中心，供电半径不超过0.5km。配电变压器的负载率在0.5～0.6效率最高，此时变压器的容量称为经济容量。如果负载比较稳定，连续生产的情况可按经济容量选择变压器容量。

建筑物的计算负荷P_C确定后，建筑物供电变压器的总装机容量S(kVA)为

$$S=P_C/(\beta\cos\phi) \tag{4-1}$$

式中，P_C——建筑物的计算有功功率；

$\cos\phi$——补偿后的平均功率因数；

β——变压器的负荷率。

$\cos\phi$取决于当地供电部门对建筑供电的要求，一般要求高压侧平均功率因数$\cos\phi$不小于0.9，变压器容量的最终确定就在于选定变压器的负荷率β，然后按所选用的变压器的标称值系列调整即可求得。

高层建筑用电负荷大，大部分变压器长年接入电网运行，变压器的长期累计损耗相当可观。因此，认真地研究变压器损耗与负荷率的关系，合理选择变压器额定容量、运行方式和变压器型号是供电设计中的一个重要课题。

对于给稳定负荷供电的单台变压器负荷率β一般宜选75%～85%。装设两台及以上的变压器的变电所，当其中一台变压器断开时，其余变压器的容量应能保证一、二级负荷的用电。

变压器的单台容量一般不宜大于1600kVA。居住小区变电所内单台变压器的容量不宜大于630kVA。变压器容量的选择应考虑环境温度对变压器负荷能力的影响。变压器的额定容量是指在规定环境温度下的容量。我国对国产电力变压器的环境温度规定如下：

最高气温40℃；最高日平均气温30℃；

最高年平均气温20℃；最低气温－40℃。

当环境温度改变时，变压器的容量应乘以修正系数K_f。全国几个典型地区的温度修正系数见表4-4。

表4-4 油浸式变压器的温度修正系数

序号	地区	年平均温度/℃	温度修正系数K_f	序号	地区	年平均温度/℃	温度修正系数K_f
1	茂名	23.5	0.93	7	开封	14.3	1.0
2	广州	21.9	0.96	8	西安	13.9	1.0
3	长沙	17.1	0.98	9	北京	11.9	1.03
4	武汉	16.7	0.98	10	包头	6.4	1.05
5	成都	16.9	0.99	11	长春	4.8	1.05
6	上海	15.4	0.99	12	哈尔滨	3.8	1.05

注：① 干式变压器的温度修正系数K_f以各制造厂资料为准。

② 变压器的容量应根据电动机起动或其他负荷冲击条件进行验算。

对短期负荷供电的变压器，要充分利用其过载能力。国产变压器的短时过载运行数据见表4－5。一般室外变压器不得超过30%，对室内有通风的变压器不得超过20%。

表4－5 变压器短时过载运行数据

油浸式变压器(自冷)		干式变压器(空气冷却)	
过电流/%	允许运行时间/min	过电流/%	允许运行时间/min
30	120	20	60
45	80	30	45
60	45	40	32
75	20	50	18
100	10	60	5

4.2.2 变压器台数的选择

(1) 变电所符合下列条件之一时，宜装设两台及以上变压器。
① 有大量的一级或二级负荷时(如消防等)。
② 季节性负荷变化较大时。
③ 集中负荷较大时。
(2) 在下列情况下可设专用变压器。
① 动力和照明共用变压器严重影响照明质量及灯泡寿命时。
② 当季节性负荷较大时(如大型民用建筑中的空调冷冻机负荷)。
③ 出于功能需要的某些特殊设备(如容量较大的X光机等)。

4.2.3 变压器型号的选择

(1) 一般场所应推广采用低损耗电力变压器，如S9、S11等型号。
(2) 在电网电压波动较大，不能满足用户电压质量要求时，根据需要和可能可选用有载调压变压器。
(3) 周围环境恶劣，有防尘、防腐要求时，宜选用全密闭变压器。
(4) 高层建筑、地下建筑等防火要求高的场所，宜选用干式变压器。

4.2.4 变压器联结组的选择

目前，我国工业与民用建筑中，对容量在1000kVA及以下，电压为10V/0.4～0.23kV的配电变压器绝大部分采用Yyn0联结组别，但目前国际上多数国家采用Dynll联结组别。

YNdll联结组别有如下优点。

(1) 空载损耗和负载损耗均小于同容量的 Yyn0 联结组别的变压器。

(2) 3 次及 3 的倍数次谐波励磁电流可在原绕组中环流，与原边接成 Y 形条件相比较有利于抑制高次谐波电流，这在当前电网中采用电子元件日益广泛的情况下，使用 Dynll 联结组别是有利的。

(3) YNdll 联结比 Yyn0 联结的零序阻抗小得多，有利于单相接地短路故障的消除。

(4) 接用单相不平衡负荷时，有利于变压器设备能力的充分利用，因为 Yyn0 联结组别的变压器要求中性线电流不超过低压绕组额定电流的 25%，严重地限制了接用单相负荷的容量，而 Dynll 联结组别的变压器不受此限制。

鉴于上述优点，在 TN 及 TT 系统的低压电网中，Dynll 联结组别的配电变压器有代替 Yyn0 联结组别的变压器的趋势。

4.3 变配电所的主接线和设备配置

4.3.1 建筑供电的高压主接线

主接线的确定关系涉及变电所电气设备的选择、变电所的布置、系统的安全运行、保护控制等多方面的内容，因此主接线的选择是建筑供电中一个不可缺少的重要环节。电气的主接线是由高压电器通过连接线，按其功能要求组成接收和分配电能的电路，成为传输强电流、高电压的网络，故又称为一次接线或电气主系统。变电所的主接线是指由各种开关电器、电力变压器、断路器、隔离开关、避雷器、互感器、母线、电力电缆、移相电容器等电气设备依一定次序相连接的具有接收和分配电能功能的电路。用规定的设备文字和图形符号按工作顺序排列，详细地表示电气设备或成套装置的全部基本组成和连接关系的单线接线图，称为主接线电路图。

4.3.2 主接线的设计

1. 供电电压

中小型企业及民用建筑一般供电电压都采用 10kV，只有当 6kV 的设备所占比重较大(一般超过总负荷的 1/3)时，或当地只有 6kV 电源或附近有发电厂并用 6kV 直接给用户供电时，才采用 6kV 作供电电压。

2. 电气主接线的基本要求

电气主接线的基本要求是运行的可靠性、灵活性、安全性和经济性。母线又称为汇流排，由导体构成，在原理上是电路中的一个电气节点，起着汇集变压器的电能和给各用户的馈电线分配电能的作用。若母线发生故障，则用户的电能将全部中断，故要求对母线的可靠性给予足够的重视。

(1) 可靠性。供电可靠性是电力生产和分配的首要要求。因事故被迫中断供电的机会越小，影响范围越小，停电时间越短，主接线的可靠程度就越高。

（2）灵活性。电气主接线应能适应各种运行状态，并能灵活地进行运行方式的转换。不仅在正常运行时能安全可靠地供电，而且在系统故障或电气设备检修及故障时，也能适应调度的要求，并能灵活、简便、迅速地倒换运行方式，使停电时间最短，影响范围最小。设计主接线时应留有发展扩建的余地。

3. 电气主接线的设计原则

设计变电所的电气主接线时，所遵循的总原则：根据设计任务书的要求，按照有关的方针、政策和技术规范、规程，结合具体工程特点，设计出技术经济合理的主接线。为此，应考虑下列情况：

（1）明确变电所在电力系统中的地位和作用。各类变电所在电力系统中的地位是不同的，所以对主接线的可靠性、灵活性和经济性等的要求也不同，因此，就决定了有不同类别的电气主接线。

（2）确定变压器的运行方式。有重要负荷的变电所，应装设两台容量相同或不同的变压器。季节负荷低时，可以切除一台，以减小空载损耗。

（3）合理地确定电压等级。变电所高压侧电压普遍采用一个等级，低压侧电压等级为1～2级，目前多为一个等级。

（4）变电所的分期和最终建设规模。变电所根据5～10年电力系统发展规划进行设计。一般装设两台(组)主变压器。当技术经济比较合理时，也可装设3～4台主变压器；如果终端或分支变电所只有一个电源，可只装设一台主变压器。

（5）开关电器的设置。在满足供电可靠性要求的条件下，变电所应根据自身的特点，尽量减少断路器的数目。特别是农村变电所，应适当地采用熔断器或接地开关等简易开关电器，以达到提高经济性的目的。

（6）电气参数的确定。

① 最小负荷为最大负荷的60%～70%，如果主要负荷是农业负荷，其值为20%～30%。

② 按不同用户，确定最大负荷利用小时数。

③ 负荷同时系数35kV以下的负荷，取0.85～0.9；大型工矿企业的负荷，取0.9～1。

④ 综合负荷功率因数取0.8，大型冶金企业功率因数取0.95。

⑤ 线损率平均值取8%～12%，有实际值时按实际值计算。

4. 电气主接线的设计程序

电气主接线的设计伴随着变电所的整体设计，历经可行性研究阶段、初步设计阶段、技术设计阶段和施工设计阶段等4个阶段。在各阶段中随要求、任务的不同，其深度、广度也有所差异。

具体设计步骤和内容如下。

（1）原始资料分析。

① 工程情况，包括变电所类型、设计规划容量、变压器容量及台数、运行方式等。

② 电力系统情况。电力系统近期及远景发展规划(5～10年)；变电所在电力系统中的位置(地理位置和容量位置)和作用；本期工程和远景与电力系统连接方式及各级电压中性点接地方式等。

③ 负荷情况。负荷的性质及地理位置、电压等级、出线回路数及输送容量等。负荷的发展和增长速度受政治、经济、工业水平和自然条件等方面影响。

④ 环境条件。当地的气温、湿度、覆冰、污秽、风向、水文、地质、海拔高度、地震等因素对主接线中电器的选择和配电装置的实施均有影响。特别是我国土地辽阔，各地气象、地理条件相差甚大，应予以重视。对重型设备的运输条件也应充分考虑。

⑤ 设备制造情况。为使所设计的主接线具有可行性，必须对各主要电器的性能、制造能力和供货情况、价格等资料汇集并分析比较，保证设计的先进性、经济性和可行性。

(2) 拟定主接线方案。根据设计任务书的要求，在原始资料分析的基础上，可拟定若干个主接线方案。因为对电源和出线回路数、电压等级、变压器台数、容量及母线结构等考虑的不同，会出现多种接线方案(近期和远期)。应依据对主接线的基本要求，从技术上论证各方案的优、缺点，淘汰一些明显不合理的方案，最终保留 2～3 个技术上相当，又都能满足任务书要求的方案，再进行可靠性定量分析计算比较，最后获得最优的技术合理、经济可行的主接线方案。

(3) 主接线方案经济比较。

(4) 短路电流计算。对拟定的电气主接线方案，为了选择合理的电器，需进行短路电流计算。

(5) 电器设备的选择。

(6) 绘制电气主接线图及其他必要的图样。

(7) 工程概算，包括主要设备器材费、安装工程费、其他费用。

5. 供电电源及供电方式

多台开关柜接在一段母线上的接线称为单母线接线。

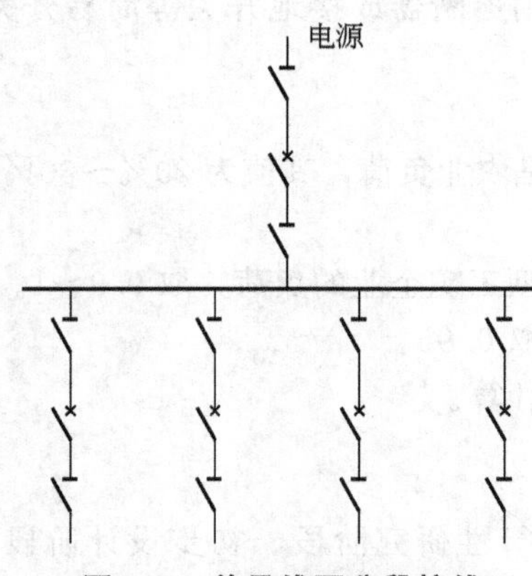

图 4.7 单母线不分段接线

1) 单母线不分段

如图 4.7 所示为单母线接线，各电源和出线都接在同一条公共母线上，其供电电源是电力系统，在变电所是变压器或高压进线回路。母线既可以保证电源并列工作，又能使任一条母线都可以从任何一个电源获得电能。每条回路中都装有断路器和隔离开关。紧靠母线侧的隔离开关称为母线隔离开关，靠近线路侧的隔离开关称为线路隔离开关。

单母线接线的优点：结构简单、清晰、设备少、投资小、运行操作方便且有利于扩建；隔离开关仅在检修电气设备时作隔离电源用，不作为倒闸操作电器，从而避免因用隔离开关进行大量倒闸操作而引起误操作事故。

单母线接线的主要缺点如下。

(1) 母线或母线隔离开关检修时，连接在母线上的所有回路都将停止工作。

(2) 当母线或母线隔离开关发生短路故障，或断路器靠母线侧绝缘套管损坏时，所有断路器都将自动断开，造成全部停电。

(3) 检修任何一个电源或小线断路器时，该回路必须停电。

单母线不分段接线适用于用户对供电连续性要求不高的二、三级负荷用户。

2) 单母线分段

每路电源接一段母线，中间用平时断开的母联开关连起来的接线称为单母线分段。出线回路数增多时，可用断路器将母线分段，称为单母线分段接线，如图4.8所示。根据电源的数目和功率，母线可分为2～3段。段数分得越多，故障时停电范围越小，但使用的断路器数量越多，其配电装置和运行也就越复杂，所需费用就越高。母线分段后，可提高供电的可靠性和灵活性。在正常运行时，可以接通也可以断开运行。当分段断路器接通运行时，任一段母线发生短路故障时，在继电保护作用下，分段断路器和接在故障段上的电源回路断路器便自动断开。这时非故障段母线可以继续运行，缩小了母线故障的停电范围。当分段断路器断开运行时，分段断路器除装有继电保护装置外，还应装有备用电源自动投入装置，分段断路器断开运行，有利于限制短路电流。

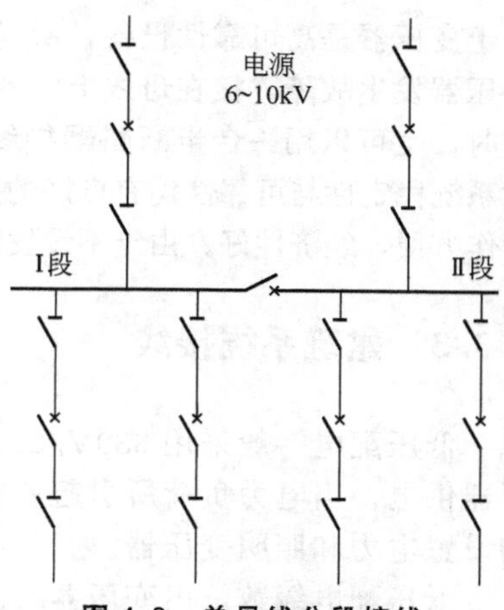

图4.8　单母线分段接线

对重要用户，可以采用双回路供电，即从不同段上分别引出馈电线路，由两个电源供电，以保证供电可靠性。单母线分段接线可以分段运行，也可以并列运行。

单母线分段接线的缺点如下。

(1) 当一段母线或母线隔离开关故障或检修时，必须断开接在该分段上的全部电源和出线，这样就减少了系统的发电量，并使该段单回路供电的用户停电。

(2) 任何一个出线断路器检修时，该回路必须停止工作。

单母线分段接线，虽然较单母线接线提高了供电可靠性和灵活性，但当电源容量较大和出线数目较多，尤其是单回路供电的用户较多时，其缺点更加突出。因此，一般认为单母线分段接线应用在6～10kV，出线在6回及以上时，每段所接容量不宜超过25MW；用于35～66kV时，出线回路不宜超过8回；用于110～220kV时，出线回路不宜超过4回。对可靠性要求不高，或者在工程分期实施时，为了降低设备费用，也可使用一组或两组隔离开关进行分段，任一段母线出现故障时，将造成两段母线同时停电，在判别故障后，拉开分段隔离开关，完好段即可恢复供电。用断路器分段的单母线接线，可靠性提高。如果有后备措施，一般可以对一级负荷供电。

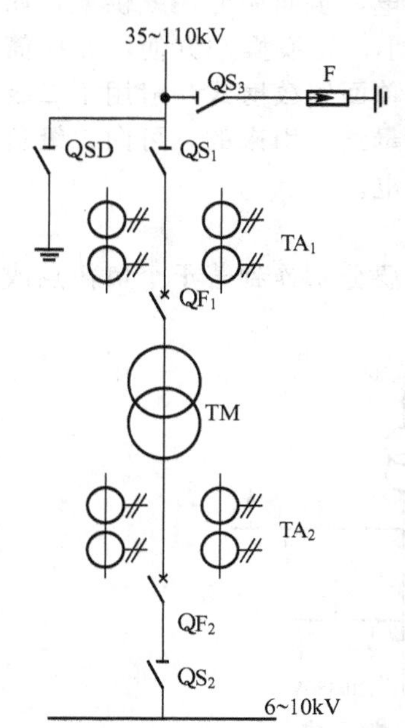

图4.9　变压器母线接线图

3) 无母线接线

为减少高压断路器数目，节省占地面积，当出线回路数目少时，宜用无母线接线。将发电机、变压器及线路直接连接成一个单元，称为单元接线。单元接线可以减少开关电器的使用数目，简化配电结构，使造价大大降低。由于各单元之间较低电压级部分没有直接联系，所以短路电流也大大减小。

单元接线主要有3种形式，即发电机—变压器单元、变压器—线路单元及发电机—变压器—线路单元等。变压器—母线接线的各出线经过断路器分别接在母线上，变压器直接经隔离开关接到母线上，组成变压器—母线接线，如图4.9所示。这种接线调度灵活，电源和负荷可以自由调配，安全可靠。

由于变压器是高可靠性设备，所以直接接在母线上，对母线的运行并不产生严重影响，一旦变压器发生故障，接在母线上的各断路器断开，这样不会影响对用户的供电。在出线数目很多时，也可以用一台半断路器接线形式。这种接线方式在远距离大容量输电系统中应用时，对系统稳定性与可靠性均有良好的效果。单元接线的优点是接线简单清晰，投资小，占地少，操作方便，经济性好，由于不设发电机电压母线，减少了发电机电压侧发生短路故障的几率。

4.3.3 建筑系统接线

低压配电一般采用380V/220V中性点直接接地系统。照明和电力设备一般由同一变压器供电。当电力负荷所引起的电压波动超过照明或其他用电设备电压质量要求时，可分别设置电力和照明变压器。

低压配电级数，由变压器二次侧至用电设备点一般不超过三级。低压配电柜或低压配电箱应根据发展需要留有适当的备用回路。由建筑物外引来的电源线路，应在屋内靠近进线点，便于操作维护的地方装设进户总开关和保护设备。

1. 一般规定

确定低压配电系统时，应满足下述要求。

(1) 满足供电可靠性和电压质量的要求。

(2) 系统接线简单，并要有一定的灵活性。

(3) 操作安全，检修方便。

(4) 节省有色金属消耗，减少电能损耗，降低运行费用。

2. 供电方式

1) 放射式

将电能从电源点用专用线路送到用户受电端称为放射式供电，也叫做专用线供电，如图4.10所示。这种方式供电可靠性高，故障发生后影响范围小，切换操作方便，保护简单，但投资大。放射式回路分单回路放射式和双回路放射式。单回路放射式一般用于二级负荷。双回路放射供电是从上一级同一区域变电所的不同两段母线上引来的，可向二级负荷供电；双回路放射供电从两个电源点引来，可向一级负荷供电。

2) 树干式

树干式接线是指由高压电源母线上引出的每路出线，沿线要分别连到若干个负荷点或用电设备的接线方式(图4.11)。

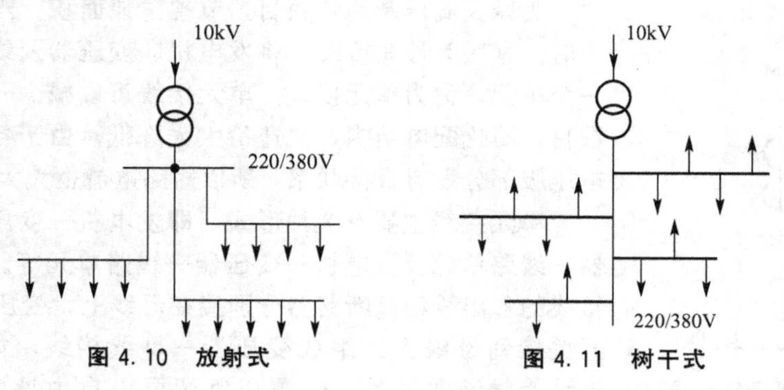

图4.10　放射式　　　图4.11　树干式

树干式接线的特点是：一般情况下，其有色金属消耗量较少，采用的开关设备较少，其干线发生故障时，影响范围大，供电可靠性较差；这种接线方式多用于用电设备容量小而分布较均匀的情况。

3）环形供电式

环网式接线的可靠性比较高，接入环网的电源可以是一个，也可以是两个甚至是多个。为加强环网结构，即保证某一条线路发生故障时各用户仍有较好的电压水平，或保证在更严重的故障(某两条或多条线路停运)时的供电可靠性，一般可采用双线环式结构(图 4.12)。双电源环形线路在运行时，往往是开环运行的，即在环网的某一点将开关断开，此时环网演变为双电源供电的树干式线路。开环运行的目的，主要考虑继电保护装置动作的选择性，缩小电网发生故障时的停电范围。

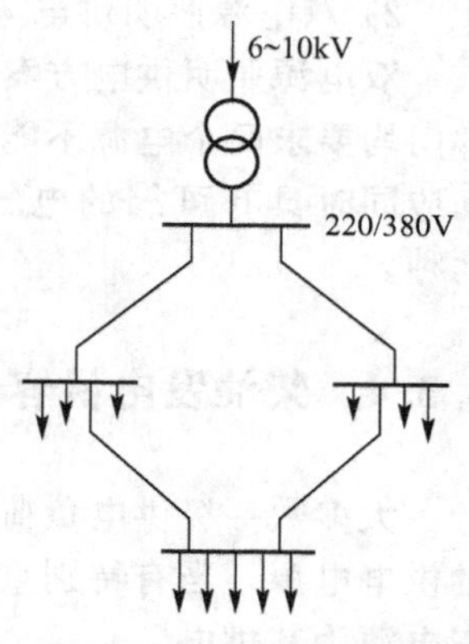

图 4.12 环形供电方式

开环点的选择原则是：开环点两侧的电压差最小，一般使两路干线负载容量尽可能地相接近。

综上所述，以上几种配电系统接线各有其优缺点。在实际应用中，应针对不同负荷采用不同的接线方式。工厂车间或建筑物内，当大部分用电设备容量不大、无特殊要求时，宜采用树干式接线方式配电；当用电设备容量大或负荷性质重要，或在潮湿、腐蚀性的车间、建筑内，宜采用放射式接线方式配电；对高层建筑，当向各楼层配电点供电时，宜用分区树干式接线方式配电；而对部分容量较大的集中负荷或重要负荷，应从低压配电室以放射式接线方式配电。对冲击性负荷和容量较大的电焊设备，应设单独线路或专用变压器进行供电。对一个工厂可分车间进行配电，对住宅小区可分块进行配电。对用电单位内部的邻近变电所之间应设置低压联络线。

3. 照明供电

如图 4.13 所示，照明供电仅适用于按照明电价计费的三级负荷。其中图 4.13(a)所示的电度表为直通式(60A 及以下)，主开关选用负荷开关；图 4.13(b)与图 4.13(a)相似，电度表也为直通式，但主开关为自动空气开关；图 4.13(c)所示为 60A 以上，电度表经过电流互感器接入，主开关选用自动空气开关。

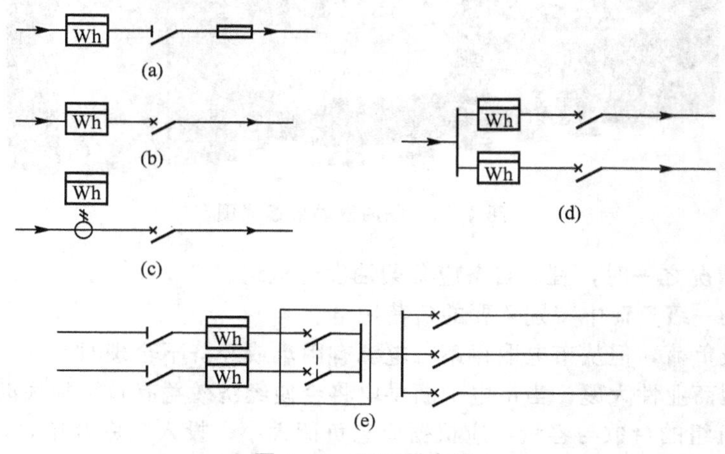

图 4.13 照明供电图

1）单电源照明及动力供电

如图 4.13(d)所示，适用于既有属于照明电价，又有属于动力电价的负荷。采用这种供电方案，由市电入口处引入电源后，分别接至照明及动力电度表的电源引入线。图中所示的仅为 60A 及以下的直通电度表式，60A 以上的参照图 4.13(e)的接线。

2）双电源照明供电

双电源照明供电方案有“一用一备”和“互为备用”两种类型。无论何种类型，供电部门均要求两个电源不能并联工作，应有防止双电源并列运行的措施，即两个电源开关之间应同时具有可靠的电气及机械互锁功能。两个电源的切换方式为“手动”和“自动”两种。

4.3.4 柴油发电机容量及台数的确定

大多数一级供电负荷的供电建筑，为满足供电可靠性的要求，一般都要求有两个独立的供电电源，当有特别重要的用电负荷时，为保证其供电的可靠性，应设有自备电源做第三电源为其供电。

大多数二级供电负荷的供电建筑，为满足供电可靠性的要求，一般都要求由同一座区域变电站的两段母线分别引来的两个回路供电，或由一路 6kV 及以上专用线路供电，否则应设有自备电源做第二电源为其供电。

在国内外高层建筑中，考虑到应急负荷、备用负荷的容量及经济投资，多数采用柴油发动机做备用电源。根据负荷供电等级的不同，对柴油发电机组的起动性能特别是起动时间的要求也有所不同。

柴油发电机组由柴油机、发电机、起动装置、配电装置、燃油系统及冷却系统等组成(图 4.14)。当柴油发电机组作为重要负荷的备用电源时，尤其是作为消防用电负荷的备用电源时，往往要求有自起动性能——当市电(主电源)停电后，发出起动信号给机组的自起动装置，机组在 30s 内即可向负荷供电。市电恢复后，延时自动停机。

图 4.14　柴油发动机组成图

符合下列情况之一时，宜设自备应急柴油发电机组。

(1) 为保证一级负荷中特别重要的负荷用电。

(2) 有一级负荷，但从市电取得第二电源有困难或经济不合理时。

(3) 大中型商业性大厦，当市电中断供电将会使经济效益有较大损失时。

柴油发电机组的台数与容量，应根据应急负荷大小、投入顺序及单台电动机最大起动容量等因素综合考虑确定。机组总台数不宜超过两台，机组的容量按下列方式考虑。

1）方案初步设计阶段

可按供电变压器容量的10%～20%估算柴油发电机的容量。

2）施工图阶段

可根据一级负荷、消防负荷及某些重要的二级负荷容量，按下述方法计算选择其最大者。

(1) 按稳定负荷计算自备柴油发电机在建筑中的供电范围，一般包括以下几个方面。

① 消防电梯、消防水泵、喷淋泵、消防排烟风机和应急照明等。在市电事故停电的情况下，柴油发电机组开始在冷状态下工作，要求所能供电的功率应能满足应急负荷中自起动设备所需功率之和。当柴油发电机组运行达到额定功率时，应能满足所有应急负荷的功率之和。

② 建筑中的一级负荷，如大型商场、大型餐厅、国际会议室、贵重展品陈列室、银行重要经营场所等有关设备的用电。其备用容量的大小，应根据具体情况确定。

③ 重要的民用建筑中的一级负荷和部分二级负荷；如生活水泵、一般客梯、货梯等用电设备负荷。

(2) 按最大的单台电动机或成套机组电动机起动的需要，计算发电机组的容量(功率)为被起动电动机功率的最小倍数，见表4-6。

表4-6　发电机组的容量(功率)为被起动电动机功率的最小倍数

电动机起动方式		全压起动		自耦变压器起动	
				$0.65U_E$	$0.8U_E$
母线允许电压降	20%	5.5	1.9	2.4	3.6
	15%	7	2.3	3.0	4.5
	10%	7.8	2.6	3.3	5.0

在高层民用建筑中，有一些简易功能的大楼，所有应急负荷的功率之和不大，但其中一台电动机的功率较大，这样为应付电动机的起动，不得不加大发电机的容量，从而造成发电机在轻载状态下运行，使得投资增加，所以在满足要求的前提下，为了尽量缩小柴油发电机组的容量，从而减少初投资及运行费用，应注意下面的问题。

① 与消防专业协商，在满足消防用水的前提下，尽量减少消防水泵的电动机容量。

② 对功率较大的电动机采用减压起动，如采用“星形—三角形”起动器、自耦变压器减压起动器等。

③ 尽可能调整起动顺序。首先起动大容量的异步电动机，然后再按顺序起动较小容量的异步电动机，最后接入无冲击性的其他负荷。柴油发电机组应付电动机起动最不利的情况是最后起动大容量异步电动机。

④ 起动时间要错开，避免电动机同时起动。例如，火灾发生后，喷淋头开始喷水，水流继电器动作，喷淋泵自动起动，此后可击碎消防按钮玻璃，让消防泵也投入运行。为避免多台大容量电动机同时起动，可以在控制回路中接入时间继电器，使之具有不同的延时，以错开起动时间。

⑤ 发电机组除接入消防负荷外，平时又要接入其他重要负荷时，要考虑两者不得同时运行。也就是发生火灾时，自备发电机投入前，要能在火灾信号的作用下，闭锁非消防

负荷的接入，或自动切除非消防设备的用电。这样在选择自备应急柴油发电机的容量时，可对消防设备的用电及其他设备的用电分别考虑然后进行比较，择其容量大者作为所选应急柴油发电机的容量。

4.4 变配电所工程设计实例

1. 工程概况

此楼为深圳一栋高层单体商业办公楼。

建筑面积：37417m²(其中地下：3783.8m²，地上：33633.6m²，不包括技术夹层)；建筑层数：地下1层，地上25层；建筑高度：90.1m；建筑布局及功能：地下1层为设备用房、汽车库，1～4层为商场，技术层为转换层，5～19层为公寓式写字楼，20～25层为标准写字间，顶层为设备房、电梯机房及水箱间，1～4层设有中央空调。

消防设计：主体建筑为一类高层建筑，建筑防火等级为一级；地下1层及地上1～4层为每层两个防火分区，夹层及5～25层为每层1个防火分区。

变电所位于地下1层，装有两台干式变压器、10台高压中置开关柜、19台低压抽出式开关柜及1台直流电源屏，与物业管理合设值班室。

2. 变电所所址与形式选择

根据相关设计规范要求，本工程设置室内型变电所，并设于地下1层。综合考虑高压电源进线与低压配电出线的方便，变电所设于建筑物地下室西南角处(图4.15)。该处正上方无厕所、浴室或其他经常积水场所，且不与上述场所相毗邻；与电气竖井(配电间)、水泵房等负荷中心接近；与车库有大门相通，设备运输方便。

3. 变电所布置设计

1) 总体布置

本工程变电所为单层布置，不单独设值班室。由于变压器为干式并带有IP2X防护外壳，所以，可与高低压开关柜设置于一个房间内(变配电室)。由于低压开关柜数量较多，故采用双列面对面布置形式。本工程变电所电气设备布置平面图如图4.15所示。根据《建筑工程设计文件编制深度规定》(2008年版)的要求，图中按比例绘制变压器、开关柜、直流及信号屏等平面布置尺寸。

图4.15中，高压开关柜、低压开关柜及变压器的相对位置是基于电缆进出线方便的考虑。由于干式变压器带有防护外壳IP2X，故未与低压开关柜相邻安装，两者低压母线之间采用架空封闭母线连接。双列布置的低压开关柜母线之间也采用架空封闭母线连接。

为保证运行安全，变配电室两端设有通向通道的门，与物业管理的值班室经过通道相通。同时，变配电室内留有发展空间，安全工具放置于设备检修区域。

要注意的是，高低压开关柜的排列应使其操作面正视图与高低压系统图一致。

2) 配电装置通道与安全净距

从图4.15可以看出，本工程高压开关柜的柜后维护通道最小处为900mm，柜前操作

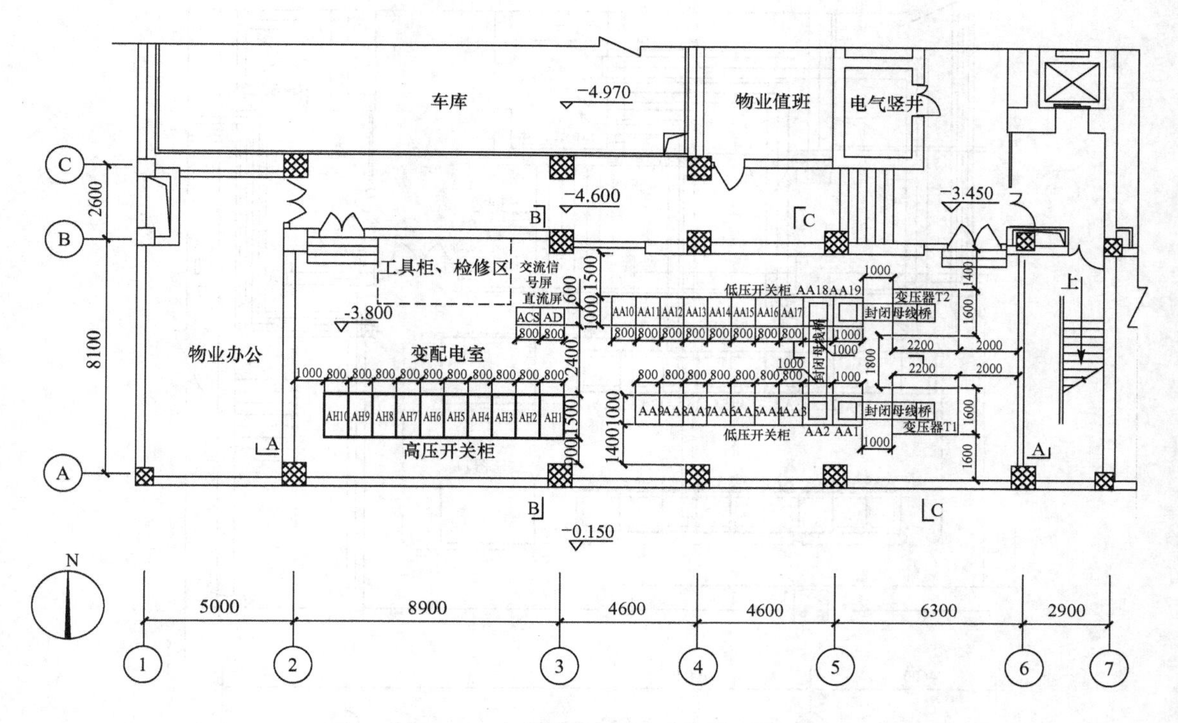

图 4.15　变电所电气设备布置平面图

通道为 2400mm，低压开关柜的柜后维护通道最小处为 1400mm(1500mm)、柜前操作通道为 2400mm，干式变压器外廓与门的净距为 1400mm，与侧墙壁的净距为 1600mm，干式变压器正面之间的距离为 1800mm。以上配电装置通道与安全净距均满足规定要求(参见表 4-1～表 4-3)。

3) 电力干线敷设

高压电源进线电缆从室外穿钢管埋地敷设至室内后，采用电缆桥架引至变电所电缆沟。高压开关柜、低压开关柜、变压器、直流屏及交流信号屏等之间的电缆与备用电源电缆采用不同桥架敷设或在同一桥架中间隔板分开的两侧敷设，以保证其供电可靠性。本工程变电所电力干线平面图如图 4.16 所示。根据《建筑工程设计文件编制深度规定》(2008 版)的要求，图中为进出线回路编号、敷设安装方法。

4) 与其他专业的配合

进行变电所设计时，电气专业除应向建筑、结构、给排水、采暖空调专业提出相关要求外，同时，还应向建筑和结构专业提供本工程变电所设备布置平面图(图 4.15)、电缆沟及设备基础平面图(图 4.17)和电气设备布置剖面图(图 4.18)，通过专业间的相互配合，做好变电所相关预留(孔洞)、预埋(安装地板)工作。高压开关柜、干式变压器、低压开关柜、母线桥、电缆桥架、电缆沟支架盖板等安装做法应按照相关国家建筑标准设计图集施工。

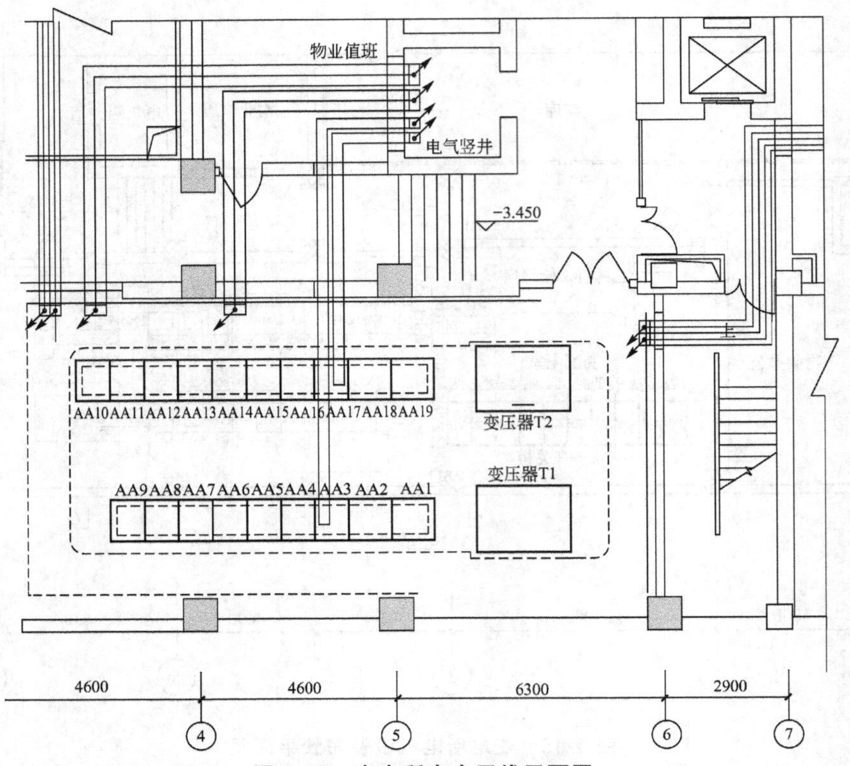

图 4.16　变电所电力干线平面图

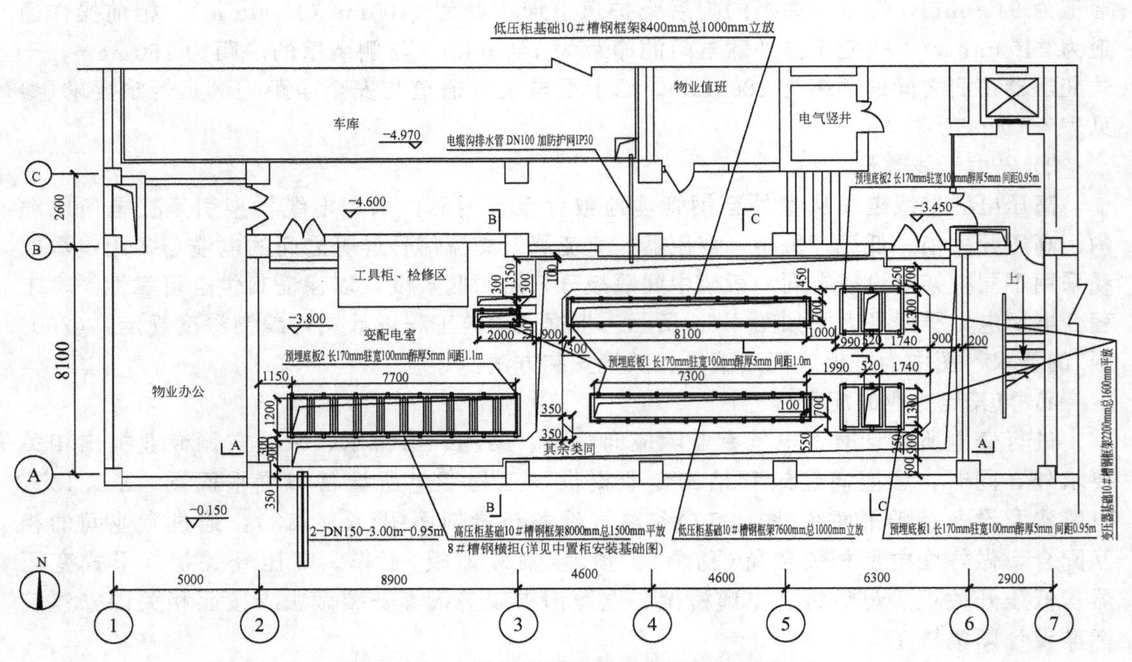

图 4.17　变电所电缆沟及设备基础平面图

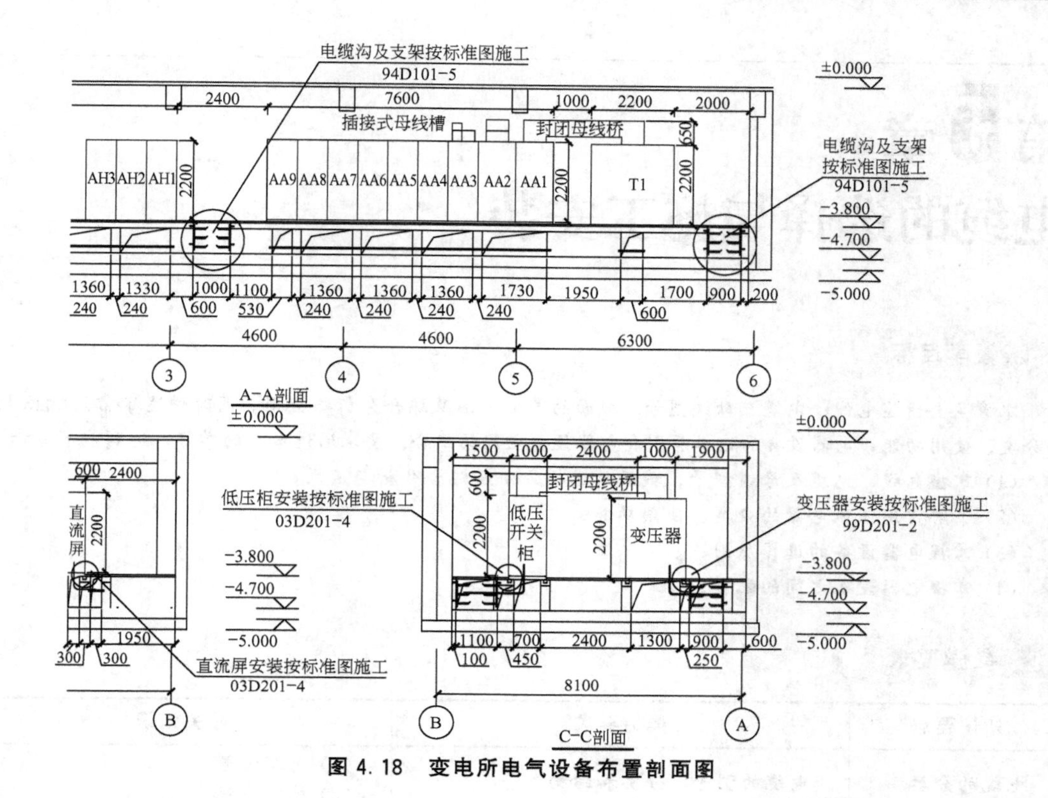

图 4.18　变电所电气设备布置剖面图

本章小结

在建筑供电中，供电是最核心的问题。本章主讲建筑供电中变配电所的设计与柴油发电机的选择问题，这是具有专业特色的部分。

本章的重点部分为变压器的容量及台数的确定，以及高低压接线的方案确定。

思考与练习题

1. 变配电所的概念和作用分别是什么？
2. 变配电所的分类及各自的特点是什么？
3. 变压器室的结构取决于哪些因素？
4. 对高、低压配电室的布置要求有哪些？
5. 变电所总体布置要求是什么？
6. 试叙述常用的高压系统的主接线方式。
7. 单母线不分段接线的特点是什么？
8. 单母线分段接线的特点是什么？
9. 无母线接线的特点是什么？
10. 配电系统的放射式、树干式、环网式的特点分别是什么？

第5章 电缆的选择与施工安装

教学目标

本章主要讲述电线、电缆及母线型号、截面的选择方法及综合分析与应用。同时讲述了常用低压电器的分类、使用功能，电器设备的选择原则和电器设备之间的配合。要求通过本章的学习，达到以下目标：

(1) 掌握电线、电缆及母线型号、截面的选择方法及综合分析与应用；

(2) 了解常用低压电器的分类、使用功能；

(3) 掌握电器设备的选择原则；

(4) 掌握电器设备之间的配合。

教学要求

知识要点	能力要求	相关知识
电缆的分类	电缆的型号、分类和结构	(1) 电缆型号 (2) 绝缘导线
导线和电缆型号的选择	(1) 掌握电缆和导线选择的一般原则 (2) 电力电缆选择原则 (3) 绝缘电缆选择原则 (4) 导线和电缆截面选择	(1) 型号选择 (2) 规格选择 (3) 载流量选择
按发热条件选择导线和电缆	(1) 掌握三相系统相线截面积的选择 (2) 掌握中性线和保护线截面积的选择	(1) 长期工作负荷 (2) 中性线截面的确定 (3) 保护线截面的确定
按允许电压损失选择导线和电缆截面积	(1) 掌握线路电压损失的计算 (2) 掌握按允许电压损失选择导线和电缆截面积的方法	(1) 无功电压损失 (2) 有功电压损失
按机械强度选择导线和电缆截面积	掌握按机械强度选择导线和电缆截面积的方法	架空线
封闭式母线	掌握母线槽的组成、分类和应用	母线槽供电
缆线的施工安装	(1) 掌握电缆的敷设 (2) 掌握导线的敷设 (3) 掌握母线和桥架的敷设	(1) 直埋敷设 (2) 排管敷设 (3) 电缆构筑物敷设 (4) 室内敷设 (5) 预制分支电缆布线 (6) 矿物绝缘(MI)电缆布线

基本概念

电力电缆、阻燃电缆、变频电缆、橡套电缆、防火电缆、预分支电缆、母线、桥架、直埋敷设、排管敷设、金属线槽敷设、布线

引例

2013年1月6日20时30分，上海市浦东新区沪南公路2000号上海农产品批发市场发生大火，造成6人死亡，149人受伤，燃烧面积达到4000m²，117家商铺烧毁。其起火的首要原因是电线线路老化和相关人员对电器设备的使用不规范。在实际工程中，无论室内还是室外，配电导线及电缆截面的选择方法是一样的。选择电缆和导线截面时应首先满足电力电缆缆芯选择的一般原则，即最大工作电流作用下的缆芯温度，不得超过按电缆使用寿命确定的允许值；最大短路电流作用时间产生的热效应，应满足热稳定条件；连接回路在最大工作电流作用下的电压降，不得超过该回路允许值。

此外，导线截面的选择应同时满足机械强度、工作电流和允许电压降的要求。例如，导线承受最低的机械强度的要求是指，在诸如导线的自重、风雪、冰封等条件下而不至于断线。

5.1 电缆及绝缘导线的分类

5.1.1 电缆的分类

电缆通常是由几根或几组导线(每组至少两根)绞合而成，每组导线之间相互绝缘，并常围绕着一根中心扭成，外面包有高度绝缘的覆盖层，多架设在空中或埋在地下、水底，用于电信或电力输送，如图5.1和图5.2所示。

图5.1 交联聚乙烯绝缘电力电缆外形图

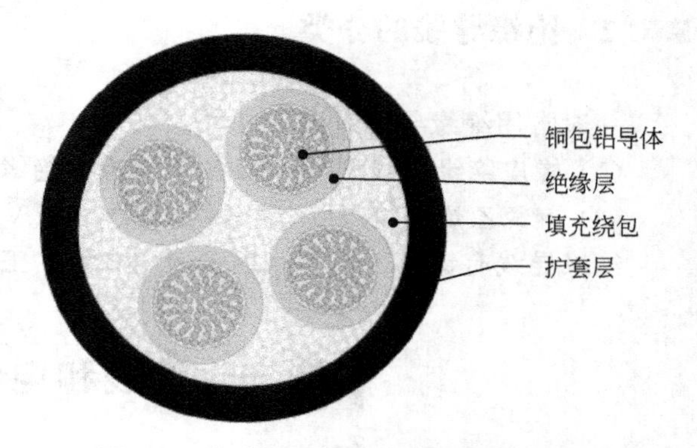

图5.2 交联聚乙烯绝缘电力电缆结构图

1. 分类

按应用可分为以下几类。

(1) 电力系统。电力系统采用的电线电缆产品主要有架空裸电线、汇流排(母线)、电力电缆［塑料线缆、油纸电缆(基本被塑料电力电缆代替)、橡套线缆、架空绝缘电缆］、

分支电缆(取代部分母线)、电磁线以及电气设备用线电缆等。

(2) 信息传输系统。用于信息传输系统的电线电缆主要有市话电缆、电视电缆、电子线缆、射频电缆、光纤缆、数据电缆、电磁线、电力通信或其他复合电缆等。

(3) 机械设备、仪器仪表系统。除架空裸电线外几乎其他所有电缆均有应用,但主要是电力电缆、电磁线、数据电缆、仪器仪表线缆等。

2. 结构

电力电缆的基本结构由线芯(导体)、绝缘层、屏蔽层和保护层4部分组成,如图5.3所示。图5.4为制作电缆芯线的材料图。

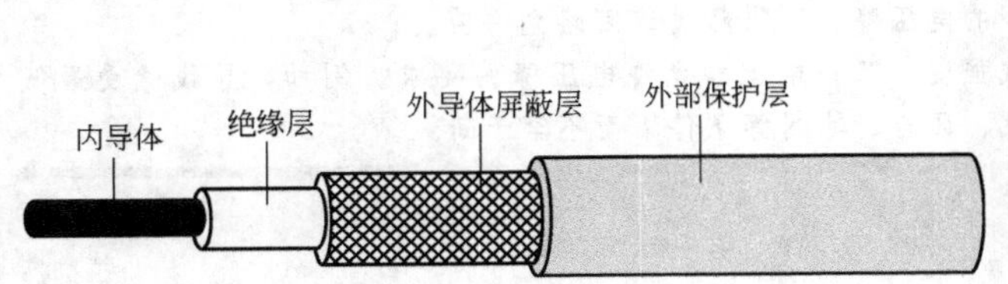

图5.3 同轴电缆的基本结构

图5.4 制造电缆芯线的基本材料

(1) 线芯。线芯是电力电缆的导电部分,用来输送电能,是电力电缆的主要部分。

(2) 绝缘层。绝缘层将线芯与大地及不同相的线芯之间在电气上彼此隔离,保证电能输送,是电力电缆结构中不可缺少的组成部分。

(3) 屏蔽层。10kV及以上的电力电缆一般都有导体屏蔽层和绝缘屏蔽层。

(4) 保护层。保护层用来保护电力电缆免受外界杂质和水分的侵入,以及防止外力直接损坏电力电缆。

5.1.2 绝缘导线的分类

一般常用绝缘导线有以下几种。

(1) 橡皮绝缘导线型号:BLX铝芯橡皮绝缘线、BX铜芯橡皮绝缘线。

(2) 聚氯乙烯绝缘导线(塑料线)型号:BLV铝芯塑料线、BV铜芯塑料线。

绝缘导线有铜芯、铝芯,用于屋内布线,工作电压一般不超过500V。

5.2 导线和电缆型号的选择

5.2.1 电缆导线选用的一般原则

在选用电线电缆时,一般要从电线电缆的型号、规格(导体截面)等方面来选择。

1. 型号选择

选用电线电缆时，要考虑用途、敷设条件及安全性。例如，根据用途的不同，可选用电力电缆、架空绝缘电缆、控制电缆等；根据敷设条件的不同，可选用一般塑料绝缘电缆、钢带铠装电缆、钢丝铠装电缆、防腐电缆等；根据安全性要求的不同，可选用不延燃电缆、阻燃电缆、无卤阻燃电缆、防火电缆等。

2. 规格选择

确定电线电缆的使用规格(导体截面)时，一般应根据发热、电压损失、经济电流密度、机械强度等条件选择。

低压动力线因其负荷电流较大，故一般先按发热条件选择截面，然后验算其电压损失和机械强度；低压照明线因其对电压水平要求较高，可先按允许电压损失条件选择截面，再验算发热条件和机械强度；对高压线路，则先按经济电流密度选择截面，然后验算其发热条件和允许电压损失；对高压架空线路，还应验算其机械强度。

3. 载流量选择

同一规格铝芯导线载流量约为铜芯的0.7倍，选用铝芯导线可比铜芯导线大一个规格，交联聚乙烯绝缘导线可选用小一档规格，防火电线电缆则应选较大规格。当环境温度较高或采用明敷方式等，其安全载流量都会下降，此时应选用较大规格；当用于频繁起动电动机时，应选用大2～3个规格的导线。

5.2.2 电力电缆的选择

电缆的选用如下。

1）绝缘

(1) 移动式电气设备等需经常移动或有较高柔软性要求的回路，应使用橡皮绝缘电缆。

(2) 放射线作用场所，应按绝缘类型要求选用交联聚乙烯、乙丙橡皮绝缘电缆。

(3) 60℃以上高温场所，应按经受高温及其持续时间和绝缘类型要求，选用耐热聚氯乙烯、普通交联聚乙烯、辐射式交联聚氯乙烯或乙丙橡皮绝缘等适合的耐热型电缆；60～100℃以上高温环境，宜采用矿物绝缘电缆。高温场所不宜用聚氯乙烯绝缘电缆。

(4) 低温－20～60℃以下环境，应按低温条件和绝缘类型要求，选用油浸纸绝缘类或交联聚乙烯、聚乙烯绝缘、耐寒橡皮绝缘电缆。低温环境下不宜用聚氯乙烯绝缘电缆。

(5) 有低毒难燃性防火要求的场所，可采用交联聚乙烯、聚乙烯或乙丙橡皮等不含卤素的绝缘电缆。防火有低毒性要求时，不宜用聚氯乙烯电缆。

2）外护层

(1) 交流单相回路的电力电缆，不得有未经非磁性处理的金属带、钢丝铠装。

(2) 直埋敷设电缆的外护层选择，应符合下列规定。

① 电缆承受较大压力或有机械操作危险时，应有加强层或钢带铠装。

② 在流砂层、回填土地带等可能出现位移的土壤中，电缆应有钢丝铠装。

③ 位于白蚁危害严重地区且塑料电缆无尼龙外套时，可采用金属套或钢带铠装。

(3) 空气中固定敷设电缆时的外护层选择，应符合下列规定。

油浸纸绝缘铅套电缆直接在臂式支架上敷设时，应具有钢带铠装。小截面积塑料绝缘电缆直接在臂式支架上敷设时，应具有钢带铠装。在地下客运、商业设施等安全性要求高而鼠害严重的场所，塑料绝缘电缆可具有金属套或钢带铠装。电缆位于高落差的受力条件时，可含有钢丝铠装。敷设在梯架或托盘等支承密接的电缆，可不含铠装。高温60℃以上场所采用聚乙烯等耐热外套的电缆外，宜用聚氯乙烯外套。严禁在封闭式通道内使用纤维外被的明敷电缆。

5.2.3 绝缘导线的选择

绝缘导线常用型号与应用场所见表5-1。

表5-1 常用绝缘导线型号与应用场所

敷设方式	导线型号	额定电压/kV	产品名称	最小截面/mm^2	附注
吊灯用软线	RVS	0.25	铜芯聚氯乙烯绝缘绞型软线	0.5	
	RFS		铜芯丁腈聚氯乙烯复合物绝缘软线		
穿管 线槽 塑料线夹	BV	0.45/0.75	铜芯聚氯乙烯绝缘电线	1.5	
	BLV		铝芯聚氯乙烯绝缘电线	2.5	
	BX		铜芯橡皮绝缘电线	1.5	
架空 进户线	BV	0.45/0.75	铜芯聚氯乙烯绝缘电线	10	距离应不超过25m
	BLV		铝芯聚氯乙烯绝缘电线		
架空线	JKLY	0.6/1	交联聚乙烯绝缘架空电缆	16(25)	
	JKLYJ	10	交联聚乙烯绝缘架空电缆	25(35)	居民小区不小于$35mm^2$

5.2.4 导线和电缆截面的选择

为了保证供电线路安全、可靠、优质、经济地运行，选择导线和电缆截面时必须满足下列条件。

1. 发热条件

导线和电缆在通过正常最大负荷电流(即计算电流)时产生的发热温度，不应超过其正常运行时的最高允许温度。为了保证导线和电缆的实际工作温度不超过允许值，所选导线或电缆允许的长期工作电流(允许载流量)，不应小于线路的计算工作电流。

2. 电压损耗条件

导线和电缆在通过正常最大负荷电流时产生的电压损耗，不应超过正常运行时允许的电压损耗。

3. 经济电流密度条件

高压线路和特大电流的低压线路，应按规定的经济电流密度选择导线和电缆的截面，以使线路的年运行费用接近最小，节约电能和有色金属。

4. 机械强度条件

导线在安装和运行中，可能受到各种外界因素影响，如风、雨、雪、冰及温度应力，室内导线安装过程中的拉伸、穿管等都需要足够的机械强度。因此，为了保证安全运行，在各种敷设条件和敷设方式下，按机械强度要求，所选导线截面不得小于最小允许截面。

此外，对于绝缘导线和电缆，还应满足工作电压的要求。

5.3 按允许载流量(发热条件)选择导线和电缆截面积

5.3.1 三相系统相线截面积的选择

1. 长期工作负荷

电流通过导线，要产生能耗，使导线发热。裸导线的温度过高时，会使接头处的氧化加剧，进而增大接触电阻，使之进一步氧化，如此恶性循环，最后可能发展到断线。而绝缘导线和电缆的温度过高时，可使绝缘加速老化甚至烧毁、引起火灾。因此，导线正常发热温度不得超过导线额定负荷时的最高允许温度(如常用的BV塑料绝缘导线最高允许温度为65℃)。

按发热条件选择三相系统中的相线截面时，应使其允许载流量 I_{a1} 不小于通过相线的计算电流 I_{30}，即

$$I=K_0K_FI_{a1}>I_{30} \tag{5-1}$$

式中，I_{30}——线路的计算电流。对降压变压器高压侧的导线，I_{30}取变压器额定一次电流 I_{1NT}；对电容器的引入线，考虑电容器充电时有较大的涌流，I_{30}应取电容器额定电流 I_{NC}的 1.35 倍。

I_{a1}为导线的允许载流量，即在规定的环境温度条件下，导线长期连续运行所达到的稳定温升温度不超过最高允许温度。

同一导线截面，在不同的敷设条件下其允许载流量是不同的，甚至相差很大。如果导线敷设地点的环境温度与导线允许载流量所采用的环境温度不同，那么导线的允许载流量应乘以温度校正系数 $K_\theta K$，即

$$K_\theta=\sqrt{\frac{\theta_{a1}-\theta_0'}{\theta_{a1}-\theta_0}} \tag{5-2}$$

式中，θ_{a1}——导线额定负荷时的最高允许温度(℃)；

θ_0——导线的允许载流量所采用的环境温度(℃)；

θ_0'——导线敷设地点实际的环境温度(℃)。

这里所说的“环境温度”是按发热条件选择导线和电缆的特定温度。在室外，环境温度一般取当地最热月平均最高气温。在室内则取当地最热月平均最高气温加5℃。对土壤中直埋的电缆，则取当地最热月地下 0.8～1m 的土壤平均温度，亦可近似地取为当地最热月平均气温。

导线或电缆在空气或土壤中进行多根并列敷设或穿管敷设时，对其允许载流量也应进行相应的校正。修正系数 K_r 见表 5-2。

表 5-2　电缆多根埋设并列埋设时的电流修正系数

电缆外皮间距＼电缆根数	1	2	3	4	5	6	7	8
100	1	0.90	0.85	0.80	0.78	0.75	0.73	0.72
200	1	0.92	0.87	0.84	0.82	0.81	0.80	0.79
300	1	0.93	0.90	0.87	0.86	0.86	0.85	0.84

2. 重复性短时工作负荷

当负荷重复周期 $t\leqslant 10\text{min}$，工作时间 $t_g\leqslant 4\text{min}$ 时，导线或电缆的允许载流量可按以下情况确定。

(1) 导线截面 $S\leqslant 6\text{mm}^2$ 的铜线，或 $S\leqslant 10\text{mm}^2$ 的铝线，允许电流按长期工作制计算。

(2) 导线截面 $S>6\text{mm}^2$ 的铜线，或 $S>10\text{mm}^2$ 的铝线，允许电流等于长期允许载流量的 $\frac{0.875}{\sqrt{\varepsilon}}$ 倍，ε 是该用电设备的暂载率百分数。

3. 短时工作制负荷

当用电工作时间 $t_g\leqslant 4\text{min}$，在用电时间内，导线或电缆散热可以降到周围环境温度时，导线或电缆的允许电流按重复性短时工作制决定。

5.3.2 中性线和保护线截面积的选择

1. 中性线(N 线)截面的选择

三相四线制系统(TN 或 TT 系统)中的中性线，正常情况下中性线通过的电流仅为三相不平衡电流、零序电流及三次谐波电流，通常都很小，因此中性线的截面可按以下条件选择。

(1) 一般三相四线制线路的中性线截面 S_N 应不小于相线截面 S_ϕ 的 50%，即

$$S_N\geqslant \frac{1}{2}S_\phi \tag{5-3}$$

(2) 由三相四线制线路引出的两相三线线路和单相线路，由于其中性线电流与相线电流相等，因此它们的中性线截面 S_N 应与相线截面 S_ϕ 相等，即

$$S_N=S_\phi \tag{5-4}$$

(3) 对于三次谐波电流相当突出的三相四线制线路，由于各相的三次谐波电流都要通过中性线，使得中性线电流可能接近甚至超过相电流，因此在这种情况下，中性线截面 S_N 应等于或大于相线截面 S_ϕ，即

$$S_N\geqslant S_\phi \tag{5-5}$$

2. 保护线(PE 线)截面的选择

正常情况下，保护线不通过负荷电流，但当三相系统发生单相接地时，短路故障电流

要通过保护线，因此保护线要考虑单相短路电流通过时的短路热稳定度。按《低压配电设计规范》(GB 50054—2011)的规定，保护线(PE线)截面 S_{PE} 的选择如下。

(1) 当 $S_\phi \leqslant 16mm^2$ 时，$S_{PE} \geqslant S_\phi$。

(2) 当 $16mm^2 < S_\phi \leqslant 35mm^2$ 时，$S_{PE} \geqslant 16mm^2$。

(3) 当 $S_\phi > 35mm^2$ 时，$S_{PE} \geqslant 0.5S_\phi$。

3. 保护中性线(PEN线)截面的选择

保护中性线兼有保护线和中性线的双重功能，因此其截面选择应同时满足上述对保护线和中性线的要求，取其中的最大值。

5.4 按允许电压损失选择导线和电缆截面积

5.4.1 电压损失

电压损失可以分解为两部分，即有功分量电压损失和无功分量电压损失。

$$\Delta U\% = \frac{1}{10U_N^2}\sum_{i=1}^{n}(p_iR_i + q_iX_i) = \Delta U_P\% + \Delta U_q\%$$

按电压损失选择导线的截面时，不但要考虑有功负荷及电阻引起的电压损失 $\Delta U_p\%$，还应考虑无功负荷或电抗引起的电压损失 $\Delta U_q\%$，具体步骤如下。

(1) 确定导线单位电抗值。一般6～10kV的高压架空线路 $x_0=0.35\sim0.4\Omega/km$；6～10kV的电缆线路 $x_0=0.07\sim0.08\Omega/km$。

(2) 计算无功电压损失。根据下式计算无功负荷或电抗．引起的电压损失，即

$$\Delta U_q\% = \frac{1}{10U_N^2}\sum_{i=1}^{n}(q_iX_i) \tag{5-6}$$

(3) 计算有功电压损失，即

$$\Delta U_p\% = \Delta U\% - \Delta U_q\% \tag{5-7}$$

(4) 计算导线截面，即

$$S = \frac{100}{\gamma U_N^2 \Delta U_p\%}\sum_{i=1}^{n}p_iL_i \tag{5-8}$$

根据式(5-8)计算出导线的截面 S，据此选出标准截面。根据所选截面校验电压损失、发热条件和机械强度。如不能满足要求，可适当加大所选截面，直到满足以上条件为止。

5.4.2 选择导线截面的步骤

(1) 对于距离 $L \leqslant 200m$ 的低压电力线路，一般先按发热条件的计算方法来选择导线截面，然后用电压损失条件和机械强度条件进行校验。

(2) 对于距离 $L > 200m$ 较长的供电线路，一般先按允许电压损失的计算方法来选择

截面，然后用发热条件和机械强度条件进行验算。

(3) 对于高压线路，一般先按经济电流密度选择法来选择导线截面，然后用发热条件和电压损失条件进行校验。

5.4.3 选择导线截面的具体方法

(1) 按发热条件选择导线截面，然后用电压损失条件和机械强度条件进行校验。

$$I_Z \geqslant I_C \tag{5-9}$$

式中，I_Z——导线或电缆的长期允许载流量(A)；

I_C——根据计算负荷求出的总计算电流(A)。

上述内容为计算相线截面积的方法，在低压配线系统中当三相电流基本平衡，无谐波电流成分时，N线、PE线和PEN线的选择宜按表5-3选择，否则应与相线截面积相等。

表5-3 N线、PE线和PEN线的选择

相线截面 S	N、PE、PEN
$S<16$	S
$16\leqslant S\leqslant 35$	16
$S>35$	$S/2$

【例5-1】 某办公楼建筑施工工地，照明干线电压为380V三相五线，计算电流为108A，现采用BV-500型导线穿镀锌钢管暗敷设供电，试按发热条件选择相线及中性线截面(环境温度按30℃计)。

解 因所用导线BV-500为500V铜芯塑料绝缘线，查得气温为30℃时，截面为$50mm^2$的导线的$I_Z=124A$，$I_C=108A$。

$$I_Z \geqslant I_C$$

因此相线选截面$S=50mm^2$。

中性线(N)截面，选S_N为$25mm^2$；

保护线(PE)截面，选S_{PE}为$25mm^2$。

(2) 按允许电压损失选择导线截面。

① 电压损失表示方法和允许值。

$$\Delta U\%=\frac{U_1-U_2}{U_r}\times 100\% \tag{5-10}$$

式中，U_1——线路的始端电压(V)；

U_2——线路的末端电压(V)；

U_r——线路的额定电压(V)。

用电设备端子处电压偏移的允许范围如下。

a. 电动机为±5%。

b. 照明灯：在一般工作场所为±5%；在视觉要求较高的屋内场所为+5%，-2.5%；在远离变电所面积较小的一般工作场所，难以满足上述要求时，允许为-10%。

c. 其他用电设备无特殊规定时为±5%。

② 导线截面的计算。

$$S=\frac{\sum_{i=1}^{n}p_iL_i}{C\Delta U\%}=\frac{\sum_{i=1}^{n}M_i}{C\Delta U\%} \tag{5-11}$$

电压损失的计算公式为：

$$\Delta U\%=\frac{\sum_{i=1}^{n}p_{C_i}L_i}{CS} \tag{5-12}$$

式中，S——导线面积(mm^2)；

$\sum_{i=1}^{n}p_{C_i}$——待选导线上的负载总计算负荷(单相或三相)(kW)；

L_i——导线长度(指单程距离)(m)；

$\Delta U\%$——电压变化率允许电压损失；

M——负荷矩(kW·m)；

C——由电路的相数、额定电压及导线材料的电阻率等决定的常数，称为电压损失计算常数(表5-4)。

表5-4 计算线路电压损失的计算常数 C 值

线路系统及电流种类	C 表达式	线路额定电压/V	C 值	
			铜线	铝线
三相四线制	$\frac{\gamma U_r^2}{200}$	220/380	75.00	45.70
三相三线制	$\frac{\gamma U_r^2}{225}$	220/380	33.30	20.30
单相交流或直流	$\frac{\gamma U_r^2}{100}$	220	12.56	7.66
		110	3.14	1.92
		36	0.34	0.21
		24	0.15	0.091
		12	0.037	0.023

注：上表中导线材料的电导率是$\frac{S}{\mu m}$。

③ 对于感性负载(如电动机等)选择截面的计算公式为：

$$S=B\frac{\sum P_CL}{C\Delta U\%}=B\frac{\sum M}{C\Delta U\%} \tag{5-13}$$

感性负载线路电压损失的校正系数 B 见表5-5。

【例5-2】 有一条从变电所引出的长100m的供电干线，供电方式为树干式，干线上接有电压为380V三相异步电动机共24台，其中10kW电动机20台，4.5kW电动机4台，干线敷设地点的环境温度为30℃，干线采用绝缘明敷，设各台电动机的负荷需要系数$K_X=0.35$，平均功率因数$\cos\varphi=0.7$。试选择该干线的截面。

解 因为负荷性质属低压电力用电，负荷量较大，线路不长，只有100m，故先按满足发热条件来选择干线截面。

表 5-5 感性负载线路电压损失的校正系数 B 值

导线截面 /mm²	铜或铝导线明设当负荷的功率因数为					电缆明设或埋地导线穿管负荷功率因数为					裸铜线架设当功率因数为			裸铝线架设当功率因数为		
	0.9	0.85	0.8	0.75	0.7	0.9	0.85	0.8	0.75	0.7	0.9	0.8	0.7	0.9	0.8	0.7
6												1.10	1.12			
10											1.10	1.14	1.20			
16	1.10	1.12	1.14	1.16	1.19						1.13	1.21	1.28	1.10	1.14	1.19
25	1.13	1.17	1.20	1.25	1.28						1.21	1.32	1.44	1.13	1.20	1.28
35	1.19	1.25	1.31	1.35	1.40						1.27	1.43	1.58	1.18	1.28	1.38
50	1.27	1.35	1.42	1.50	1.58	1.10	1.11	1.13	1.15	1.17	1.37	1.57	1.78	1.25	1.31	1.53
70	1.35	1.45	1.54	1.64	1.74	1.11	1.15	1.17	1.20	1.24	1.48	1.76	2.10	1.34	1.52	1.70
95	1.50	1.65	1.80	1.95	2.00	1.15	1.20	1.24	1.28	1.32				1.44	1.70	1.90
120	1.60	1.80	2.00	2.10	2.30	1.19	1.25	1.30	1.35	1.40				1.73	1.82	2.10
150	1.75	2.00	2.20	2.40	2.60	1.24	1.30	1.37	1.44	1.50						

用电设备总计算功率：$P_C = K_X \sum Pe = 0.35 \times (10 \times 20 + 4.5 \times 4) = 76.3(\text{kW})$

视在总计算负荷：$S_C = \dfrac{P_C}{\cos\varphi} = \dfrac{76.3}{0.7} = 109(\text{kVA})$

总计算负荷电流为： $I_C = \dfrac{S_C}{\sqrt{3}U_r} = \dfrac{109}{\sqrt{3} \times 0.380} \approx 165.6(\text{A})$

所选截面的允许载流量 I_Z 应满足：

$$I_Z \geqslant I_C = 165.6(\text{A})$$

查常用绝缘导线允许载流量表，选择截面为 35mm² 的铜芯塑料线，其导线允许载流量为 170A＞165.6A，满足要求。再按电压损失应小于规定值的要求来校验已选截面。

负荷矩为 $M = P_{CL} = 76.3 \times 100 = 7630(\text{kW} \cdot \text{m})$

查表 5-4 和表 5-5，采用铜线明敷，$C=75$，$B=1.40$，代入式(5-11)

$$\Delta U\% == 4.07\% < 5\%$$

由此可见，所选导线截面也能满足允许电压损失的要求。最后查表 5-6 可知，所选导线也能满足机械强度的要求。

【例 5-3】 某工程照明干线的负荷共计 10kW，导线长 300m，用 380/220V 三相四线制供电，设干线上的电压损失不超过 5%，敷设地点的环境温度为 30℃，明敷，负荷需要系数 $K_X=1$，功率因数 $\cos\varphi=1$，试选择干线的截面。

解 因是照明线，且线路较长，按允许电压损失条件来选择导线截面。

查表 5-4，采用铝线明敷，取 $C=45.7$，所以

$$S = \frac{M}{C \cdot \Delta U\%} = \frac{\sum PL}{C \cdot \Delta U\%} = \frac{10 \times 300}{45.7 \times 0.38} = 13.13(\text{mm}^2)$$

查常用绝缘导线允许载流量表，选用型号为 BLX 的导线截面为 16mm²，其载流流量为 80A。

用发热条件来校验所选导线截面：

$$I\sum C=\frac{\sum S_C}{\sqrt{3}U_r}=\frac{\sum P_C/\cos\varphi}{\sqrt{3}U_r}=\frac{10/1}{\sqrt{3}\times 0.38}=15.2(A)<80A$$

同时，根据表 5－6 可知，导线也能满足机械强度的要求。

5.5 按机械强度选择导线和电缆截面积

用铝或铝合金制造的铝绞线、钢芯铝绞线敷设架空线路，或绝缘铝线敷设在角钢支架上时，因铝材质轻软，机械应力强度低，容易断线，为此，规定了绝缘导线的线芯最小截面，见表 5－6，架空裸铝导线的最小截面见表 5－7。

表 5－6　绝缘导线线芯的最小截面

敷设方式			线芯最小截面/mm²	
			铜芯	铝芯
照明用灯头引下线			1.0	2.5
敷设在绝缘支持件上的绝缘导线，其支持点的间距	室内	$L\leqslant 2m$	1.0	2.5
敷设在绝缘支持件上的绝缘导线，其支持点的间距	室外	$L\leqslant 2m$	1.5	2.5
		$2m<L\leqslant 6m$	2.5	4
		$6m<L\leqslant 15m$	4	6
		$15m<L\leqslant 25m$	6	10
穿管敷设、槽板、护套线扎头明敷、线槽			1.0	2.5
PE 线和 PEN 线	有机械保护时		1.5	2.5
	无机械保护时		2.5	4

表 5－7　架空裸铝导线的最小截面

导线种类	最小允许截面/mm²		备注
	10kV 高压	低压	
铝及铝合金线	35	16	与铁路交叉跨越时应为 35mm²
钢芯铝线	25	16	

5.6 封闭式母线

5.6.1 母线槽的组成

现代高层建筑和大型的车间需要巨大的电能，面对这成百上千安培的强大电流就要选用安全可靠的传导设备。母线槽系统将是理想的选择。母线槽系统是一个高效输送电流的配电装置，尤其适应了越来越高的建筑物和大规模工厂经济合理配线的需要。图 5.5 为 3 种典型的母线槽产品外形图。

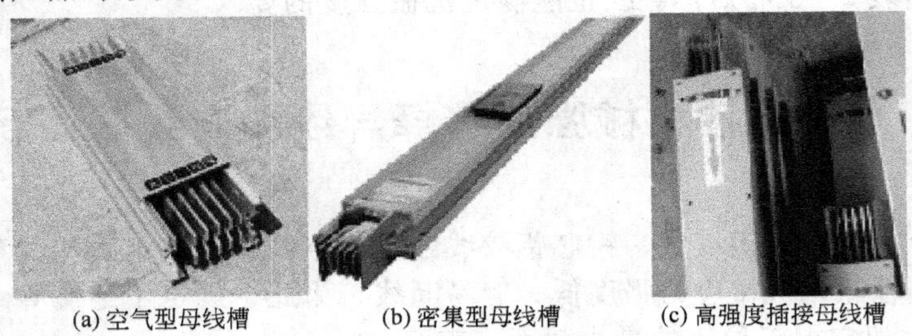

(a) 空气型母线槽　(b) 密集型母线槽　(c) 高强度插接母线槽

图 5.5　封闭式母线槽种类

封闭式母线槽(简称母线槽)是由金属板(钢板或铝板，作为保护外壳)、导电排、绝缘材料及有关附件组成的母线系统。它可制成每隔一段距离设有插接分线盒的插接型封闭母线，也可制成中间不带分线盒的馈电型封闭母线。

在高层建筑的供电系统中，动力和照明线路往往分开设置，母线槽作为供电主干线，在电气竖井内沿墙垂直安装一趟或多趟。

母线槽一般由始端母线槽、直通母线槽(分带插孔和不带插孔两种)、L 形垂直(水平)弯通母线、Z 形垂直(水平)偏置母线、T 形垂直(水平)三通母线、X 形垂直(水平)四通母线、变径母线槽、膨胀母线槽、终端封头、终端接线箱、插接箱、母线槽有关附件及紧固装置等组成。

5.6.2　封闭式母线的应用

1. 用途及其适用范围

封闭式母线适用于额定工作电压 660V、额定工作电流 250～2500A、频率 50Hz 的三相四线制或三相五线制供配电线路，具有结构紧凑、绝缘强度高、传输电流大、互换性能良好、电气性能稳定、易于安装维修、使用寿命长等一系列特点。被广泛地应用于工矿企业、高层建筑和公共设施等供配电系统。

2. 使用环境

封闭式母线安装场地不应超过海拔 2000m 的高度，周围空气温度不高于 40℃、不低于－5℃，在 24h 内平均温度不超过 35℃，空气相对湿度在 40℃时不超过 50%，在 20℃时不超过 90%，周围空气清洁，无尘埃及腐蚀绝缘的气体。

本章小结

本章主要讲述了电缆的选择与施工安装、电缆的分类、导线和电缆型号的选择、封闭式母线、导线的敷设和电缆的施工安装方法和技术标准等。

本章的重点是导线和电缆型号的选择原则、电缆和导线的设计与施工。

思考与练习题

1．电缆种类有哪些？
2．电力电缆有几种？各自的应用场所有什么不同？
3．阻燃电缆如何分类？其差异是什么？
4．防火电缆如何分类？其差异是什么？
5．预分支电缆的主要特点是什么？其应用有什么要求？
6．绝缘导线与电缆有什么区别？常用绝缘导线有哪些？

第6章 建筑照明系统

教学目标

本章主要讲述了照明系统的概念、光源灯具的选择、照明配电设备、照明系统的设计与施工、建筑照明设计图样。要求通过本章的学习，达到以下目标：

(1) 熟悉照明系统的相关概念；

(2) 了解光源灯具的特性及其选择原则；

(3) 掌握照明配电设备的原理；

(4) 掌握照明系统的设计计算与施工安装；

(5) 了解建筑照明施工图样。

教学要求

知识要点	能力要求	相关知识
照明系统的相关概念	(1) 掌握照明系统基本物理量 (2) 熟悉照明方式和照明种类	(1) 光通量、发光强度、照度、亮度 (2) 照明方式 (3) 照明种类
光源灯具的选择	(1) 了解电光源的种类和特性 (2) 了解照明器的种类、选择与安装	(1) 电光源 (2) 照明器
照明配电设备	(1) 掌握照明配电箱的原理、种类、选择原则 (2) 掌握电表箱的种类与接线 (3) 掌握插座和开关的种类、接线与安装	(1) 照明配电箱的选择 (2) 电度表的接线 (3) 插座和开关的安装
照度计算	(1) 了解光源类型 (2) 掌握点光源照度计算的方法	(1) 光源类型 (2) 距离平方反比定律 (3) 等照度曲线计算法 (4) 单位容量法
照度系统设计	(1) 了解照度标准 (2) 掌握照明质量控制的措施 (3) 了解其他照明种类的设计	(1) 照度标准 (2) 质量控制措施 (3) 电源电压 (4) 应急照明 (5) 照明网络
照明电气线路的施工安装	(1) 掌握照明灯具的安装 (2) 掌握照明开关的安装 (3) 掌握照明插座的安装	(1) 灯具的安装 (2) 开关的安装 (3) 插座的安装
建筑照明施工图	了解建筑照明施工图样	建筑照明施工图

基本概念

光通量、发光强度、照度、亮度、一般照明、局部照明、混合照明、正常照明、应急照明、值班照明、绿色照明、电光源、照明器、照明配电箱、电表箱、插座、开关、利用系数法、等照度曲线计算法、单位容量法、电源电压、照明施工图

引例

照明是人们生活和工作不可缺少的条件，良好的照明有利于人们的身心健康、保护视力、提高劳动生产率及保证安全生产。同时照明还可对建筑进行装饰，发挥和表现建筑环境的美感。照明成为实现建筑功能的必备条件之一，它与光学、美学、建筑学和园林艺术融为一体，成为一门综合性的设计工艺。下图为2010年9月27日西安市大唐不夜城开元广场正式对外开放场景，与玄奘广场、贞观广场文脉相连，利用气势恢宏的八根朱红色斗拱蟠龙斗拱柱环绕着中心雕塑群，形成一种无法比拟的盛唐场景，人们仿佛穿越时空，置身于梦里勾勒了千百遍的唐代大街，感受着大唐盛世百姓安居乐业的欢乐气氛，仿佛又梦回大唐。

6.1 照明系统概述

照明分为自然照明(天然采光)和人工照明两大类。电气照明由于具有灯光稳定，易于控制、调节及安全、经济等优点而成为现代人工照明中应用最为广泛的一种照明方式。随着现代科技的发展，各种新型节能光源越来越广泛地应用于各种民用建筑之中，为人们的生活带来了无穷的乐趣，但是也存在不合理的照明设计系统，给人们日常生活带来诸多不便，被人们称之为光污染。因此，了解照明系统中的相关概念，掌握基本设计知识和方法，对于建筑电气照明设计人员至关重要。

6.1.1 照明的基本物理量

1. 电磁波的性质与电磁波谱

光是能量，能量的大小是由光子的频率决定的。当光子的数目达到一定程度且频率在人能感受的范围之内地，便产生了生活中肉眼所见到的光。同时光也是电磁波，电磁波包括的范围很广，从无线电波到光波，从X射线到γ射线，都属于电磁波的范畴，只是波长不同而已。

目前已经发现并得到广泛利用的电磁波有波长长达10^8m以上的，也有波长短到10^{-5}nm以下的。按照频率或波长的顺序把这些电磁波排列成图表，称为电磁波谱，如图6.1所示，光辐射仅占电磁波谱的一极小波段。图6.1中还给出了各种波长范围(波段)。

2. 光辐射

以电磁波形式或粒子(光子)形式传播的能量，可以通过光学元件反射、成像或色散，这种能量及其传播过程称为光辐射。一般认为其波长在10^{-8}～10^{-3}m，或频率在3×10^{11}～3×10^{16}Hz范围内，包括部分紫外线、全部可见光和部分红外线，如图6.1所示。一般按辐射波长及人眼的生理视觉效应将光辐射分成3部分：紫外辐射、可见光和红外辐射。一般在可见光至紫外线波段，波长用nm表示；在红外线波段，波长用mm表示。

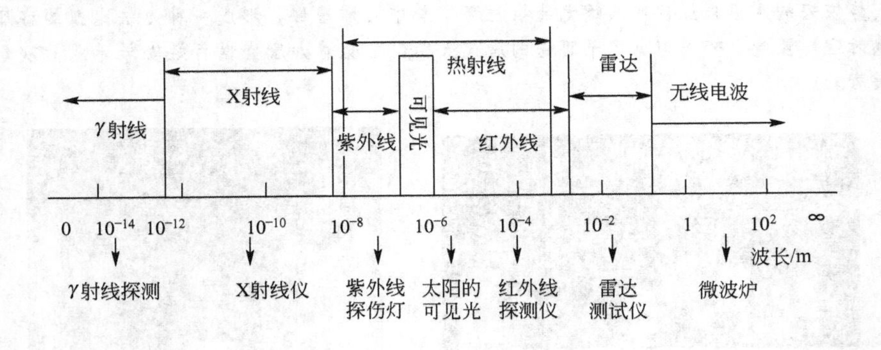

图6.1 电磁辐射的波谱

通常人们提到的“光”指的是可见光。可见光是波长在390～770nm范围的光辐射，也是人视觉能感受到“光亮”的电磁波。当可见光进入人眼时，人眼的主观感觉按波长从长到短表现为红色、橙色、黄色、绿色、青色、蓝色和紫色。

3. 光通量

光通量为光源的一个基本参数，是光源发光能力的基本量。光源以辐射形式发射、传播出去并能让标准光度观察者产生光感的能量，即能让人的眼睛有光明感觉的光源辐射的部分能力与时间的比值。光通量Φ的单位是流明(简写为lm)。

根据辐射对标准光度观察者的作用导出的光通量，对于明视觉有

$$\Phi = K_m\int_0^\infty \frac{d\Phi_e(\lambda)}{d\lambda}\cdot V(\lambda)\cdot d\lambda$$

式中，$d\Phi_e(\lambda)/d\lambda$——辐射通量的光谱分布；

$V(\lambda)$——光谱光(视)效率；

K_m——最大辐射的光谱(视)效能，单位为流明每瓦特(lm/W)。

在单色辐射时，明视觉条件下的K_m值为683lm/W($\lambda_m=555\mu m$)。

绝对黑体在铂的凝固温度下，从$5.305\times10^3 cm^2$面积上辐射出来的光通量为1lm。

为表明光强和光通量的关系，发光强度为1cd的点光源在单位立体角(1sr)内发出的光

通量为 1lm，即 1lm=1cd·1sr。

与辐射功率不同，光通量体现的是人眼感受到的功率，即人眼对各种波长光的反应。光通量越大，人对周围环境的感觉越亮。例如，220V/40W 普通白炽灯的光通量是 350lm，而 220V/40W 荧光灯的光通量大于 2000lm，所以人会觉得荧光灯比普通白炽灯亮。

4. 发光强度

发光强度简称光强，国际单位是坎德拉(简写为 cd)，其他单位有烛光、支光。1cd 是指单色光源(频率为 540×10^{-12} Hz，波长为 0.550μm)的光，在给定方向上［该方向上的辐射强度为 1/683(W/sr)］的单位立体角内发出的发光强度，即

$$I=\frac{\mathrm{d}\Phi}{\mathrm{d}\Omega}$$

该量的符号为 I，单位为坎德拉(cd)，1cd=1lm/sr。

发光强度是针对光源而言的，表明光通量在空间的分布情况，工程中配以光曲线图(图 6.2)加以描述。

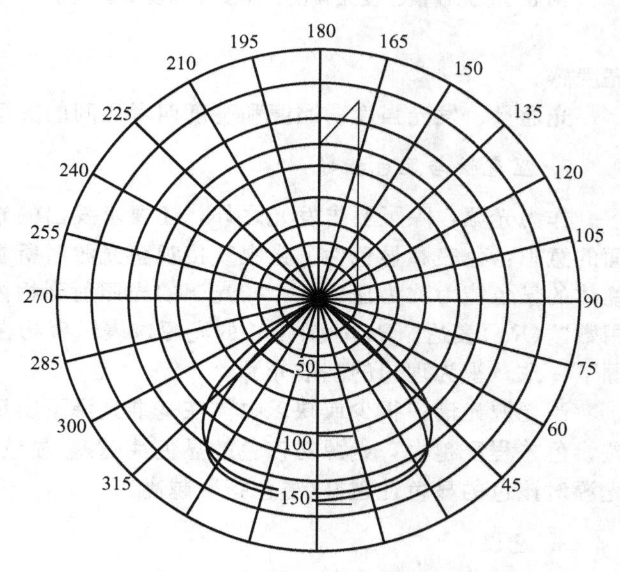

图 6.2 一体化 T5 LED 灯管光曲线图

5. 照度

光照度可用照度计直接测量。当光通量投射到物体表面时，可把物体照亮，因此，对于被照面，用落在它上面的光通量的多少来衡量它被照射的程度。在单位面积上接收到的光通量称为被照面的照度，以符号 E 表示，单位是勒克斯(lx)，即表面上一点的照度是入射在包含该点的面元上的光通量 $\mathrm{d}\Phi$ 除以该面元面积 $\mathrm{d}A$ 所得之商，即

$$E=\frac{\mathrm{d}\Phi}{\mathrm{d}A}$$

有时为了充分利用光源，常在光源上附加一个反射装置，使得某些方向能够得到比较多的光通量，以增加这一被照面上的照度，如汽车前照灯、手电筒、摄影灯等。

6. 亮度

通常把光源表面沿线方向上每单位面积的发光强度称为光源的亮度，以符号 L 表示。光亮度是表示发光面明亮程度的，指发光表面在指定方向的发光强度与垂直且指定方向的发光面的面积之比，单位是坎德拉/平方米(cd/m²)，即

$$L=\frac{\mathrm{d}\Phi}{\mathrm{d}A\cdot\cos\theta\cdot\mathrm{d}\Omega}$$

式中，$\mathrm{d}\Phi$——由给定点的束元传输的并包含给定方向的立方角 $\mathrm{d}\Omega$ 内传播的光通量；

$\mathrm{d}A$——包含给定点的射束截面积；

θ——射束截面法线与射束方向间的夹角。

不同物体对光有不同的反射系数或吸收系数。光的强度可用照在平面上的光的总量来度量，即入射光或照度。若用从平面反射到眼球中的光量来度量光的强度，称为反射光或亮度。例如，一般白纸大约吸收入射光量的 20%，反射光量为 80%；黑纸只反射入射光量的 3%。所以，白纸和黑纸在亮度上差异很大。

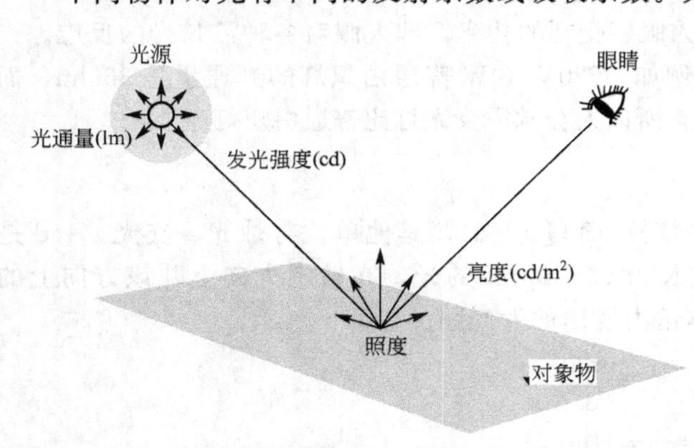

图 6.3　光通量、发光强度、照度和亮度四者关系

对于一个漫散射面，尽管各个方向的光强和光通量不同，但各个方向的亮度都是相等的。电视机的荧光屏就是近似于这样的漫散射面，所以从各个方向上观看图像，都具有相同的亮度感。

光通量、发光强度、照度和亮度四者之间的关系如图 6.3 所示。

7. 显色性与显色指数

作为光源，除了要求发光之外，还要求发出的光具有良好的颜色。光源的颜色有两方面的意思：色表和显色性。人眼直接观察光源时所看到的颜色，称为光源的色表；光源对物体的显色能力称为显色性，指光源的光照射到物体上所产生的客观效果，通常用“显色指数”(Ra)表达。Ra 值为 100 的光源，表示事物在其灯光下显示出来的颜色与在标准光源下一致，视为理想的基准光源。

当光源光谱中很少或缺乏物体在基准光源下所反射的主波时，会使颜色产生明显的色差，色差程度越大，光源对该色的显色性越差(显色指数越低)；反之，色差程度越小，则光源对该色的显色性越好(显色指数越高)。

8. 色温

色温(亦称光色)是表示光源光谱质量最通用的指标，符号为 T_C，单位为开(K)。色温是按绝对黑体来定义的，光源的辐射在可见区和绝对黑体的辐射完全相同时，此时黑体的温度统称此光源的色温。

能量分布中，低色温光源的特征是红辐射相对来说要多些，通常称为“暖光”；色温提高后，蓝辐射的比例增加，通常称为“冷光”。对于一些常用光源，白炽灯色温为 2760～2900K，荧光灯色温为 3000K，中午阳光色温为 5400K，蓝天色温为 12000～18000K，依次给人稳重、温暖、爽快、冷的感觉。

9. 频闪效应

当气体放电灯由交流 50Hz 电源供电时，由于交流电压和电流的周期性变化，气体放电灯的光通量和工作面上的照度也会产生频率为 100Hz 的脉动，这种现象称为频闪效应。

频闪效应对照明的危害主要表现在以下两方面，一是人眼对物体的分辨能力下降，尤其当物体处于转动或晃动状态时，会使人产生错觉，影响生产和工作；二是当脉动闪烁频率与灯光下旋转物体的转速(或转动频率)一致或成整数倍时，运动(旋转)物体的运动(旋转)状态就会产生静止、倒转、运动(旋转)速度缓慢，以及上述3种状态周期性重复的错觉，容易引发事故。

10. 眩光

眩光即指在视野内有亮度极高的物体或强烈的亮度对比，或空间上造成极端对比而造成视觉不舒适。眩光分为不舒适眩光、失能眩光和失明眩光，引起视觉不舒适的眩光称为不舒适眩光，降低视觉功效和可见度的眩光称为失能眩光，在一定时间内完全看不到视觉对象的强烈的眩光称为失明眩光。

6.1.2 照明方式

1. 一般照明

一般照明指为照亮整个场所而设置的均匀照明，即在整个房间的被照面上产生同样照度。一般而言，被照空间照明器均匀布置。对于工作位置密度很大而对光照方向又无特殊要求，或工艺上不适宜装设局部照明的场所，可采用一般照明。

2. 分区一般照明

分区一般照明指对某一特定区域，如进行工作的地点，设计成不同的照度来照亮该区域的一般照明。当某一工作区需要高于一般照明照度时，可采用分区一般照明。

3. 局部照明

局部照明指特定视觉工作用的，为了照亮某个局部而设置的照明，是局限于工作部位的固定或移动的照明。对于局部地点需要高照度并对照射方向有要求时，可采用局部照明。但在整个场所不应只设局部照明而不设一般照明。

4. 混合照明

混合照明指一般照明与局部照明共同组成的照明。对于工作面需要较高照度并对照射方向有特殊要求的场所，可采用混合照明。混合照明中一般照明的照度不低于混合照明总照度的5%～10%，并且最低照度不低于20lx。

图6.4表示一般照明与局部照明并用的混合照明方式，是在日常生活空间中常见的一种照明方式。

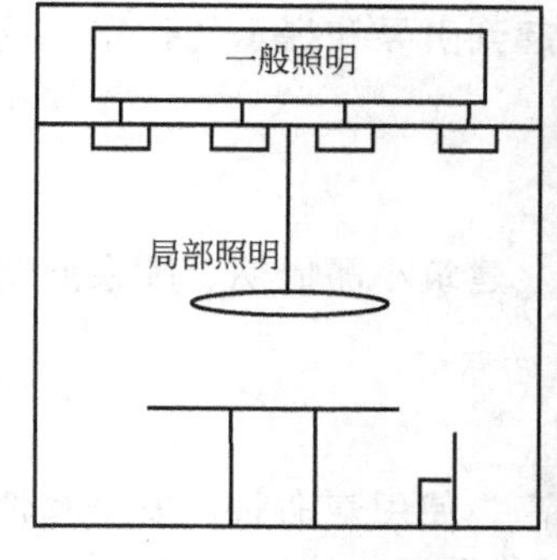

图6.4 混合照明方式示意图

6.1.3 照明种类

1. 正常照明

正常工作时使用的室内、外照明称为正常照明。借助正常照明能顺利完成工作、保证安全通行和看清周围的物体。所有居住房间、工作场所、公共场所、运输场地、道路等交通场地，都应设置正常照明。

2. 应急照明

正常照明的电源因故障失效后启用的照明，即正常照明熄灭后，供事故情况下继续工作或人员安全通行的照明称为应急照明。应急照明主要有疏散照明(确保安全出口通道能够辨认使用，使人员能够安全撤离的照明)、安全照明(确保人员人身安全的照明)、备用照明(确保正常活动继续进行)。

应急照明光源采用瞬时点亮的白炽灯或卤钨灯，灯具布置在可引起事故的设备或材料的周围、主要通道、危险地段、出入口等处，在灯具上明显位置加涂红色标记。应急照明的照度大于工作面上的总照度的10%。疏散照明的标志安装在疏散走道距地1m以内的墙面上、楼梯口、安全门的顶部，底座采用非燃材料。

3. 值班照明

在重要的车间和场所设置的供值班人员使用的照明称为值班照明。它对照度的要求不高，可以利用工作照明中能单独控制的一部分，也可利用应急照明，对其电源没有特殊要求。在大面积场所宜设置值班照明。

4. 警卫照明

警卫照明用于有警卫任务的场所。根据警戒范围的要求设置警卫照明。

5. 障碍照明

障碍照明装设在高层建筑物或构筑物上，作为航空障碍标志(信号)用的照明，并应执行民航和交通部门有关规定。建筑物上安装的障碍标志灯的电源应按一级负荷要求供电。障碍照明采用能穿透雾气的红光灯具。

6. 标志照明

标志照明借助照明以图文形式告知人们通道、位置、场所、设施等信息。标志照明比一般的标志牌更为醒目，在公共建筑物内部对人们起到引导和提示的作用，提高了公共建筑服务的综合运转效率。

7. 景观照明

景观照明包括装饰照明、外观照明、庭院照明、建筑小品照明、喷泉照明、节日照明等，用于烘托气氛、美化环境。

8. 绿色照明

绿色照明是指通过科学的照明设计，采用效率高、使用寿命长、安全和性能稳定的照明电器产品(电光源、灯用电器附件、灯具、配线器材及调光控制器和控光器件)，改善提高人们工作、学习、生活的条件和质量，从而创造一个高效、舒适、安全、经济、有益的环境并充分体现现代文明的照明。

1991 年 1 月美国环保局(EPA)首先提出实施“绿色照明(Green LighTS)”和推进“绿色照明工程(Green Lights Program)”的概念，很快得到联合国的支持和许多发达国家及发展中国家的重视。1993 年 11 月我国国家经贸委开始启动中国绿色照明工程，1996 年制定了《“中国绿色照明工程”实施方案》，并于当年正式列入国家计划。

6.2 光源灯具的选择

光源可分成 3 类，即热辐射型发光电光源(如白炽灯、卤钨灯等)、气体放电发光电光源(如荧光灯、汞灯、钠灯、金属卤化物灯等)和固体发光电光源(如 LED 和场致发光器件等)。电气照明装置主要包括电光源、控制开关、插座、保护器和照明灯具。照明线路将各电气照明装置连接起来即构成照明电路，通电即可实现照明并根据需要实现控制照明。

6.2.1 电光源

电光源按发光原理分为热辐射光源和气体放电光源。气体放电光源按其发光的物质不同又可分为金属类(低压汞灯、高压汞灯)、惰性气体类(如氙灯、汞氙灯)、金属卤化物类(钠灯、铟灯)等，如图 6.5 所示。

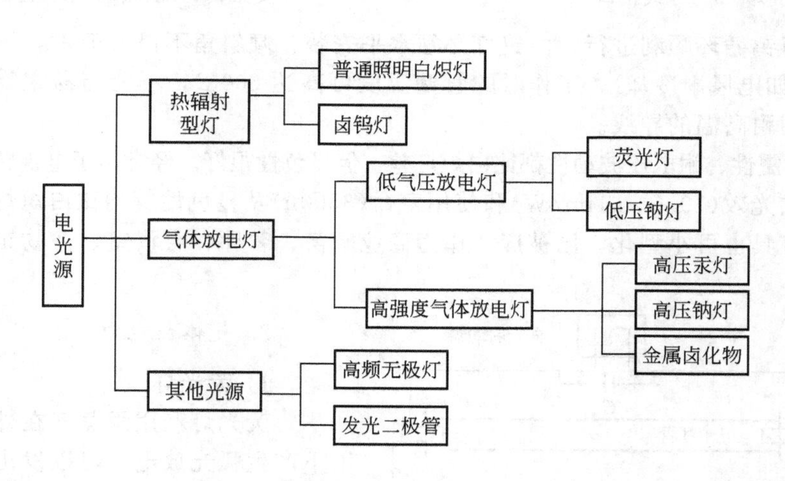

图 6.5 电光源分类

1. 热辐射光源

利用物体通电使之发热到白炽状态而发光的原理所制造的光源称为热辐射光源，其功率因数接近 1。

1) 白炽灯

白炽灯是第一代电光源，靠钨丝白炽体的高温热辐射发光，结构简单，使用方便，显色性好。但因热辐射中只有 2%～3%为可见光，其发光效率低，抗震性较差，灯丝发热蒸发出的钨分子在玻璃泡上产生黑化现象，平均寿命一般达 1000h，目前白炽灯正处于逐步淘汰的发展现状，白炽灯的结构如图 6.6 所示。

白炽灯经常用于建筑物室内照明和施工工地的临时照明。聚光灯的额定电压有 220V 和 36V 安全电压，可用于地下室施工照明或手持临时照明。

白炽灯型号如 PZ220 - 100 - E27，PZ 表示普通照明，220 表示额定工作电压为 220V，100 表示额定功率为 100W，E 表示螺口式灯头(B 表示插口式灯头)，27 表示灯头的直径为 27mm。

2）卤钨灯

卤钨灯包括碘钨灯和溴钨灯，也是第一代电光源。在白炽灯泡中充入微量的卤化物，利用卤钨循环提高发光效率。发光效率比白炽灯高 30%。根据玻璃外壳的形状分为管状、圆柱状和立式等，圆柱状卤钨灯的结构如图 6.7 所示。

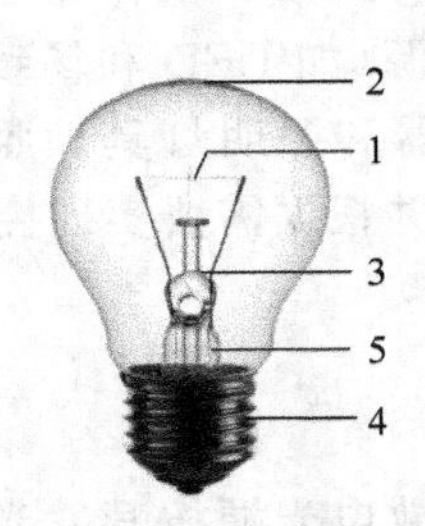

图 6.6　白炽灯结构示意图

1— 灯丝；2—玻璃外壳；3—玻璃支柱；4—灯头；5—导线接口

图 6.7　卤钨灯结构示意图

1—石英玻璃罩；2—排丝状灯丝；3—金属支架；4—散热罩；5—灯脚

为了使卤钨循环顺利进行，卤钨灯必须水平安装，倾斜角不得大于 4°，不允许采用人工冷却措施(如电风扇冷却)，工作时的管壁温度可高达 600℃，不能与易燃物接近，灯脚的引入线采用耐高温的导线。

此灯的耐震性、耐电压波动性都比白炽灯差，但显色性很好。经常用于电视转播等场合。

卤钨灯的光效(19.5～21lm/W)和使用寿命(3500h)及显色性等均比白炽灯好，其体积可小型化，灯具也可小型化，已被广泛作为商业橱窗、餐厅、会议室、博物馆、展览馆照明光源。

2. 气体放电灯

1）荧光灯

荧光灯利用汞蒸气在外加电源作用下产生弧光放电，可以发出少量的可见光和大量的紫外线，紫外线再激励管内壁的荧光粉使之发出大量的可见光，属于第二代电光源。荧光灯由镇流器、灯管、启辉器和灯座组成，如图 6.8 所示。

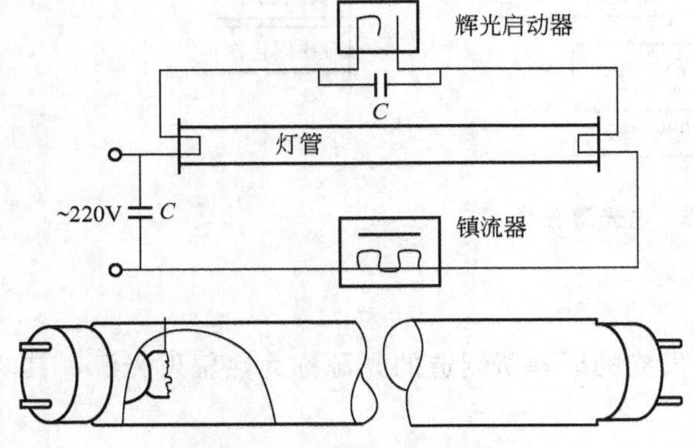

图 6.8　荧光灯结构示意图

1—灯脚；2—荧光粉涂层；3—灯丝；4—玻璃管；5—灯夹

荧光灯的特点是光效高，使用寿命长，光谱接近日光，显色性好，缺点是功率因数低，有频闪效应，不宜频繁开启。目前多使用电子镇流器的荧光灯，其功率因数可以达到0.9以上。

荧光灯一般用在图书馆、教室、隧道、地铁、商场等对显色性要求较高的场所。

2）荧光高压汞灯(水银灯)

此类灯的外玻璃壳内壁涂有荧光粉，它能将汞蒸气放电时辐射的紫外线转变为可见光，以改善光色，提高光效，其示意图如图6.9所示。

荧光高压汞灯光效高(30～50lm/W)，使用寿命长(5000h)，适用于庭院、街道、广场、工业厂房、车站、施工现场等场所的照明。

荧光高压汞灯按构造分有外镇流式荧光高压汞灯和自镇流式荧光高压汞灯两种。

3）高压钠灯

利用高压钠蒸气放电，其辐射光的波长集中在人眼感受较灵敏的区域内，故其光效高，寿命长，但显色性差，其示意图如图6.10所示。

图6.9 荧光高压汞灯示意图

图6.10 高压钠灯示意图

高压钠灯其光效(60～125lm/W)之高为各种电光源之首，常用于交通和广场照明。近几年研制成功的高显色型高压钠灯，其色温与白炽灯相近，提高了显色性，在不少场所可以代替白炽灯，从而节省了电能。由于其显色性好，在更多的场所取代了高压汞灯。

4）金属卤化物灯

结构与高压汞灯相似，在其发光管内添加金属卤(以碘为主)化物，利用金属卤化物在高温下分解产生金属蒸气和汞蒸气的混合物，激发放电辐射出特征光谱。选择适当的金属卤化物并控制它们的比例，就可得到白光，其结构如图6.11所示。

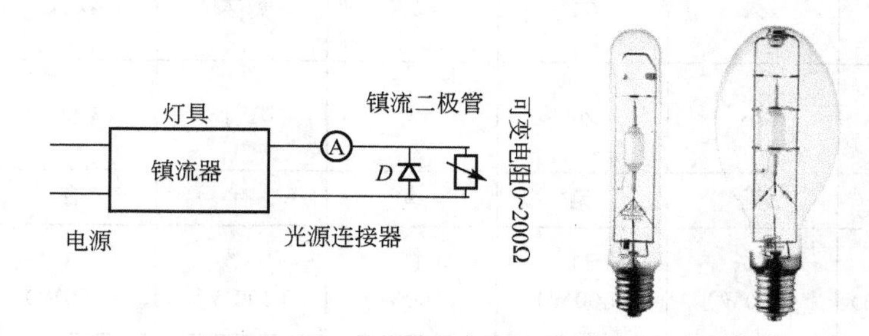

图6.11 金属卤化物灯示意图

金属卤化物灯具有较高的光效(76～110lm/W)，使用寿命长(10000h)，显色性极好，适用于繁华街道、美术馆、展览馆、体育馆、商场、体育场、广场及高大厂房等。

6.2.2 光源的性能指标

1. 额定电压

额定电压指光源及其附件组成的回路所需电源电压的额定值。

2. 额定功率

额定功率指光源自身及其附件消耗的功率之和。

3. 启动时间

启动时间指光源接通电源开始至光源发出的光通量达到稳定值所需的时间。

4. 使用寿命

使用寿命分有效寿命和全寿命两种。

(1) 有效寿命指光源光通量衰减到初始值的70%时的寿命。

(2) 全寿命指光源从开始使用到无法使用的寿命。

光源的平均寿命是指光源有效寿命的平均值。

常用光源的主要技术特性见表6-1。

表6-1 常用电光源的主要技术特性比较

特性参数	白炽灯	卤钨灯	荧光灯	高压汞灯	高压钠灯	金属卤化物灯
发光效率/(lm/W)	7～19	15～21	32～70	33～56	2000	4500～7000
平均使用寿命/h	1000	800～2000	2000～5000	4000～9000	6000～10000	1000～10000
色温/K	2800	2850	3000～6500	6000	2000	4500～7000
显色指数(*Ra*)	95～99	95～99	50～93	40～50	20，40，60	60～95
表面亮度	较大	大	小	较大	较大	较大
启动和再启动时间	瞬时	瞬时	较短	长	长	长
电压变化对光通的影响	大	大	较大	较大	较大	较大
环境温度对光通的影响	小	小	大	较小	较小	较小
频闪效应	无	无	有	有	有	有
发热量(4.18kJ/h1000lm)	57(100W)	41(500W)	13(400W)	17(400W)	8(400W)	12(400W)
耐振性能	较差	差	较好	好	较好	较好
所需附件	无	无	电容器 镇流器 辉光启动器	镇流器	镇流器	镇流器

（续）

特性参数	白炽灯	卤钨灯	荧光灯	高压汞灯	高压钠灯	金属卤化物灯
初始价格	最低	中	中	高	高	高
运行价格	最低	低	低	中	中	中

表6-2是常用光源的适用场所。

表6-2 常用光源的适用场所

光源名称	适用场所	举例
白炽灯	(1) 开关频繁，要求瞬时起动或要避免频闪效应的场所 (2) 识别颜色要求较高或艺术需要的场所 (3) 局部照明、事故照明 (4) 需要调光的场所 (5) 需要防止电磁波干扰的场所	住宅、旅馆、饭馆、美术馆、博物馆、剧场、办公室、层高较低及照度要求较低的厂房、仓库及小型建筑等
卤钨灯	(1) 照度要求较高，显色性要求较好，且无振动的场所 (2) 要求频闪效应小的场所 (3) 需要调光的场所	剧场、体育馆、展览馆、大礼堂、装配车间、精密机械加工车间等
荧光灯	(1) 悬挂高度较低，又需要照度较高的场所 (2) 需要正确识别色彩的场所 (3) 在自然采光不足而人们需长期停留的场所	住宅、旅馆、饭馆、商店、办公室、阅览室、学校、医院、层高较低但照度要求较高的厂房、理化计量室、精密产品装配、控制室等
荧光高压汞灯	(1) 照度要求高，但对光色无特殊要求的场所 (2) 有振动的场所	大中型厂房、仓库、动力站房、露天堆场及作业场地、厂区道路或城市一般道路等
高压钠灯	(1) 照度要求高，但对光色无要求场所 (2) 多烟尘场所 (3) 有振动的场所	铸钢车间、铸铁车间、冶金车间、机加工车间、露天工作场地、厂区或城市主要道路、广场或港口等
金属卤化物灯	房子高大，要求照度较高、光色较好的场所	大型精密产品总装车间、体育馆或体育场等

5. 光源选择的原则

(1) 限制白炽灯的应用。

(2) 利用卤钨灯取代普通的白炽灯。

(3) 推荐采用紧凑型荧光灯取代白炽灯。

(4) 推荐T8、T5细管荧光灯。

(5) 推荐采用钠灯和金属卤化物灯。

(6) 淘汰碘钨灯。

(7) 利用高效节能灯具和灯具附件。

(8) 采用各种照明节能的控制设备和器件。

6.2.3 光源的主要附件

为保证不同类型电光源(白炽灯和气体放电灯)在电网电压下正常可靠地工作而配置的电器件统称为灯用电器附件。

灯用电器附件按用途可做如图 6.12 所示分类。

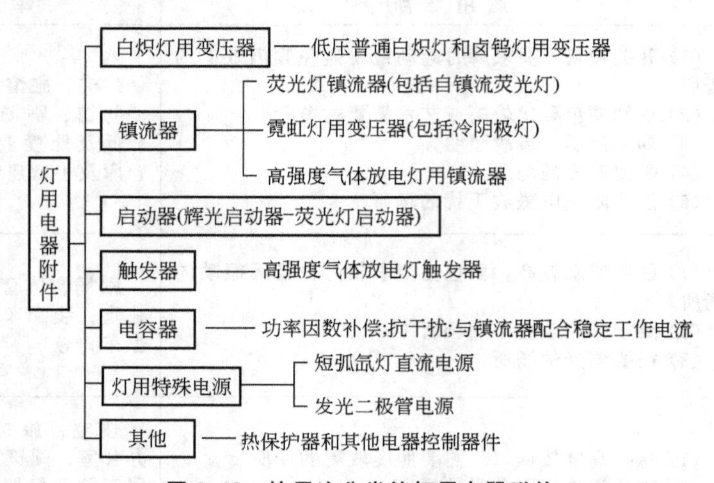

图 6.12 按用途分类的灯用电器附件

灯用电器附件按工作原理可做如图 6.13 所示分类。

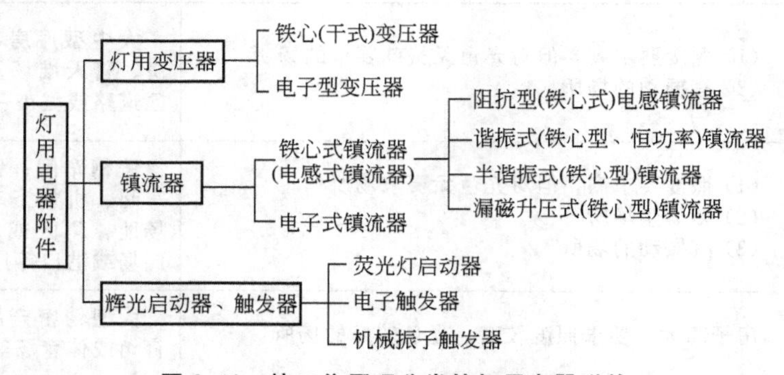

图 6.13 按工作原理分类的灯用电器附件

镇流器和辉光启动器是各种气体放电灯一般都需配备的主要附件，其外形如图 6.14 所示。镇流器是缠绕在硅钢片铁心上的电感线圈，其作用是在启动时与辉光启动器配合产生瞬时高压脉冲促使气体放电，限制并稳定工作电流。

辉光启动器是一个充有氖气的玻璃泡，内有一固定的静触片和用双金属片制成的 U 形动触片，辉光启动器内的小电容是为了防止在两触片断开时产生火花将触片烧坏，此外还可以消除电磁干扰。

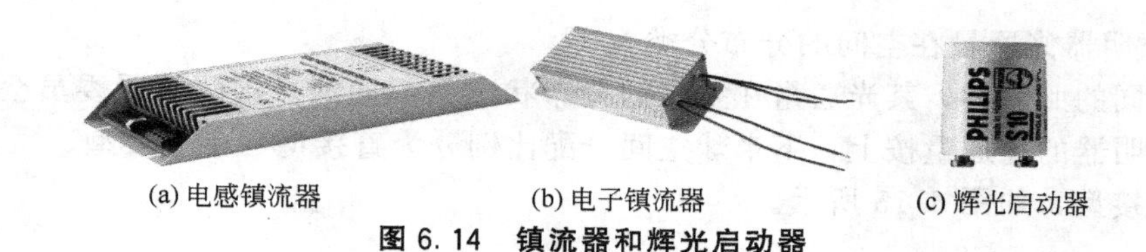

(a) 电感镇流器　(b) 电子镇流器　(c) 辉光启动器

图 6.14 镇流器和辉光启动器

6.2.4 照明器

1. 照明器的概念

照明器一般是由光源、照明灯具及其附件共同组成的。照明器除具有固定光源、保护光源、美化环境的作用外，还可以对光源产生的光通量进行再分配、定向控制及防止光源产生眩光。

2. 照明器的分类

1）按照明器的用途分类

照明器根据用途可分为功能性照明器与装饰性照明器两种。

(1) 功能性照明器。首先应该考虑保护光源、提高光效、降低眩光的影响；其次再考虑装饰效果，如民用照明器、工矿照明器、舞台照明器、车船照明器、防爆照明器、标志照明器、水下照明器和路灯照明器等。

(2) 装饰性照明器。一般由装饰部件围绕光源组合而成，其作用主要是美化环境、烘托气氛。因此，首先应该考虑照明器的造型和光线的色泽，其次再考虑照明器的效率和限制眩光。

2）按照明器防触电保护方式分类

为了电气安全，照明器的所有带电部分必须采用绝缘材料等加以隔离。照明器的这种保护人身安全的措施称为防触电保护。根据防触电保护方式，照明器可分为0、Ⅰ、Ⅱ和Ⅲ四类。

0类：保护依赖基本绝缘，在易触及的部分及外壳和带电体间绝缘，适用于安全程度高的场合，且灯具安装、维护方便，如吊顶、吸顶灯等。

Ⅰ类：除基本绝缘外，易触及的部分及外壳有接地装置，一旦基本绝缘失效时，不致发生危险，提高了安全程度，用于金属外壳灯具，如投光灯、路灯、庭院灯等。

Ⅱ类：除基本绝缘，还有补充绝缘，做成双重绝缘或加强绝缘，绝缘性好，安全程度高，适用于环境差、人经常触摸的灯具，如台灯、手提灯等。

Ⅲ类：采用特低安全高压(交流有效值50V)，且灯内不会产生高于50V的电压，灯具安全程度最高，如机床工作灯、儿童用灯等。

3）按照明器的防尘、防水等分类

为了防止人、工具或尘埃等固体异物触及或沉积在照明器带电部件上引起触电、短路等危险，也为了防止雨水等进入照明器内造成危险，照明器的外壳防护起到保护电气绝缘和光源的作用。对于防尘、防水等级，目前采用特征字母“IP”后面跟两个数字来表示照明器的防尘、防水等级。第一个数字表示对人、固体异物或尘埃的防护能力，第二个数字表示对水的防护能力。

4）按照明器光通量在空间的分布分类

对于不同的照明器，其光通量在空间的分布状况是不同的。国际照明委员会(CIE)将一般室内照明器的光通量按上、下半球空间分配比例分为直接型、半直接型、漫射型、半间接型和间接型，如图 6.15 所示。

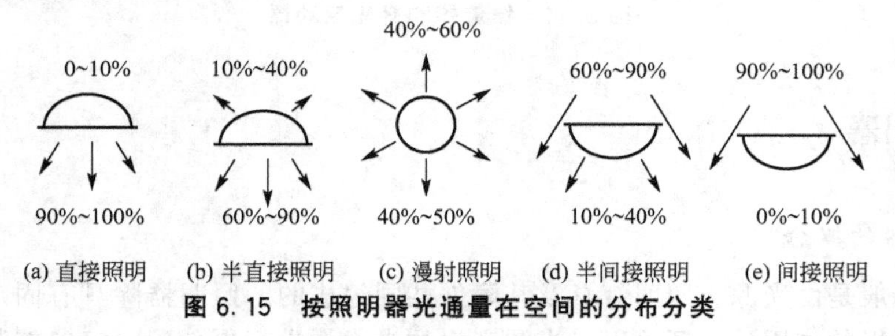

图 6.15　按照明器光通量在空间的分布分类

5）按照明器配光曲线分类

按照明器的配光曲线分类实际是按照明器的光强分布特性分类，包括特深照型、深照型、配照型、广照型、嵌入式荧光灯、暗灯，如图 6.16 所示。

图 6.16　按照明器配光曲线分类

6）按照明器结构特点分类

表 6-3 是按照明器结构特点分类的照明器。

表 6-3　按照明器结构特点分类

结构形式	特　点
开启型	光源与外界空间直接接触(无罩)
闭合型	透明罩将光源包合起来，但内外空气仍能自由流通
封闭型	透明罩固定处加一般封闭，与外界隔绝比较可靠，但内外空气仍可有限流通
密封型	透明罩固定处加严密封闭，与外界隔绝相当可靠，内外空气不能流通
防爆型	透明罩本身及其固定处和灯具外壳，均能承受要求的压力，能安全使用在有爆炸危险性介质的场所

7）按照明器安装方式分类

照明器按安装方式分为壁灯、吸顶灯、嵌入式灯、半嵌入式灯、吊顶、地脚灯、台灯、落地灯、庭院灯、道路广场灯、移动式灯、自动应急照明灯等。

3. 照明器的选择

(1) 选用的照明灯具应符合国家现行相关标准的有关规定。

(2) 在满足眩光限制和配光要求的条件下，应选用效率高的灯具，并应符合下列规定。

① 荧光灯灯具的效率不应低于表 6-4 的规定。

表 6-4　荧光灯灯具的效率

灯具出光口形式	开敞式	保护罩(玻璃或塑料)		格栅
		透明	磨砂、棱镜	
灯具效率	75%	65%	55%	60%

注：摘自《建筑照明设计标准》(GB 50034—2004)。

② 高强度气体放电灯灯具的效率不应低于表 6-5 的规定。

表 6-5　高强度气体放电灯灯具的效率

灯具出光口形式	开敞式	格栅或透明罩
灯具效率	75%	60%

注：摘自《建筑照明设计标准》(GB 50034—2004)。

(3) 根据照明场所的环境条件，分别选用下列灯具。

① 在潮湿的场所，应采用相应防护等级的防水灯具或带防水灯头的开敞式灯具。

② 在有腐蚀性气体或蒸汽的场所，宜采用防腐蚀密闭式灯具。若采用开敞式灯具，各部分应有防腐蚀或防水措施。

③ 在高温场所，宜采用散热性能好、耐高温的灯具。

④ 在有尘埃的场所，应按防尘的相应防护等级选择适宜的灯具。

⑤ 在装有锻锤、大型桥式吊车等振动、摆动较大的场所使用的灯具，应有防振和防脱落措施。

⑥ 在易受机械损伤、光源自行脱落可能造成人员伤害或财物损失的场所使用的灯具，应有防护措施。

⑦ 在有爆炸或火灾危险的场所使用的灯具，应符合国家现行相关标准和规范的有关规定。

⑧ 在有洁净要求的场所，应采用不易积尘、易于擦拭的洁净灯具。

⑨ 在需要防止紫外线照射的场所，应采用隔紫灯具或无紫光源。

(4) 直接安装在可燃材料表面的灯具，应采用标有 F 标志的灯具。

(5) 照明设计时按下列原则选择镇流器。

① 自镇流荧光灯应配用电子镇流器。

② 直管形荧光灯应配用电子镇流器或节能型电感镇流器。

③ 高压钠灯、金属卤化物灯应配用节能型电感镇流器；在电压偏差较大的场所，宜配用恒功率镇流器；功率较小者可配用电子镇流器。

④ 采用的镇流器应符合该产品的国家能效标准。

(6) 高强度气体放电灯的触发器与光源的安装距离应符合产品的要求。

6.2.5　照明器的布置

1. 一般原则

(1) 室内布灯应满足照度、均匀度、工艺及眩光限制的要求，并考虑布置美观，便于控制。

(2) 室外照明种类较多，不同种类对布灯有不同的要求。例如，室外道路对照度水平、亮度水平及眩光限制等都有很严格的要求，而屋外配电装置区主要应考虑与带电设备的安全净距，检修和运行的方便性，以及避免灯柱造成活动障碍。

2. 照明器的具体布置

灯具的布置主要是确定灯在室内的空间位置。灯具的布置对照明质量有重要影响。光的投射方向、工作面的照度、照明均匀性、直射眩光、视野内其他表面的亮度分布及工作面上的阴影等都与照明灯具的布置有直接关系。灯具的布置合理与否影响到照明装置的安装功率和照明设施的耗费，影响照明装置的维修和安全。

1) 灯具的平面布置

灯具均匀布置时，一般采用矩形、菱形等形式。当灯具按图 6.17 布置时，其等效灯具 L 的值计算如下。

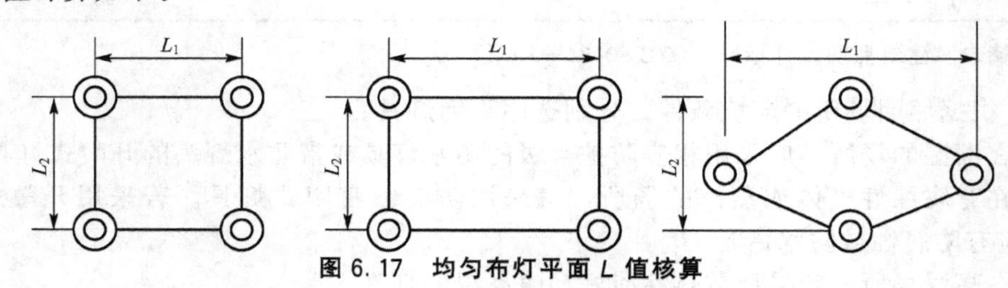

图 6.17 均匀布灯平面 L 值核算

正方形布置时：

$$L=L_1=L_2$$

矩形布置时：

$$L=\sqrt{L_1\times L_2}$$

菱形布置时：

$$L=\sqrt{L_1\times L_2}$$

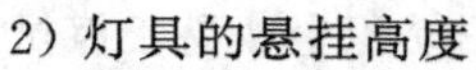

2) 灯具的悬挂高度

灯具的悬挂高度指光源至地面的垂直距离，如图 6.18 所示。

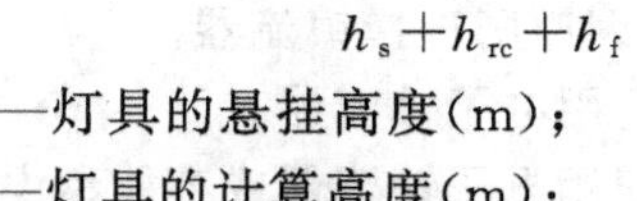

$$h_s+h_{rc}+h_f$$

式中，h_s——灯具的悬挂高度(m)；

h_{rc}——灯具的计算高度(m)；

h_f——工作面高度(m)。

图 6.18 灯具的悬挂高度

灯具的计算高度为光源至工作面的垂直距离，即等于灯具离地悬挂高度减去工作面的高度(通常取 0.75～0.8m)。

灯具的最低悬挂高度是为了限制直射眩光，且应注意防止碰撞和触电危险。室内一般照明用的灯具距地面的最低悬挂高度应不低于规定的数值。当环境条件限制而不能满足规定数值时，一般不低于 2m。

灯高一般不低于 2.4m，否则灯具的外壳应做保护接零或接地。当房间很大时，为了在工作面上达到照度标准，可以采用局部照明和整体照明相结合。

灯具的悬挂高度，以不发生眩光作用为原则，可以在人们活动范围的 2～12m 内选择。布灯的原则是注意均匀性。灯具的安装高度可以参考表 6-6。

表 6-6 灯具的安装高度

光源名称	灯具形式	光源功率/W	最低悬挂高度/m	灯具保护角
白炽灯	有反射罩	≤100 150～200 300～500	2.5 3.5 3.5	10°～30°
	乳白玻璃漫射罩	≤100 150～200 300～500	2.0 2.5 3.0	—
卤钨灯	有发射罩	≤500 1000～2000	6.0 7.0	30°～60°
	有反射罩带格栅	≤500 1000～2000	5.5 6.5	
荧光灯	有反射罩	≤40	2.0	0°～10°
		>40	3.0	
	无反射罩	≤40	2.0	
		>40	2.0	
荧光高压汞灯	有反射罩	≤125 125～250 ≥400	3.5 5.0 6.0	10°～30°
	有反射罩带格栅	≤125 125～250 ≥400	3.0 4.0 5.0	30°～60°
金属卤化物灯	搪瓷反射罩 铝抛光反射罩	400 1000	6.0 14.0	10°～30°
高压钠灯	搪瓷反射罩 铝抛光反射罩	250 400	6.0 7.0	—

3）距高比

灯具间距 L 与灯具的计算高度 H 的比值称为距高比。灯具布置是否合理，主要取决于灯具的距高比是否恰当。距高比值小，照明的均匀度好，但投资大；距高比值过大，则不能保证达到规定的均匀度。因此，灯间距离 L 实际上可以由最有利的距高比值来决定。根据研究，各种灯具最有利的距高比见表 6-7。这些距高比值保证了为减少电能消耗而应具有的照明均匀度。

表 6-7 灯具间有利的相对距离

灯具的形式	相对距离(L/H)		宜采用单行布置的房间高度
	多行布灯	单行布灯	
乳白玻璃圆球灯、散照型防水防尘灯、天棚灯	2.3～3.2	1.9～2.5	1.3H
无漫射罩的配罩型灯	1.8～2.5	1.8～2.0	1.2H

（续）

灯具的形式	相对距离(L/H)		宜采用单行布置的房间高度
	多行布灯	单行布灯	
搪瓷深照型灯	1.6～1.8	1.5～1.8	1.0H
镜面深照型灯	1.2～1.4	1.2～1.4	0.75H
有反射罩的荧光灯	1.4～1.5	—	—
有反射罩的荧光灯(带格栅)	1.2～1.4	—	—

注：摘自《建筑电气设计手册》(第二分册：电气照明系统)。

4）与墙的距离

在布置一般照明灯具时，还需要确定灯具距墙壁的距离 l。

当工作面接近墙壁时：$l=(0.25\sim0.3)L$。

当靠近墙壁处为通道或无工作面时：$l=(0.4\sim0.5)L$。

在进行均匀布灯时，还要考虑天棚上安装的吊风扇、空调送风口、扬声器、火灾探测器等其他设备，原则上以照明布置为基础，协调其他安装工程，统一考虑，统一布置，达到既满足功能要求，又使天棚整齐、美观大方。

6.3 照明配电设备

照明配电设备是实现可靠照明的动力设备、计量设备和控制设备，掌握常用照明配电设备的结构、原理、设备选择、安装等是至关重要的，而建筑常用照明配电设备包括照明配电箱、电表箱、插座与开关。

6.3.1 照明配电箱

1. 符号

【例 6-1】 型号为 XRM1—A312M 的配电箱，表示该照明配电箱为嵌墙安装，箱内装设一个型号为 DZ20 的进线主开关，单相照明出线开关 12 个。

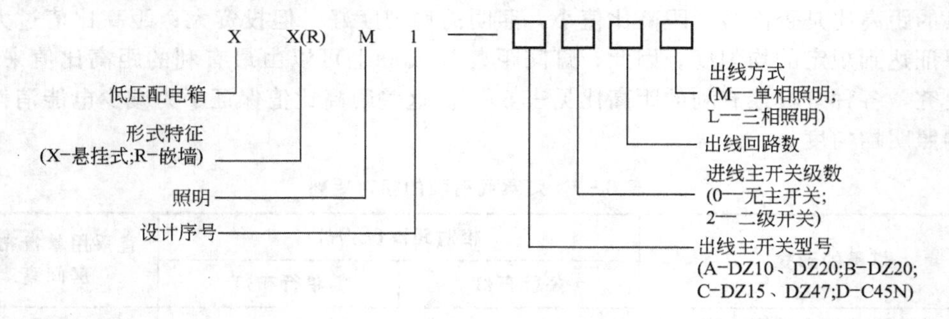

2. 结构

照明配电箱结构上按安装方式分为封闭悬挂式(明装)和嵌入式(暗装)两种。主要结构分为箱壳、面板、安装支架、中性母线排、接地母线排等部件。在面板上有操作主开关和分路开关的开启孔，若不需要安装全数分路开关，可以使用封口板将开启孔部分封闭。进出线敲落孔置于箱壳上、下两面。背面还有长圆形敲落孔，可以根据用户需要任意敲孔后使用。

照明配电箱按箱体材质又可分为钢箱、不锈钢箱、铁箱和塑料箱等。

箱内主要功能单元包括以下几种。

(1) 电源总闸单元。照明配电箱最左边一个结构块为电源总闸，控制着入户总电源，拉下电源总闸即可同时切断入户的交流相线和中性线。

(2) 漏电保护器单元。照明配电箱中间两个结构块为漏电保护器，左侧可见一开关扳手，平时朝上处于“合”位置；右侧有一试验按钮，用于检验漏电保护器。当户内电线或电器发生漏电，或者有人触电时，漏电保护器会迅速切断电源。

(3) 自动空气开关单元。照明配电箱最右边一个结构块安装有自动空气开关，将电源分成若干回路向用户供电。当发生过流或短路故障时，相应的自动空气开关则会断开。

箱内主要电器元件及其保护功能如下。

(1) 微型断路器(MCB)：用作进线主开关或出线分开关，对配电线路提供过载和短路保护。

(2) 隔离开关：通常用做进线开关，做电源分、合隔离之用。

(3) 漏电保护器：一般选用漏电动作电流为30mA，能够对人身触电进行安全保护。

(4) 浪涌保护路(SPD)：用于限制从电源线路传导的雷电过电压。

3. 常用产品

照明配电箱技术性能见表6-8。

表6-8 照明配电箱技术性能

型号	安装方式	箱内主要元件	备注
XM-34-2	嵌入式、半嵌式、悬挂式	DZ12型断路器	可用于工厂企业及民用建筑
XXM	嵌入式、悬挂式	DZ12型断路器、小型蜂鸣器	用于民用建筑等
XZK	嵌入式、悬挂式	DZ12型断路器	
XM	嵌入式、悬挂式	DZ12型断路器	
XRM-12	悬挂式	DZ10、DZ12型断路器	
XPR	嵌入式、悬挂式	DZ5型断路器，DD17型电度表	用于一般民用建筑
PX	嵌入式、悬挂式	DZ10、DZ15型断路器	
PXT	嵌入式、悬挂式	DZ6型断路器	可用于工厂企业及民用建筑
XXRM-1N	嵌入式、悬挂式	DZ10、DZ12、DZ15型断路器，小型熔断器	可用于工厂企业及民用建筑
XXRM-2	嵌入式、悬挂式	DZ12型断路器	用于民用建筑
XM(R)-04	嵌入式、悬挂式	DZ12型断路器	
PDX	嵌入式、悬挂式	DZ12型断路器	

（续）

型号	安装方式	箱内主要元件	备　注
TWX－50	悬挂式	电度表(1－5A)带锁	电度计量用，不能作照明配电用
XMR－3	嵌入式、悬挂式	电度表(1－5A)及瓷刀开关	电度计量用，不能作照明配电用
XML－2	板式、嵌入式	HK1 型负荷开关、RC1A－15 型熔断器和 DD5－3A 型电度表	
XM－14	嵌入式	DZ15－40 1903、DZ15－40 3903 型断路器	
XRM	嵌入式、悬挂式	DZ12 型断路器	可用于工厂企业及民用建筑
XXRM－3	嵌入式、悬挂式	DZ12 型断路器	可用于民用建筑

4. 接线图

1）接线示意图

照明配电箱的几种常见接线示意图如图 6.19 所示。

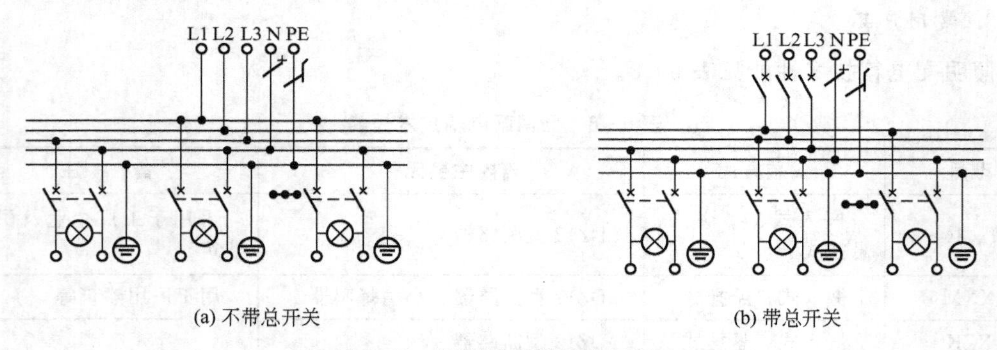

图 6.19　照明配电箱接线示意图

2）系统图

照明配电系统图是用图形符号、文字符号绘制的，用于表示建筑照明配电系统供电方式、配电回路分布及相互联系的建筑电气工程图，能集中反映照明的安装容量、计算容量、计算电流、配电方式、导线或电缆的型号、规格、数量、敷设方式及穿管管径、开关及熔断器的规格型号等。通过照明系统图，可以了解建筑物内部电气照明配电系统的全貌，它也是进行电气安装调试的主要图样之一。

照明系统图的主要内容如下。

(1) 电源进户线、各级照明配电箱和供电回路，表示其相互连接形式。

(2) 配电箱型号或编号，总照明配电箱及分照明配电箱所选用计量装置、开关和熔断器等器件的型号、规格。

(3) 各供电回路的编号，导线型号、根数、截面和线管直径，以及敷设导线长度等。

(4) 照明器具等用电设备或供电回路的型号、名称、计算容量和计算电流等。

图 6.20 所示为一宿舍楼照明配电系统图。

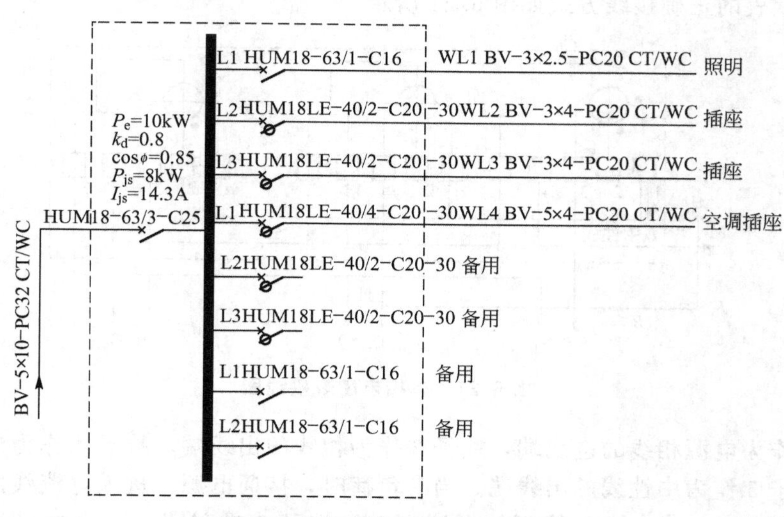

图 6.20 宿舍楼照明配电系统图

5. 照明配电箱选择

照明配电箱应按照明种类、工作电压、工作电流、有无进出线开关、工作场所的环境条件进行选择。

照明配电箱一般宜选用具有自动空气开关作为进出线开关的形式。其安装方式可根据使用场所的环境条件确定明式或暗式安装。

在有爆炸危险的场所，应装设防爆照明配电箱。如采用非防爆照明配电箱，则应将其装设在附近正常环境的场所。对潮湿与有腐蚀气体的场所，不宜装设普通开启式照明配电箱。

照明配电箱的布置，应靠近负荷中心，便于操作维护。

照明配电箱的安装高度，一般为箱底距所在地面 1.3～1.5m 的高度。

6.3.2 电表箱

电表箱是用于电量计量的专用箱，如电流表、电度表、功率表等。

1. 电度表分类

电度表分为 3 种。

单相：用于单相负荷，220V 电压。有单相电子式电度表、单相防窃电电度表、单相电子式电度表(带无线抄表)、单相电子式电度表(带 RS－485)、单相预付费电度表、单相复费率电度表和单相互感器接入式电度表。

三相三线：用于中性点不接地系统，380V 电压。

三相四线：用于中性点接地系统，380V 电压。

三相电能表可以分为三相有功电度表、三相多功能电度表。

2. 单相电度表的接线

单相电度表的正确接线方式如图 6.21 所示。

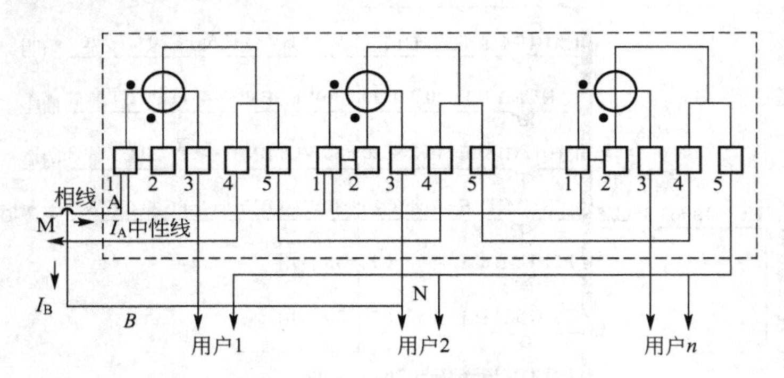

图 6.21　单相电度表接线图

端子 1 作为电源相线的进线端，端子 3 作为相线的出线端，端子 4 作为电源中性线的进线端，端子 5 作为中性线的出线端。当有负荷时，接通电源，进入电流线圈的电流方向为端子 1 进和端子 3 出，电压线圈的电流方向为端子 2 进和端子 5 出(或端子 4 出)。此时，电流线圈中的电流产生的磁场与电压线圈中的电流所产生的磁场相互作用，使电表正转。

3. 三相电度表的接线

三相三线制有功电度表采用两组驱动部件作用于装在同一转轴上的两个铝盘(或一个铝盘)的结构，其原理与单相电度表完全相同，如图 6.22 所示。

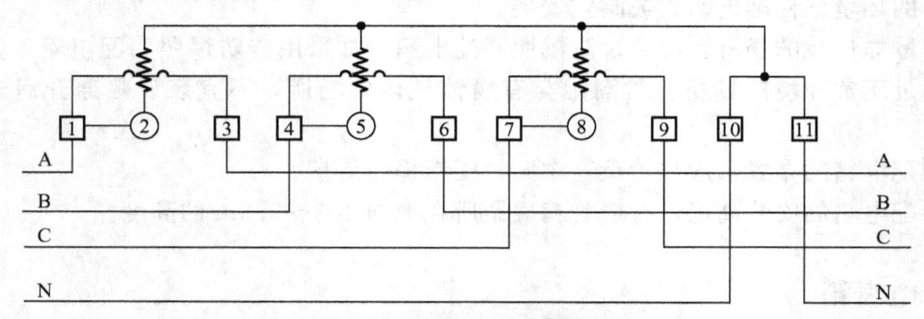

图 6.22　三相电度表接线图

6.3.3　插座和开关

1. 插座

1) 规格

插座的规格很多，有两孔、三孔的，有圆插头、扁插头和方插头的，有 10A、16A 的，有中国、美国和英国标准的，有带开关的，带熔丝的，带安全门的，带指示灯的，有防潮的，有尺寸为 86mm×86mm，也有 80mm×123mm 的等，见表 6－9。

表6-9 P86系列插座

产品名称及规格	示意图
1. 插座～250V	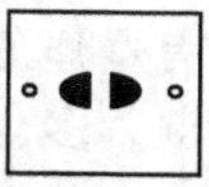
10A 两极双用插座	
10A 带保护门两极双用插座	
10A 双联两级双用插座	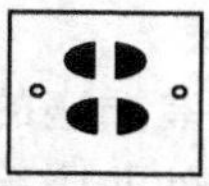
10A 带保护门双联两极双用插座	
10A 两级带接地插座	
10A 带保护门两极带接地插座	
16A 两极带接地插座	
16A 带保护门两极带接地插座	
10A 两极双用两极带接地插座	
10A 带保护门两极双用两极带接地插座	
10A 防溅两极带接地插座	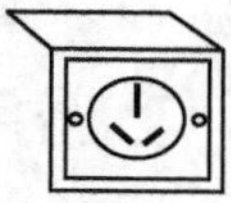
13A 带保护门两极带接地方脚插座	
2. 带开关插座～250V	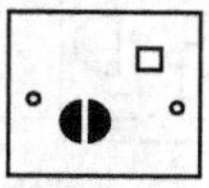
10A 带开关两极双用插座	
10A 带开关、保护门两极双用插座	
10A 带开关两极带接地插座	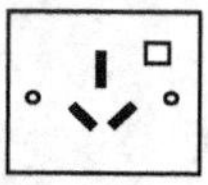
10A 带开关、保护门两极带接地插座	
10A 带开关两极双用两极带接地插座	
10A 带开关、保护门两极双用两极带接地插座	
3. 插座～440V	
16A 三极带接地插座	
25A 三极带接地插座	

目前设计中规定要按国家标准选型，但对具体用户来说，为了避免增加转换接线板，要选择与家用电器电流、插头及接线盒规格相匹配的插座面板。

2）选择

(1) 对各种不同电压等级的插座，其插孔形状应有所区别。

(2) 所有插座均应为带专用地线的单相三孔插座。

(3) 在有爆炸危险的场所，应采用防爆型插座。

(4) 潮湿、多尘的场所或屋外装设的插座，应采用密封防水型插座。

(5) 插座安装高度低于 1.8m 时应采用安全型插座。

3）安装

(1) 暗装插座的安装高度一般为 0.3m。

(2) 在幼儿园等场所距地不低于 1.8m。

(3) 潮湿、密闭、保护型插座距地不低于 1.8m。

4）接线

插座的接线排列如图 6.23 和图 6.24 所示。

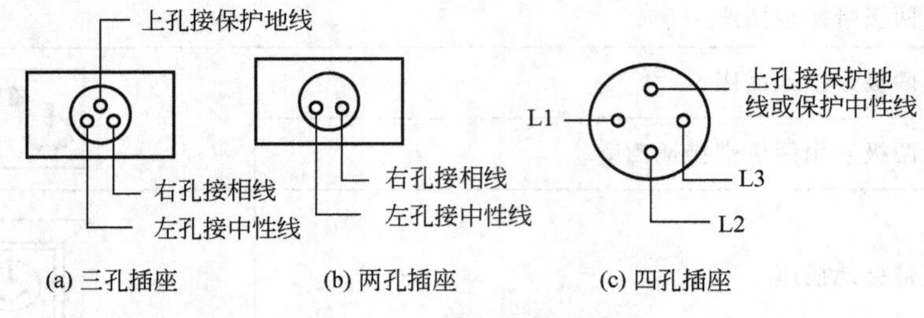

图 6.23　插座接线排列顺序

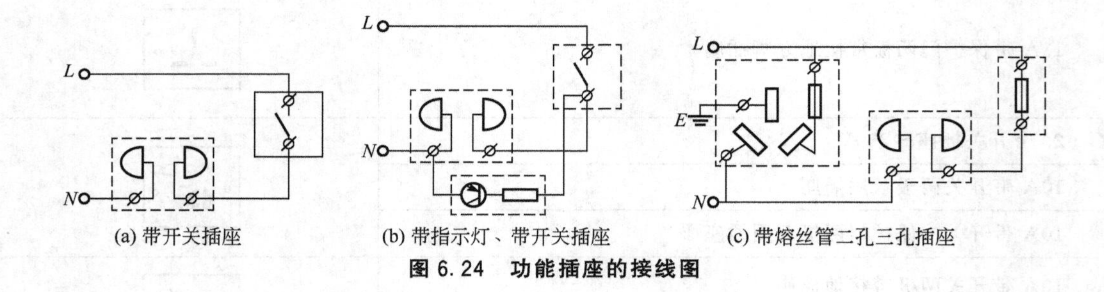

图 6.24　功能插座的接线图

2. 开关

1）种类

一般分为单联、双联、三联、四联开关；普通和防水防溅开关；明装和暗装开关；定时和光电感应开关；单控和双控开关等。

表 6－10 是 86 系列开关。

表 6－10　86 系列开关

产品名称及规格	示 意 图	产品名称及规格	示 意 图
10A 单联单控开关		10A 双联单控开关	

（续）

产品名称及规格	示 意 图	产品名称及规格	示 意 图
10A 三联单控开关		10A 四联单控开关	

2）接线

单联开关接线方式即一个独立的单刀双掷开关 K1 控制一盏灯具，一根中性线与一根相线连接电源、插座和灯具，如图 6.25 所示。所谓双控开关，是由两个独立的单刀双掷开关(K1 和 K2)组合来实现的，无论拨动哪个开关，整个电路的状态都会被切换(连通和断开)，从而实现任何一个开关都可以随时打开或关掉所控制的灯，如图 6.26 所示。同样，三控开关在三个不同地点可以用其中任意一个控制一组灯，电路复杂，采用了一个双刀双掷开关。三地控制包括单联双控开关和单联多控开关，其原理如图 6.27 所示。

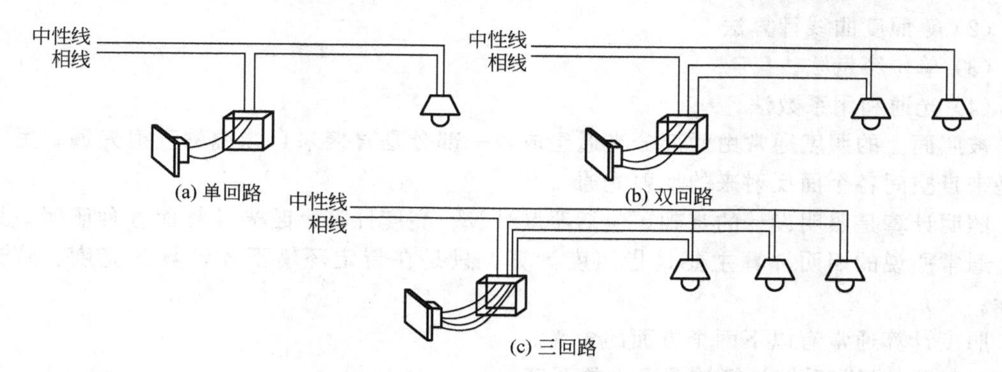

图 6.25 开关的控制电路图

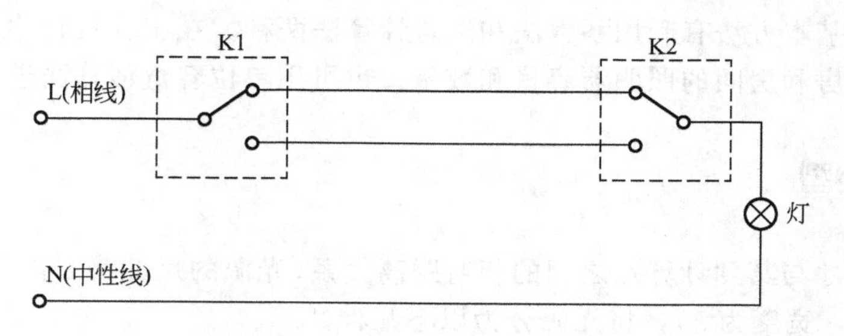

图 6.26 开关的控制电路图

3）安装

安装开关时应注意以下三点。

(1) 开关的安装高度距地 1.4m。

(2) 装在房门附近旁时不要被门扇遮挡。

(3) 一只开关不宜控制过多的灯具。

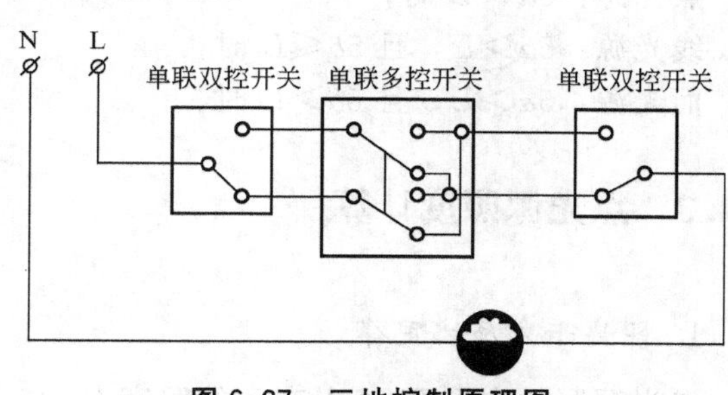

图 6.27 三地控制原理图

6.4 照度计算

照明照度的设计有两种方式，一个是根据照度标准值确定选择灯具的功率和总功率；另一种是先选择灯具，计算出总功率再检验是否合格。照度计算的目的是按照已规定的照度及其他已知的条件来计算灯泡的功率，确定其光源和灯具的数量。照度计算方法主要有两种方式，即利用系数法和逐点计算法。

6.4.1 照度计算的常用方法

照度计算的方法很多，本节主要介绍以下几种常用的计算方法。

(1) 逐点照度计算法。

(2) 等照度曲线计算法。

(3) 单位容量法。

(4) 光通利用系数法。

被照面上的照度通常由两部分光通组成，一部分是直接来自光源的直射光通；另一部分是来自空间各个面反射来的反射光通。

照明计算是照明设计的基础，包括照度计算、亮度计算、眩光计算而各种照明效果计算，通常所说的照明计算主要是指照度计算，只是在特定环境下才计算其亮度、眩光等指标。

照度计算通常有以下两个方面的含义。

(1) 根据照明系统计算被照面上的照度。

(2) 根据所需照度及照明器布置计算照明器的数量及光源功率。

计算照度的基本方法有利用系数法和逐点计算法两种。在工程设计中，可根据实际经验确定大多数厂房和房间的照明器容量和数量，也可用单位容量估算法进行估算。

6.4.2 光源类型

根据光源尺寸与其到计算点之间的相对距离关系(光源的尺寸为 d，照面的距离为 L，灯具的长度为 a，宽度为 b)，将光源分为以下几种。

点光源：$5d<L$ 时；

线光源：$5a>L$，且 $5b\leqslant L$ 时；

面光源：$5a>L$，且 $5b>L$ 时。

6.4.3 点光源照度计算

1. 距离平方反比定律

点光源照射在平面 M 上产生的照度 E_h 与光源的光强 I_θ 及被照面法线与入射光线的

夹角 θ(或 β)的余弦成正比，与光源至被照面计算点的距离 R 的平方成反比，即距离平方反比法，如图 6.28 所示。

(1) 水平面：

$$E_h=\frac{I_\theta}{R^2}\cdot\cos\theta=\frac{I_\theta}{h^2}\cos^3\theta$$

式中，I_θ——照射方向的光强(cd)；

R——点光源至计算点的距离(m)；

$\cos\theta$——被照水平面的法线与入射光线的夹角的余弦。

【例 6-2】 某车间装有 8 只 GC39 型深照型灯具，灯具的平面布置如图 6.29 所示，内装 400W 荧光高压汞灯，灯具的计算高度 $h_{cr}=10$m，光源光通量 $\Phi=20000$lm，光源光强分布(1000lm)，见表 6-11。

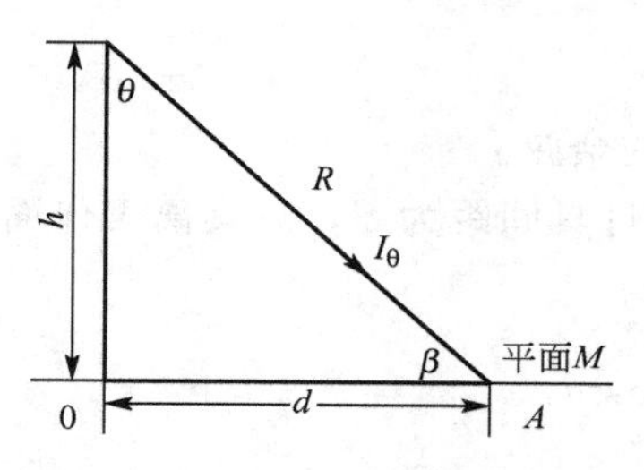

图 6.28 距离平方反比定律

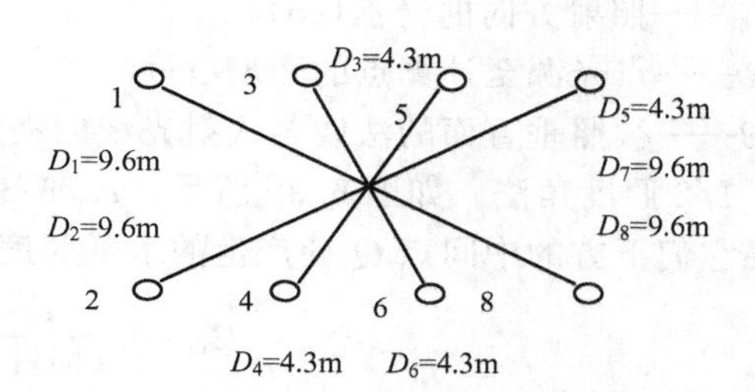

图 6.29 车间照明平面图

表 6-11 (1000lm)光源光强分布

θ/(°)	I_θ/cd	θ/(°)	I_θ/cd
0	234	50	141
5	232	55	105
10	232	60	75
15	234	65	35
20	232	70	24
25	214	75	16
30	202	80	9
35	192	85	4
40	182	90	0
45	169		

灯具维护系数 $K=0.7$，试求 A 点的水平面照度值。

解：灯具距计算点 A 的水平距离为 D，灯具距计算点 A 的空间距离为 R，以 1 点和 3 点为例，则

$$D_1=D_2=D_7=D_8=9.6\text{m},\ D_3=D_4=D_5=D_6=4.3\text{m}$$

$$R_1=\sqrt{h_{rc}^2+D_1^2}=\sqrt{10^2+9.6^2}\approx13.86(\text{m})$$

$$\cos\theta_1=\frac{h_{rc}}{R_1}=\frac{10}{13.68}\approx0.72,\ \theta_1=43.8^\circ,\ I_{\theta_1}\approx172\text{cd}$$

$$E_{h1}=\frac{I_{\theta 1}}{R_1^2}\cdot\cos\theta_1=\frac{172\times 0.72}{13.86^2}\approx 0.64(\text{lx})$$

同理计算

$$E_{h3}\approx 1.71\text{lx}$$

求 A 点的总照度值如下：

$$E_{h\Sigma}=4\times(0.64+1.71)=9.4(\text{lx})$$

$$E_{Ah}=\frac{20000}{1000}\cdot K\cdot E_{h\Sigma}=131.6(\text{lx})$$

(2) 垂直面：

$$E_v=\frac{I_\theta}{R^2}\cdot\cos\beta=\frac{d}{h}E_h$$

式中，I_θ——照射方向的光强(cd)；

R——点光源至计算点的距离(m)；

$\cos\beta$——被照垂直面的法线与入射光线的夹角的余弦。

(3) 1/2 照度角法。如图 6.30 所示，A 和 B 两灯具间距为 S，灯具离工作面的高度为 MH，在它们下方的中间点 Q 处产生的水平照度为

$$E_Q=2\frac{I_\theta}{(\text{MH})^2}\cos^3\theta$$

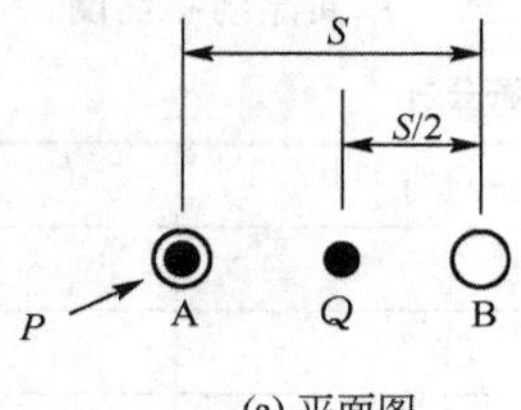

(a) 平面图

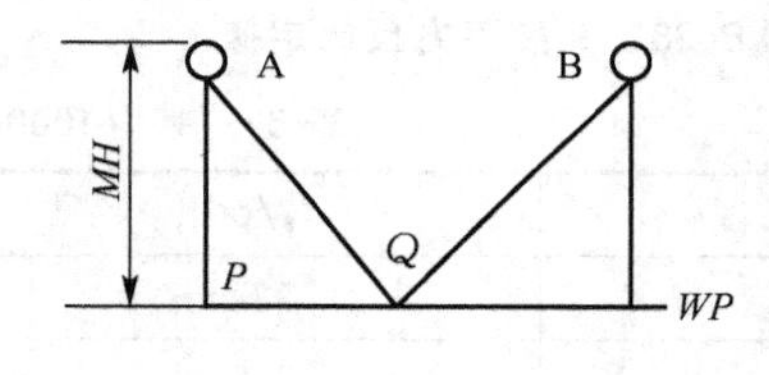

(b) 侧面图

图 6.30　1/2 照度角法

为了使工作面上照明均匀，两灯具在点 Q 产生的照度 E_Q 应与每一个灯具在其正下方产生的直接照度 $I_\theta/(\text{MH})^2$ 相等，即

$$\frac{I_\theta}{(\text{MH})^2}\cos^3\theta=\frac{I_\theta}{(\text{MH})^2}$$

上式中，I_θ 是 $\theta=0°$时的光强，而满足上式关系的角 θ 可记为 $\theta_{1/2}$。

$$2\cos^3\theta=\frac{I_0}{I_{\theta 1/2}},\quad \frac{S}{\text{MH}}=2\tan\theta_{1/2}$$

显然，当灯具安装的距离比大于 $2\tan\theta_{1/2}$时，工作面上的照度则不会均匀。

当灯具按四方形安装时，如果灯下点的照度仅由上方的灯具产生，且正方形中央点及各点的照度与灯下点相同，即每一灯具在各点所产生的照度均为其在灯下点产生的照度的 1/4，则工作面上的照度也均匀。这时，灯具的距高比也是获得均匀照明所允许的最大距高比。

灯具安装应满足以下条件。

① 灯下点工作面的照度仅由其上方的灯具产生(即其他灯具对此点的照度没有贡献)。

② 灯具中间点工作面的照度与灯下点相同，则此时的灯具安装距高比 S/MH 就被定

义为灯具安装最大间距判据SC，当距高比大于SC时，照度一定不会均匀。

2. 等照度曲线计算法

（1）空间等照度曲线。对于采用旋转对称配光的照明器可利用“空间等照度曲线”进行水平面照度计算，如图6.31所示。对于非对称配光的照明器可利用“平面相对等照度曲线”进行计算。

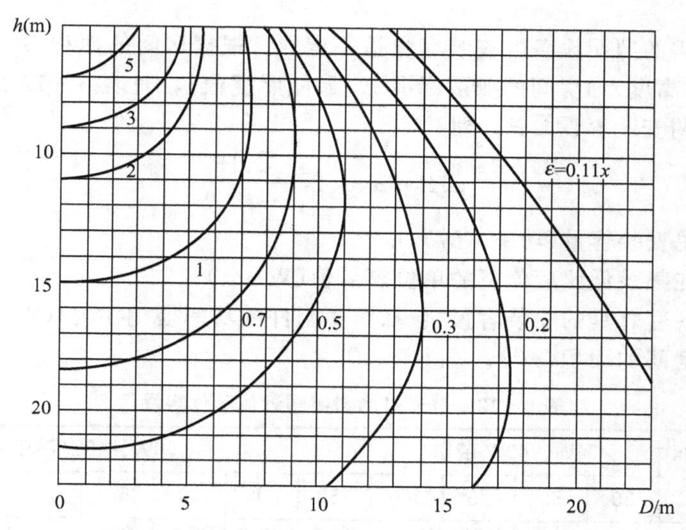

图6.31 GC39型深照型灯具的空间等照度曲线

应用空间等照度曲线法计算公式如下。

水平照度：

$$E_h=\frac{\Phi\sum\varepsilon K}{1000}$$

垂直照度：

$$E_v=\frac{D}{h}E_h$$

倾斜面照度：

$$E_i=\psi E_h$$

式中，Φ——光源的光通量(lm)；

$\sum\varepsilon$——各灯(1000lm)对计算点产生的水平照度之和(lx)；

K——灯具的维护系数，$K<1$；

D——光源到测量点的水平距离(m)；

h——悬挂高度(m)。

【例6-3】 计算例6-2。

解：按应用空间等照度计算。已知$h_{rc}=10$m，$D_1=D_2=D_7=D_8=9.6$m，$D_3=D_4=D_5=D_6=4.3$m，查图6.28，得到$\varepsilon_1=\varepsilon_2=\varepsilon_7=\varepsilon_8=0.65$lx，$\varepsilon_3=\varepsilon_4=\varepsilon_5=\varepsilon_6=1.7$lx

$$\sum\varepsilon=4\times(0.65+1.7)=9.4(\text{lx})$$

经修正后得

$$E_{\mathrm{h}}=\frac{\Phi\sum\varepsilon K}{1000}=\frac{20000\times9.4\times0.7}{1000}=131.6(\mathrm{lx})$$

(2) 平面相对等照度曲线：

$$E_{\mathrm{h}}=\frac{\Phi\sum\varepsilon K}{1000h^{2}}$$

3. 单位容量法

每平方米所需的照明设备的安装容量是一定的。根据房间的面积 S、灯的计算高度 h（灯到工作平面的高度）和房间的照度标准 E（最低照度值），查表 6-12 得单位容量值 w，求出房间总的照明安装容量 $\sum P$，即

$$\sum P=wS,\ N=\frac{\sum P}{P}$$

式中，$\sum P$——总安装容量(功率)(W)；

w——在某最低照度值下的单位容量值($\mathrm{W/m^2}$)；

P——一套灯具的安装容量(包括照明附件的功率损耗在内)(W)；

S——房间的面积($\mathrm{m^2}$)。

表 6-12　荧光灯均匀照明近似单位容量值　　($\mathrm{W/m^2}$)

计算高度 h/m	E/lx	30W、40W带罩				30W、40W不带罩							
	$S/\mathrm{m^2}$	30	50	75	100	150	200	30	50	75	100	150	200
2～3	10～15	2.5	4.2	6.2	8.3	12.5	16.7	2.8	4.7	7.1	9.5	14.3	19.0
	15～25	2.1	3.6	5.4	7.2	10.9	14.5	2.5	4.2	6.3	8.3	12.5	16.7
	25～50	1.8	3.1	4.8	6.4	9.5	12.7	2.1	3.5	5.4	7.2	10.9	14.5
	50～150	1.7	2.8	4.3	5.7	8.6	11.5	1.9	3.1	4.7	6.3	9.5	12.7
	150～300	1.6	2.6	3.9	5.2	7.8	10.4	1.7	2.9	4.3	5.7	8.6	11.5
	>300	1.5	2.4	3.2	4.9	7.3	9.7	1.6	2.8	4.2	5.6	8.4	11.2
3～4	10～15	3.7	6.2	9.3	12.3	18.5	24.7	4.3	7.1	10.6	14.2	21.2	28.2
	15～20	3.0	5.0	7.5	10.0	15.0	20.0	3.4	5.7	8.6	11.5	17.1	22.9
	20～30	2.5	4.2	6.2	8.3	12.5	16.7	2.8	4.7	7.1	9.5	14.3	19.0
	30～50	2.1	3.6	5.4	7.2	10.9	14.5	2.5	4.2	6.3	8.3	12.5	16.7
	50～120	1.8	3.1	4.8	6.4	9.5	12.7	2.1	3.5	5.4	7.2	10.9	14.5
	120～300	1.7	2.8	4.3	5.7	8.6	11.5	1.9	3.1	4.7	6.3	9.5	12.7
	>300	1.6	2.7	3.9	5.3	7.8	10.5	1.7	2.9	4.3	5.7	8.6	11.5
4～6	10～17	5.5	9.2	13.4	18.3	27.5	36.6	6.3	10.5	15.7	20.9	31.4	41.9
	17～25	4.7	6.7	9.9	13.3	19.9	26.5	4.6	7.6	11.4	15.2	22.9	30.4
	25～35	3.3	5.5	8.2	11.0	16.5	22.0	3.8	6.4	9.5	12.7	19.0	25.4
	35～50	2.6	4.5	6.6	8.8	13.3	17.7	3.1	5.1	7.6	10.1	15.2	20.2
	50～80	2.3	3.9	5.7	7.7	11.5	15.5	2.6	4.4	6.6	8.8	13.3	17.7
	80～150	2.0	3.4	5.1	6.9	10.1	13.5	2.3	3.9	5.7	7.7	11.5	15.5
	150～400	1.8	3.0	4.4	6.0	9.0	11.9	2.0	3.4	5.1	6.9	10.1	13.5
	>400	1.6	2.7	4.0	5.4	8.0	11.0	1.8	3.0	4.5	6.0	9.0	12.0

计算步骤如下。

① 根据民用建筑不同房间和场所对照明设计的要求，首先选择照明光源和灯具。

② 根据所要达到的照度要求，查相应灯具的单位面积安装容量表。

③ 将查到的值代入上述公式计算灯具数量，据此布置一般照明的灯具，确定布灯方案。

【例 6-4】 某实验室面积为 12m×5m，桌面高度 0.8m，灯具距地 3.8m，吸顶安装。拟采用 YG6-2 型双管 2×40 W 吸顶式荧光灯照明，确定房间内的灯具数(要求 $E=200\text{lx}$)。

解：用单位容量法计算

$$S=60\text{m}^2,\ h=3\text{m},\ E=200\text{lx}$$

灯具类型为 2×40W 带反射罩。查表 6-12，得到

$$w=11.5\text{W/m}^2$$

总安装功率为

$$\sum P=w\times S=11.5\times 60=690(\text{W})$$

YG6-2 荧光灯的功率为

$$N=\frac{\sum P}{P}=\frac{690}{80}=8.625\approx 9(\text{套})$$

4. 光通利用系数法

利用系数法是计算工作面上平均照度的常用方法。利用系数 μ 是指投射到工作面的光通量(包括灯具的直射光通量和墙面、顶棚、地面等的反射光通量)和灯具发出的总光通量的比值。

(1) 计算公式为

$$E_{av}=\frac{\mu KN\Phi}{S} \tag{6-1}$$

式中，E_{av}——工作面的平均照度值(lx)；

μ——利用系数；

K——维护系数见表 6-13；

N——灯具数量(盏)；

Φ——每个灯具内的总光通量(lm)；

S——工作面的面积(m^2)。

表 6-13 维护系数

环境污染特征		房间或场所举例	灯具最少擦拭次数/(次/年)	维护系数值
室内	清洁	卧室、办公室、餐厅、阅览室、教室、病房、客房、仪器和仪表的装配车间、电子元器件的装配车间、实验室等	2	0.8
	一般	商店营业厅、候车室、影剧院、机械加工车间、机械装配车间、体育馆等	2	0.7
	污染严重	厨房、锻工车间、铸工车间、水泥车间等	3	0.6
室外		雨篷、站台	2	0.65

计算公式并不复杂，关键是利用系数。常用灯具在各种条件下的利用系数已经计算出来并制成表格，供人使用。接下来看如何选取利用系数。

(2) 利用系数的选取与多种因素有关，步骤如下。

① 确定房间的空间特征系数。房间的空间特征可以用空间系数表征。如图 6.32 所示，将房间横截面的空间分为 3 个部分，灯具出口平面到顶棚之间的叫做顶棚空间；工作面到灯具出口平面之间的叫做室空间；工作面到地面之间的叫做地板空间。3 个空间分别有各自的空间系数。

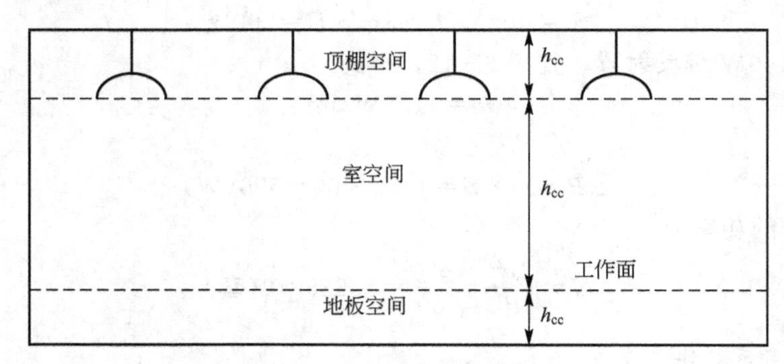

图 6.32　房间空间的划分

室空间系数：

$$RCR=\frac{5h_{rc}(L+W)}{L\cdot W} \tag{6-2}$$

顶棚空间系数：

$$CCR=\frac{5h_{cc}(L+W)}{L\cdot W}=\frac{h_{cc}}{h_{rc}}RCR \tag{6-3}$$

地板空间系数：

$$FCR=\frac{5h_{fc}(L+W)}{L\cdot W}=\frac{h_{fc}}{h_{rc}}RCR \tag{6-4}$$

式中，h_{rc}——室空间高度(m)；

h_{cc}——顶棚空间高度(m)；

h_{fc}——地板空间高度(m)；

L——房间的长度(m)；

W——房间的宽度(m)。

② 确定顶棚、地板空间的有效反射比和墙面的平均反射比。射向灯具出口平面上方空间的光线，除一部分吸收之外，剩下的最终还要从灯具出口平面向下射出。那么，可以把灯具开口平面看成一个有效反射比为 ρ_{cc} 的假想平面。光在这假想平面上的反射效果同在实际顶棚空间的效果等价。同样，地板空间的反射效果也可以用一个假想平面来表示，其有效反射比为 ρ_{fc}。

顶棚、地板空间有效反射比由下式求得：

$$\rho_{cc}=\frac{\rho S_0}{S_s-\rho S_s+\rho S_0} \tag{6-5}$$

式中，ρ——顶棚、地板空间各表面的平均反射比；

S_0——顶棚、地板的平面面积(m^2)；

S_s——顶棚、地板空间内所有表面的总面积(m^2)。

如果某个空间是由 i 个表面组成，则平均反射比为

$$\rho=\frac{\sum\rho_i S_i}{\sum S_i} \tag{6-6}$$

式中，ρ_i——第 i 个表面的反射比；

S_i——第 i 个表面面积(m^2)。

墙面的平均反射比 ρ_w 如需要可利用式(6－6)计算。

③ 确定利用系数。在求出 RCR、ρ_{cc}、ρ_w 后，按灯具的利用系数计算表就可查出其利用系数。如系数不是表中的整数，可用插值法算出对应值。

表 6－14 给出了 YG1－1 型灯具的利用系数表。一般情况下，系数表是按 $\rho_{fc}=20\%$求得的，如果实际的 ρ_{fc}值不是 20%，应该加以修正。在精度要求不高的场合也可以不修正。

表 6－14　YG1－1 荧光灯具利用系数表

有效顶棚反射系数	0.70				0.50				0.30				0.10				0
墙反射系数	0.70	0.50	0.30	0.10	0.70	0.50	0.30	0.10	0.70	0.50	0.30	0.10	0.70	0.50	0.30	0.10	0
室空间比																	
1	0.75	0.71	0.67	0.63	0.67	0.63	0.60	0.57	0.59	0.56	0.54	0.52	0.52	0.50	0.48	0.46	0.43
2	0.68	0.61	0.55	0.50	0.60	0.54	0.50	0.46	0.53	0.48	0.45	0.41	0.46	0.43	0.40	0.37	0.34
3	0.61	0.53	0.46	0.41	0.54	0.47	0.42	0.38	0.47	0.42	0.38	0.34	0.41	0.37	0.34	0.31	0.28
4	0.56	0.46	0.39	0.34	0.49	0.41	0.36	0.31	0.43	0.37	0.32	0.28	0.37	0.33	0.29	0.26	0.23
5	0.51	0.41	0.34	0.29	0.45	0.37	0.31	0.26	0.39	0.33	0.28	0.24	0.34	0.29	0.25	0.22	0.20
6	0.47	0.37	0.30	0.25	0.41	0.33	0.27	0.23	0.36	0.29	0.25	0.21	0.32	0.26	0.22	0.19	0.17
7	0.43	0.33	0.26	0.21	0.38	0.30	0.24	0.20	0.33	0.26	0.22	0.18	0.29	0.24	0.20	0.16	0.14
8	0.40	0.29	0.23	0.18	0.35	0.27	0.21	0.17	0.31	0.24	0.19	0.16	0.27	0.21	0.17	0.14	0.12
9	0.37	0.27	0.20	0.16	0.33	0.24	0.19	0.15	0.29	0.22	0.17	0.14	0.25	0.19	0.15	0.12	0.11
10	0.34	0.24	0.17	0.13	0.30	0.21	0.16	0.12	0.26	0.19	0.15	0.11	0.23	0.17	0.13	0.10	0.09

【例 6－5】 有一实验室长 9.5m，宽 6.6m，高 3.6m，在顶棚下方 0.5m 处均匀安装 9 盏 YG1－1 型 40W 荧光灯(光通量按 2400lm)，设实验桌高度为 0.8m，实验室内各表面的反射比如图 6.33 所示，试用利用系数法计算实验桌上的平均照度。

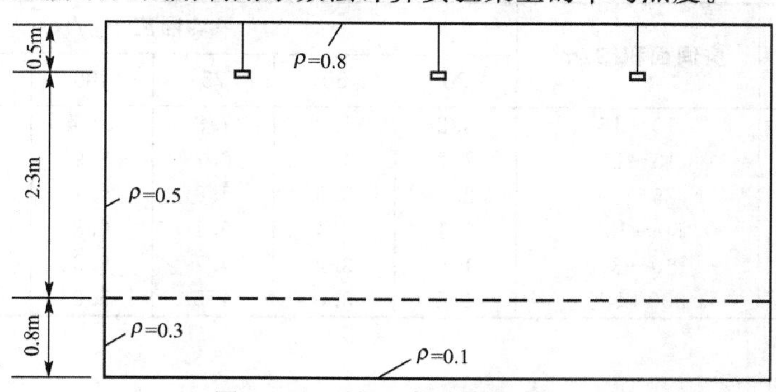

图 6.33　利用系数法举例示意

解：(1) 求空间系数：

$$RCR=\frac{5h_{rc}(L+W)}{L\cdot W}=\frac{5\times 2.3\times(6.6+9.5)}{6.6\times 9.5}\approx 2.95$$

$$CCR=\frac{h_{cc}}{h_{rc}}RCR=\frac{0.5}{2.3}\times 2.95\approx 0.64$$

(2) 求顶棚有效反射比：

$$FCR=\frac{h_{fc}}{h_{rc}}RCR=\frac{0.8}{2.3}\times 2.95\approx 1.03$$

$$\rho=\frac{\sum\rho_i S_i}{\sum S_i}=\frac{0.8\times(6.6\times 9.5)+0.5\times(0.5\times 6.6+0.5\times 9.5)\times 2}{6.6\times 9.5+0.5\times 6.6\times 2+0.5\times 9.5\times 2}\approx 0.74$$

$$\rho_{cc}=\frac{\rho S_0}{S_s-\rho S_s+\rho S_0}=\frac{0.74\times 62.7}{78.8-0.74\times 78.8+0.74\times 62.7}\approx 0.69$$

(3) 确定利用系数：

根据 RCR＝2，$\rho_w=0.5$，$\rho_{cc}=0.7$，查表 6－14 得 $\mu=0.61$；

根据 RCR＝3，$\rho_w=0.5$，$\rho_{cc}=0.7$，查表 6－14 得 $\mu=0.53$；

用插值法可得，RCR＝2.95 时，$\mu=0.534$。

(4) 求实验桌上的平均照度：

$$E_{av}=\frac{\mu K N\Phi}{S}=\frac{0.534\times 0.8\times 9\times 2400}{6.6\times 9.5}\approx 147.2(\text{lx})$$

注意，上述计算并没有考虑实验室的开窗面积，如计入开窗面积的影响，平均照度将降低。

【例 6－6】 用单位容量法计算例 6－5，如规定照度为 150lx，采用 YG2－1 型荧光灯需要多少盏？

解：由已知条件 $h=2.3\text{m}$，$S=6.6\times 9.5=62.7(\text{m}^2)$，$E_{av}=150\text{lx}$，查表 6－15 得 $P_0=10.2\text{W/m}^2$。照明总安装功率为

$$N=\frac{\sum P}{P_L}=\frac{639.54}{40}\approx 16(\text{盏})$$

用单位容量法求得的灯数要比利用系数法计算出来的灯数多一些。

表 6－15 控照式荧光灯的单位容量

计算高度 h/m	房间面积 S/m²	平均照度 E_{av}/lx					
		30	50	75	100	150	200
2～3	10～15	3.2	5.2	7.8	10.4	15.6	21
	15～25	2.7	4.5	6.7	8.9	13.4	18
	25～50	2.4	3.9	5.8	7.7	11.6	15.4
	50～150	2.1	3.4	5.1	6.8	10.2	13.6
	150～300	1.9	3.2	4.7	6.3	9.4	12.5
	300 以上	1.8	3.0	4.5	5.9	8.9	11.8

6.5 照明系统设计

照明系统设计的基本原则是实用、经济、安全、美观。根据这一原则，在确定照明方案时，应考虑不同类型建筑对照明的特殊要求，处理好人工照明与天然照明的关系，合理使用建筑资金，采用节能光源高效灯具等技术。总之，照明设计的目的是根据人的视觉功

能要求，提供舒适明快的环境和安全保障。设计要解决照度计算、导线截面的计算、各种灯具及材料的选型，并绘制平面布置图、大样图和系统图。

6.5.1 照度标准

照度标准值应按0.5lx、1lx、3lx、5lx、10lx、15lx、20lx、30lx、50lx、75lx、100lx、150lx、200lx、300lx、500lx、750lx、1000lx、1500lx、2000lx、3000lx、5000lx分级。

应急照明的照度标准值宜符合下列规定。

(1) 备用照明的照度值除另有规定外，不低于该场所一般照明照度值的10%。

(2) 安全照明的照度值不低于该场所一般照明照度值的5%。

(3) 疏散通道的疏散照明照度值不低于0.5lx。

表6-16和表6-17为特殊环境下照明标准值表。

表6-16 CIE各种活动场所推荐的照度范围

照度范围/lx			作业和活动类型
20	30	50	室外人口区域
50	75	100	交通区简单地判别方位或短暂停留
100	150	200	非连续工作的房间，如工业生产监视、储藏、衣帽间、门厅
200	300	500	有简单视觉要求的作业，如粗糙的机械加工，教室
300	500	750	有中等视觉要求的作业，如普通机械加工，办公室，控制室
500	750	1000	有一定视觉要求的作业，如缝纫、检验、试验，绘图室
750	1000	1500	延续时间长，且有精细视觉要求的作业，如精密加工和装配，颜色判别
1000	1500	2000	有特殊要求的作业，如手工雕刻、很精细的工件检验
>2000			完成很严格的视觉作业，如微电子装配，外科手术

表6-17 居住建筑照明标准值

房间或场所		参考平面及其高度	照度标准值/lx
起居室	一般活动	0.75m水平面	100
	书写、阅读		300 *
卧室	一般活动	0.75m水平面	75
	床头、阅读		150 *
餐　厅		0.75m水平面	150
厨房	一般活动	0.75m水平面	100
	操作台	台　面	150 *
卫生间		0.75m水平面	100

注：① * 宜用混合照明。

② 居住、公共建筑的动力站、变电站的照明标准按相应标准执行。

6.5.2 质量控制

1. 照明均匀度

(1) 公共建筑的工作房间和工业建筑作业区域内的一般照明照度均匀度，不应小于0.7，而作业面邻近周围的照度均匀度不应小于0.5。

(2) 房间或场所内的通道和其他非作业区域的一般照明的照度值不宜低于作业区域一般照明照度值的1/3。

(3) 在有彩电转播要求的体育场馆，其主摄像方向上的照明应符合下列要求。

① 场地垂直照度最小值与最大值之比不宜小于0.4。

② 场地平均垂直照度与平均水平照度之比不宜小于0.25。

③ 场地水平照度最小值与最大值之比不宜小于0.5。

④ 观众席前排的垂直照度不宜小于场地垂直照度的0.25。

2. 照明光源的颜色质量

不同的光源有不同的色温，不同的色温给人以冷、中间、暖的外观感觉。

照度与光源的色温也有一定关系。采用某一色温的光源，在不同的照度下会给人完全不同的感觉。

(1) 照明光源的颜色质量取决于光源本身的表现颜色及其显色性能。一般照明光源根据其相关色温分为3类，其适用场所可按表6-18选取。

表6-18 光源的颜色分类

光源颜色分类	相关色温/K	颜色特征	适用场所举例
Ⅰ	<3300	暖	居室、餐厅、宴会厅、多功能厅、酒吧、咖啡厅、重点陈列厅
Ⅱ	3300～5300	中间	教室、办公室、会议室、阅览室、营业厅、一般休息厅、普通餐厅、洗衣房
Ⅲ	>5300	冷	设计室、计算机房、高照度场所

注：摘自《建筑照明设计标准》(GB 50034—2004)。

(2) 照明光源的显色分组及其适用场所应根据表6-19选取，在设计中应协调显色性要求与光源光效的关系。

表6-19 照明用灯的显色组别

显色分组	一般显色指数(Ra)	类属光源示例	使用场所示例
Ⅰ	$Ra \geqslant 80$	白炽灯、卤钨灯、稀土节能荧光灯、三基色荧光灯、高显色高压钠灯	美术展厅、化妆室、客厅、餐厅、宴会厅、多功能厅、酒吧、咖啡厅、高级商店营业厅、手术室
Ⅱ	$60 \leqslant Ra < 80$	荧光灯、金属卤化物灯	办公室、休息室、普通餐厅、厨房、普通报告厅、教室、阅览室、自选商场、候车室、室外比赛场地

（续）

显色分组	一般显色指数(Ra)	类属光源示例	使用场所示例
Ⅲ	40≤Ra＜60	荧光高压汞灯	行李房、库房、室外门廊
Ⅳ	Ra＜40	高压钠灯	辨色要求不高的库房、室外道路照明

注：金属卤化物灯中的镝灯可划在Ⅰ组。

长期工作或停留的房间或场所，照明光源的显色指数(Ra)不宜小于80。在灯具安装高度大于6m的工业建筑场所，Ra可低于80，但必须能够辨别安全色。常用房间或场所的显色指数最小允许值应符合照度标准的规定。

(3) 照明设计应满足国家标准《建筑照明设计标准》(GB 50034—2004)中对不同工作场所光源显色性的规定，并协调显色性要求与设计照度的关系。

3. 眩光的限制

(1) 在设计一般照明时，应根据视觉工作环境的特点和眩光程度，合理确定对直接眩光限制的质量等级UGR。眩光限制的质量等级见表6-20的规定。

表6-20 眩光程度与UGR指数对照表

UGR的数值	对应眩光程度的描述	视觉要求和场所示例
＜13	没有眩光	手术台、精细视觉作业
13～16	开始有感觉	使用视频终端、绘图室、精品展厅、珠宝柜台、控制室、颜色检验
17～19	引起注意	办公室、会议室、教室、一般展室、休息厅、阅览室、病房
20～22	引起轻度不适	门厅、营业厅、候车厅、观众厅、厨房、自选商场、餐厅、自动扶梯
23～25	不舒适	档案室、走廊、泵房、变电站、大件库房、交通建筑的入口大厅
26～28	很不舒适	售票厅、较短的通道、演播室、停车区

(2) 室内一般照明直接眩光的限制，应从光源亮度、光源和灯具的表观面积、背景亮度及灯具位置等因素进行综合考虑。

(3) 在统一眩光值UGR≤22的照明场所，应限制光幕反射和反射眩光，并可采取下列措施。

① 不应将灯具安装在干扰区内或可能对处于视觉工作的眼睛形成镜面反射的区城内。

② 可使用发光表面面积大、亮度低、光扩散性能好的灯具。

③ 可在视觉工作对象和工作房间内，采用低光泽度的表面装饰材料。

④ 可在视线方向采用特殊配光灯具或采取间接照明方式。

⑤ 采用局部照明。

⑥ 照亮顶棚和墙面应减小亮度比，但应避免出现光斑。

(4) 可用下列方法防止或减少光幕反射和反射眩光。

① 避免将灯具安袋在干扰区内。

② 采用低光泽度的表面装饰材料。

③ 限制灯具亮度。

④ 照亮顶棚和墙表面，但避免出现光斑。

4. 遮光角

直接型灯具应控制视线内灯具亮度与遮光角之间的关系，其最低允许值应符合表6-21的规定。

表6-21 不同亮度灯具的最小遮光角

灯具亮度/(cd/m^2)	灯具的最小遮光角	灯具亮度/(cd/m^2)	灯具的最小遮光角
1000～20000	10°	50000～500000	20°
20000～50000	15°	>500000	30°

注：摘自《建筑照明设计标准》(GB 50034—2004)。

5. 亮度与照度

长时间视觉工作场所内亮度与照度分布宜按下列比值选定。

(1) 工作区亮度与工作区相邻环境的亮度比值不宜低于3；工作区亮度与视野周围的平均亮度比值不宜低于10；灯的亮度与工作区亮度之比不应大于40。

(2) 当照明灯具采用暗装时，顶棚的反射系数宜大于0.6，且顶棚的照度不宜小于工作区照度的1/10。

6. 立体效果

为使被照物体的造型具有立体效果，可使垂宜照度(E_v)与水平照度(E_h)的比值保持下列条件：

$$0.25\leqslant\frac{E_v}{E_h}\leqslant0.5$$

为满足视觉适应性的要求，视觉工作区周围0.5m内区域的水平照度，应符合现行国家标准《建筑照明设计标准》(GB 50034—2004)中的规定。

7. 照度的稳定性

照度的不稳定主要由光源光通量的变化所致，照度变化引起的照明忽明忽暗，不但会分散工作人员的注意力，对工作不利，而且会导致视觉疲劳，为此，应对照度的稳定性予以保证，稳定照度的措施有以下3种方法。

(1) 照度补偿。

(2) 电源的电压波动限制。

(3) 光源的固定。

8. 频闪效应的消除

随着电压电流的周期性变化，气体放电灯的光通量也发生周期性的变化，这使人的视觉产生明显的闪烁感觉。当被照物体处于转动状态时，就会使人眼对转动状态的识别产生错觉，特别是当被照物体的转动频率是灯光闪烁频率的整数倍时，转动的物体看上去像不转动一样，这种现象称为频闪效应。

在采用气体放电光源时，应采取措施，降低频率效应。通常把气体放电光源采用分相接入电源的方法。如3根日光灯管分别接在三相电源上，或将单相供电的两根灯管采用移相接法。

6.5.3 电源电压

一般照明光源的电源电压应采用220V。1500W及以上的高强度气体放电灯的电源电压宜采用380V。

移动式和手提式灯具应采用Ⅲ类灯具，用安全特低电压供电，其电压值应符合以下要求。

(1) 在干燥场所不大于50V。

(2) 在潮湿场所不大于25V。

6.5.4 应急照明

应急照明的电源，应根据应急照明类别、场所使用要求及该建筑电源条件，采用下列方式之一。

(1) 接自电力网有效地独立于正常照明电源的线路。

(2) 蓄电池组，包括灯内自带蓄电池、集中设置或分区集中设置的蓄电池装置。

(3) 应急发电机组。

(4) 以上任意两种方式的组合。

疏散照明的出口标志灯和指向标志灯宜用蓄电池电源。安全照明的电源应和该场所的电力线路分别接自不同变压器或不同馈电干线。备用照明电源宜采用独立于正常照明电源的线路或应急发电机组方式。

6.5.5 照明网络

1. 配电系统

(1) 照明配电宜采用放射式和树干式相结合的系统。

(2) 三相配电干线的各相负荷宜分配平衡，最大相负荷不宜超过三相负荷平均值的115%，最小相负荷不宜小于三相负荷平均值的85%。

(3) 照明配电箱宜设置在靠近照明负荷中心便于操作维护的位置。

(4) 每一照明单相分支回路的电流不宜超过16A，所接光源数不宜超过25个；连接建筑组合灯具时，回路电流不宜超过25A，光源数不宜超过60个；连接高强度气体放电灯的单相分支回路的电流不应超过30 A。

(5) 插座不宜和照明灯接在同一分支回路。

2. 导体选择

照明配电干线和分支线，应采用铜芯绝缘电线或电缆，分支线截面不应小于1.5mm²。

3. 照明控制

(1) 公共建筑和工业建筑的走廊、楼梯间、门厅等公共场所的照明，宜采用集中控制，并按建筑使用条件和天然采光状况采取分区、分组控制措施。

(2) 体育馆、影剧院、候机厅、候车厅等公共场所应采用集中控制，并按需要采取调光或降低照度的控制措施。

(3) 旅馆的每间(套)客房应设置节能控制型总开关。

(4) 居住建筑有天然采光的楼梯间、走道的照明，除应急照明外，宜采用节能自熄开关。

(5) 每个照明开关所控光源数不宜太多。每个房间灯的开关数不宜少于两个(只设置1只光源的除外)。

(6) 房间或场所装设有两列或多列灯具时，宜按下列方式分组控制。

① 所控灯列与侧窗平行。

② 生产场所按车间、工段或工序分组。

③ 电化教室、会议厅、多功能厅、报告厅等场所，按靠近或远离讲台分组。

(7) 有条件的场所，宜采用下列控制方式。

① 天然采光良好的场所，按该场所照度自动开关灯或调光。

② 个人使用的办公室，采用人体感应或动静感应等方式自动开关灯。

③ 旅馆的门厅、电梯大堂和客房层走廊等场所，采用夜间定时降低照度的自动调光装置。

④ 大中型建筑，按具体条件采用集中或集散的、多功能或单一功能的自动控制系统。

6.6 建筑照明施工图

建筑照明施工图是指建筑照明系统的全部尺寸、用料、结构、构造及施工要求的集合体，是用于指导施工用的图样，主要包括电气设计说明、图例和设备表、配电系统图(包括低压一次配线系统图)、配电平面图等。本节以某办公楼的照明施工图为例进行阐述。

1. 电气设计说明

1) 设计依据

(1) 甲方提供的设计任务书及有关市政条件。

(2) 国家规定的有关规程规范：《民用建筑电气设计规范》(JGJ 16—2008)；《低压配电设计规范》(GB 50054—2011)；

《建筑照明设计标准》(GB 50034—2004)；《高层民用建筑设计防火规范(2005版)》(GB 50045—1995)；《火灾自动报警系统设计规范》(GB 50116—1998)。

(3) 土建等专业提供的设计资料。

2) 建筑概况

本工程为某办公楼，地下1层，地上10层；建筑高度为37.7m。

3) 设计范围

照明系统、低压配电系统、接地系统及火灾自动报警系统。

(1) 供电电源。本工程的电源引自地下室低压配电房，消防电源应急回路引自柴油发电机房。

(2) 电力设计。低压配电系统采用三相五线制～220/380V，50Hz，接地系统形式为TN－S系统。

消防电梯等消防用电设备、地下室排水泵、车库照明属于二级负荷。二级负荷采用双回路专用电缆供电，在最末一级配电箱处设自动切换装置，三级负荷采用放射式或树干式方式供电。

(3) 照明设计。照度标准均按《建筑照明设计标准》(GB 50034—2004)的规定进行设计，如表6－22所示。

表6－22　照度设计取值

房间名称	照明功率密度/(W/m²)	照度值/lx	房间名称	照明功率密度/(W/m²)	照度值/lx
商场	12	300	走廊	5	50
办公室	10	300	车库	7	75

照明灯具光源采用荧光灯或三基色节能荧光灯，荧光灯采用电子镇流器，一般照明以单电源配电。

(4) 设备选型与安装，导线敷设。电力照明线路除图中注明者外均为BV型耐压500V铜芯聚氯乙烯绝缘线，照明导线根数标注为图中所示，配电前面已标注导线和管径的线路，经T接或链式连接后不标注的，其导线和管径与前一级相同，导线均穿薄壁钢管保护于顶板、地板或墙内敷设。

连接单相三孔插座接地孔的接地线应由配电箱引来，不得与单相插座其中的中性线并接。

单相用电设备应尽可能均匀地分配在三相上，使三相负荷平衡或接近平衡。

用电、配电、控制设备的金属外壳、金属构架等应至少有两处与保护接地线有可靠的连接，金属灯具的外壳宜与保护接地线有可靠的连接，以确保操作安全。

所有导线均穿薄壁钢管吊顶内或线槽内敷设，当管线长度超过30m时，中间应做接线盒，接线盒的规格由施工单位自行确定。

所有电缆桥架、线槽、穿线金属管均应做好跨接线，强电竖井内通常明敷一根40mm×4mm镀锌扁钢作为接地干线。

施工图中管线、设备安装位置的标高均以本层地面为参考，应在施工时注意区分。

(5) 接地与安全。本工程低压配电接地形式为TN－S系统，设置专用保护线PE，凡正常不带电而绝缘损坏时可能带电的电气设备外壳、穿线金属管、支架等均应与保护线可靠连接，从变配电所起把中性线N与保护线PE严格分开。插座回路均设漏电保护。

等电位联结应把所有能同时触及设备外壳可导电部分、各种金属管道、楼板钢筋及所有保护线连接。

电缆进户(过路箱)处需进行重复接地，利用强电竖井内接地干线，其中PE线重复接地，N线不重复接地。

(6) 其他。弱电部分由具有相关资质的单位另行设计；所有暗管内均预穿ϕ1.5mm镀锌铁丝；未尽事宜按照国家现行有关规范规程实施。

2. 图例和设备表

本工程图例及设备材料表见表6－23。

表 6-23 部分图例表

名　称	图形符号	名　称	图形符号
向上、向下配线		开关的一般符号	
屏、台、箱、柜		单极开关	
动力、照明配电箱		双极开关	
信号板、箱		三极开关	
照明配电箱		单极拉线开关	
电磁阀		双控开关	
按钮盒		灯的一般符号	
电风扇		投光灯	
单相插座		荧光灯	
带保护接地插座			
带接地插孔的三相插座			

3. 配电系统图

本工程部分配电系统图如图 6.34 所示。

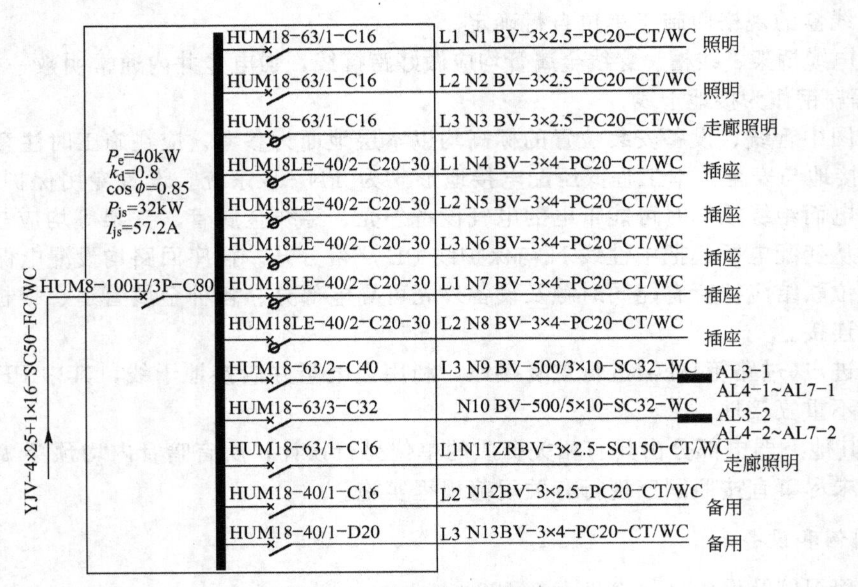

图 6.34 配电系统图(示例)

4. 配电平面图

本工程部分配电平面图如图 6.35 所示。

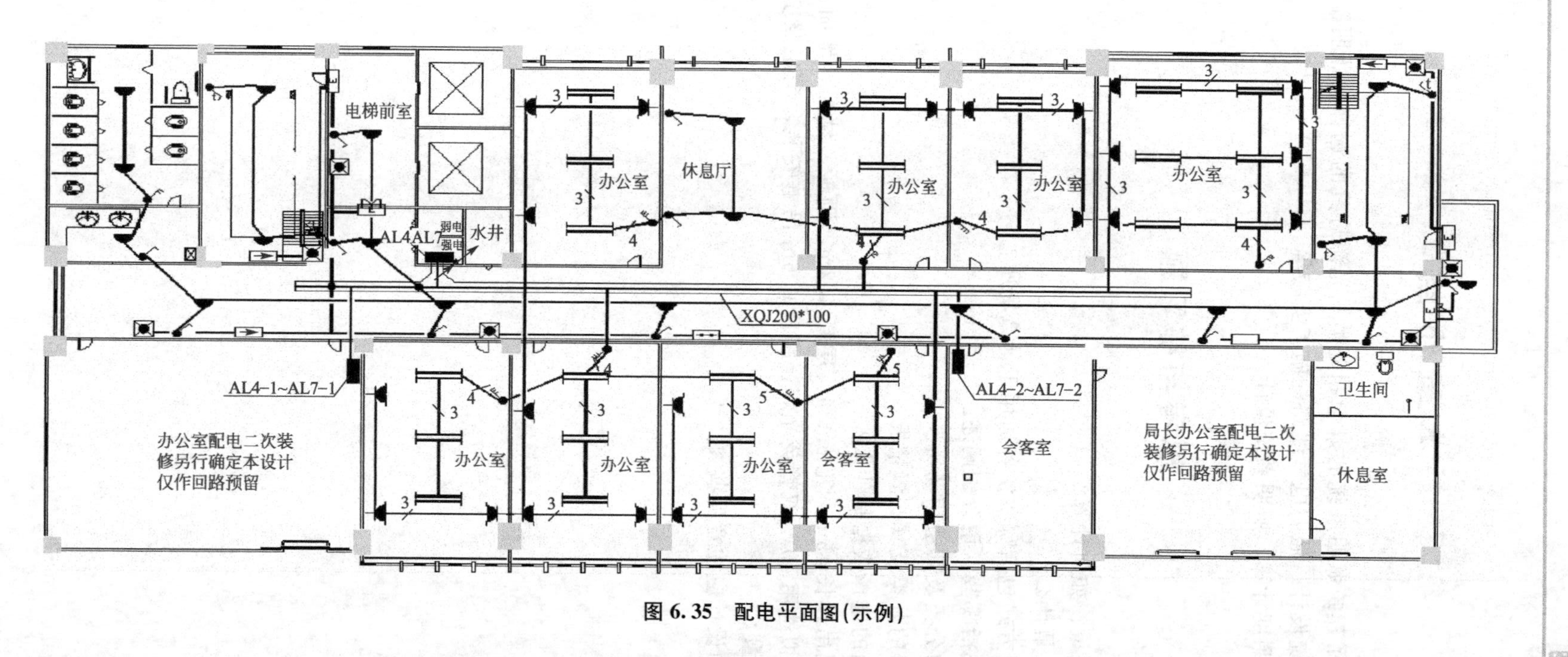

图 6.35 配电平面图(示例)

本 章 小 结

本章主要讲述了建筑照明系统的概念和分类、光源灯具的选择、照明配电主要设备、照度计算、照明系统设计、照明电气线路的施工安装等。

本章的重点是照度计算、照明系统设计。

思考与练习题

1. 什么是光通量？如何计算？
2. 照度的含义是什么？
3. 常见的照明方式包括哪些？各适用于什么场所？
4. 照明种类包括哪些？请分别阐述。
5. 简述光源的分类及其适用场所。
6. 简述照明器的分类及其布置情况。
7. 照明配电箱的选择依据是什么？
8. 某工作间无吊顶长 15m，宽 6.6m，层高 4.2m。顶棚、墙面、地面发射比分别为 0.7、0.5 和 0.2。拟选用 40W 双管荧光灯，距顶 0.6m 吊链安装，满足照度标准为 300lx 时，计算需装灯数量。
9. 照明系统的设计应注意哪些要点？

第7章 高层建筑供配电

教学目标

本章主要讲述高层建筑的负荷特点与级别、高层建筑供配电的网络结构、高层建筑的动力配电系统。要求通过本章的学习，达到以下目标：

(1) 掌握高层建筑供配电概念和方法；

(2) 了解高层建筑的负荷特点与级别；

(3) 掌握高层建筑供配电的基本网络结构；

(4) 掌握高层建筑动力配电系统的施工工序和技术要点。

教学要求

知识要点	能力要求	相关知识
高层建筑的负荷特点与级别	(1) 了解高层建筑的防火等级分类 (2) 掌握高层建筑电气设备的特点 (3) 掌握高层建筑的负荷等级	(1) 高层建筑 (2) 负荷密度
高层建筑供配电的网络结构	(1) 掌握高层建筑电源的标准 (2) 掌握高层建筑内低压配电的原则、方法	高层建筑电源
高层建筑的动力配电系统	(1) 了解高层建筑室内低压配电线路的敷设 (2) 掌握建筑设备的电气控制方式 (3) 掌握动力配电工程设计的内容	(1) 供配电系统 (2) 配电方式 (3) 电气控制 (4) 动力配电工程

基本概念

高层建筑、负荷密度、高层建筑电源、供配电系统、配电方式、电气控制、动力配电工程

引言

随着城市建设的发展，越来越多的高楼大厦出现在我们的身边。但同时也给我们电气工作人员提出了一个难题——如何提高预防高层建筑电气事故与完善事故后的减灾措施的能力。下图为2010年上海“11·15”特大火灾事故图，虽说事故原因为电焊时溅落的金属熔物引起可燃物燃烧引发的火灾，但因高

层建筑功能复杂、设备繁多、可燃材料与火源集中，诱发火灾因素多，再加上人员疏散比较困难，灭火救援难度大。高层建筑本身的负荷特点及供电配电要求不同，所以高层建筑更容易造成重大经济损失和灾害事故。本次事故造成 58 人死亡、71 人受伤，建筑物过火面积 12000m^2，直接经济损失 1.58 亿元。

7.1 高层建筑的负荷特点与级别

7.1.1 高层建筑的定义

关于高层建筑，不同国家、不同地区有不同的看法。1972 年在美国召开的国际高层建筑委员会上提出将 9 层及其以上建筑定义为高层建筑。美国将高层建筑的起始高度定为 22～25m 或 7 层以上；日本规定为 11 层或 31m；德国规定为 22 层(从室内地面起)；法国规定住宅为 50m 以上，其他建筑为 28m 以上。

在我国，关于高层建筑的界限规定也未统一。行业标准《高层建筑混凝土结构技术规程》(JGJ 3—2010)规定，8 层及其以上的钢筋混凝土民用建筑属于高层建筑，《民用建筑电气设计规范》(JGJ 16—2008)和《高层民用建筑设计防火规范(2005 版)》(GB 50045—1995)中均规定，10 层及其以上的住宅建筑(包括首层设置商业服务网点的住宅)和建筑高度超过 24m 的公共建筑为高层建筑。其中，建筑高度为建筑物室外地面到檐口或屋面面层的高度，屋顶上的附属建筑(如水箱、电梯机房、排烟机房、楼梯间出口等)不计入建筑高度和层数内，住宅建筑的地下室、半地下室和顶板高出室外地面不超过 1.5m 者也不计入层数内。

7.1.2 高层建筑的防火等级分类

按《高层民用建筑设计防火规范(2005 版)》(GB 50045—1995)规定，高层建筑应根据其使用性质、火灾危险性、疏散和扑救难度等进行防火等级的分类，见表 7-1。

表 7-1 高层建筑按防火等级分类表

名称	一类高层建筑	二类高层建筑
居住建筑	高级住宅 19 层及其以上普通住宅	10～18 层普通住宅
其他建筑	①医院；②高级旅馆；③建筑高度超过 50m 或每层建筑面积超过 1000m² 的商业楼、展览楼、综合楼、电信楼、财贸金融楼；④建筑高度超过 50m 或每层建筑面积超过 1500m² 的商住楼；⑤中央级和省级(含计划单列市)广播电视楼；⑥网局级和省级(含计划单列市)电力调度楼；⑦省级(含计划单列市)邮政楼、防灾指挥调度楼；⑧藏书超过 100 万册的图书馆、书库；⑨重要的办公楼、科研楼、档案楼	①除一类建筑以外的商业楼、展览楼、综合楼、电信楼、财贸金融楼、商住楼、图书馆、书库；②省级以下的邮政楼、防灾指挥调度楼、广播电视楼、电力调度楼；③建筑高度不超过 50m 的教学楼和普通旅馆、办公楼、科研楼、档案楼等；④建筑高度超过 50m 的教学楼和普通旅馆、办公楼、科研楼、档案楼等

表 7-1 中，高级住宅是指建筑装修标准高、室内铺满地毯、家具陈设高档、设有空调系统的 10 层及其以上的住宅。

高级宾馆指建筑标准高、功能复杂、火灾危险性大和设有空调系统、具有星级条件的宾馆。综合楼是指由两种或两种以上用途的楼层组成的公共建筑，常见的组合形式有商场＋办公、写字楼＋高级公寓、办公楼＋宾馆等。

商住楼是指底部二、三层为商场营业厅，上部为住宅的高层建筑；网局级电力调度楼是指可同时调度若干个省市、区域电力业务的办公大楼；重要的办公楼、科研楼、档案楼是指这些楼的性质特殊，建筑装修标准高，楼内有属高、精、尖技术的设备，资料机密、价值高，火灾危险性大，一旦发生火灾损失大、影响大。

7.1.3 高层建筑电气设备的特点

高层建筑除较高外，还具有面积大、功能复杂、设备多、耗电量大的特点。与一般的单层建筑相比，高层建筑电气设备的特点主要表现在用电设备种类多、用电量大、对供电可靠性要求高、电气系统多且复杂、电气设备有较高的防火要求、电气线路多、电气用房多、自动化程度高等方面。具体介绍如下。

1. 用电设备种类多

高层建筑必须具备比较完善的、具有各种功能要求的设施，如空调系统、给排水系统、通信网络系统、消防系统、安防系统、设备自动化管理系统等，使其具有良好的硬件服务环境。所以，高层建筑中用电设备的种类多。

2. 用电量大，负荷密度高

由于高层建筑的用电设备多，尤其是空调负荷大(占总用电负荷的 40%～50%)，所以高层建筑的用电量大，并且负荷密度高。一般来说，高级宾馆和酒店、高层商住楼、高层办公楼、高层综合楼等高层建筑的负荷密度都在 $60W/m^2$ 以上，有的甚至高达 $150W/m^2$。即便是高层住宅或公寓，负荷密度也有 $25～60W/m^2$。

3. 供电可靠性要求高

高层建筑中的较大部分电力负荷属于二级负荷，还有相当数量的负荷属一级负荷。所以，高层建筑对供电可靠性的要求较高。一般要求一级负荷必须有两个电源供电，当一个电源发生故障时，另一个电源应不致同时受到损坏；对一级负荷中特别重要的负荷除上述两个电源外，还必须增设应急电源(一般设置柴油发电机组或燃气发电机组作为备用电源，也可设置不间断电源装置 UPS，以确保供电可靠性)。另外，一类高层建筑中的自备发电设备应设有自动起动装置，能在 30s 内切换供电。

4. 电气系统复杂

由于高层建筑的功能复杂，用电设备种类多，供电负荷既多又大，对供电可靠性的要求也高，这就使得高层建筑的电气系统较为复杂。不但电气子系统较多，而且各个电气子系统的复杂程度也高。例如，为保证一级负荷供电可靠性，除了在变电所的高、低压主接线上采取两路电源或两段母线的切换措施外，还要考虑应急电源的投入与切换。在高层建筑的消防控制室、消防水泵、消防电梯、防烟排烟风机等处的供电，应在设备间的最末端一级配电箱处设置自动互投装置，且两路干线间不共管、不共线。又如，对于火灾报警与联动控制系统，由于探测点的数量较多，联动控制设备复杂，就使系统显得比较大了。

5. 电气线路多

电气系统复杂且多。高层建筑中不仅有高、低压供配电线路，还有火灾报警与消防联动控制线路，以及电话与音响广播线路、通信线路和其他弱电线路。

6. 电气用房多

复杂的电气系统必然对电气用房提出更多要求。为了使供电深入负荷中心，除了将变电所设置在地下层、底层外，有时还要设置在大楼的顶层和中间层。而电话配线间、音控室、消防控制中心、安防监控中心等都要占用一定的房间。另外，为了解决种类繁多的电气线路在竖直方向与水平方向上的敷设及分配，必须设置电气竖井和各层的电气分配小间。对电气复杂系统、强电与弱电小间要分开设置。若系统不大，可共用电气竖井时，线路也要分别设置在两面相对的墙上，以防止电磁干扰。

7. 设备与线路的防火要求

高层建筑发生火灾的因素多，灭火难度大。因此，用于高层建筑的电气设备要考虑防火要求。例如，变电所中采用的变压器就不允许用油浸式电力变压器而要用干式变压器；开关等设备要采用六氟化硫断路器或真空断路器；配电线路应采用难燃导线及穿难燃管保护；对明敷设的钢管、金属线槽，应涂防火涂料。

8. 自动化程度高

高层建筑功能复杂，设备多，用电量大，为了降低能耗，减少设备的维修与更新费用，延长设备使用寿命，提高管理水平，一般要求对高层建筑中的设备进行自动化管理。其主要是对各类设备的运行状况、安全展开、能源使用情况进行自动监测、控制与管理，以实现对设备的最优控制和最佳管理。随着计算机与通信网络技术的应用，高层建筑沿着自动化、信息化和智能化方向发展。

7.1.4 高层建筑的负荷等级

依据《民用建筑电气设计规范》(JGJ 16—2008)对民用建筑中常用的重要负荷进行划分，高层建筑的电力负荷的级别应符合表7-2的规定。

表7-2 常用电力负荷的级别

序号	建筑物名称	电力负荷名称	负荷级别
1	高层普通住宅	客梯、生活水泵电力、楼梯照明	二级
2	高层宿舍	客梯、生活水泵电力、主要通道照明	二级
3	重要办公建筑	客梯电力、主要办公室、会议室、总值班室、档案室及主要通道照明	一级
4	省、部级办公建筑	客梯电力、主要办公室、会议室、总值班室、档案室及主要通道照明	二级
5	高等学校教学楼	客梯电力、主要通道照明	二级
6	一、二级宾馆	经营管理用及设备管理用电子计算机系统电源	一级 *
		宴会厅电声、新闻摄影、录像电源、宴会厅、餐厅、娱乐厅、高级客房、康乐设施、厨房及主要通道照明、地下室污水泵、雨水泵电力、厨房部分电力、部分客梯电力	一级
		其余客梯电力、一般客房照明	二级
7	科研院所及高校重要实验室	主要业务用电子计算机系统电源	一级
		客梯电力、楼梯照明	二级
8	大型博物馆、展览馆	防盗信号电源、珍贵展品展室的照明	一级 *
		展览用电	二级
9	中等剧场	调光用电子计算机系统电源	一级 *
		舞台、演员化妆室照明、舞台机械电力，电声、广播及电视转播、新闻摄影电源	一级
10	甲等电影院	不含空气调节设备用电	二级
11	重要图书馆	检索用电子计算机系统电源	一级 *
		其他用电	二级
12	省、自治区、直辖市及其以上体育馆、体育场	计时计分用电子计算机系统电源	一级 *
		比赛厅(场)、主席台、贵宾室、接待室及广场照明、电声、广播及电视转播、新闻摄影电源	一级
13	火车站	特大型站和国境站的旅客站房、站、天桥、地道的用电设备	一级

（续）

序号	建筑物名称	电力负荷名称	负荷级别
14	民用机场	航行管制、导航、通信、气象、助航灯光系统的设施和台站、边防、海关、安全检查、航班预报设备、三级以上油库；为飞行及旅客服务的办公用房；旅客活动场所的应急照明	一级 *
		候机楼、外航驻机场办事处、机场宾馆及旅客过夜用房、站坪照明、机务用电	一级
		其他用电	二级
15	水运客运站	通信枢纽，导航设施，收、发信台	一级
		港口重要作业区，一等客运站用电	二级
16	汽车客运站	一、二级站	二级
17	县、区级及以上医院	急诊部用房、监护病房、手术部、分娩室、婴儿室、血液病房的净化室、血液透析室、病理切片分析室、CT扫描室、区域用中心血库、高压氧仓、加速器机房和治疗室及配电室的电力和照明，培养箱、冰箱、恒温箱的电源	一级
		电子显微镜电源、客梯电力	二级
18	银行	主要业务用电子计算机系统电源、防盗信号电源	一级 *
		客梯电力、营业厅、门厅照明	一级
19	大型百货商店	经营、管理用电子计算机系统电源	一级 *
		营业厅、门厅照明	一级
		自动扶梯、客梯电力	二级
20	中型百货商店	营业厅、门厅照明，客梯电力	二级
21	广播电台	电子计算机系统电源	一级 *
		直接播出的语言播音室、控制室、微波设备及发射机房的电力和照明	一级
		主要客梯电力、楼梯照明	一级 *
22	电视台	电子计算机系统电源	一级
		直接播出的电视演播厅、中心机房、录像室、微波机房及发射机房的电力和照明	二级
		洗印室、电视电影室、主要客梯电力、楼梯照明	二级

（续）

序号	建筑物名称	电力负荷名称	负荷级别
23	市话局、电信枢纽、卫星地面站	载波机、微波机、长途电话交换机、市内电话交换机、文件传真机、会议电话、移动通信及卫星通信等通信设备的电源，载波机室、微波机室、交换机室、测量室、转接台室、传输室、电力室、电池室、文件传真机室、会议电话室、移动通信室、调度机房及卫星地面站的应急照明，营业厅照明、用户电传机	一级 *
		主要客梯电力、楼梯照明	二级
24	冷库	大型冷库、有特殊要求的冷库的一台氨压缩机及其附属设备的电力，电梯电力，库内照明	二级
25	监狱	警卫照明	一级

注：表中打“*”号的为一级负荷中特别重要的负荷。

从表中可以看出，高层建筑对供电可靠性的要求较高，一般均属二级以上的负荷。属一级负荷的有电子计算机系统电源、广播电台、银行、医院的主要用电。属二级负荷的主要有客梯、生活水泵电力、主要通道及楼梯的照明。按《高层民用建筑设计防火规范(2005版)》(GB 50045—1995)规定，一类高层建筑的消防控制室、消防水泵、消防电梯、防烟排烟设施、火灾自动报警、自动灭火系统、应急照明、疏散指示标志和电动的防火门、窗、卷帘门、阀门等消防用电，应按一级负荷要求供电；对二类高层建筑，上述负荷则按二级负荷要求供电。

当主体建筑中有大量的一级负荷时，其附属的锅炉房、冷冻站、空调机房的电力与照明应为二级负荷。

7.2 高层建筑供配电的网络结构

7.2.1 电源

高层建筑通常从市电中获取工作电源，电压一般为10kV。当一级负荷容量较大或有高压设备时，多数采用两路10kV高压电源进线。一级负荷中含有特别重要负荷时，除了要采用两路10kV高压电源外，还应自备应急电源。应急电源与工作电源间，必须采取可靠措施防止并列运行。

根据允许的中断供电时间，可分别选取下列应急电源。

(1) 静态交流不间断电源装置(UPS)，如计算机的工作电源。适用于允许的中断供电时间为毫秒级的供电。

(2) 带有自动投入装置的蓄电池，如应急照明用蓄电池。

(3) 能快速自起动柴油发电机组。适用于允许的中断供电时间为15s以上的供电。

根据《民国建筑电气设计规范》(JGJ 16—2008)规定，为保证一级负荷中特别重要负荷的供电，应设置应急柴油发电机组。对一级负荷当难以从市电中获取第二电源时，也应设置柴油发电机组作为应急电源。

应确保的供电范围如下。

(1) 消防设施用电，如消防水泵、消防电梯、防烟排烟设施、火灾自动报警、自动灭火装置、应急照明、疏散指示标志和电动的防火门、窗、卷帘门、阀门等。

(2) 安防设施、电信、中央控制室等弱电系统的用电。

(3) 重要场所的电力与照明用电，如大型商场、国际活动中心、展览馆的贵重物品陈列室、银行等。

(4) 机组容量足够时，可考虑下列负荷列入应急电源的供电范围：生活水泵 1 台、客梯 1 台、污水处理泵、楼梯和照明用电的 50%。

7.2.2 高层建筑内的低压配电

高层建筑大部分设置 10kV 变电所，其主接线大多采用低压母线单母线分段供电的形式。可分段运行，互为备用，自动切换。变压器宜设置两台及其以上，这样有利于调节季节性负荷，实现节能目标。

高层建筑内低压配电系统，如图 7.1 所示。一般性负荷多数采用分区树干式配电。每个回路干线对 1 个供电区域配电，供电的可靠性较高。每个回路干线配电一般为 5～6 层。对一般高层住宅，可适当增加分区层数，但最多不超过 10 层。图 7.1(b)与图 7.1(a)基本相同，只增加了 1 个公用的备用回路。备用回路也采用大树干的配电方式。图 7.1(c)增加了中间配电箱，各分层配电箱的前端有总的保护装置，配电的可靠性更高。图 7.1(d)适用于楼层数量多、负荷大的高层建筑，采用大树干的配电方式，各层配电箱设于电气竖井内，通过专用插件与电气竖井内的接插式母线连接，可以大量减少低压配电屏的数量，安装维修方便，容易寻找故障。

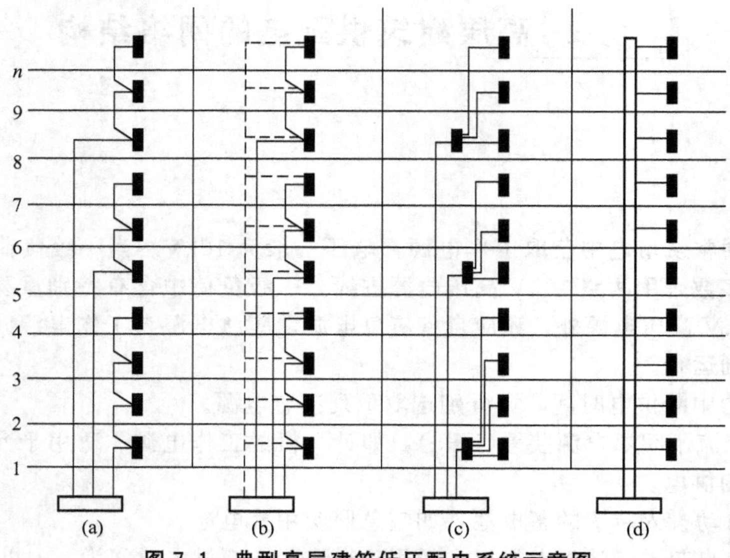

图 7.1 典型高层建筑低压配电系统示意图

对重要负荷及容量较大的集中性负荷，如消防与其他防灾用电设备及重要用电负荷，宜在低压配电屏到配电箱之间采用放射式配电，即设置专用垂直干线回路，且正常回路与备用回路不共管、不共线，两回路在末端配电箱前设互投箱进行自动切换。

配电干线大多采用两种形式：密集型接插式母线或预制分支电缆。另外，还有金属管、金属线槽等配电方式。

接插式母线又称封闭式母线，由工厂统一生产，封闭在金属外壳中，并配备有L形、十字形、Z形等连接组件。一般敷设于电气竖井中，每层有一两个分接箱，安装方便。它的特点是输送容量大、电压损失小，安全可靠，广泛应用于高层建筑中。

预制分支电缆是把主电缆及到各层的分支电缆预先加工好。它的特点是可靠性高，施工方便。如果负荷的大小、位置发生变化时，电缆的接头位置、截面大小等不能随之改变，灵活性较差。

对重要负荷及容量较大的集中性负荷，其正常回路与备用回路一般都采用电缆，用电缆桥架敷设。

高层建筑中配电箱的设置及配电回路的划分，应根据负荷的性质、密度、防火分区，以及维护管理等条件综合确定。

为了使配电干线能够方便地从变配电所通往各楼层，高层建筑中必须设置电气竖井，电气竖井的位置宜接近负荷中心，尽量避免与热力管道、通风空调管道及给排水管道相邻。干线敷设完毕后还应对楼层地面的孔洞作密封处理，防止发生火灾时形成烟道。考虑电气竖井向外引出线的方便，电气竖井还要避免与电梯井道或楼梯间相邻。为避免强电对弱电的电磁干扰，条件允许时，强电竖井与弱电竖井宜分开设置。如果不能分开，则管道宜分设于两边墙上。

7.3 高层建筑的动力配电系统

高层建筑动力配电分为高压配电和低压配电。高压配电用于特大型用电设备，一般不多见；大多数设备采用低压配电。高层建筑动力配电负荷主要有空调、水泵、电梯、风机、消防等。

7.3.1 高层建筑室内低压配电线路的敷设

1. 供配电系统和配电方式

1）电气竖井

（1）高层建筑的低压配电干线以垂直敷设为主。高层建筑层数多，低压供电距离长，供电负荷大。为了减少线路电压损失及电能损耗，干线截面都比较大，敷设在专用的电缆竖井内，一般的电气竖井均兼楼层配电小间，如图7.2所示。层间配电箱经插接进线开关从母线上取得电源。强电与弱电的电气竖井应分别设置，如条件不允许，也可将强电与弱电分别设立在电气竖井两侧。

（2）电气竖井的平面位置应靠近楼层负荷中心，并考虑进出线方便，还应远离有火灾

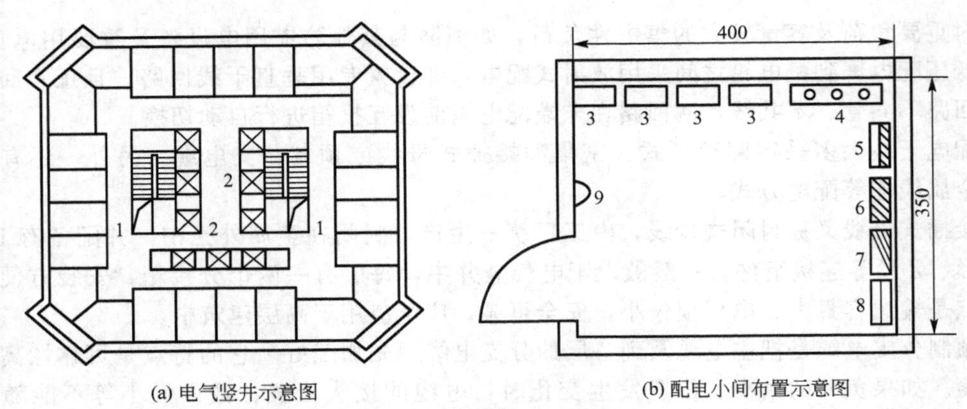

(a) 电气竖井示意图　　(b) 配电小间布置示意图

图 7.2　电气竖井示意图

1—配电小间；2—电梯间；3—母线排；4—电缆桥架；5—动力配电箱；
6—照明配电箱；7—应急照明配电箱；8—空调配电箱；9—电源插座

危险和高温、潮湿的场所，尽量利用建筑平面中的暗房间。大型电气竖井的截面积为 4～$5m^2$，普通住宅楼电气竖井的截面积约为 1500mm×1200mm，有时小型竖井仅为 900mm×500mm，但具体尺寸应根据需要来确定。

(3) 电气竖井的个数与楼层的面积大小有关，一般按每 $600m^2$ 设 1 个竖井。

(4) 配电小间的层高与大厦的层高应一致，但地坪应高于小间外地坪 3～5cm。

(5) 变电所一般应尽可能地靠近电气竖井，以减少低压线路的迂回长度。这样做不但敷设方便，而且可以节约线路的投资。

(6) 由变电所低压配电室至强电竖井的线路可采用电缆沟、电缆隧道、电缆托架、电缆托盘管方式敷设。从电缆竖井至各层的用户配电箱或用电设备，常采用绝缘导线穿金属保护管埋入混凝土地坪或墙内的敷设方式，也可采用穿 PVC 阻燃管暗敷方式。

(7) 为管理方便及维修安全，条件允许时，强电与弱电管线宜分别敷设在不同的电气竖井内。

(8) 电气竖井应与其他管道、电缆井、垃圾井道、排烟通道等竖向井道分开单独设置，同时应避免与房间、吊顶、壁柜等互相连通。

2) 供配电干线系统的配电方式

对于大型的高层建筑物，多采用放射式和树干式相结合的混合式配电系统。

大容量的用电设备应采用电缆放射式对单台设备或设备组供电，电缆可沿电缆沟、电缆支架或电缆托盘敷设。线路较短时，可采取穿钢管暗敷的方式。

高层建筑上部各层配电有几种方式，工作电源采用分区树干式。所谓分区，就是将整个楼层依次分成若干个供电区，分区层数一般为 2～6 层，每区可以是一个配电回路，也可分成照明、一般动力等几个回路。电源线路引至某层后，通过 n 形分线箱，再分配至各层总配电箱。各层的总配电箱直接用 T 形接线方式连接。

工作电源母干线也可采用由底层至顶层垂直的树干式向各层供电。干线采用铜母线，可以采用单母干线供电，也可以采用单双层分母干线供电，还可采用“一用一备”的双母干线供电。各层的总配电箱通过接触器、断路器接到铜母线上，以便在配电室或消防控制中心进行遥控，在发生事故时切断事故层的电源。为了供电可靠，通常设置“一用一备”的双母干线，各层总配电箱内装设双投开关并与两路母干线相连接。母干线安装在竖井内。该接线方式为常用与备用电源手动互投，若再加装接触器，即可自动互投，自动复位。

各层事故照明也可采用分区树干式与垂直大树干式共用。事故照明配线方式不受工作电源配线方式的影响，其电源直接引自变电所低压配电屏事故照明回路。

在高层民用建筑中，对各层照明、电力设备的供配电，由于各层用电负荷比较平均，层数比较多，因此设计中采用树干式供电方案比较合理。图 7.3 为高层建筑树干式供配电方案。

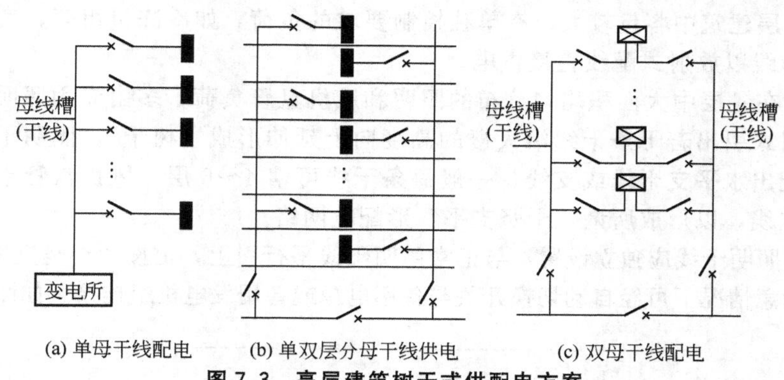

图 7.3　高层建筑树干式供配电方案

图 7.3(a)方案用于一般负荷的配电，干线采用大容量的母线槽。该方案当母线槽出现故障时，其母线所带负荷均停止供电，影响面较大，供电可靠性不高。

图 7.3(b)方案中当一根母线(干线)故障时，隔层停电，而上、下层仍然正常供电，提高了供电可靠性。

图 7.3(c)方案是用于重要负荷的供电，如分布在各层的计算机终端供电(计算机终端电源侧再设置 UPS 装置)。该方案供电可靠性很高，在民用建筑中被广泛使用。

电梯回路不能由楼层配电柜供电，应由变电所低压配电屏单独回路供电。消防电梯、排烟、送风设备属于重要的消防用电设备，应由双回路供电(一用一备)，并在末级配电箱内实现自动切换。

为了安全可靠，大型公共建筑各层配电和各种用电设备的分支线路，宜采用钢管配线，并以用铜芯绝缘线为佳。

3) 楼层低压配电箱的典型接线

商业大厦、办公楼或宾馆，一般情况都设置楼层配电箱(盘)。负荷大的，每层设 1 个或若干个配电箱(盘)；负荷小的，可两层设 1 个。配电箱(盘)上装有进线总开关及出线分开关。对住宅大厦，还装有用户电度表等。配电箱(盘)装于电气竖井内，一般与电缆分装在电缆井内的不同面，电缆排列于侧面，楼层配电盘排列于正面。例如，线路太多或井道太小，也可把楼层配电盘与电缆排在同一面。

当 1 根电缆供应几个楼层配电箱(盘)时，可在分线位置设分线箱。分线箱(亦称接线箱)内装有 4 组分接线卡夹，可以夹住电缆，并从卡夹上引出分线。根据需要，分路上可装有分路控制保护用的空气开关，这样分线箱就相当于一个动力配电箱。

若供电线路进入各独立用户点，应设置分户配电箱。分户配电箱多采用自动开关、断路器等组装的组合配电箱，以放射和树干混合方式供电，以减少重要回路间的故障影响，尽量缩小事故范围。对一般照明及小容量插座采用树干式接线，分户配电箱中每一分路开关可带几盏灯或几个小容量插座；而对电热水器、窗式空调器等大用电量的家电设备，则采用放射式供电；对空调、水泵、消防设备等大型、高可靠性要求的设备采用独立自动开关，放射式电缆供电。

4）常用基本方案

高层建筑低压配电方式一般将动力与照明划分为两个配电系统，消防、报警、监控等亦自成体系，以提高可靠性。常用的基本方案如下。

(1) 对高层建筑中容量较大、有单独控制要求的负荷，如冷冻机组等，宜采用专用变压器的低压母线以放射式配线直接供电。

(2) 对于在各层中大面积均匀分布的照明和风机盘管负荷，多由专用照明变压器的低压母线以放射式引出若干条干线沿大楼的高度向上延伸形成“树干”。照明干线可按分区向所辖楼层配出水平支干线或支线，一般每条干线可辖 4～6 层。风机盘管干线可在各楼层配出水平支线，以形成所谓“干竖支平”形配电网络。

(3) 应急照明干线应独立设置，与正常照明干线平行引上，也按“干竖支平”配出，但其电源端在紧急情况下可经自动切换开关与备用电源或备用发电机组连接，如图 7.4 所示。

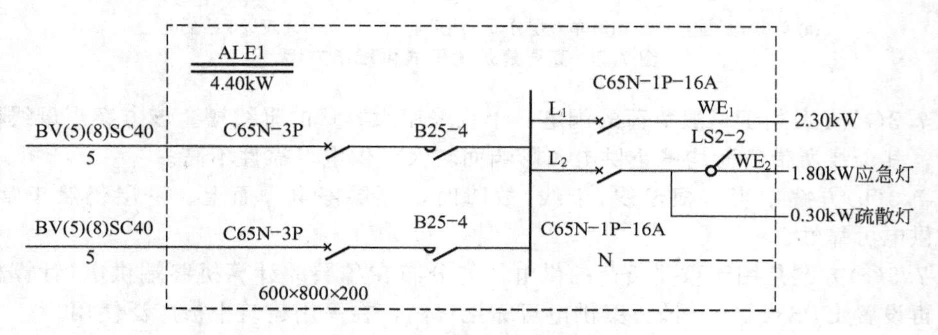

图 7.4　应急照明供电方案

(4) 空调动力、厨房动力、电动卷帘门等一般动力由专用动力变压器供电，由低压母线按不同种类负荷以放射式引出若干条干线竖直向上，用分线箱向各用电分区水平引出支线，形成“干竖支平”形配电网络。

(5) 消防泵、消防电梯等消防动力负荷及通信中心、大型电脑房、手术室等不允许断电的部分采用放射式供电。一般从变电所不同母线段上直接各引出一路馈电线到设备，一备一用，末端自投。电源配置双电源，经切换开关自动投入备用电源或备用发电机，如图 7.5 所示。

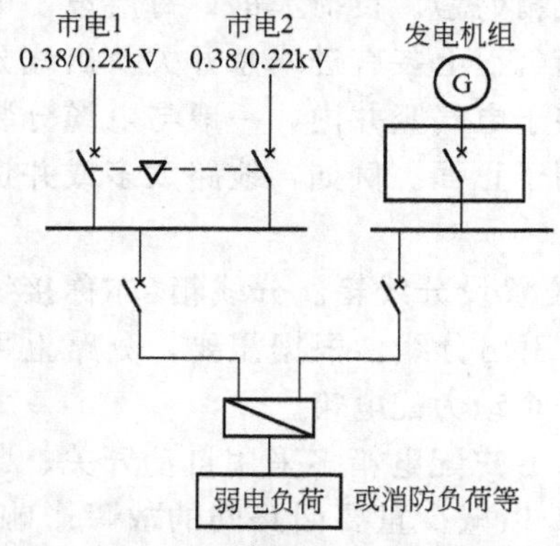

图 7.5　高层建筑一级负荷供电方案

对大容量配电干线，要求能承受很大的短路电流并具有抗震性，电压降较小，绝缘可靠，便于连接和敷设，价格低廉，拆换容易，搬运方便。

国内常用配电干线材料有铝排、铜排、铜芯电缆和装接式母线，可根据负荷大小选择。

2. 低压配电干线的敷设方法

(1) 目前，国内外高层建筑中所用的低压配电干线有铝(铜)芯塑料绝缘电缆、封闭式母线(插接式母线槽)、穿管绝缘导线等。

(2) 采用铝(铜)芯塑料绝缘电缆沿竖井明敷是配电干线的敷设方式之一。采用电缆时，不宜穿管敷设，因电缆在管内既不便固定，也不便检查。为增强垂直拉力，可采用钢丝铠装电缆，每隔一定高度进行换位以利固定。国产各种形式的电缆桥架可用于此项敷设。

(3) 绝缘导线穿管主要用于事故照明干线。为了在火灾情况下仍能可靠供电，一般采用穿钢管暗配在非燃烧结构内。

(4) 重要的备用干线，如备用发电机与各变电所之间的联络，可选用防火电缆，以提高可靠性。

3. 低压配电支干线和支线的敷设方法

(1) 由低压干线引出的支干线或支线是用于对低压配电箱或低压负荷直接供电的，它们仍可使用封闭式母线和电缆桥架在各层的中间走廊的吊顶内以树干式或放射式暗敷，也可用导线穿管暗敷。

(2) 室内支线采用绝缘导线穿管，在吊顶、墙壁和地坪内暗敷。在负荷位置未定或负荷位置可能变动的房间，可采用金属板线槽沿墙角线或在地毯下敷设。

(3) 低压配电线路的敷设方式如下。

① 插接式绝缘母线槽的敷设方式。插接式母线槽为封闭式，由导电排、绝缘层及钢板外壳等组成，如图7.6所示。母线槽具有体积小、结构紧凑、载流量大、供电安全性高、通用性好、互换性强、敷设方便和分支线可以非常方便地从母线槽上“T”接等优点，因而在高层建筑中得到了广泛应用。

垂直敷设方式和水平吊装敷设方式如图7.7所示，母线槽在高层建筑中的应用如图7.8所示。

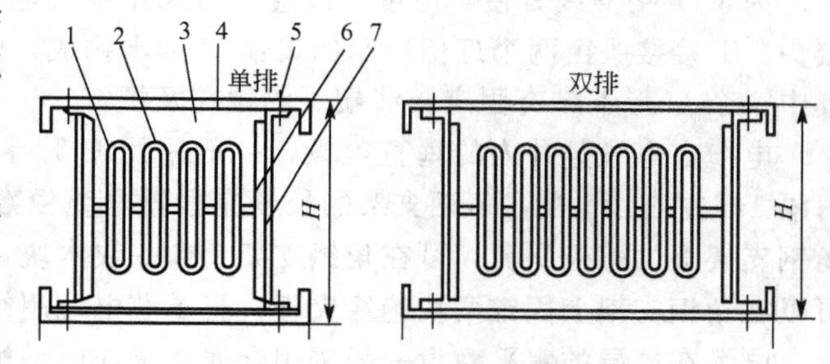

图7.6 母线槽结构示意图

1—导电排；2—绝缘层；3—母线夹板；4—上、下盖板；5—螺钉；6—槽板；7—侧板

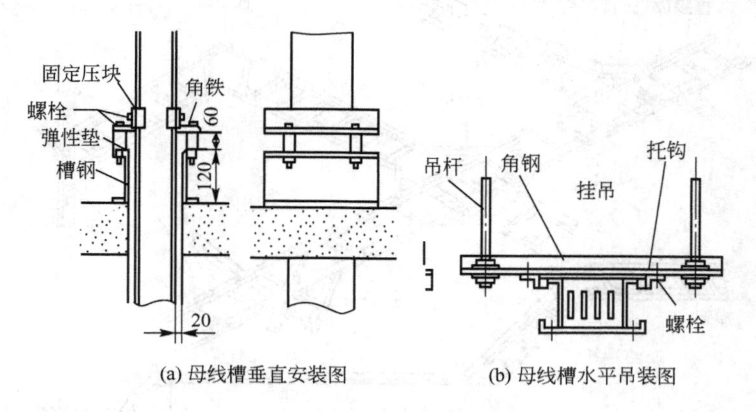

(a) 母线槽垂直安装图　(b) 母线槽水平吊装图

图7.7 母线槽安装图

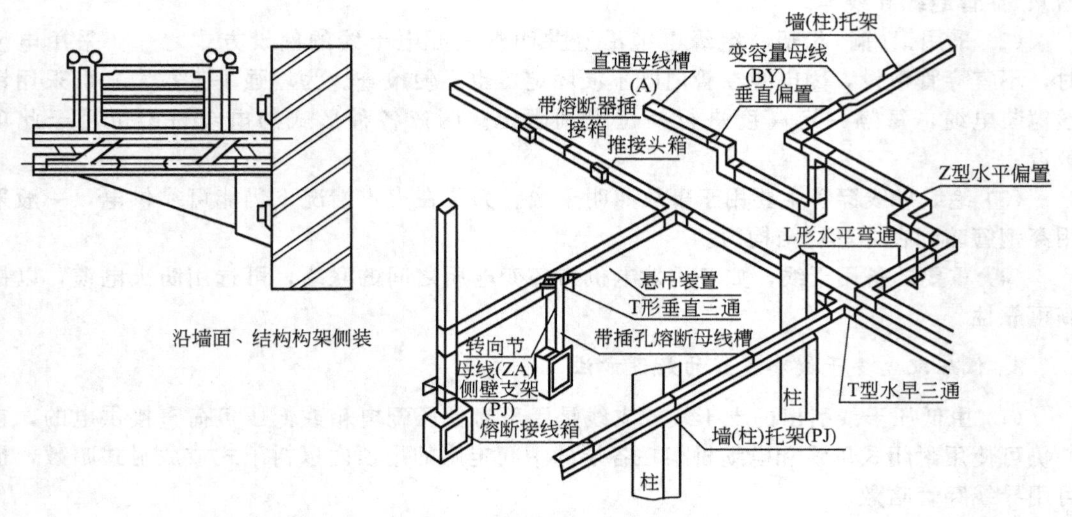

图 7.8　母线槽应用示意图

② 电缆敷设方式。低压电缆由低压配电室引出后，一般沿电缆隧道、电缆沟或电缆托架、托盘进入电缆竖井，然后沿支架垂直上升。

为了 T 接支线方便，电缆干线应尽量采用单芯电缆。单芯电缆 T 接采用专门的 T 接接头。T 接接头由两个近似半圆的铸铜 U 形卡构成，两个 U 形卡卡住芯线，用螺钉夹固，其中一个 U 形卡带有固定接线端头的螺孔及螺钉。

电缆在电缆竖井内的垂直敷设，一般采用 U 形卡固定在井道内的角钢支架上。支架每隔 1m 左右设 1 根，角钢支架的长度应根据电缆根数的多少而定。为了减少单芯电缆在角钢支架上的感应涡流，可在角钢支架上垫一块木块，以使芯线离开角钢支架。此外，也可以在角钢支架上固定两块绝缘夹板，把单芯电缆用绝缘夹板固定。

电缆在楼层的水平敷设一般采用金属线槽或电缆桥架在楼层吊顶内敷设方式。电缆桥架的敷设方式，如图 7.9 所示。

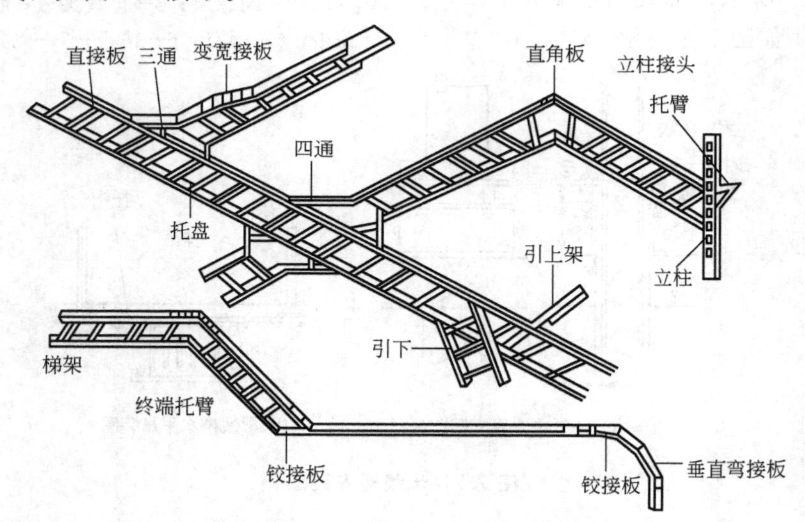

图 7.9　电缆桥架的应用示例

③ 穿管敷设和线槽敷设。导线穿管敷设主要用于大厦的水平线路。一般用于距离不远，管线截面较小的场合。对有防火要求的一级负荷线路也可穿管敷设。消防用电设备的配电线路应采取穿金属管保护方式，暗敷时应敷设在非燃烧体结构内，其保护厚度不小于3cm，明敷时必须在金属管上采取保护措施。

水平敷设的线路，如果距离较长、管线截面比较大，均宜采用线槽在吊顶内敷设的方式。线槽及配件已经标准化，有各种规格转弯线槽、T 接线槽等。利用线槽施工非常方便，线槽可在楼板下吊装。

另外，在建筑物的吊顶内，为了防火的要求，导线出线槽时要穿金属管或金属软管，不得有外露部分；当同一方向布线的数量较多时，宜在设备层或专用电缆夹层内敷设。

敷设于潮湿场所或者地下的金属管，应采用焊接钢管。敷设于干燥场所及大厦各层楼板内的金属管可采用电线管。

7.3.2 建筑设备的电气控制

建筑设备的电气控制与设备的电力供给是紧密联系的。电力供给线路将电输送给设备的动力机构，通常是电动机或加热器；而电气控制部分按设备运行要求通断和调节供给设备的电力。前者称为主回路或一次线路，后者称为控制回路或二次线路。

生活给水泵的水位自动控制典型电路根据泵的数量分为“一用一备”或“多用一备”，而水位信号控制器有干簧管、电容式水位感应器、晶体管液位继电器及电接点压力表等。本节以干簧管式开关(磁性开关)作为水位信号控制器对生活水泵电动机的控制为例，介绍基本控制原理，如图 7.10 所示。

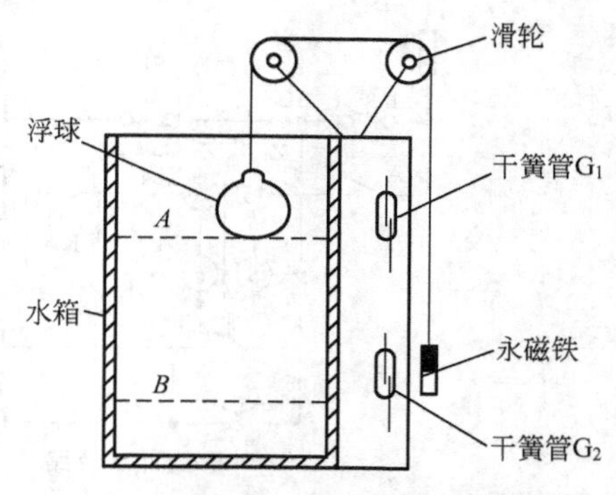

图 7.10 干簧管式水位传感器原理结构图

1. 单泵控制线路

单泵向屋顶水箱供水线路由干簧水位信号器、水泵的控制回路和主回路构成，如图 7.11 所示。受水箱水位干簧管开关 SL_1 和 SL_2 的控制，低水位开泵，高水位停泵。

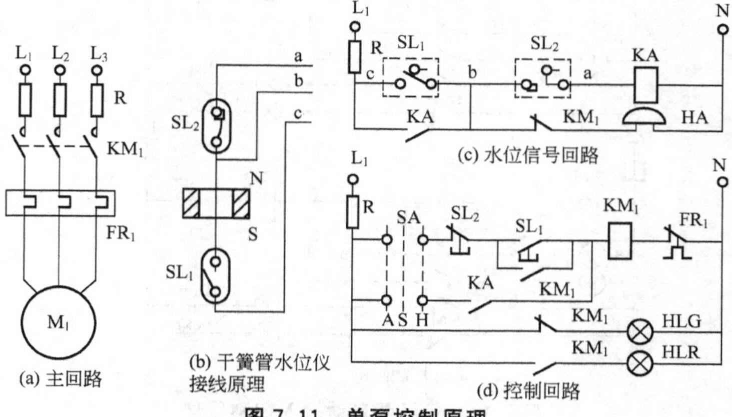

图 7.11 单泵控制原理

工作原理：先将手动自动选择开关拨到自动位置A，合上电源开关后，绿色信号灯HLG亮，表示电源已接通。当水箱水位降到低水位时，浮标内磁钢的磁场作用于下限干簧管，接点SL_1闭合，于是继电器KA线圈得电并自锁，图7.11(d)中KA接通，接触器KM_1线圈通电，其主触头动作，使1号泵电动机M_1起动运转，水箱水位开始上升，同时停泵信号灯HLG灭，开泵红色信号灯HLR亮，表示1号泵电动机M_1起动运转。

随着水箱水位的上升，浮标和磁钢也随之上升，不再作用下限接点，于是SL_1复位断开，但因KA已自锁，故不影响水泵电动机运转，直到水位上升到高水位h_2时，磁钢磁场作用于上限接点SL_2使之断开，于是KA失电，其触头复位，使KM_1失电释放，M_1脱离电源停止工作，同时HLR灭，HLG亮，发出停泵信号。如此在干簧水位信号器的控制下，水泵电动机随水位的变化自动间歇地起动或停止。这里用的是低水位开泵，高水位停泵，如用于排水则应采用高水位开泵，低水位停泵。当水泵故障时，FR_1热继电器动作，KM_1失电，而图7.11(c)中KM_1触点闭合，电铃HA发出事故音响报警。

2. 备用泵自动投入的线路

如图7.12所示，备用泵自动投入主要由时间继电器KT和备用继电器KA2及转换开关SA完成。1号为常用泵，2号备用。

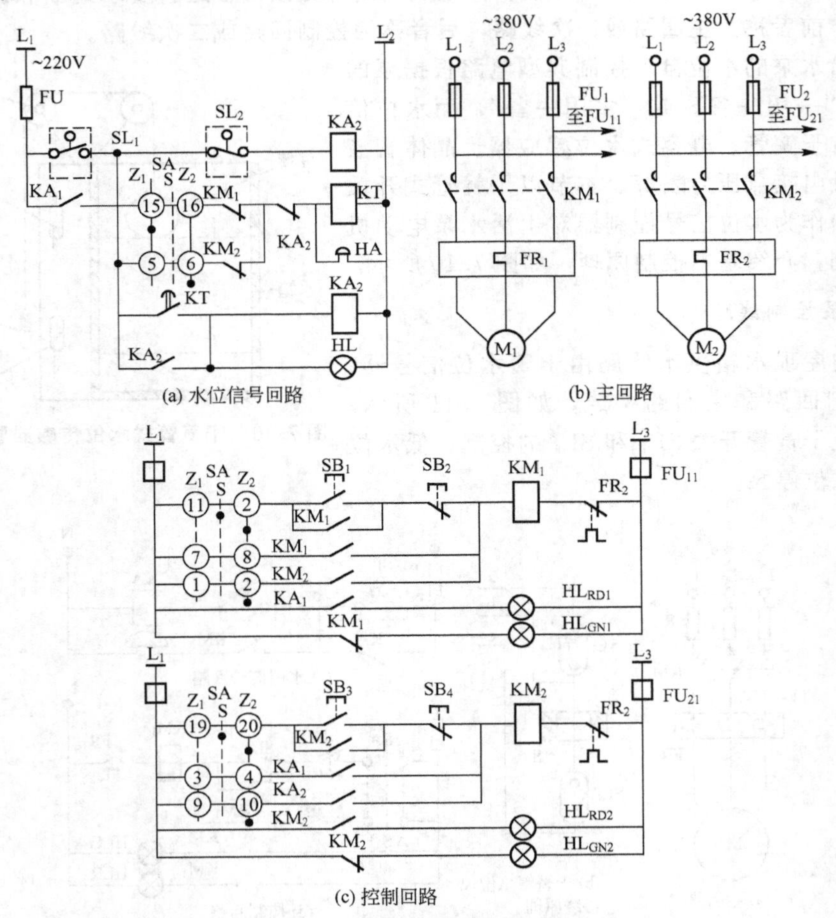

图7.12 备用泵自动投入控制原理

正常时，合上总电源开关，HL_{GN1}、HL_{GN2}亮，表示电源已接通。将转换开关SA置于“Z_1”位，其触点7—8，9—10，15—16闭合，当水池(箱)水位低于低水位时，磁钢磁场对下限接点SL_1作用，使其闭合，这时，水位继电器KA_1线圈通电并自锁，接触器KM_1线圈通电，信号灯HL_{GN1}灭，HL_{RD1}亮，表示1号水泵电动机已起动运行，水池(箱)水位开始上升，当水位升至高水位h_2时，磁钢磁场作用于SL_2使之断开，于是KA_1线圈失电，KM_1失电释放，水泵电动机停止，HL_{RD1}灭，HL_{GN1}亮，表示1号水泵电动机M_1已停止运转。随水位的变化，电动机在干簧水位信号控制器作用下处于间歇运转状态。

在故障状态下，即使水位处于低水位h_1，SL_1已接通，但如KM_1机械卡住触头不动作，HA发出事故声响，同时时间继电器KT线圈通电，经5～10s延时后，备用继电器KA_2线圈通电，使KM_2通电，备用机组M_2自动投入。

如水位信号控制器出现故障时，可将转换开关SA置于“S”位，按下起动按钮即可起动水泵电动机。

3. 计算机控制的水泵电路

随着智能建筑的发展，楼宇自动化(BAS)、办公自动化(OAS)和通信自动化(CAS)正迅速发展，计算机应用也越来越普及。但是对于大量的动力设备，包括水泵在内，其主电路的大功率起动控制设备仍采用有触点的继电-接触控制。为了解决强电向弱电过渡及强电与弱电的接口。这里介绍采用计算机BAS控制的水泵电路。

用BAS弱电线路的输出触点控制中间继电器，再控制水泵电动机的接触器，如图7.13所示。

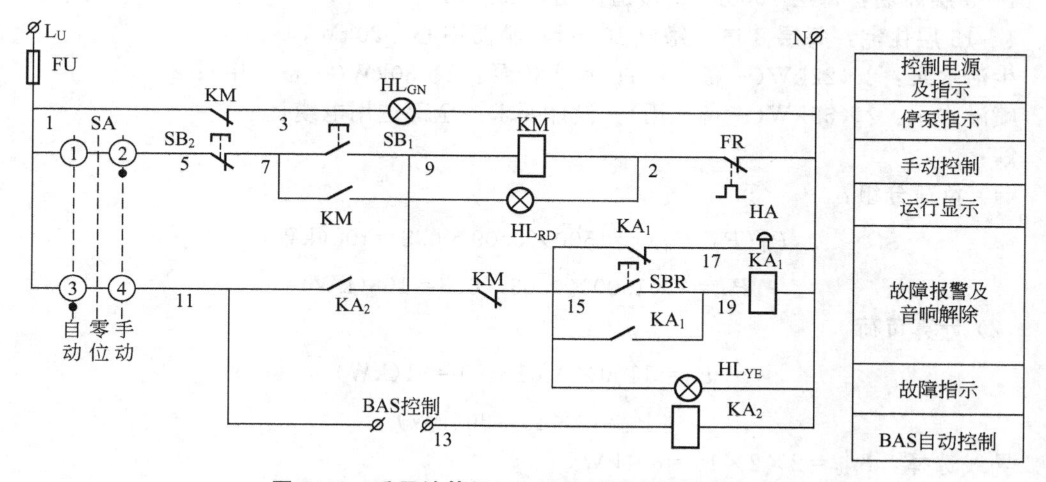

图7.13 采用计算机(BAS)控制的水泵控制电路

自动控制：将转换开关SA置“自动”位，其触点3、4闭合，当水位下降到低水位时，由计算机(BAS)控制中间继电器KA_2得电，再接通接触器KM线圈使之通电，水泵电动机起动。当水达高水位时，BAS控制KA_2线圈失电，水泵电动机停止。

故障状态：如因机械卡住KM触头不动作，故障信号灯HL_{YE}亮，警铃HA响，按下解除按钮SBR，中间继电器KA_1线圈通电，HA不响。

手动控制：将SA置“手动”位，其触点1、2闭合，按SB_1和SB_2可控制水泵电动机起、停。

综上分析知，图7.13仅是电动机起停的执行器，所有的自动控制功能，均由计算机控制系统完成。

7.3.3 动力配电工程设计的内容

动力配电工程考虑建筑物内各种动力设备(锅炉、泵、风机、制冷机等)的平面布置、安装、接线、调试。

动力配电工程的主要内容如下。

(1) 电力设备(电动机)的型号、规格、数量、安装位置、安装标高、接线方式。

(2) 配电线路的敷设方式、敷设路径、导线规格、导线根数、穿管类型及管径。

(3) 电力配电箱的型号、规格、安装位置、安装标高，电力配电箱的电气系统和接线。

(4) 电气控制设备(箱、柜)的型号、规格、安装位置及标高，电气控制原理，电气接线。

7.4 工程设计实例

某高层综合楼供配电等情况如下。负1层车库及设备用房：1100m²；电梯：2×15kW；
1～3层商场：每层1500m²；楼道照明：20kW；
4～15层住宅：每层8户，每户100m²；消防中心：20kW；
生活水泵：2×22kW(一备一用)；消火栓泵：2×30kW(一备一用)；
喷淋水泵：2×55kW(一备一用)；设计要求：全部选用电缆。

解：

(1) 负荷分组：

$$P_1(P_2.P_3)=1500\times0.09\times0.8=108(\mathrm{kW})$$

$$P_8=3\times1500\times0.03\times0.8=108(\mathrm{kW})$$

(2) 计算负荷：

$$P_9=1100\times0.01+20=31(\mathrm{kW})$$

$$P_{10}=2\times15=30(\mathrm{kW})$$

导线选择：$P''_{10}=2\times2\times15=60(\mathrm{kW})$

$$P_{11}=2\times22\times0.5=22(\mathrm{kW})$$

导线选择：

$$P''_{11}=55+30=85(\mathrm{kW})$$

$$P_{12}=20\mathrm{kW}$$

$$P_4(P_5、P_6、P_7)=24\times6\times0.48=66(\mathrm{kW})$$

(3) 总计算负荷：

$$P_J=(4\times108+4\times66+31+30+22)\times0.9\approx701(\mathrm{kW})$$

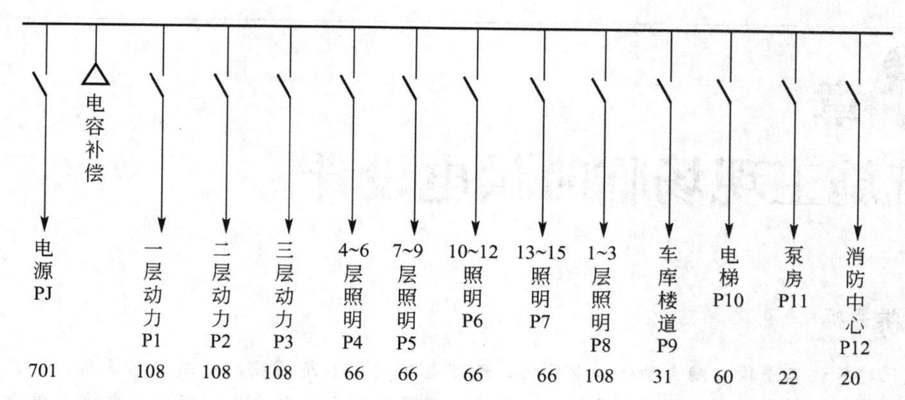

(4) 变压器容量：

$$S=\frac{P_J}{\beta \cdot \cos\varphi}=\frac{701}{0.8\times 0.95}=924(\text{kVA})$$

(5) 补偿容量：

$$Q_C=\alpha \cdot P_J(\tan\varphi_1-\tan\varphi_2)=0.85\times 701(\tan\arccos 0.8-\tan\arccos 0.95)\approx 41(\text{kvar})$$

本章小结

本章主要讲述了高层建筑供配电的概念和方法、高层建筑的负荷特点和级别、高层建筑设备的特点、高层建筑供配电网络结构、高层建筑的动力配电系统等。

本章的重点是高层建筑供配电的计算和确定。

思考与练习题

1. 高层建筑常用的负荷计算方法有几种？各适用于什么场合？

2. 高层民用建筑变电所的典型主接线适合于几级负荷？供电电源如何保证？

3. 对较重要工作场所的工作照明与事故照明，应如何进行供电接线？

4. 某低压线路表示为BV－500－(3×95＋1×50＋PE50)－SC70，其中符号和数字各代表什么含义？

5. 绘制配电系统图和电气平面图各应注意什么？系统图上的线路绘制与平面图上的线路绘制有什么不同？

第8章 建筑施工现场临时供电设计

教学目标

现代化建筑施工手段日趋自动化和电气化，新型电气设备不断涌现，施工工艺复杂，一旦停电会造成很大的损失，直接影响建筑施工质量、施工进度、投资控制和人身安全。所以，本章着重介绍有关建筑施工临时供电的一些实用性很强的技术知识。要求通过本章的学习，达到以下目标：

(1) 了解建筑工程施工临时供电的特点；

(2) 掌握临时供电电源变压器容量的选择；

(3) 了解施工配电箱、开关箱和施工配电线路的特点和要求；

(4) 了解临时供电配电线路接地与防雷特点；

(5) 掌握电动建筑机械和手持式电动工具使用场所与要求。

教学要求

知识要点	能力要求	相关知识
建筑工程施工临时供电的特点	(1) 了解建筑施工临时供电的施工组织设计 (2) 了解建筑施工临时供电技术档案管理 (3) 了解对建筑施工临时供电专业人员的要求及注意事项 (4) 了解施工现场有关部门人员须知 (5) 了解施工现场与周围环境	(1) 临时供电的施工组织设计 (2) 临时供电技术档案管理 (3) 临时供电专业人员 (4) 施工现场与周围环境
临时供电电源变压器容量的选择	(1) 掌握变压器容量的选择 (2) 了解供电配电室及自备电源的要求	(1) 变压器容量的选择 (2) 供电配电室 (3) 自备电源
施工配电箱和开关箱	(1) 掌握施工配电箱和开关箱的一般要求 (2) 掌握电器装置的选择原则 (3) 了解相关电器使用与维护	(1) 施工配电箱和开关箱 (2) 电器装置的选择 (3) 使用与维护
施工配电线路	(1) 掌握架空线路敷设要求及注意事项 (2) 了解电缆线路敷设要求及注意事项	(1) 架空线路 (2) 电缆线路
临时供电配电线路接地与防雷	(1) 掌握等电位体连接 (2) 了解接地与接地电阻 (3) 了解临时供电的防雷保护措施	(1) 等电位体连接 (2) 接地与接地电阻 (3) 防雷保护
电动建筑机械和手持式电动工具	(1) 掌握电动建筑机械使用场所与要求 (2) 了解手持式电动工具使用场所与要求	(1) 电动建筑机械 (2) 手持式电动工具

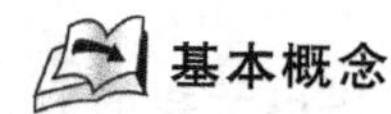

基本概念

临时施工供电、变压器容量、施工配电线路、接地、防雷、电动建筑机械、手持式电动工具

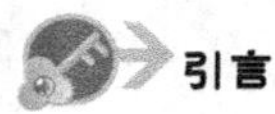

引言

随着现代化建筑对施工质量的要求越来越高，施工供电的可靠性和安全程度就显得日趋重要了。现代化建筑施工手段日趋自动化和电气化，新型电气设备不断涌现，施工工艺复杂，一旦停电或错误接线等就会造成很大的损失，直接影响建筑施工质量、施工进度、投资控制和人身安全。2002 年 9 月 11 日，因台风下雨，深圳市南山区某工程人工挖孔桩施工停工，雨停后，工人们返回工作岗位进行作业，此时，配电箱进线端电线因无穿管保护，被电箱进口处割破绝缘造成电箱外壳、PE 线、提升机械及钢丝绳、吊桶带电，江某某触及带电的吊桶遭电击，经抢救无效死亡。此次事故直接原因：①电源线进配电箱处无套管保护，金属箱体电线进口处也未设护套，使电线磨损破皮；②重复接地装置设置不符合要求，接地电阻达不到规范要求；③电气开关的选用不合理、不匹配，漏电保护装置参数选择偏大、不匹配。本章着重介绍有关建筑施工临时供电的一些实用性很强的技术知识。

8.1 建筑工程施工临时供电

8.1.1 临时供电的特点

1. 建筑施工供电的特点

(1) 临时性强。这是由建筑工期决定的，一般单位建筑工程工期只有几个月，多则一两年，交工后，临时供电设施马上拆除。

(2) 用电量变化大。建筑施工在基础施工阶段用电量比较少，在主体施工阶段用电量比较大，在建筑装修和收尾阶段用电量少。

(3) 安全条件差。这是建筑工程施工中发生触电死亡事故的客观原因。建筑施工现场有许多工种交叉作业，到处有水泥砂浆运输和灌注，建筑材料的垂直运输和水平运输随时有触碰供电线路的可能。尤其是在地下室施工，一般都潮湿、看不清东西。所以，要有科学的、可靠的临时供电设计，才能减少触电事故。

(4) 随着建筑施工进度的发展，供电前端不断延伸、发展，昨天某处还没有电，今天该处就可能有电了，因此搬运材料、走路都应注意。

(5) 电引线不牢固。电源引入线受许多限制，正因为是临时供电，不可能像永久性建筑引用线那样坚固和安全。

2. 临时供电设计的内容

一般建筑施工现场用电量达到 50kW，或者是临时用电设备有 5 台以上时，就应该做临时供电施工组织设计。临时供电设计主要有以下内容。

(1) 统计、核实建筑工地的用电量，选择适当容量的变压器。

(2) 草绘施工供电平面布置图，其中包括初步确定变压器的最佳位置、供电干线的数目及其平面布局，确定各主要用电点配电箱的位置。

(3) 计算各条干线导线的截面。

(4) 绘制临时供电平面图，标出各条干线的导线截面、变压器的型号、配电箱编号等。

8.1.2 建筑施工临时供电的施工组织设计

为了贯彻国家安全生产的方针政策和法规，保障施工现场用电安全，防止触电事故发生，促进建设事业发展，应可靠地落实临时供电的安全问题。建筑施工现场临时用电中的其他有关技术问题应遵守现行的国家标准、规范或规程的规定。

1. 临时用电的施工组织设计

触电事故的几率与用电设备的数量、分布和计算负荷有关，为加强安全技术管理，实现安全用电的目的，需做好临时用电施工组织设计工作。但是考虑到用电设备少、计算负荷小、配电线路简单的小型施工现场的特点，可不做临时用电施工组织设计，只制定安全技术措施和电气防火措施。

临时用电设备在 5 台及以上或设备总容量在 50kW 及以上者，应编制临时用电施工组织设计。临时用电设备在 5 台以下或设备总容量在 50kW 以下者，应制定安全用电技术措施和电气防火措施。

2. 临时用电施工组织设计的内容和步骤

施工现场临时用电组织设计应包括下列内容。

(1) 现场勘测。

(2) 确定电源进线、变电所或配电室、配电装置、用电设备位置及线路走向，图 8.1 为 36V 低压线路敷设示范图，图 8.2 为明敷电缆吊挂示范图。

图 8.1 36V 低压线路敷设示范图

图 8.2 明敷电缆吊挂示范图

(3) 进行负荷计算。

(4) 选择变压器。

(5) 设计配电系统。

① 设计配电线路，选择导线或电缆。

② 设计配电装置，选择电器。

③ 设计接地装置。

④ 绘制临时用电工程图样，主要包括用电工程总平面图、配电装置布置图、配电系统接线图、接地装置设计图。

(6) 设计防雷装置。

(7) 确定防护措施。

(8) 制定安全用电措施和电气防火措施。

临时用电工程图必须单独绘制，并作为临时用电施工的依据。临时用电施工组织设计必须由电气工程技术人员编制，技术负责人审核，经主管部门批准后实施。变更临时用电施工组织设计时必须履行规定手续，并补充有关图样资料。

临时用电组织设计及变更时，必须履行“编制、审核、批准”程序，由电气工程技术人员组织编制，经相关部门审核及具有法人资格企业的技术负责人批准后实施。变更用电组织设计时应补充有关图样资料。

临时用电工程必须经编制、审核、批准部门和使用单位共同验收，合格后方可投入使用。

临时用电工程定期检查应按分部、分期工程进行，对安全隐患必须及时处理，并应履行复查验收手续。

8.1.3 建筑施工临时供电技术档案管理

随着现代建筑施工技术的发展，电气化、自动化水平不断提高，对安全问题愈加重视，根据《施工现场临时用电安全技术规范(附条文说明)》(JGJ 46—2005)的规定，施工临时用电必须建立安全技术档案，它是保证施工现场安全生产的重要手段。通过日常及时地整理技术档案资料，一旦需用，就能很方便地查出事故隐患，防患于未然。此外，还有助于分析事故的原因，及时采取调整措施，确保工程质量和安全生产。实践表明，建立完整细致的技术档案是文明施工的必要措施。尤其是贯彻建筑工程监理制度以后，技术档案管理更趋重要。技术档案的建立主要是依靠施工现场的电气技术人员。

1. 技术档案的主要内容

建筑施工技术档案的主要内容应该包括以下资料。

(1) 建筑施工组织设计的全部资料。其中，临时用电设计是施工现场用电管理的依据，也是安全用电的基本保证资料，一般包含现场勘探的图样、现场平面布置图、变配电室的立面图、主要电气材料和设备的规格型号。

(2) 建筑设计交底和施工技术交底资料。这是向在现场负责的电气技术人员、安装电工、维修临时用电工程的电工和用电人员进行交底的文字资料。具体内容应有安全用电的技术措施、防止电气火灾的措施，尤其是有设计变更或施工变更的内容，一定要保管妥当，并要由有关方面的负责人签字。这是以后进行工程计算的重要依据，在技术交底的资料上还必须注明日期。

(3) 临时用电工程检查验收表。一般由建筑公司基层安全部门组织检查验收。参加者包括公司主管临时用电安全的领导或技术人员、施工现场主管或编制临时用电的技术人员、安装电工班组长等。检查内容包括安装质量是否符合有关规范，电气防护措施、线路敷设、接地接零及漏电保护器等的检查验收记录。还应包括定期检查记录，一般每月自检一次，公司每季度检查一次。

(4) 合同资料。除了电气安装工程单独承包以外，一般是由总承包法人负责签署合同，包含了建筑工程中的各个专业，详尽的合同资料是办理工程索赔和反索赔的重要依据。

2. 安全技术档案建立与管理

安全技术档案应由主管该现场的电气技术人员负责，电工维修工作记录可由指定电工代管，并于临时用电工程拆除后统一归档。临时用电工程定期检查时间为施工现场每月一次，基层公司每季度一次。基层公司检查时，应复查接地电阻值。检查工作应按分部、分项工程进行，对不安全因素，必须及时处理，并应履行复查验收手续。技术交底资料应包括临时用电施工组织设计的全部资料。各分项工程中，必须突出强调安全重点方面的资料和安全技术措施、电气防火措施等资料。临时用电安全技术档案的主要用途是加强科学管理，实现安全用电，也可用于分析事故发生的原因。

规定建立和管理安全技术档案的人员，应明确临时用电工程的检查时间和检查程序。

8.1.4 建筑施工临时供电专业人员

安装、维修或拆除临时用电工程，必须由电工来完成。电工等级应同工程的难易程度和技术复杂性相适应。各类用电人员应做到：掌握安全用电基本知识和所用设备的性能，使用设备前必须按规定穿戴和配备好相应的劳动防护用品，并检查电气装置和保护设施是否完好，严禁设备带“病”运行。对于停用的设备必须拉闸断电，锁好开关箱，并保护好所用设备的负荷线、保护中性线和开关箱，发现问题，及时报告解决，搬迁或移动设备，必须经电工切断电源并作妥善处理后进行。

8.1.5 施工现场有关部门人员须知

为保证施工现场的用电安全，有关人员必须做到以下几点要求。

(1) 非电工严禁乱动电气设备。

(2) 各操作人员使用各种电气设备时，必须认真执行安全操作规程，并服从电工的安全技术指导。

(3) 任何单位、个人不得指派无电工执照的人员进行电气设备的安装、维护工作。

(4) 各级领导应重视电工提出的有关安全用电的合理意见，不得以任何理由强迫电工进行违章作业。

8.1.6 施工现场与周围环境

在建工程不得在高、低压线路下方施工。高、低压线路下方，不得搭设作业棚、建造生活设施，或堆放构件、架具、材料及其他杂物等。在建工程(含脚手架具)的外侧边缘与外电架空线路的边线之间必须保持安全操作距离。最小安全操作距离不小于表 8-1 所列数值。

表 8-1 在建工程边缘与外电架空线路的边线安全操作距离

外电线路电压/kV	<1	1～10	35～110	154～220	330～500
最小安全距离/m	4	6	8	10	15

为了保证最小安全距离，上、下脚手架斜道严禁搭设在有外电线路的一侧。

施工现场的机动车道与外电架空线路交叉时，架空线路的最低点与路面的垂直距离不小于表 8-2 所列数值。

表 8-2 架空线路的最低点与路面的垂直距离

外电线路电压/kV	<1	1～10	35
最小垂直距离/m	6	7	7

旋转臂架式起重机的任何部位或被吊物边缘与10kV以下的架空路边线最小水平距离不得小于2m。施工现场开挖非热力管道沟槽的边缘与埋地外电缆沟边缘之间的距离不得小于0.5m。在达不到规定的最小距离时，必须采取防护措施，增设屏障、遮栏、围栏或保护网，并悬挂醒目的警告标志牌。因摩擦、挤压、静电感应产生对人体有害静电的场所也得采取防护措施。架设防护措施时，应有电气工程技术人员或专职安全人员负责监护。对防护措施无法实现时，必须与有关部门协商，采取停电、迁移外电线路或改变工程位置等措施，否则不得开工。

在外电架空线路附近开挖沟槽时，必须防止外电架空线路的电杆倾斜、悬倒，应会同有关部门采取加固措施。在有静电的施工现场内，对集聚在机械设备上的静电，应采取接地泄漏措施。

为了防止施工人员发生直接触电事故，考虑到在建工程在搭设脚手架时，脚手架杆延伸至架具外的操作因素，确定最小安全距离。因受现场等原因限制达不到安全距离时，必须采取有效隔离措施，防止操作时金属料具碰触高、低压线造成触电事故。

施工现场的电力供应是保证实现高速度、高质量施工作业的重要前提，施工现场的用电设施，有些是属于临时设施，即所谓“暂设”电气工程，但是它对整个施工现场的安全、质量乃至工程造价都构成直接影响。

8.2 临时供电电源变压器容量的选择

8.2.1 变压器容量的选择

根据《施工现场临时用电安全技术规范》(JGJ 46—2005)中1.0.3的规定：“建筑施工现场临时用电工程专用的电源中性点直接接地的220/380V三相四线制低压电力系统，必须符合下列规定。

(1) 采用三级配电系统。

(2) 采用TN-S接零保护系统。

(3) 采用二级漏电保护系统。

实用中常采用架空线五线供电的形式，也可以用五芯电缆。如果用四芯电缆，则另敷设一根保护线也行。

变压器是极其重要的电力施工安装设备之一，如果施工单位没有变压器，借用建设单位(甲方)的或是其他外供电源时，可参考以下方法确定容量，图 8.3 和图 8.4 分别为低压变压器二次器件布置图和低压变压器箱内装设示意图。

图 8.3　低压变压器二次器件布置图

图 8.4　低压变压器箱内装设示意图

(1) 现借用的供电系统是 TN－S 方式供电系统时，照用即可。

(2) 现借用的供电系统是 TN－C 方式供电系统时，在现场总配电箱处作一组重复接地，从中性线端子板分出一根保护线，形成 TN－C－S 系统。

(3) 现借用的供电系统是 TT 方式供电系统时，在现场总配电箱处设一组保护接地，同时从总箱内引出一根专用保护线至各用电点，保护线可以用单芯电缆或用 40mm×40mm 扁钢。

施工工程供电设计内容主要有电力变压器容量的计算选择、电源位置的确定、各路供电干线的布局及其导线截面的计算，最后绘制出供电平面图。首先对施工现场的用电量进行估算，然后确定变压器的容量。要求变压器的容量应满足施工用电所需的视在功率。施工用电主要是动力用电，而照明用电较少，有时按动力用电的 10% 估算，通常忽略不计，或统计在动力设备容量中依下式计算：

$$S_N = K_d \sum P_N / \cos\phi$$

式中，S_N——动力设备需要的总容量(kVA)；

$\sum P_N$——电动机铭牌机械功率的总和(kW)；

$\cos\phi$——各用电设备的平均功率因数；

K_d——需要因数，它的含义是因电动机不一定同时使用，也不一定同时满载，所以需要打一个折扣，称为需要系数，见表 8－3。

表 8－3　建筑施工用电设备的功率因数和需要系数 K_d

用电设备数目	用电设备数目	需要因数	功率因数	用电设备名称	用电设备数目	需要因数	功率因数
混凝土搅拌机、砂浆搅拌机	10 以下 10～30 30 以上	0.7 0.6 0.5	0.68 0.65 0.5	提升机、起重机、掘土机	10 以下 10 以上	0.3 0.2	0.7 0.65
				电焊机	10 以下 10 以上	0.45 0.35	0.45 0.4

（续）

用电设备数目	用电设备数目	需要因数	功率因数	用电设备名称	用电设备数目	需要因数	功率因数
破碎机、筛、空气压缩机、输送机	10以下 10～50 50以上	0.75 0.7 0.65	0.75 0.7 0.65	户外照明	—	1	1
				除仓库外的户内照明	—	0.8	1
				仓库照明	—	0.35	1

8.2.2 供电配电室及自备电源的要求

（1）配电室应靠近电源，并应设在无灰尘、无蒸汽、无腐蚀介质、无振动的地方。成列的配电屏（盘）和控制屏（台）两端应与重复接地线及保护中性线做电气连接。配电室和控制室应能自然通风，并应采取防止雨雪和动物进入的措施，图8.5为配电箱棚做法示意图。

图8.5 配电箱棚做法示意图

（2）配电屏（盘）正面的操作通道宽度，单列布置不小于1.5m，双列布置不小于2m。配电屏（盘）后面的维护通道宽度不小于0.8m，个别有结构柱凸出部分通道不小于0.6m。配电屏（盘）侧面的维护通道宽度不小于1m。配电室的天棚距地面不低于3m。

当配电室内设置值班室或检修室时，该室距配电屏（盘）的水平距离以大于1m，并采取屏障隔离。配电室的门向外开，并配锁。配电室的裸母线与地面垂直距离小于2.5m时，采取栅栏隔离，栅栏下面通行道的高度不小于1.9m。配电室的围栏上端与垂直上方带电部分的净距不小于0.75m。配电装置的上端距天棚不小于0.5m。

（3）配电室的建筑物和构筑物的防火等级应不低于3级，室内应配置砂箱和绝缘灭火器。母线均应刷有色油漆，其涂色应符合表8-4的规定。

表8-4 母线涂色表

相别	颜色	垂直排列	水平排列	引下排列
L1	黄	上	后	左
L2	绿	中	中	中
L3	红	下	前	右
N	浅蓝			

（4）配电屏（盘）应装设有功、无功电度表，并应分路装设电流、电压表。电流表与计费电度表不得共用一组电流互感器。配电屏（盘）应装设短路、过负荷保护装置和漏电保护器。配电屏（盘）上的各种配电线路应统一编号，并标明用途。配电屏（盘）或配电线路维修时，应悬挂停电标志牌。停、送电必须由专人负责。

（5）电压为400/230V的自备发电机组及其控制、配电、修理室等，在保证电气安全距离和满足防火要求的情况下可以分开或合并设置。发电机组的排烟管道必须伸出室外。发电机组及其控制配电室内严禁存放储油桶。发电机组电源应与外电线路电源联锁，严禁并列运行。

（6）发电机控制屏宜装设交流电压表、交流电流表、有功功率表、电度表、功率因数表、频率表、直流电流表。

（7）发电机组应设置短路保护和过负荷保护。发电机并列运行时，必须在机组同期后再向负荷供电。

（8）配电室位置选择和环境条件要求。应便于配电电源引入和技术管理，确保配电装置免受污染、腐蚀、变形和防止误动作。配电室应适应施工现场实际情况，保证电气设备散热条件，防止因雨雪和动物侵害所造成的电气短路事故。

8.3 施工配电箱和开关箱

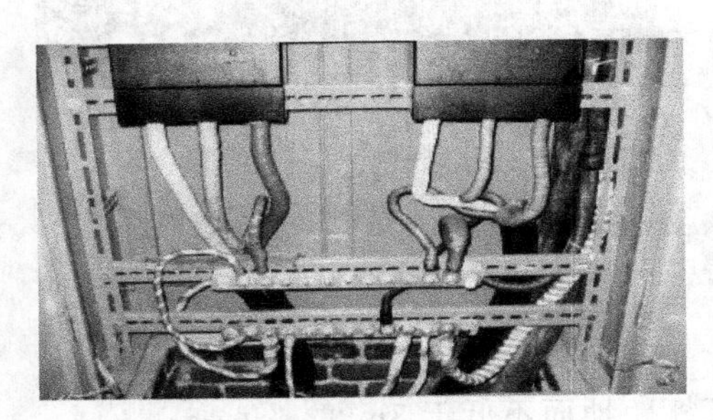

图8.6　总配电箱内N线与PE线的电气连接示意图

建筑工地临时用电配电箱和开关箱是配电系统中使用频繁的设备，也是经常会出现故障的地方。所以，应注意正确地安装和使用，尽可能减少电气伤害事故发生。在使用中采取可靠的安全措施，具有重要意义。

动力配电箱与照明配电箱宜分别设置，如设置在同一配电箱内，动力和照明线路应分路设置。开关箱应由末级分配电箱配电，图8.6为总配电箱内N线与PE线的电气连接示意图。

8.3.1　对施工配电箱和开关箱的一般要求

（1）总配电箱应设在靠近电源的地方，分配电箱应装在用电设备或负荷相对集中的地方。分配电箱与开关箱距离不得超过30m。开关箱与其控制的固定式用电设备的水平距离不宜超过3m。

（2）配电箱、开关箱应装设在干燥、通风及常温场所。不得装设在有严重损伤作用的瓦斯、烟气、蒸汽、液体及其他有害介质中，不得装设在易受外来固体物质撞击、强烈振动和液体侵溅及热源烘烤的场所，否则要求做特殊防护处理。

（3）配电箱、开关箱周围应有足够两个人同时工作的空间和通道。不得堆放任何妨碍操作、维修的物品，不得有灌木、杂草。配电箱、开关箱应采用铁板或优质绝缘材料制作，铁板厚度应大于1.5mm。配电箱、开关箱应装设端正、牢固。移动式配电箱、开关箱应装设在坚固的支架上。

（4）固定式配电箱、开关箱的下底与地面的垂直距离应大于1.3m，小于1.5m；移动式分配电箱、开关箱的下底与地面的垂直距离宜大于0.6m，小于1.5m。配电箱内的电器应首先安装在金属或非木质绝缘电气安装板上，然后整体紧固在配电箱箱体内。金属板与配电箱箱体应做电气连接。配电箱、开关箱内的开关电(含插座)应按其规定的位置紧固在电气安装板上，不得歪斜和松动。

(5) 配电箱、开关箱内应设专用的中性线端子板和保护中性线端子板，工作中性线应通过接线端子板连接。配电箱和开关箱的金属箱体、金属电气安装板及箱内电气的不应带电金属底座、外壳等必须做保护接零。保护中性线应通过接线端子板连接。配电箱、开关箱内的连接线应采用绝缘导线，接头不得松动，不得有外露带电部分。配电箱、开关箱必须防雨、防尘。

8.3.2 配电箱和开关箱内电器装置的选择

配电箱、开关箱内的电器必须可靠完好，不准使用破损、不合格的电器。

总配电箱的电器应具备电源隔离，正常接通与分断电路，以及短路、过载、漏电保护功能。电器设置应符合下列原则。

(1) 当总路设置总漏电保护器时，还应装设总隔离开关、分路隔离开关及总断路器、分路断路器或总熔断器、分路熔断器。当所设总漏电保护器是同时具备短路、过载、漏电保护功能的漏电断路器时，可不设总断路器或总熔断器。

(2) 当各分路设置分路漏电保护器时，还应装设总隔离开关、分路隔离开关及总断路器、分路断路器或总熔断器、分路熔断器。当分路所设漏电保护器是同时具备短路、过载、漏电保护功能的漏电断路器时，可不设分路断路器或分路熔断器。

(3) 隔离开关应设置于电源进线端，应采用分断时具有可见分断点，并能同时断开电源所有极的隔离电器。如采用分断时具有可见分断点的断路器，可不另设隔离开关。

(4) 熔断器应选用具有可靠灭弧分断功能的产品。

(5) 总开关电器的额定值、动作整定值应与分路开关电器的额定值、动作整定值相适应。

分配电箱应装设总隔离开关和分路隔离开关及总熔断器和分路熔断器(或总自动断路器和分路自动开关)。总断路器电器的额定值、动作整定值应与分路断路器的额定值、动作整定值相适应。

每台用电设备应有各自专用的开关箱，必须实行一机一闸制度，严禁用同一个断路器直接控制两台及以上用电设备(含插座)。开关箱内的断路器必须能在任何情况下都可对用电设备实行电源隔离。开关箱中必须装设漏电保护器(35V 及以下的用电设备如果工作环境干燥，可免装漏电保护器)。漏电保护器应装设在配电箱中隔离开关的负荷侧和开关箱中隔离开关的负荷侧。开关箱内的漏电保护器的额定漏电动作电流应不大于 30mA，额定漏电动作时间应小于 0.1s。

使用于潮湿和有腐蚀介质场所的漏电保护器应采用防溅型产品。其额定漏电动作电流应不大于 15mA，额定漏电动作时间应小于 0.1s。总配电箱和开关箱中两级漏电保护器的额定漏电动作电流和额定漏电动作时间应合理配合，使之具有分级分段保护的功能。对放置已久重新使用或连续使用一个月的漏电保护器，应认真检查其特性，发现问题及时修理或更换。

手动开关电器只允许用于直接控制的照明电路和容量不大于 5.5kW 的动力电路。容量大于 5.5kW 的动力电路应采用自动空气断路器或降压起动控制。各种断路器的额定值应与其控制的用电设备额定值相适应。

配电箱、开关箱中的导线的进、出线口应设在箱体下底面，严禁设在箱体其他部位。

进、出线应加护套分路成束，不得与箱体进、出口直接接触，图 8.7 和图 8.8 分别为进、出地面套管做法示意图和地下敷设示范图。移动式配电箱和开关箱的进、出线必须采用橡皮绝缘电缆。

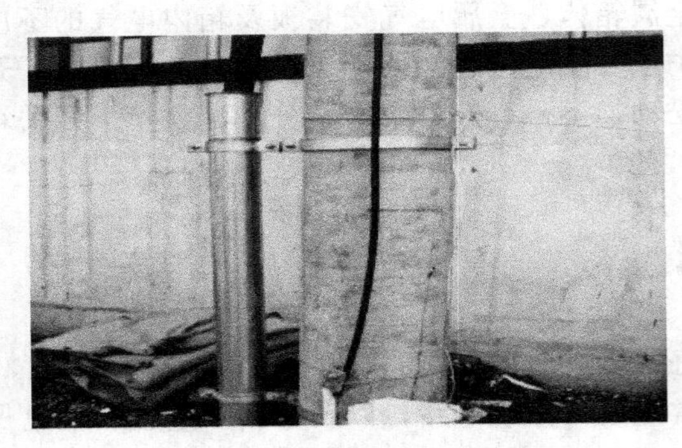

图 8.7　进、出地面套管做法示意图

图 8.8　地下敷设示范图

8.3.3　配电箱、开关箱使用与维护

配电箱均应标明其名称、用途，并做出分路标记。配电箱门均应配锁，配电箱和开关箱应有专人负责。所有配电箱、开关箱应每月检查和维修一次。检查、维修人员必须是专业电工。检查、维修时必须按规定穿戴绝缘服，必须使用电工绝缘工具。

对配电箱、开关箱进行检查维修时，必须将其前一级相应电源开关断电，并悬挂停电标志牌，严禁带电作业。所有配电箱、开关箱在使用中必须按照下述操作顺序进行。

送电顺序：总配电箱—分配电箱—开关箱。

停电顺序：开关箱—分配电箱—总配电箱(出现电气故障的紧急情况例外)。

施工现场停止作业 1h 以上时，应将动力开关箱断电上锁。开关箱操作人员必须依据有关规程或规范进行操作。配电箱、开关箱内不得放置任何杂物，并应经常保持整洁。

配电箱、开关箱内不得挂接其他临时用电设备。熔断器的熔体更换时，严禁用不符合原规格的熔体代替。配电箱、开关箱内的进出线不得承受外力，严禁与金属尖锐断口和强腐蚀介质接触。配电箱(盘)安装质量标准见表 8－5。

表 8－5　配电箱、盘安装质量标准

操作项目	质量要求
配电箱(盘)的安装	(1) 电度表板(盘)明装时距地 1.8～2.2m (2) 配电箱暗装时，底口距地不应低于 1.4m，明装不低于 1.8m，特殊情况不低于 1.2m (3) 电度表(盘)箱的木板厚度不应小于 20mm，金属板厚度不小于 2mm，绝缘板厚度不应小于 8mm (4) 木箱门的宽度超过 0.5m 时应做双扇门 (5) 木材要求干燥、不劈、不裂、不腐
铁箱盘接地及木、铁制配电箱防腐	箱体应刷防腐漆，铁箱做保护接地，墙内暗装时箱体外壁刷沥青，明装时箱体内外均刷油漆

8.4 施工配电线路

8.4.1 架空线路

架空线路必须敷设在专用电杆上，严禁架设在树木、脚手架上。架空线路导线截面的选择应符合下列要求：导线中的负荷电流不大于其允许载流量；线路末端电压偏移不大于额定电压的5%；单相线路的中性线截面与相线截面相同，三相四线制的工作中性线和保护中性线截面不小于相线截面的50%；为满足机械强度的要求，绝缘铝线截面不小于16mm²，绝缘铜线截面不小于10mm²，跨越铁路、公路、河流时，电力线路档距内的架空绝缘铝线最小截面不小于35mm²，绝缘铜线截面不小于16mm²。

电杆拉线的金具必须镀锌，尤其是各种线夹(图8.9)，在施工中压线要坚固而且不伤及拉线。

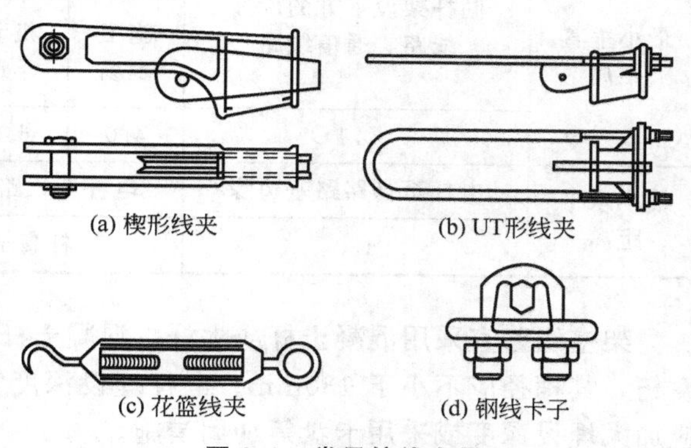

图8.9 常见拉线金具

架空线路相序排列应符合下列规定。在同一横担上架设时，导线的相序排列：面向负荷从左起为L1、N、L2、L3、PE。动力线、照明线在两个横担上分别架设时，上层横担动力相序排列是面向负荷从左起为L1、L2、L3；下层横担导线照明负载排列是面向负荷从左起为L1、N、L2、L3、PE；即下层横担最右边为保护中性线。

应限制施工现场架空线接头数，一个档距内每一层架空线接头数不得超过该层导线条数的50%，且一根导线只允许一个接头。严禁在跨越铁路、公路、河流、电力线路的架空线档距内有接头。

临时供电架空线路的档距不得大于35m，线间距离不得小于0.3m。横担间最小垂直距离不得小于表8-6所列数值，铁横担应按表8-7选用，木横担截面应为80mm×8mm，横担长度应符合表8-8的规定。

表8-6 横担间的最小垂直距离 (m)

排列方式	直线杆	分支或转角杆	排列方式	直线杆	分支或转角杆
高压与低压	1.2	1.0	低压与低压	0.6	0.3

表8-7 铁横担角钢型号选用表 (mm²)

导线截面/mm²	低压直线杆角钢横担	低压承力杆角钢横担	
		二线及三线	四线及以上
16，25，35，50	L 50×50	2XL 50×5	2XL 63×5
70，95，120	L 63×5	2XL 63×5	2XL 70×5

表 8-8　横担长度选用表　(m)

横担长度		
二线	三、四线	五线
0.7	1.5	1.8

架空线路与临近线路或设施的距离应符合表 8-9 的规定。

表 8-9　架空线路与临近线路或设施的距离　(m)

<table>
<tr><th>项目</th><th colspan="7">临近线路或设施类别</th></tr>
<tr><td rowspan="2">最小空间距离</td><td>过引线、接下线与邻线</td><td colspan="3">架空线与拉线电杆外缘</td><td colspan="3">树梢摆动最大时</td></tr>
<tr><td>0.13</td><td colspan="3">0.05</td><td colspan="3">0.5</td></tr>
<tr><td rowspan="3">最小垂直距离</td><td rowspan="2">同杆架设下方的广播线路、通信线路</td><td colspan="3">最大弧垂与地面距离</td><td rowspan="2">最大弧垂与暂设工程顶端</td><td colspan="2">与临近线路交叉</td></tr>
<tr><td>施工现场</td><td>机动车道</td><td>铁路轨道</td><td><1.5kV</td><td>1～10kV</td></tr>
<tr><td>0.1</td><td>4.0</td><td>6.0</td><td>7.5</td><td>2.5</td><td>1.2</td><td>2.5</td></tr>
<tr><td rowspan="2">最小水平距离</td><td>电杆至马路路基边缘</td><td colspan="3">电杆至铁路轨道边缘</td><td colspan="3">边线与建筑物凸出部分</td></tr>
<tr><td>1.0</td><td colspan="3">杆高+3.0</td><td colspan="3">1.0</td></tr>
</table>

架空线路宜采用混凝土杆或木杆，混凝土杆不得有露筋、环向裂纹和扭曲，木杆不得腐朽，其梢径应不小于 130mm。电杆埋设深度宜为杆长的 1/10 加 0.6m。在土质松软处应加大埋设深度或采用卡盘等加固措施。

直线杆和 15°以下的转角杆，可采用单横担，但跨越机动车道时应采用单横担双绝缘子；15°～45°的转角杆应采用双横担双绝缘子；45°以上的转角杆应采用十字横担。架空线路绝缘子应按下列原则选择：直线杆采用针式绝缘子；耐张杆采用蝶式绝缘子。

拉线宜采用镀锌铁线，其数量不得小于 3 根。拉线与电杆的夹角应在 45°～30°。拉线的埋深不得小于 1m。钢筋混凝土杆上的拉线应在高于地面 2.5m 处装设拉紧绝缘子。因受地形环境限制不能装设拉线时，可采用撑杆代替拉线，撑杆埋深不得小于 0.8m，其底部应垫底盘或大石块。撑杆与主杆的夹角宜为 30°。接户线在档距内不得有接头，进线处离地高度不得小于 2.5m。接户线最小截面应符合表 8-10 规定。接户线之间及与临近线路的距离应符合表 8-11 规定。

表 8-10　接户线最小截面

接户线架设方式	接户线长度/m	接户线截面/mm^2	
		铜　线	铝　线
架空敷设	10～25 ≤10	4.0 2.5	6.0 4.0
沿墙敷设	10～25 ≤10	4.0 2.5	6.0 4.0

表 8－11　接户线间及与临近线路距离

架设方式	档距/m	线间距离/mm
架空敷设	≤25	150
	＞25	200
沿墙敷设	≤6	100
	＞6	150
架空接户线与广播线、电话线交叉		接户线在上＞600 接户线在下＞300
架空或沿墙敷设的接户线中性线和相线交叉		100

配电线路采用熔断器做短路保护时，熔体额定电流应不大于电缆或穿管绝缘导线允许载流量的 2.5 倍，或明敷绝缘导线允许载流量的 1.5 倍。配电线路采用自动开关作短路保护时，其过电流脱扣器脱扣电流整定值，应小于线路末端单相短路电流，并应能承受短路时过负荷电流。

经常过负荷的线路、易燃易爆物邻近的线路、照明线路，必须有过负荷保护。装设过负荷保护的配电线路，其绝缘导线允许载流量，应不小于熔断器熔体额定电流或自动空气开关长延时过流脱扣器脱扣电流整定值的 1.25 倍。

8.4.2 电缆线路

电缆干线应采用埋地或架空敷设，严禁沿地面明敷，并应避免机械损伤和介质腐蚀。电缆类型应根据敷设方式、环境条件选择，电缆截面应根据允许载流量和允许电压损失确定。

电缆在室外直接埋地敷设的深度应不小于 0.7m，并应在电缆上下各均匀铺设不小于 50mm 厚的细砂，然后覆盖混凝土板或砖等硬质保护层。电缆穿越建筑物、构筑物、道路、易受机械损伤的场所及引出地面从 2m 高度至地下 0.2m 处，必须加设防护套管。

电缆线路与其附近热力管道的平行间距不得小于 2m，交叉间距不得小于 1m。埋地敷设电缆的接头应设在地面上的接线盒内，接线盒应能防水、防尘、防机械损伤并应远离易燃、易爆、易腐蚀场所。

橡皮电缆架空敷设时，应沿墙壁或电杆设置，并用绝缘子固定，严禁使用金属裸线作为绑线。固定点间距应保证橡皮电缆能承受自重所带来的荷重。橡皮电缆的最大弧垂距地面不得小于 2.5m。

电缆垂直敷设的位置应充分利用在建工地的竖井、垂直孔洞等，并应靠近负荷中心，每楼层的固定点不得少于一处。电缆水平敷设宜沿墙或门口固定，最大弧垂距地不得小于 1.8m。

考虑到施工现场电缆埋地时间较短，负荷容量较小，可适当降低埋设要求。在电缆线路与热力管道交叉时，采取加大交叉间距的措施代替热力管道的隔热措施。埋地敷设电缆接头的周围环境应防止污染和腐蚀。

8.5 临时供电配电线路接地与防雷

8.5.1 一般规定

(1) 施工现场专用的中性点直接接地的电力线路中必须采用TN－S或TN－C－S接零保护系统，电气设备的金属外壳必须与专用的保护中性线连接。专用保护中性线应由工作接地线、配电室的中性线或第一级漏电保护器电源侧的中性线引出。

城防、人防、隧道等潮湿或条件特别恶劣的施工现场的电气设备必须采取保护接零。当施工现场与外电线共用同一供电系统时，电气设备应根据当地的要求做保护接零或保护接地。严禁一部分设备做保护接零，另一部分设备做保护接地。

(2) 做防雷接地的电气设备，必须同时做重复接地。同一台电气设备的重复接地与防雷接地可使用同一个接地体，接地电阻通常不超过4Ω。

只允许做保护接地的系统中，因自然条件限制接地有困难时，应设置操作和维修电气装置的绝缘台，并保证操作人员不致偶然触及外物。

(3) 一次侧由50V以上的接零保护系统供电，二次侧为0V及以下电压的降压变压器，如果采用双重绝缘或有接地金属屏蔽层的变压器，此时二次侧不得接地。如果采用普通变压器，则应将二次侧中性线或一个相线就近直接接地，或者通过专用接地线与附近变电所接地网相连。

(4) 施工现场的电气系统严禁利用大地作相线或中性线。保护中性线不得装设开关或熔断器。接地装置的设置应考虑土壤干燥或冻结等季节变化的影响，见表8－12。防雷装置的冲击接地电阻值只考虑在雷雨季节中土壤干燥状态的影响。

表8－12 接地装置的季节系数

埋深/m	水平接地体/m	垂直接地体2～3m	备 注
0.5	1.4～1.8	1.2～1.4	
0.8～1.0	1.25～1.45	1.15～1.3	
2.5～3.0	1.0～1.1	1.0～1.1	深埋接地体

注：若大地比较干燥，则取表中较小的数值；若比较潮湿，则取表中较大的数值。

8.5.2 等电位体连接

电动建筑机械的防雷接地和重复接地使用同一接地体，不仅有利于机械的接零保护，而且避免施工现场测量冲击接地电阻值的难度。在高土壤电阻率地区，电气设备只允许接地时，可利用等电位的原理设置绝缘台，以保证操作人员的安全。

保护中性线应单独敷设，并与重复接地线相连接。保护中性线的截面，应不小于工作中性线的截面，同时必须满足机械强度要求。保护中性线架空敷设的间距大于12m时，保护中性线必须选择不小于 $10m^2$ 的绝缘铜线或不小于 $16m^2$ 的绝缘铝线。

与电气设备相连接的保护中性线应为截面不小于 $2.5m^2$ 的绝缘多股铜线。保护中性线统一标志为绿/黄双色线。任何情况下不准使用绿/黄双色线做负荷线。

正常情况下，下列电气设备不带电的外露导电部分应做保护接零，如电动机、变压器、电器、照明器具、手持电动工具的金属外壳，电气设备传动装置的金属部件，配电屏与控制屏的金属框架，室内、外配电装置的金属框架及靠近带电部分的金属围栏和金属门，电力线路的金属保护管、敷线的钢索、起重机轨道、滑升模板金属操作平台，安装在电力线路杆(塔)上的开关、电容器等电气装置的金属外壳及支架。

正常情况下，下列电气设备不带电的外露导电部分，可不做保护接零。在木质、沥青等不良导电地坪的干燥房间内，交流电压380V及其以下的电气设备金属外壳(当维修人员可能同时触及电气设备金属外壳和接地金属物件时除外)；安装在配电屏、控制屏金属框架上的电气测量仪表、电流互感器、继电器和其他电器外壳。

8.5.3 接地与接地电阻

电力变压器或发电机的工作接地电阻通常不大于4Ω。单台容量不超过100kVA或使用同一接地装置并联运行且总容量不超过100kVA的变压器或发电机的工作接地电阻值不得大于10Ω。

保护中性线除必须在配电室或总配电箱处做重复接地外，还必须在配电线路的中间处和末端处做重复接地。保护中性线每一重复接地装置的接地电阻值应不大于10Ω。在工作接地电阻允许达到10Ω的电力系统中，所有重复接地的并联电阻值应不大于10Ω。这是防止接地装置的接地线因腐蚀等原因不能实现可靠的电气连接所做的规定。

8.5.4 临时供电的防雷保护

在土壤电阻率低于200Ω·m处的电杆可不另设防雷接地装置。配电室的进出线处应将绝缘子铁脚与配电室的接地装置连接。施工现场内的起重机、井字架及龙门架等机械设备，若在相邻建筑物的防雷装置的保护范围以外，如在表8-13规定的范围内，则应安装防雷装置。

表8-13 施工现场机械设备防雷规定

地区平均雷暴日/d	机械设备高度/m	地区平均雷暴日/d	机械设备高度/m
≤15	≥50	40～90	≥20
15～40	≥32	≥90	≥12

若最高机械设备上的避雷针，其保护范围按60°计算能够保护其他设备，且最后退出现场，则其他设备可不设防雷装置。

施工现场内所有的防雷装置的冲击电阻不得大于30Ω。各机械设备防雷引下线可利用该设备的金属结构体，但应保证电气连接。机械设备上的避雷针长度应为1～2m。安装避雷针的机械设备所用动力、控制、照明、信号及通信等线路，应采用钢管敷设，并将钢管与该机械设备的金属结构体做电气连接。

8.6 电动建筑机械和手持式电动工具

8.6.1 一般规定

施工现场中电动建筑机械和手持式电动工具的选购、使用、检查和维修应遵守下列规定。

(1) 选购的电动建筑机械、手持式电动工具及其用电安全装置符合相应的国家现行有关强制性标准的规定，且具有产品合格证和使用说明书。

(2) 建立和执行专人专机负责制，并定期检查和维修保养。

(3) 接地符合规范要求，运行时产生振动的设备的金属基座、外壳与PE线的连接点不少于两处。

(4) 漏电保护符合规范相应要求。

(5) 按使用说明书使用、检查、维修。

塔式起重机、外用电梯、滑升模板的金属操作平台及需要设置避雷装置的物料提升机，除应连接PE线外，还应做重复接地。设备的金属结构构件之间应保证电气连接。

手持式电动工具中的塑料外壳Ⅱ类工具和一般场所手持式电动工具中的Ⅲ类工具可不连接PE线。

电动建筑机械和手持式电动工具的负荷线应按其计算负荷选用无接头的橡皮护套铜芯软电缆，其性能应符合现行国家标准《额定电压450/750V及以下橡皮绝缘电缆》(GB 5013—2008)中第1部分(一般要求)和第4部分(软线和软电缆)的要求，其截面可按规范选配。

电缆芯线数应根据负荷及其控制电器的相数和线数确定：三相四线时，应选用五芯电缆；三相三线时，应选用四芯电缆；当三相用电设备中配置有单相用电器具时，应选用五芯电缆；单相二线时，应选用三芯电缆。

电缆芯线应符合规范规定，其中PE线应采用绿/黄双色绝缘导线。

每一台电动建筑机械或手持式电动工具的开关箱内，除应装设过载、短路、漏电保护电器外，还应按规范要求装设隔离开关或具有可见分断点的断路器，以及按照规范要求装设控制装置。正、反向运转控制装置中的控制电器应采用接触器、继电器等自动控制电器，不得采用手动双向转换开关作为控制电器。电器规格可按规范选配。

8.6.2 电动建筑机械

1. 起重机械

塔式起重机应按规范要求做重复接地和防雷接地。轨道式塔式起重机接地装置的设置应符合下列要求。

(1) 轨道两端各设一组接地装置。

(2) 轨道的接头处做电气连接，两条轨道端部做环形电气连接。

(3) 较长轨道每隔不大于30m加一组接地装置。

轨道式塔式起重机的电缆不得拖地行走。

需要夜间工作的塔式起重机，应设置正对工作面的投光灯。

塔身高于30m的塔式起重机，应在塔顶和臂架端部设红色信号灯。在强电磁波源附近工作的塔式起重机，操作人员应戴绝缘手套和穿绝缘鞋，并应在吊钩与机体间采取绝缘隔离措施，或在吊钩吊装地面物体时，在吊钩上挂接临时接地装置。

外用电梯梯笼内、外均应安装紧急停止开关。外用电梯和物料提升机的上、下极限位置应设置限位开关。外用电梯和物料提升机在每日工作前必须对行程开关、限位开关、紧急停止开关、驱动机构和制动器等进行空载检查，正常后方可使用。检查时必须有防坠落措施。

2. 桩工机械

潜水式钻孔机电动机的密封性能应符合现行国家标准《外壳防护等级(IP代码)》(GB 4208—2008)中的IP68级的规定。

潜水电动机的负荷线应采用防水橡皮护套铜芯软电缆，长度不应小于1.5m，且不得承受外力。

3. 夯土机械

夯土机械开关箱中的漏电保护器必须符合规范对潮湿场所选用漏电保护器的要求。

(1) 夯土机械PE线的连接点不得少于两处。

(2) 夯土机械的负荷线应采用耐气候型橡皮护套铜芯软电缆。

(3) 使用夯土机械必须按规定穿戴绝缘用品，使用过程应有专人调整电缆，电缆长度不应大于50m。电缆严禁缠绕、扭结和被夯土机械跨越。

(4) 多台夯土机械并列工作时，其间距不得小于5m；前后工作时，其间距不得小于10m。

(5) 夯土机械的操作扶手必须绝缘。

4. 焊接机械

(1) 电焊机械应放置在防雨、干燥和通风良好的地方。焊接现场不得有易燃、易爆物品。

(2) 交流弧焊机变压器的一次侧电源线长度不应大于5m，其电源进线处必须设置防护罩。发电机式直流电焊机的换向器应经常检查和维护，应消除可能产生的异常电火花。

(3) 电焊机械开关箱中的漏电保护器必须符合规范要求。交流电焊机械应配装防二次侧触电保护器。

(4) 电焊机械的二次线应采用防水橡皮护套铜芯软电缆，电缆长度不应大于30m，不得采用金属构件或结构钢筋代替二次线的地线。

(5) 使用电焊机械焊接时必须穿戴防护用品。严禁露天冒雨从事电焊作业。

8.6.3 手持式电动工具

(1) 空气湿度小于75%的一般场所可选用Ⅰ类或Ⅱ类手持式电动工具，其金属外壳与

PE线的连接点不得少于两处；除塑料外壳Ⅱ类工具外，相关开关箱中漏电保护器的额定漏电动作电流不应大于15mA，额定漏电动作时间不应大于0.1s，其负荷线插头应具备专用的保护触头。所用插座和插头在结构上应保持一致，避免导电触头和保护触头混用。

(2) 在潮湿场所和金属构架上操作时，必须选用Ⅱ类或由安全隔离变压器供电的Ⅲ类手持式电动工具。金属外壳Ⅱ类手持式电动工具使用时，必须符合规范要求；其开关箱和控制箱应设置在作业场所外面。在潮湿场所或金属构架上严禁使用Ⅰ类手持式电动工具。

(3) 狭窄场所必须选用由安全隔离变压器供电的Ⅲ类手持式电动工具，其开关箱和安全隔离变压器均应设置在狭窄场所外面，并连接PE线。漏电保护器的选择应符合规范使用于潮湿或有腐蚀介质场所漏电保护器的要求。操作过程中，应有人在外面监护。

(4) 手持式电动工具的负荷线应采用耐气候型的橡皮护套铜芯软电缆，并不得有接头。

(5) 手持式电动工具的外壳、手柄、插头、开关、负荷线等必须完好无损，使用前必须做绝缘检查和空载检查，在绝缘合格、空载运转正常后方可使用。绝缘电阻不应小于表8-14规定的数值。

表8-14 手持式电动工具绝缘电阻限值

测量部位	绝缘电阻/MΩ		
	Ⅰ类	Ⅱ类	Ⅲ类
带电零件和外壳之间	2	7	1

注：绝缘电阻用500V兆欧表测量。

(6) 使用手持式电动工具时，必须按规定穿戴绝缘防护用品。

8.7 工程实例

【例8-1】 某旅游区建筑施工工程，总平面图如8.10所示，一共有3个工号，1号工程是饭店，面积为4688m²，现场用电80kW；生活区20kW；混凝土搅拌站50kW；木工场30kW；预制构件场46kW；钢筋场127kW；需要系数0.4，平均功率因数0.7，线路允许电压降5%，采用BLX导线，试作临时供电设计(表8-15和表8-16为不同导线在空气中敷设长期负载下的载流量)。

解：(1) 估算工程用电量，选择配电变压器：

$$\sum P_e=80+36+30+127+28+50+30+46=427(\text{kW})$$

(2) 视在功率：

$$S=K_d\frac{\sum P_e}{\cos\phi}=0.4\times\frac{427}{0.7}=244(\text{kVA})$$

选择S_7-315/10型电力变压器，容量315kVA大于244kVA，高压亦符合当地高压等级10kV的要求。

(3) 确定变压器的位置，根据总平面图，拟选在94号电杆东侧为宜。

(4) 确定各干线布局，1段线从变压器至钢筋场；2段线从变压器至木工场、混凝土搅拌站，预制构件场；3段线至北边各号工程及生活区，如图8.10所示。

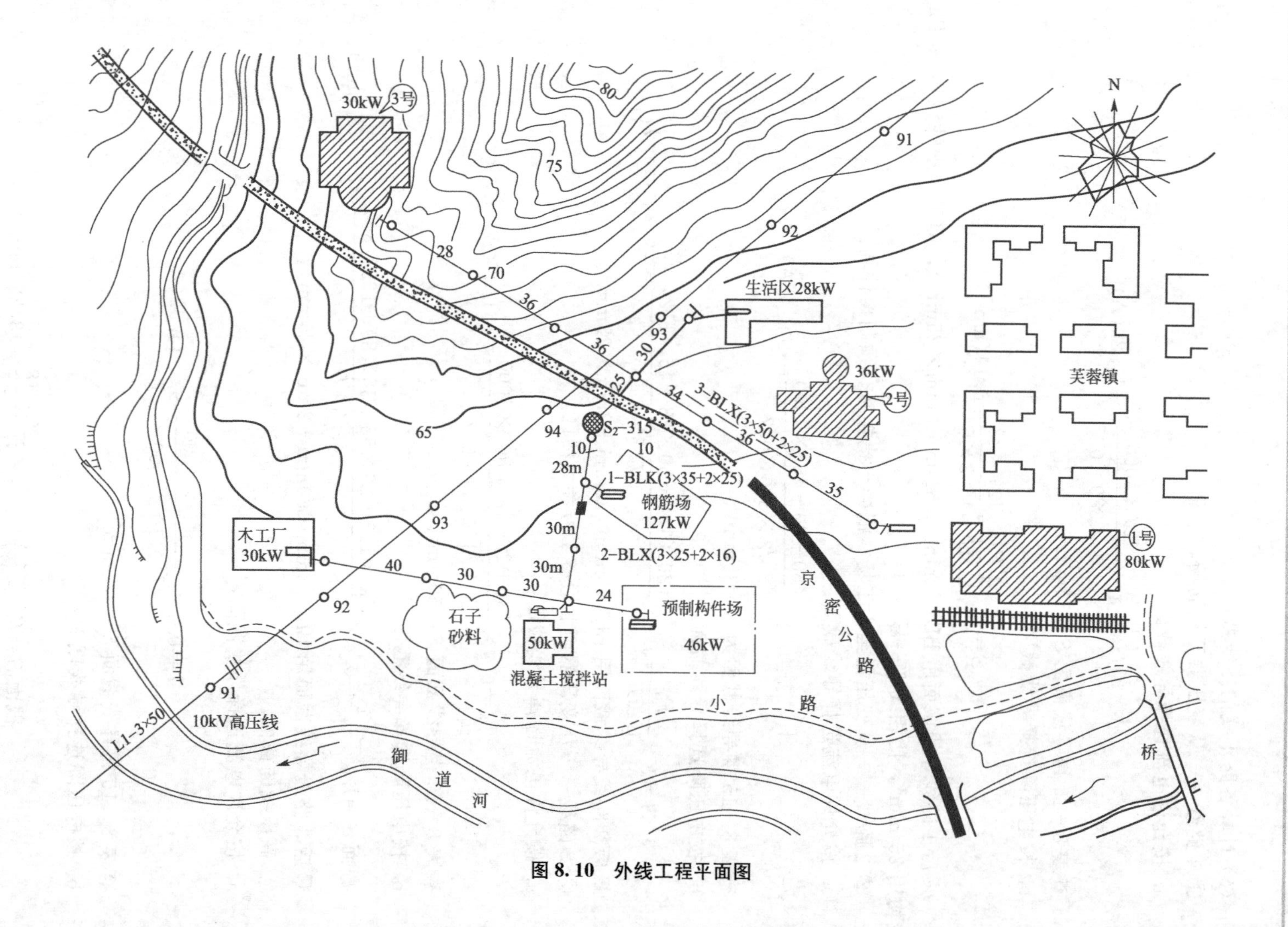

图 8. 10 外线工程平面图

(5) 计算各路干线的导线截面。

① 1 路线——从变压器至钢筋场。

a. 按允许电流选择导线截面：

$$I=0.4\times\frac{127\times1000}{\sqrt{3}\times380\times0.7}=110.26(\text{A})$$

查表 8-15 得导线截面 $S=35\text{mm}^2$

b. 按电压降选择导线截面：

$$S=K_d\frac{\sum P_L}{C\Delta U}=\frac{127\times28}{46.3\times5}=6.14(\text{mm}^2)$$

最后 1 路线导线截面用 BLV(3mm×35mm+2mm×25mm)，即工作中性线 N 和 PE 线均用 25 mm^2，比相线细一号。

② 2 路线——从变压器至木工场、混凝土搅拌站、预制构件场。

a. 按允许电流选择导线截面：

$$I=0.4\times\frac{(50+30+46)\times1000}{\sqrt{3}\times380\times0.7}=109.4(\text{A})$$

查表 8-15 得导线截面为 $S=35\text{mm}^2$。

b. 按电压降选择导线截面：

$$S=K_d\frac{\sum P_L}{C\Delta U}=0.4\times\frac{(30\times188+50\times88+46\times112)}{46.3\times5}=26.25(\text{mm}^2)$$

最后 2 路线导线截面用 BLV(3mm×35mm+2mm×25mm)。

③ 2 路线——从变压器至北边各工号和生活区。

a. 按允许电流选择导线截面：

$$I=0.4\times\frac{(30+28+36+80)\times1000}{\sqrt{3}\times380\times0.7}=151.07(\text{A})$$

查表 8-15 得导线截面 $S=50\text{mm}^2$。

b. 按电压降选择导线截面：

$$\text{截面 }S=K_d\frac{\sum P_L}{C\Delta U}=0.4\times\frac{(30\times123+28\times55+36\times89+125\times80)}{46.3\times5}=31.85(\text{mm}^2)$$

最后 3 路线导线截面用 BLV(3mm×50mm+2mm×25mm)。

④ 高压线的截面。

a. 按允许电流选择导线截面：

$$I=0.4\times\frac{427\times1000}{\sqrt{3}\times10\times1000\times0.7}=14.09(\text{A})$$

查表 8-15 得导线截面 $S=2.5\text{mm}^2$。

b. 按电压降选择导线截面：

$$\text{截面 }S=K_d\frac{\sum P_L}{C\Delta U}=0.4\times\frac{427\times18}{46.3\times5}=13.28(\text{mm}^2)$$

最后高压线截面按机械强度选用 BBLX(3mm×16mm)，见表 8-17。

将以上结果标在临时供电总平面图上。

表 8-15 橡胶绝缘电线空气中敷设长期负载下的载流量

标称截面/mm²	铝芯截流量/A	钢芯载流量/A	标称截面/mm²	铝芯截流量/A	铜芯截流量/A
1	—	19	50	165	210
1.5	—	24	70	210	270
2.5	24	32	95	258	330
4	32	43	120	310	410
6	40	56	150	360	470
10	58	80	185	420	550
16	80	105	240	510	670
25	105	140	300	600	770
35	130	170	400	730	940

注：电线型号为 BLXF、BLX、BX、BXR、BBLX、BBX 线芯允许温度为 65℃。

表 8-16 塑料绝缘电线空气中敷设长期负载下的载流量

标称截面/mm²	铝芯截流量/A	钢芯载流量/A	标称截面/mm²	铝芯截流量/A	铜芯截流量/A
1	—	20	50	175	230
1.5	—	25	70	225	290
2.5	26	34	95	270	350
4	34	45	120	330	430
6	44	57	150	380	500
10	62	85	185	450	580
16	85	110	240	540	710
25	110	150	300	630	820
35	140	180	400	770	1000

注：电线型号为 BLV、BV、BVR、RVB、RVS、RFB、RFS，线芯允许温度为 65℃。

表 8-17 机械强度选择导线截面 (mm²)

	铜线		铝线	
	绝缘线	禄线	绝缘线	禄线
室外	4	6	16	25
室内	1	—	2.5	—

本章小结

本章主要讲述了新建、改建和扩建的工业与民用建筑和市政基础设施施工现场临时用电工程中的电源中性点直接接地的 220/380V 三相四线制低压电力系统的设计、安装、使用、维修和拆除。

本章的重点是介绍有关建筑施工临时供电的一些实用性很强的技术知识。

思考与练习题

1. 临时供电的特点是什么？

2. 建筑工地供电线路平面布局应注意哪些问题？

3. 简述建筑施工临时供电的施工组织设计内容与步骤。

4. 施工现场对配电箱和开关箱有何要求？

5. 简述施工现场对配电线路的要求和施工做法。

6. 施工现场塔吊等机械设备防雷接地和重复接地是否可以使用同一接地体？为什么？

7. 试为某工地选配 380/220V 配电变压器容量。施工现场用电情况如下：

混凝土搅拌机 3 台：每台 10kW(380V)；

卷扬机 2 台：每台 28kW(380V)；

塔式起重机 2 台：每台 20kW(380V)；

振捣器 10 台：每台 1kW(380V)；

施工照明：5750W(220V)；

生活照明：9000W(220V)。

其中，动力设备平均功率因数为 0.75，平均效率为 0.82，需要因数为 0.5，照明设备需要因数为 0.9。

第9章 建筑物防雷及接地系统

教学目标

建筑物防雷与接地系统是电力系统中的一个重要组成部分，本章主要讲述过电压的形式及产生的原因；建筑物防雷等级的划分和其对应的防雷措施；低压配电系统的接地方式和接地形式；过电压保护设备等。要求通过本章的学习达到以下目标：

(1) 掌握过电压的形式及产生的原因；

(2) 掌握建筑物防雷等级的划分和其对应的防雷措施；

(3) 掌握低压配电系统的接地方式和接地形式；

(4) 了解过电压保护设备和接地装置；

(5) 了解建筑物等电位联结形式。

教学要求

知识要点	能力要求	相关知识
雷电过电压	(1) 掌握感应过电压形式及产生的原因 (2) 掌握直击雷过电压形式及产生的原因 (3) 掌握雷电波的侵入形式及产生的原因	(1) 过电压形式及产生的原因 (2) 直击雷、雷电波的侵入和侧击雷的形式及产生的原因 (3) 雷击的类型
建筑物防雷等级的划分和其对应的防雷措施	(1) 掌握建筑物防雷等级的划分 (2) 掌握建筑物防雷措施 (3) 防雷装置	(1) 防雷等级 (2) 一类建筑防雷、二类建筑防雷、三类建筑防雷 (3) 防雷措施 (4) 防雷装置
低压配电系统的接地方式和接地形式	(1) 掌握低压配电系统的5种接地方式及应用场所 (2) 掌握TN系统的接地方式 (3) 掌握IT系统的接地方式 (4) 掌握TT系统的接地方式 (5) 了解保护接地、工作接地、防雷接地、屏蔽接地、防静电接地等接地的概念	(1) 低压配电系统接地方式 (2) TN系统 (3) IT系统 (4) TT系统 (5) 保护接地、工作接地、防雷接地、屏蔽接地、防静电接地等
过电压保护设备和接地装置	(1)了解避雷器的类型和作用 (2) 了解浪涌器的类型和作用 (3)了解防雷区的划分	(1) 避雷器的类型和作用 (2) 浪涌器的类型和作用 (3) 防雷区的划分
建筑物等电位联结形式	(1) 掌握总等电位联结的形式 (2) 掌握局部等电位联结的形式 (3) 掌握辅助等电位联结的形式	(1) 总等电位联结 (2) 局部等电位联结 (3) 辅助等电位联结

基本概念

过电压、直击雷、雷电波的侵入、侧击雷、措施、等级、接地装置、接闪器、避雷器、接地方式、等电位联结

引言

雷电是一种自然现象，但是目前人类尚未掌控和利用它，还处于防范它造成危害的阶段。如果防雷措施不到位或认识程度不足，就会造成雷击等事故。2006 年 7 月 15 日，广东省惠州市东江发电厂 1 号重油罐因雷击引发火灾事故，造成油罐掀顶爆炸起火，烧毁 5000t180 号重油油罐一座，直接经济损失约 780 万元人民币(原因：防雷工程性措施不到位)。2009 年 6 月 4 日，广东省顺德高黎社区一住宅工地，8 名工人在临时搭建的工棚内避雨时，突遭雷击，当场致 4 人死亡、1 人重伤、1 人轻伤(原因：防雷工程性措施不到位，防雷知识缺乏)。本章重点是建筑物防雷等级的划分和其对应的防雷措施。

9.1 雷电过电压

关于雷云起电的学说有很多，近年来较为常见的一种说法：地面湿气因受热而上升，和空中不同冷、热气团相遇，凝成水滴或水晶。在其运动过程中水滴受湿气流碰撞而破碎分裂，并使一部分水滴带正电、一部分水滴带负电。这种分裂可能在具有强烈涡流的气流中发生，上升气流将带负电的水滴集中在雷云的上部，或沿水平方向集中到相当远的地方，形成大块带负电的雷云；带正电的水滴以雨的形式降落到地面，或保持悬浮状态，形成带正电的雷云。由于电荷的不断积累，不同极性的云块之间的电场强度不断增大，当某处的电场强度超过空气可能承受的击穿强度时，就形成了云间放电。不同极性的电荷通过一定的电离通道互相中和，产生强烈的光和热。放电通道所发出的这种强光，即称之为“闪”；而放电通道所发出的热，使附近的空气突然膨胀，发出霹雳的轰鸣，即称之为“雷”。

9.1.1 感应过电压

雷电的形式有线状雷、片状雷和球雷等，如上所说的雷云之间的放电多为片状雷，它对地面的影响不大；而雷云与大地之间的放电则多以线状形式出现而称为线状雷。通常雷云的下部带负电，上部带正电，由于雷云电荷的感应，使附近地面感应出极性相反的电荷，从而使地面与雷云之间形成强大的电场。和雷云间放电的现象一样，当某处积聚的电荷密度很大，所形成的电场强度达到空气的临界值时，就为线状闪电落雷的发展创造了条件。

球状雷电是一种特殊的雷电现象，通常简称为球雷，球雷是一种橙色或红色似火焰的发光球体，也有带黄色、绿色、蓝色或紫色的。一般直径为 10～20cm，最大的直径可达 1m。存在的时间约为百分之几秒到几分钟，一般是 3～5s。球雷自天空垂直下降后，有时在距地 1m 左右时沿水平方向，以 1～2m/s 的速度上下移动。有的球雷在距地面 0.5～

1m 处滚动，或升至 2～3m。球雷下降时有的无声消失，有的发出嘶嘶的声音，遇到物体或电气设备则产生震耳的爆炸声。爆炸后物体受到破坏，伴有臭氧、二氧化氮或硫磺的气味。

球雷常常是沿建筑物的空洞或开着的门、窗进入室内，有时从烟囱滚进楼房，多数沿带电体消灭。球雷遇到易燃物品——衣物、被褥、纸张、木材等则引起燃烧；遇到可爆炸性气体或液体则产生爆炸；碰到建筑物则造成或大或小的破坏；也能对家畜造成死亡，但极少伤人。为防止球雷进入室内，可在烟囱和通风管道处，装设网眼不大于 $4cm^2$、导线粗为 2～2.5mm 的接地铁丝网保护。

1. 静电感应

当线路或设备附近发生雷云放电时，虽然雷电流没有直接击中线路或设备，但在导线上会感应出大量的与雷云极性相反的束缚电荷，当雷云对大地上其他目标放电后，雷云中所带电荷迅速消失，导线上的感应电荷就会失去雷云电荷的束缚而成为自由电荷，并以光速向导线两端急速涌去，从而出现过电压，这样的过程称为静电感应过电压，如图 9.1 所示。

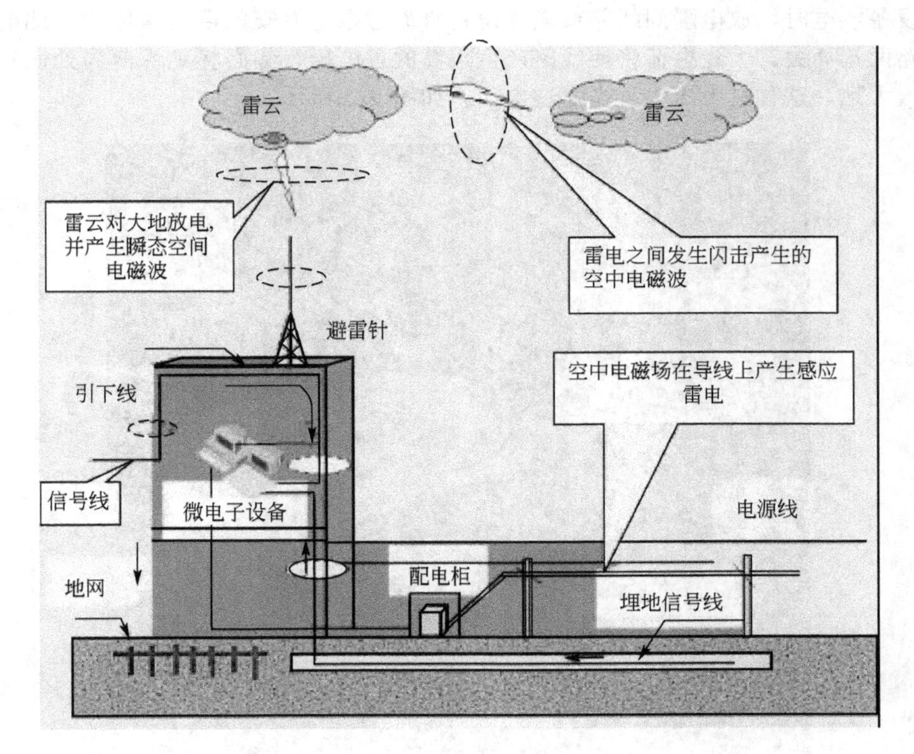

图 9.1 静电感应过电压

一般由雷电引起的局部地区感应过电压，在架空线路可达 300～400kV，在低压架空线路上可达 100kV，在通信线路上可达 40～60kV。

由静电感应产生的过电压对接地不良的电气系统有破坏作用，容易使建筑物内部金属构架与接地不良的金属器件之间产生火花，引起火灾。

图 9.2 电磁感应

2. 电磁感应

由于雷电流有极大的峰值和陡度，在其周围形成了强大的变化电磁场，处在此电磁场中的导体会感应出极大的电动势，在有气隙的导体之间放电，产生火花，引起火灾，如图 9.2 所示。

由雷电引起的静电感应和电磁感应统称为感应雷(又叫做二次雷)。解决的办法是给建筑物的金属屋顶、建筑物内的大型金属物体等，做良好的接地处理，使感应电荷能迅速流向大地，防止在缺口处形成高电压和放电火花。

9.1.2 直击雷过电压

带电的雷云与大地上某一点之间发生迅猛的放电现象，称为直击雷。当雷云通过线路或电气设备放电时，放电瞬间线路或电气设备将流过数十万安的巨大雷电流，此电流以光速向线路两端涌去，大量电荷将使线路产生很高的过电压，势必将绝缘薄弱处击穿而将雷电流导入大地，这种过电压为直击雷过电压，如图 9.3 所示。

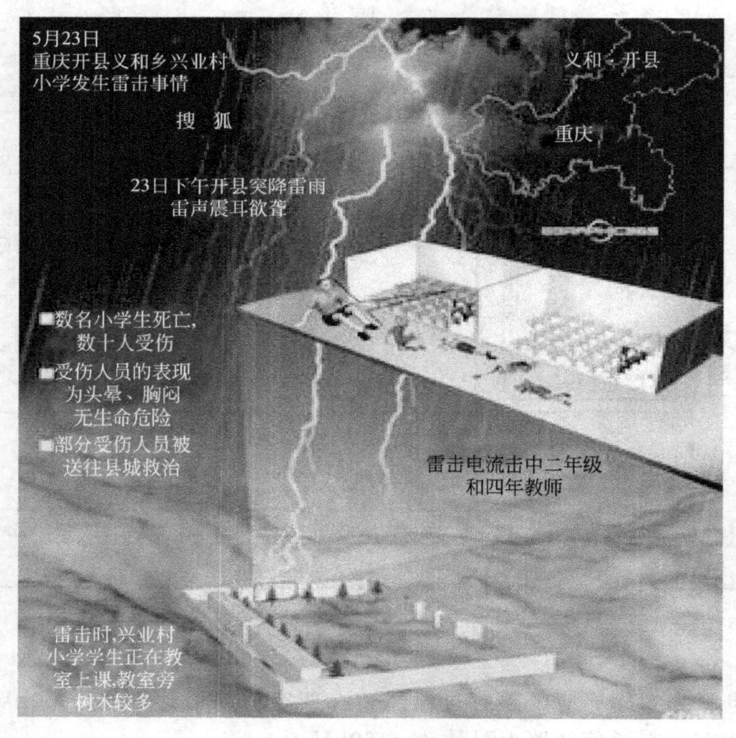

图 9.3 直击雷电流

直击雷电流(在短时间内以脉冲的形式通过)的峰值可达几十千安，甚至上百千安，峰值时间(从雷电流上升到 1/2 峰值开始，到下降到 1/2 峰值为止的时间间隔)通常为几微秒到几十微秒。

当雷电流通过被雷击的物体时会发热，容易引起火灾。同时在空气中会引起雷电冲击波和次声波，给人和牲畜带来危害。此外，雷电流还有电动力的破坏作用，能使物体变形、折断。

在刚果民主共和国进行的主场 Bena Tshadi 和客场 Basanga 的足球比赛中，11 名客场足球运动员被闪电击中，瞬间毙命，除此之外，30 个人在比赛中被烧伤。图 9.4 为现场被烧伤球员的救治图。

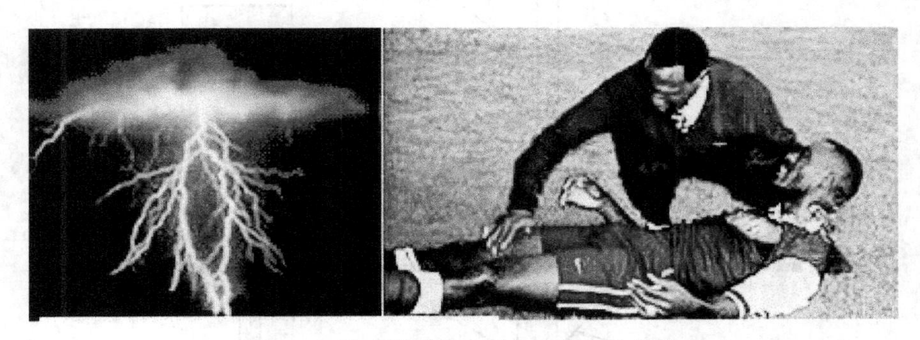

图 9.4 为球场被雷击烧伤人员的抢救图

防止直击雷的措施主要是采取避雷针、避雷带、避雷线、避雷网作为接闪器，把雷电流接收下来，通过接地引下线和接地装置，将雷电流迅速而安全地送到大地，保证建筑物、人身和电气设备的安全。

9.1.3 雷电波的侵入

雷电波的侵入主要是指直击雷或感应雷从输电线路、通信光缆、无线天线等金属的引入线引入建筑物内，发生闪击和雷击事故，如图 9.5 所示。

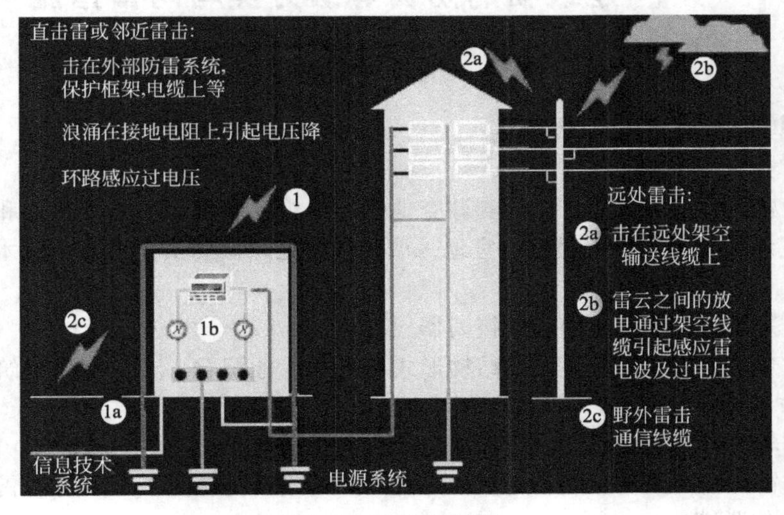

图 9.5 雷电波的浸入

由于直击雷在建筑物或建筑物附近通过接地网入地时，接地网上会有数十千伏到数百千伏的高电位，这些高电位可以通过系统中的N线、保护接地线或通信系统的地线，以波的形式传入室内，沿着导线的传播方向扩大范围，如图9.6所示。

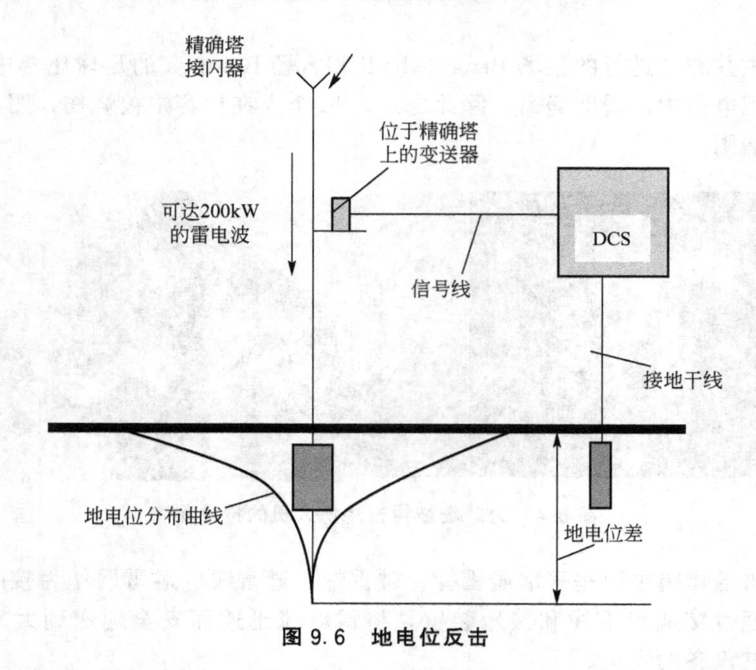

图9.6　地电位反击

防止雷电波侵入的主要措施是在输电线路等能够引起雷电波侵入的设备进入建筑物前装设避雷器保护装置，它可以将雷电高电压限制在一定的范围内，保证用电设备不被高电压冲击击穿。

9.2 建筑物的防雷等级分类与防雷措施

9.2.1　对建筑物防雷的一般规定

(1) 进行建筑物防雷设计，应认真调查地质、地貌、气象、环境等条件和雷电活动规律及被保护建筑物的特点等，因地制宜地采取防雷措施，做到安全可靠、技术先进、经济合理。

(2) 不应采用装有放射性物质的接闪器。

(3) 新建建筑物应根据其建筑及结构形式与有关专业配合，充分利用建筑物金属结构及导体作为防雷装置。

(4) 年平均雷暴日数应根据当地气象台(站)的资料确定。

(5) 在防雷装置与其他设施和建筑物内人员无法隔离的情况下，装有防雷装置的建筑物应采取等电位联结。

建筑物应根据其重要性、使用性质、发生雷电事故的可能性及后果，按防雷要求进行分类。根据现行国家标准《建筑物防雷设计规范》(GB 50057—2010)的规定，民用建筑中无第一类防雷建筑物，其分类应划分为第二类及第三类防雷建筑物。在雷电活动频繁地区或强雷区，可适当提高建筑物的防雷保护措施。

9.2.2 第一类防雷建筑物

1. 分类

遇下列情况之一时，应划为第一类防雷建筑物。

(1) 凡制造、使用或贮存炸药、火药、起爆药、火工品等大量爆炸物质的建筑物，因电火花而引起爆炸，会造成巨大破坏和人身伤亡者。

(2) 具有0区或10区爆炸危险环境的建筑物。

(3) 具有1区爆炸危险环境的建筑物，因电火花而引起爆炸，会造成巨大破坏和人身伤亡者。

2. 防雷措施

第一类防雷建筑物防直击雷的措施，应符合下列要求。

(1) 应装设独立避雷针或架空避雷线(网)，使被保护的建筑物及风帽、放散管等突出屋面的物体均处于接闪器的保护范围内。架空避雷网的网格尺寸不应大于5m×5m或6m×4m。

(2) 排放爆炸危险气体、蒸汽或粉尘的放散管、呼吸阀、排风管等的管口外的以下空间应处于接闪器的保护范围内：当有管帽时应按表9-1确定；当无管帽时，应为管口上方半径5m的半球体。接闪器与雷闪的接触点应设在上述空间之外。

表9-1 有管帽的管口外处于接闪器保护范围内的空间

装置内的压力与周围空气压力的压力差/kPa	排放物的比重	管帽以上的垂直高度/m	距管口处的水平距离/m
<5	重于空气	1	2
5～25	重于空气	2.5	5
<25	轻于空气	2.5	5
>25	重或轻于空气	5	5

(3) 排放爆炸危险气体、蒸汽或粉尘的放散管、呼吸阀、排风管等，当其排放物达不到爆炸浓度、长期点火燃烧、一排放就点火燃烧时，及发生事故时排放物才达到爆炸浓度的通风管、安全阀，接闪器的保护范围可仅保护到管帽，无管帽时可仅保护到管口。

(4) 独立避雷针的杆塔、架空避雷线的端部和架空避雷网的各支柱处应至少设一根引下线。对用金属制成或有焊接、绑扎连接钢筋网的杆塔、支柱，宜利用其作为引下线。

(5) 独立避雷针和架空避雷线(网)的支柱及其接地装置至被保护建筑物及与其有联系的管道、电缆等金属物之间的距离(图9.7)，应符合下列表达式的要求，但不得小于3m。

① 地上部分：当$h_x<5R_i$时，

$$S_{a1}\geqslant 0.4(R_i+0.1h_x) \tag{9-1}$$

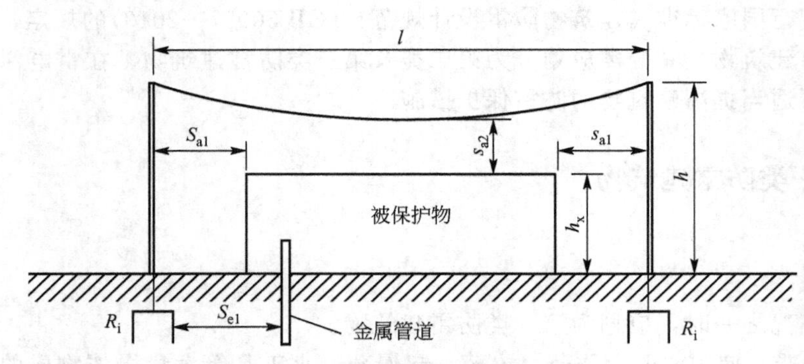

图 9.7 防雷装置至被保护物的距离

当 $h_x \geqslant 5R_i$ 时，

$$S_{a1} \geqslant 0.1(R_i + h_x) \tag{9-2}$$

② 地下部分：

$$S_e \geqslant 0.4R_i \tag{9-3}$$

式中，S_{a1}——空气中距离(m)；

S_{e1}——地中距离(m)；

R_i——独立避雷针或架空避雷线(网)支柱处接地装置的冲击接地电阻(Ω)；

H_x——被保护物或计算点的高度(m)。

(6) 架空避雷线至屋面和各种突出屋面的风帽、放散管等物体之间的距离(图 9.7)，应符合下列表达式的要求，但不应小于 3m。

① 当$(h+l/2)<5R_i$ 时，

$$S_{a2} \geqslant 0.2R_i + 0.03(h+l/2) \tag{9-4}$$

② 当$(h+l/2) \geqslant 5R_i$ 时，

$$S_{a2} \geqslant 0.05R_i + 0.06(h+l/2) \tag{9-5}$$

式中，S_{a2}——避雷线(网)至被保护物的空气中距离(m)；

h——避雷线(网)的支柱高度(m)；

l——避雷线的水平长度(m)。

(7) 架空避雷网至屋面和各种突出屋面的风帽、放散管等物体之间的距离，应符合下列表达式的要求，但不应小于 3m。

当$(h+l_1)<5R_i$ 时，

$$S_{a2} \geqslant 1/n\ [0.4R_i + 0.06(h+l_1)] \tag{9-6}$$

当$(h+l_1) \geqslant 5R_i$ 时，

$$S_{a2} \geqslant 1/n\ [0.1R_i + 0.12(h+l_1)] \tag{9-7}$$

式中，l_1——从避雷网中间最低点沿导体至最近支柱的距离(m)；

n——从避雷网中间最低点沿导体至最近支柱并有同一距离 l_1 的个数。

(8) 独立避雷针、架空避雷线或架空避雷网应有独立的接地装置，每一引下线的冲击接地电阻不宜大于 10Ω。在土壤电阻率高的地区，可适当增大冲击接地电阻。

第一类防雷建筑物防雷电感应的措施，应符合下列要求。

(1) 建筑物内的设备、管道、构架、电缆金属外皮、钢屋架、钢窗等较大金属物和突出屋面的放散管、风管等金属物，均应接到防雷电感应的接地装置上。

金属屋面周边每隔18～24m应采用引下线接地一次。

现场浇制的或由预制构件组成的钢筋混凝土屋面，其钢筋宜绑扎或焊接成闭合回路，并应每隔18～24m采用引下线接地一次。

(2) 平行敷设的管道、构架和电缆金属外皮等长金属物，其净距小于100mm时应采用金属线跨接，跨接点的间距不应大于30m；交叉净距小于100mm时，其交叉处亦应跨接。

当长金属物的弯头、阀门、法兰盘等连接处的过渡电阻大于0.03Ω时，连接处应用金属线跨接。对有不少于5根螺栓连接的法兰盘，在非腐蚀环境下，可不跨接。

(3) 防雷电感应的接地装置应和电气设备接地装置共用，其工频接地电阻不应大于10Ω。防雷电感应的接地装置与独立避雷针、架空避雷线或架空避雷网的接地装置之间的距离应符合本规范第3.2.1条五款的要求。

屋内接地干线与防雷电感应接地装置的连接，不应少于两处。

第一类防雷建筑物防止雷电波侵入的措施，应符合下列要求。

(1) 低压线路宜全线采用电缆直接埋地敷设，在入户端应将电缆的金属外皮、钢管接到防雷电感应的接地装置上。当全线采用电缆有困难时，可采用钢筋混凝土杆和铁横担的架空线，并应使用一段金属铠装电缆或护套电缆穿钢管直接埋地引入，其埋地长度应符合下列表达式的要求，但不应小于15m。

$$l \geqslant 2\sqrt{\rho} \tag{9-8}$$

式中，l——金属铠装电缆或护套电缆穿钢管埋于地中的长度(m)；

ρ——埋电缆处的土壤电阻率(Ω·m)。

在电缆与架空线连接处，还应装设避雷器。避雷器、电缆金属外皮、钢管和绝缘子铁脚、金具等应连在一起接地，其冲击接地电阻不应大于10Ω。

(2) 架空金属管道，在进出建筑物处，应与防雷电感应的接地装置相连。距离建筑物100m内的管道，应每隔25m左右接地一次，其冲击接地电阻不应大于20Ω，并宜利用金属支架或钢筋混凝土支架的焊接、绑扎钢筋网作为引下线，其钢筋混凝土基础宜作为接地装置。

埋地或地沟内的金属管道，在进出建筑物处亦应与防雷电感应的接地装置相连。

9.2.3 第二类防雷建筑物

1. 分类

符合下列情况之一时，应划为第二类防雷建筑物。

(1) 高度超过100m的建筑物。

(2) 国家级重点文物保护建筑物。

(3) 国家级的会堂、办公建筑物、档案馆、大型博展建筑物；特大型、大型铁路旅客站；国际性的航空港、通信枢纽；国宾馆、大型旅游建筑、国际港口客运站。

(4) 国家级计算中心、国家级通信枢纽等对国民经济有重要意义且装有大量电子设备的建筑物。

(5) 年预计雷击次数大于 0.06 次的部、省级办公建筑及其他重要或人员密集的公共建筑物。

(6) 年预计雷击次数大于 0.3 次的住宅、办公楼等一般民用建筑物。

由重要性或使用要求不同的分区或楼层组成的综合性建筑物，且按防雷要求分别划为第二类和第三类防雷建筑时，其防雷分类宜符合下列规定。

(1) 当第二类防雷建筑的面积占建筑物总面积的 30%及以上时，该建筑物宜确定为第二类防雷建筑物。

(2) 当第二类防雷建筑的面积，占建筑物总面积的 30%以下时，宜按各自类别采取相应的防雷措施。

2. 防雷措施

第二类防雷建筑物应采取防直击雷、防侧击和防雷电波侵入的措施。

(1) 防直击雷的措施应符合下列规定。

① 接闪器宜采用避雷带(网)或避雷针或由其混合组成。避雷带应装设在建筑物易受雷击部位(屋角、屋脊、女儿墙及屋檐等)，并应在整个屋面上装设不大于 10m×10m 或 12m×8m 的网格。

② 所有避雷针应采用避雷带相互连接。

③ 在屋面接闪器保护范围之内的物体可不装接闪器，但引出屋面的金属体应和屋面防雷装置相连。

④ 在屋面接闪器保护范围之外的非金属物体应装设接闪器，并和屋面防雷装置相连。

⑤ 当利用金属物体或金属屋面作为接闪器时，应符合规格尺寸的要求。

⑥ 防直击雷的引下线应优先利用建筑物钢筋混凝土中的钢筋或钢结构柱。当利用建筑物钢筋混凝土中的钢筋作为引下线时，应符合规格尺寸的要求。

⑦ 防直击雷装置的引下线的数量和间距应符合以下规定。

专设引下线时，其根数不应少于两根，间距不应大于 18m，每根引下线的冲击接地电阻不应大于 10Ω。

当利用建筑物钢筋混凝土中的钢筋或钢结构柱作为防雷装置的引下线时，对其根数不做具体规定，间距不应大于 18m，但建筑外廓易受雷击的各个角上的柱子的钢筋或钢柱应被利用。每根引下线的冲击接地电阻可不做规定。

⑧ 防直击雷的接地网应符合接地网规格的规定。

(2) 当建筑物高度超过 45m 时，应采取下列防侧击措施。

① 建筑物内钢构架和钢筋混凝土的钢筋应相互连接。

② 应利用钢柱或钢筋混凝土柱子内钢筋作为防雷装置引下线。结构圈梁中的钢筋应连成闭合回路，并同防雷装置引下线连接。

③ 应将 45m 及以上部分外墙上的金属栏杆、金属门窗等较大金属物直接或通过预埋件与防雷装置相连。

④ 垂直金属管道及类似金属物除应满足相关规定外，还应在顶端和底端与防雷装置连接。

(3) 防雷电波侵入的措施应符合下列规定。

① 为防止雷电波的侵入，进入建筑物的各种线路及金属管道宜采用全线埋地引入，

并在入户端将电缆的金属外皮、钢管及金属管道与接地装置连接。当采用全线埋地电缆确有困难而无法实现时，可采用一段长度不小于$2\sqrt{\rho}$(m)的铠装电缆或穿钢管的全塑电缆直接埋地引入，但电缆埋地长度不应小于15m，其入户端电缆的金属外皮或钢管应与接地装置连接。

② 在电缆与架空线连接处，还应装设避雷器，并与电缆的金属外皮或钢管及绝缘子铁脚、金具连在一起接地，其冲击接地电阻不应大于10Ω。

③ 年平均雷暴日在30d/a及以下地区的建筑物，可采用低压架空线直接引入，但应符合下列要求。

入户端应装设避雷器，并应与绝缘子铁脚、金具连在一起接到防雷接地装置上，冲击接地电阻不应大于5Ω。

入户端的两基电杆绝缘子铁脚应接地，其冲击接地电阻不应大于30Ω。

入户端的三基电杆绝缘子铁脚、金具应接地，靠近建筑物的电杆的冲击接地电阻不应大于10Ω，其余的两基电杆不应大于20Ω。

④ 进出建筑物的架空管道和直接埋地的各种金属管道应在进出建筑物处与防雷接地装置连接；当不相连时，架空管道应接地，其冲击接地电阻不应大于10Ω。

⑤ 当低压电器采用电缆或架空线改电缆引入时，应在电源引入处的总配电箱装设电涌保护器。

⑥ 设在建筑物内、外的配电变压器，宜在高、低压侧的各相装设避雷器。

9.2.4 第三类防雷建筑物

1. 分类

符合下列情况之一时，应划为第三类防雷建筑物。

(1) 省级重点文物保护建筑物及省级档案馆。

(2) 省级及以上大型计算中心和装有重要电子设备的建筑物。

(3) 19层及以上的住宅建筑和高度超过50m的其他民用建筑物。

(4) 年预计雷击次数大于0.012次，且小于或等于0.06次的部、省级办公建筑及其他重要或人员密集的公共建筑物。

(5) 年预计雷击次数大于或等于0.06次，且小于或等于0.3次的住宅、办公楼等一般民用建筑物。

(6) 建筑群中最高或位于建筑群边缘高度超过20m的建筑物。

(7) 通过调查确认当地遭受过雷击灾害的类似建筑物；历史上雷害事故严重地区或雷害事故较多地区的较重要建筑物。

(8) 年平均雷暴日大于15d/a的地区，高度在15m及以上的烟囱、水塔等孤立的高耸构筑物；在平均雷暴日小于或等于15d/a的地区，高度在20m及以上的烟囱、水塔孤立的高耸构筑物。

2. 防雷措施

第三类防雷建筑物应采取防直击雷、防雷电波侵入和防侧击的措施。

9.3 防雷装置

9.3.1 接闪器

防雷装置由接闪器、引下线和接地装置组成。

布置接闪器时应优先采用避雷网、避雷带，或采用避雷针，并应按表9-2规定的不同建筑防雷类别的滚球半径 h_r，采用滚球法计算接闪器的保护范围。滚球法是以 h_r 为半径的一个球体，沿需要防直击雷的部位滚动，当球体只触及接闪器(包括作为接闪器的金属物)或接闪器和地面(包括与大地接触能承受雷击的金属物)，而不触及需要保护的部位时，则该部分就得到接闪器的保护。滚球法确定接闪器保护范围参见国标《建筑物防雷设计规范》(GB 50057—2010)附录的规定。

表9-2 按建筑物的防雷类别布置接闪器

建筑物防雷类别	滚球半径 h_r/m	避雷网尺寸/m
第二类防雷建筑物	45	≤10×10 或≤12×8
第三类防雷建筑物	60	≤20×20 或≤24×16

接闪器位于防雷装置的顶部，其作用是利用其高出被保护物的突出地位把雷电引向自身，承接直击雷放电。除避雷针、避雷线、避雷网、避雷带可作为接闪器外，建筑物的金属屋面也可用做第一类防雷建筑物以外的建筑物的接闪器。

接闪器所用材料应能满足对机械强度、耐腐蚀和热稳定性的要求。

(1)不得利用安装在接收无线电视广播的共用天线的杆顶上的接闪器保护建筑物。

(2) 建筑物防雷装置可采用避雷针、避雷带(网)、屋顶上的永久性金属物及金属屋面作为接闪器。

(3) 避雷针采用圆钢或焊接钢管制成，其直径应符合表9-3的规定。

表9-3 避雷针的直径

材料规格 / 针长、部位	圆钢直径/mm	钢管直径/mm	材料规格 / 针长、部位	圆钢直径/mm	钢管直径/mm
1m以下	≥12	≥20	烟囱顶上	≥20	≥40
1～2m	≥16	≥25			

(4) 避雷网和避雷带采用圆钢或扁钢，其尺寸应符合表9-4的规定。

表9-4 避雷网、避雷带及烟囱上的避雷环规格

材料规格 / 针长、部位	圆钢直径/mm	扁钢截面/mm²	扁管厚度/mm
避雷网、避雷带	≥8	≥48	≥4
烟囱顶上的避雷环	≥12	≥100	≥4

(5) 利用铁板、铜板、铝板等做屋面的建筑物，当符合下列要求时，宜利用其屋面作为接闪器。

① 金属板之间具有持久的贯通连接。

② 当金属板需要防雷击穿孔时，钢板厚度不应小于4mm，铜板厚度不应小于5mm，铝板厚度不应小于7mm。

③ 当金属板下面无易燃物品时，铜板厚度不应小于0.5mm，铝板厚度不应小于0.65mm，锌板厚度不应小于0.7mm。

④ 金属板无绝缘被覆层。

注：薄的油漆保护层或0.5mm厚沥青层或1mm厚聚氯乙烯层均不属于绝缘被覆层。

(6) 层顶上的永久性金属物宜作为接闪器，但其所有部件之间均应连成电气通路，并应符合下列规定。

① 旗杆、栏杆、装饰物等，其规格不小于对标准接闪器所规定的尺寸。

② 厚度不小于2.5mm的金属管、金属罐，且不会由于被雷击穿而发生危险，当钢管、钢罐一旦被雷击穿，其内的介质对周围环境造成危险时，其壁厚不得小于4mm。

(7) 接闪器应镀锌，焊接处应涂防腐漆，但利用混凝土构件内钢筋做接闪器除外。在腐蚀性较强的场所，还应适当加大其截面或采取其他防腐措施。

1. 避雷针

避雷针，或称引雷针，是一种能截引闪电，将电流导入地下，在一定的范围内保护建筑物或设备免受雷电破坏的金属物。避雷的原理是利用尖端放电现象，让被保护的建筑或设备上的由雷云感应出的电荷及时地释放进入大气，避免因过度的积累而引发巨大的雷电击中事故。同时，在雷电发生时，避雷针还能吸引雷电的放电通道，让雷电流从避雷针流入大地，避免巨大的电流对建筑或设备造成破坏。避雷针的接闪原理如图9.8所示。

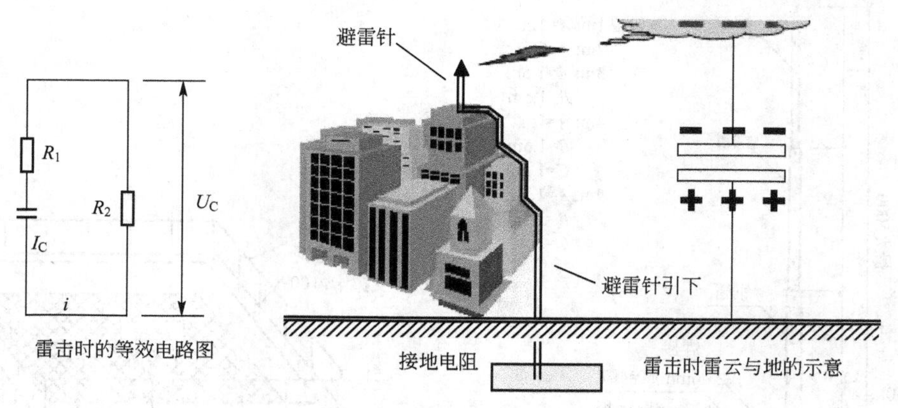

图9.8 避雷针接闪原理图

避雷针由美国科学家富兰克林于1750年发明，是至今仍广泛应用的接闪装置。避雷针是用镀锌圆钢或镀锌钢管制成的尖形金属杆，竖立在建筑物的最高点，它保护的范围是以针顶点向下作与针成45°夹角的正圆锥体的空间。如需扩大保护的范围，可以用两支或更多支的避雷针联合起来使用。

避雷针保护的区域为锥形，其地面范围的半径约为避雷针到地面的距离，如图9.9所示。

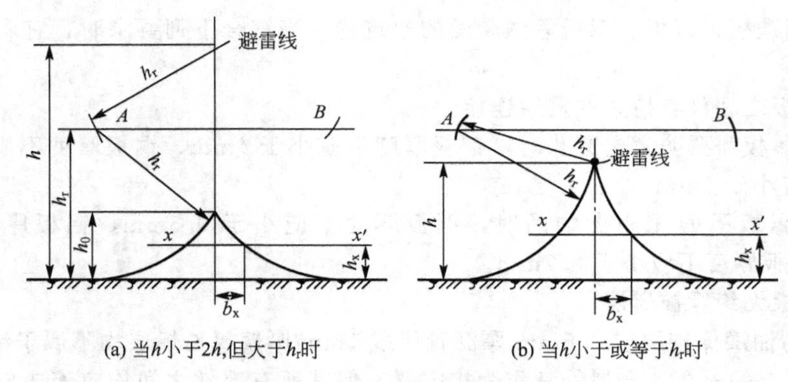

图 9.9 单支避雷针保护范围

避雷针不能完全避免被保护的建筑或设备被雷电击中，只能降低被击中的概率。同时因为大地电阻的存在，避雷针被雷电击中时会抬高其附近地面的电势，所以，在雷雨天气时不能靠近避雷针，以免发生触电事故。避雷针的尺寸如图 9.10 所示。

2. 避雷线

避雷线又称架空地线，是悬挂在高空的接地导线。避雷线主要用于保护变配电所的电气设备、输配电线路等免受直击雷过电压。沿每根支柱引下线与接地装置相连接，其作用与避雷针相同。

3. 避雷网

避雷网适用于建筑物的屋脊、屋檐(坡屋顶)或屋顶边缘及女儿墙上(平屋顶)，对建筑物的易受雷击部位进行重点保护，如图 9.11 所示。表 9－5 是不同防雷等级的避雷网的规格。

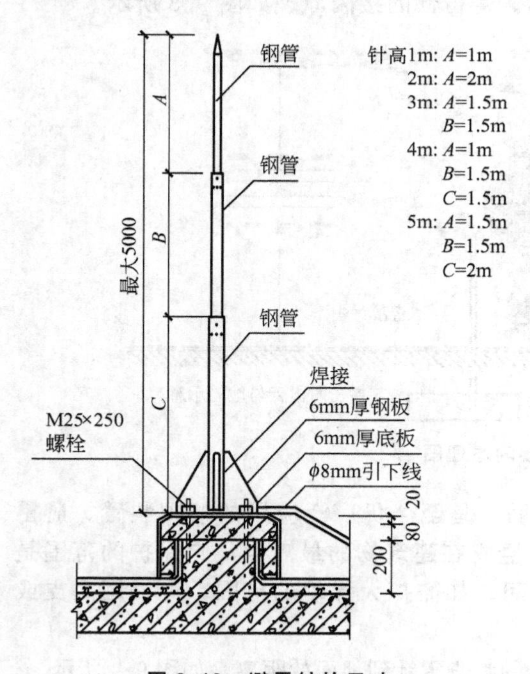

图 9.10 避雷针的尺寸

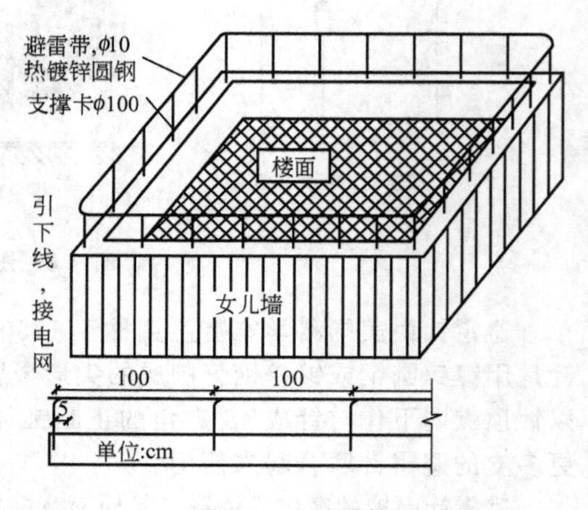

图 9.11 避雷带

表 9-5　不同防雷等级的避雷网的规格　(m)

建筑物的防雷等级	滚球半径 h_r	避雷网尺寸
二类	45	10×10 或 12×8
三类	60	20×20 或 24×16

当屋顶面积很大时，为了保护建筑的表层不被击坏，采用避雷网。

一套完整的防雷装置包括接闪器、引下线和接地装置。引下线指连接接闪器与接地装置的金属导体，如图 9.12 所示。

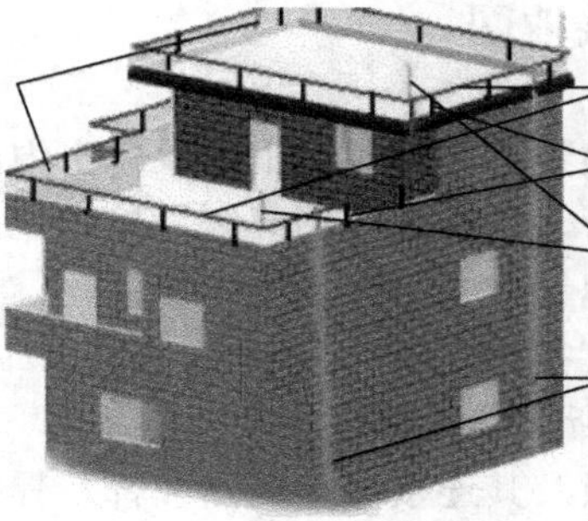

图 9.12　防雷系统

9.3.2　引下线

防雷装置的引下线应满足机械强度、耐腐蚀和热稳定的要求。

(1) 建筑物防雷装置宜利用建筑物钢筋混凝土中的钢筋和圆钢、扁钢作为引下线。

(2) 引下线采用圆钢或扁钢，当采用圆钢时，直径不应小于 8mm；当采用扁钢时，截面不应小于 48mm²，厚度不应小于 4mm。

对于装设在烟囱上的引下线，圆钢直径不应小于 12mm；扁钢截面不应小于 100 mm²，厚度不应小于 4mm。

(3) 利用混凝土中钢筋作引下线时，引下线应镀锌，焊接处应涂防腐漆。在腐蚀性较强的场所，还应适当加大截面或采取其他的防腐措施。

(4) 专设引下线宜沿建筑物外墙壁敷设，并应以最短路径接地，对建筑艺术要求较高时也可暗敷，但截面应加大一级。

(5) 建筑物的金属构件、金属烟囱、烟囱的金属爬梯等可作为引下线，但其所有部件之间均应连成电气通路。

(6) 采用多根专设引下线时，为了便于测量接地电阻及检查引下线、接地线的连接状况，宜在各引下线距地面 0.3～1.8m 之间设置断接卡。

当利用钢筋混凝土中的钢筋、钢柱作为引下线并同时利用基础钢筋作为接地装置时，可不设断接卡。但利用钢筋做引下线时，应在室外适当地点设置若干连接板，供测量接地、接人工接地体和等电位联结用。

当利用钢筋混凝土中钢筋作引下线并采用人工接地时，应在每根引下线距地面不低于 0.3m 处设置具有引下线与接地装置连接和断接卡功能的连接板。采用埋于土壤中的人工接地体时，应设断接卡，其上端应与连接板或钢柱焊接，连接板处应有明显标志。

(7) 利用建筑钢筋混凝土中的钢筋作为防雷引下线时，其上部(屋顶上)应与接闪器焊接，下部在室外地坪下 0.8～1m 处焊出一根直径为 12mm 或 40mm×4mm 镀锌导体，此导体伸向室外，距外墙皮的距离宜不小于 1m，并应符合下列要求。

① 当钢筋直径为 16mm 及以上时，应利用两根钢筋(绑扎或焊接)作为一组引下线。

② 当钢筋直径为 10mm 及以上时，应利用 4 根钢筋(绑扎或焊接)作为一组引下线。

(8) 当建筑钢、构筑物钢筋混凝土内的钢筋具有贯通性连接(绑扎或焊接)，并符合规格要求时，竖向钢筋可作为引下线；横向钢筋与引下线有可靠连接(绑扎或焊接)时可作为均压环。

(9) 在易受机械损坏的地方，地面上约 1.7m 至地面下 0.3m 的这一段引下线应加保护设施。

9.3.3 接地网

民用建筑宜优先利用钢筋混凝土中的钢筋作为防雷接地网，当不具备条件时，宜采用圆钢、钢管、角钢或扁钢等金属体作人工接地极。

垂直埋设的接地极，宜采用圆钢、钢管、角钢等；水平埋设的接地极宜采用肩钢、圆钢等。垂直接地体的长度宜为 2.5m，垂直接地极间的距离及水平接地极间的距离宜为 5m，受场所限制时可减小。

接地极及其连接导体应热镀锌，焊接处应涂防腐漆。在腐蚀性较强的土壤中，还应适当加大其截面或采取其他防腐措施。接地极埋设深度不宜小于 0.6m，接地极应远离由于高温影响使土壤电阻率升高的地方。

当防雷装置引下线大于或等于两根时，每根引下线的冲击接地电阻均应满足对该建筑物所规定的防直击雷冲击接地电阻值。

为降低跨步电压，防直击雷的人工接地装置距建筑物入口处及人行道不应小于 3m，当小于 3m 时应采取下列措施之一。

(1) 水平接地体局部深埋不应小于 1m。

(2) 水平接地体局部包以绝缘物(如 50～80mm 厚的沥青层)。

(3) 采用沥青碎石地面或在接地装置上面敷设 50～80mm 沥青层，其宽度超过接地装置 2m。

在高土壤电阻率地区，宜采用下列方式降低防直击雷接地装置的接地电阻。

(1) 可采用多支线外引接接地装置，外引长度不应大于有效长度 $2\sqrt{\rho}$。

(2) 可将接地体埋于较深的低电阻率土壤中，也可采用井式或深钻式接地极。

(3) 可采用降阻剂，降阻剂应符合环保要求。

(4) 可换土。

(5) 可采用其他有效的新型接地措施，如敷设水下接地网。

9.4 过电压保护设备

9.4.1 避雷器

避雷器是能释放雷电或兼能释放电力系统操作过电压能量，保护电气设备免受瞬时过电压危害，又能截断续流，不致引起系统接地短路的电气装置。避雷器通常接于带电导线与地之间，与被保护设备并联。当电压值超过电压值达到规定的动作电压时，避雷器立即动作，流过电荷，限制过电压幅值，保护设备绝缘；电压值正常后，避雷器又迅速恢复原状，以保证系统正常供电。

避雷器有管式和阀式两大类。阀式避雷器分为碳化硅避雷器和金属氧化物避雷器(又称氧化锌避雷器)。

1. 碳化硅避雷器

碳化硅避雷器由叠装于密封瓷套内的火花间隙和碳化硅阀片组成。火花间隙的主要作用是平时将阀片与带电导体隔离，在过电压时放电和切断电源供给的续流。碳化硅阀片是以电工碳化硅为主体，与结合剂混合后，经压形、烧结而成的非线性电阻体，呈圆饼状，如图 9.13 所示。

碳化硅阀片的主要作用是吸收过电压能量，利用其电阻的非线性(高电压大电流下电阻值大幅度下降)限制放电电流通过自身的压降(称残压)和限制续流幅值，与火花间隙协同作用熄灭续流电弧。

碳化硅避雷器按结构不同，又分为普通阀式和磁吹阀式两类。后者利用磁场驱动电弧来提高灭弧性能，从而具有更好的保护性能。碳化硅避雷器保护性能好，广泛用于交、直流系统，保护发电、变电设备的绝缘。

2. 金属氧化物避雷器

氧化锌避雷器是目前国际最先进的过电压保护器。由于其核心元件电阻片主要采用氧化锌配方制作，与传统碳化避雷器相比，大大改善了电阻片的伏安特性，提高了过电压通流能力，从而带来避雷器特征的根本变化。

在正常工作电压下，流过避雷器的电流仅为微安级，当遭受过压时，避雷器优异的非线性伏安特性则发挥作用，流过避雷器的电流瞬间增大到数千安培，避雷器处于导通状态，释放过电压能量，从而有效地限制了过电压对输变电设备的损害。

金属氧化锌避雷器的保护性能优于碳化硅避雷器，已逐步取代碳化硅避雷器，广泛用于交、直流系统，保护发电、变电设备的绝缘，尤其适合于中性点有效接地的 110kV 及以上电网。氧化锌避雷器的外形如图 9.14 所示。

图 9.13 碳化硅避雷器

图 9.14 氧化锌避雷器

3. 跌落式避雷器

如图 9.15 所示，跌落式避雷器在不断电的情况下，可以借助绝缘拉闸操纵杆方便地对避雷器进行检测、维修与更换，不但保证了线路的畅通，而且大大地减少了电力维护人员的工作强度和时间，特别适合于不宜停电的场所。在避雷器出现异常或发生故障时，利用工频短路电流让脱离器动作，使脱离器接地端自动脱开，避雷器元件翻落，退出运行，防止事故进一步扩大，易于维护人员及时发现并进行维护和更换。跌落式避雷器具有动作速度快，动作电流范围广，能耐受规定电流冲击和动作负载的优点。

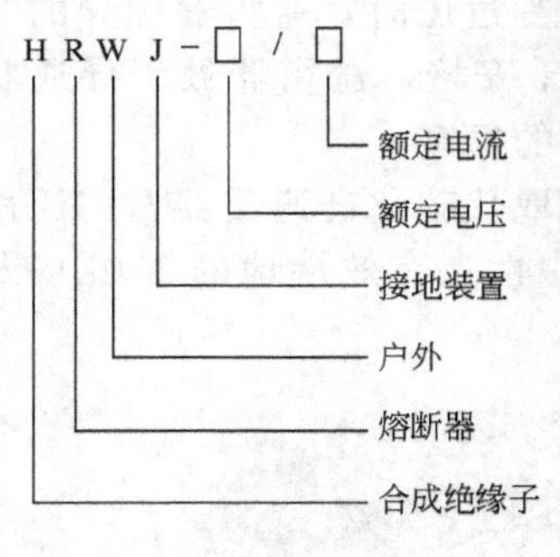

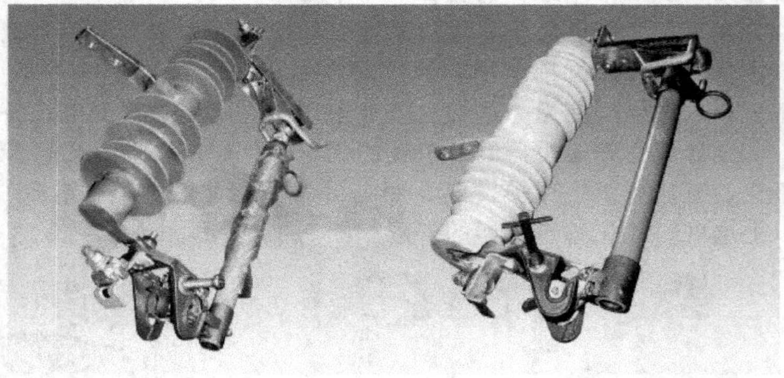

HRWJ-10/100　　RWJ-12/100

图 9.15　跌落式避雷器

9.4.2　浪涌保护器

浪涌保护器(SPD)是一种为各种电子设备、仪器仪表、通信线路提供安全防护的非线性阻性元件，当电气回路或者通信线路中因为外界的干扰突然产生尖峰电流或者电压时，浪涌保护器能在极短的时间内导通分流，从而避免浪涌对回路中其他设备的损害。它的工作决定于施加其两端的电压 U 和触发电压 U_d 值的大小，对不同产品 U_d 为标准给定值。

当 $U<U_d$ 时，SPD 的电阻很高(1MΩ)，只有很小的漏电电流(<1mA=通过)。

当 $U\geqslant U_d$ 时，SPD 的阻值减小到只有几欧姆，瞬间泄放过电流，使电压突降；待 $U<U_d$ 时，SPD 又呈现高阻性。

根据上述原理，SPD广泛用于低压配电系统，用以限制电网中的大气过电压，使其不超过各种电气设备及配电装置所能承受的冲击耐受电压，保护设备免受由雷电造成的危害，但不能保护暂时的工频过电压。

1. 分类

1）按工作原理分类

(1) 开关型。其工作原理是当没有瞬时过电压时呈现为高阻抗，但一旦响应雷电瞬时过电压时，其阻抗就突变为低值，允许雷电流通过。用作此类装置的器件有放电间隙、气体放电管、闸流晶体管等。

(2) 限压型。其工作原理是当没有瞬时过电压时为高阻抗，但随电缆电流和电压的增加其阻抗会不断减小，其电流电压特性为强烈非线性。用作此类装置的器件有氧化锌、压敏电阻、抑制二极管、雪崩二极管等。

(3) 分流型或扼流型。分流型与被保护的设备并联，对雷电脉冲呈现为低阻抗，而对正常工作频率呈现为高阻抗；扼流型与被保护的设备串联，对雷电脉冲呈现为高阻抗，而对正常工作频率呈现为低阻抗。用作此类装置的器件有扼流线圈、高通滤波器、低通滤波器、1/4 波长短路器等。

2）按用途分类

(1) 电源保护器：交流电源保护器、直流电源保护器、开关电源保护器等。

(2) 信号保护器：低频信号保护器、高频信号保护器、天线保护器等。

2. 组成

浪涌保护器的类型和结构按不同的用途有所不同，但它应至少包含一个非线性电压限制元件。用于电涌保护器的基本元器件有：放电间隙、充气放电管、压敏电阻、抑制二极管和扼流线圈等，如图 9.16 所示。

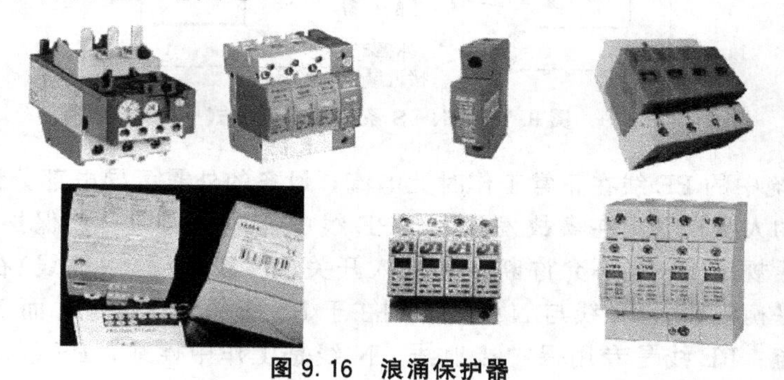

图 9.16　浪涌保护器

9.5 低压配电系统接地方式

9.5.1　低压配电系统的接地方式分类

按国际电工委员会 IEC 的规定，低压电网有 5 种接地方式，如图 9.17 所示。

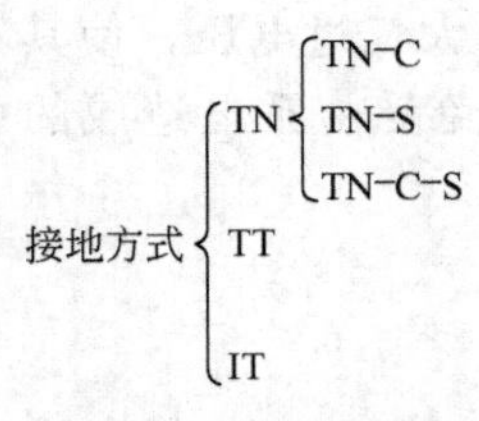

图 9.17 低压电网的5种接地方式

第一个字母(T或I)表示电源中性点的对地关系；第二个字母(N或T)表示装置的外露导电部分的对地关系；横线后面的字母(S、C或C－S)表示保护线与中性线的结合情况。

T——through(通过)表示电力网的中性点(发电机、变压器的星形接线的中间结点)是直接接地系统，N——neutral(中性点)表示电气设备正常运行时不带电的金属外露部分与电力网的中性点采取直接的电气连接，即"保护接零"系统。

9.5.2 TN系统

1. TN－S系统

TN－S系统即三相五线制系统，三根相线分别是L1、L2、L3，一根中性线N，一根保护线PE，电力系统中性点一点接地，用电设备的外露可导电部分直接接到PE线上，如图9.18所示。

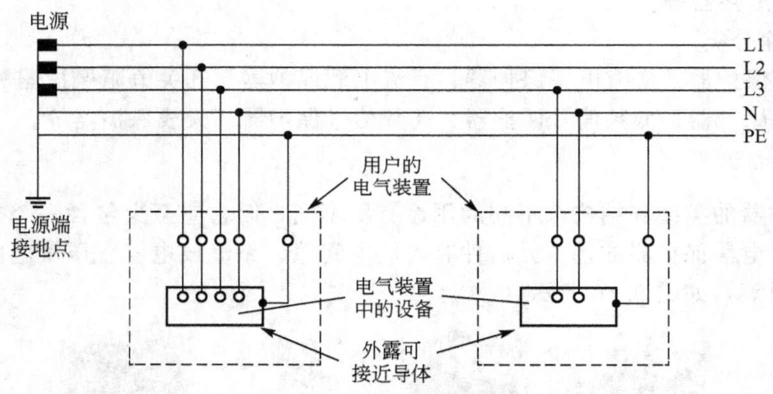

图 9.18 TN－S系统的接地方式

TN－S系统中的PE线在正常工作时无电流，设备的外露可导电部分无对地电压，以保证操作人员的人身安全；在事故发生时，PE线中有电流通过，使保护装置迅速动作，切断故障。一般规定PE线不允许断线和进入开关。N线(工作中性线)在接有单相负载时，可能有不平衡电流。PE线与N线的区别在于PE线平时无电流，而N线在三相负荷不平衡时有电流；PE线是专用保护接地线，N线是工作中性线；PE线不得进入漏电开关，N线可以。

TN－S系统适用于工业与民用建筑等低压供电系统，是目前我国在低压系统中普遍采取的接地方式。

2. TN－C系统

TN－C系统即三相四线制系统，三根相线L1、L2、L3，一根中性线与保护线合并的PEN线，用电设备的外露可导电部分接到PEN线上，如图9.19所示。

在TN－C系统接线中存在三相负荷不平衡和有单相负荷时，PEN线上呈现不平衡电流，设备的外露可导电部分有对地电压的存在。出于N线不得断线，故在进入建筑物前N

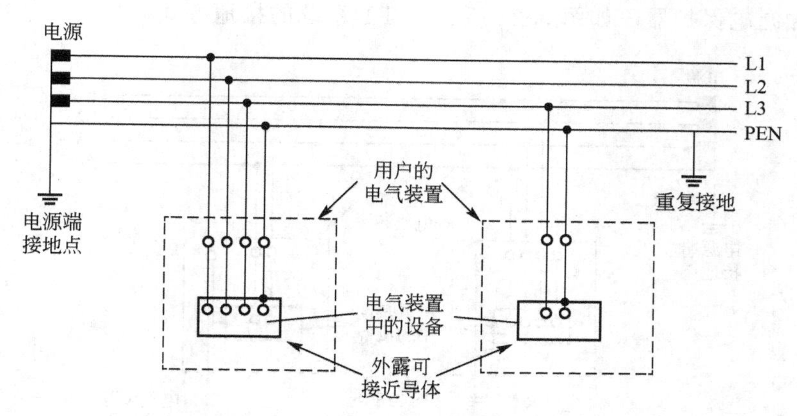

图 9.19 TN-C 系统的接地方式

线或 PE 线应加做重复接地。

TN-C 系统适用于三相负荷基本平衡的情况，同时适用于有单相 220V 的便携式、移动式的用电设备。

3. TN-C-S 系统

TN-C-S 系统即四线半系统，在 TN-C 系统的末端将 PEN 线分开为 PE 线和 N 线，分开后不允许再合并，如图 9.20 所示。

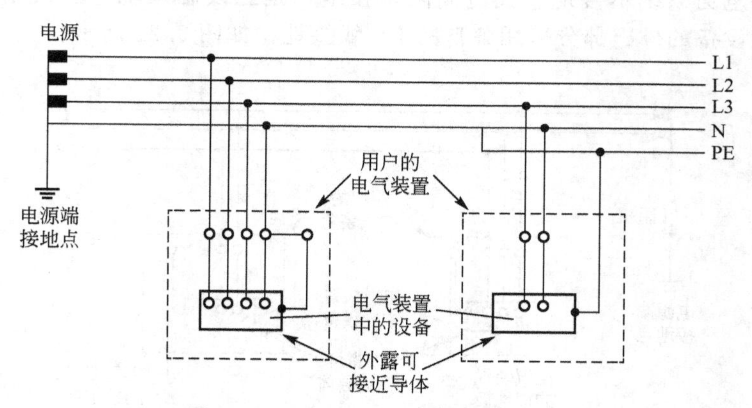

图 9.20 TN-C-S 系统的接地方式

该系统的前半部分具有 TN-C 系统的特点，系统的后半部分却具有 TN-S 系统的特点，目前在一些民用建筑中，在电源入户后，将 PEN 线分为 N 线和 PE 线。

该系统适用于工业企业和一般民用建筑。当负荷端装有漏电开关，干线末端装有接零保护时，也可用于新建住宅小区。

9.5.3 TT 系统

在 TT 系统中当电气设备的金属外壳带电(相线碰壳或漏电)时，接地保护可以减少触电危险，但低压断路器不一定跳闸，设备外壳的对地电压可能超过安全电压。当漏电电流较大时，需加漏电保护器。如图 9.21 所示为 TT 系统的接地方式。

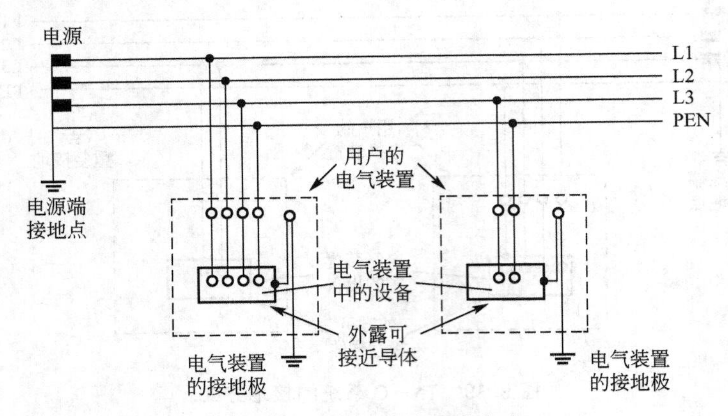

图 9.21　TT 系统的接地方式

TT 系统适用于供给小负荷的接地系统。接地装置的接地电阻应满足单相接地发生故障时，在规定的时间内切断供电线路的要求，或将接地电压限制在 50V 以下。

9.5.4　IT 系统

IT 系统即电力系统不接地或经过高阻抗接地，是三线制系统。三根相线分别为 L1、L2、L3，用电设备的外露部分采用各自的 PE 线接地，如图 9.22 所示。

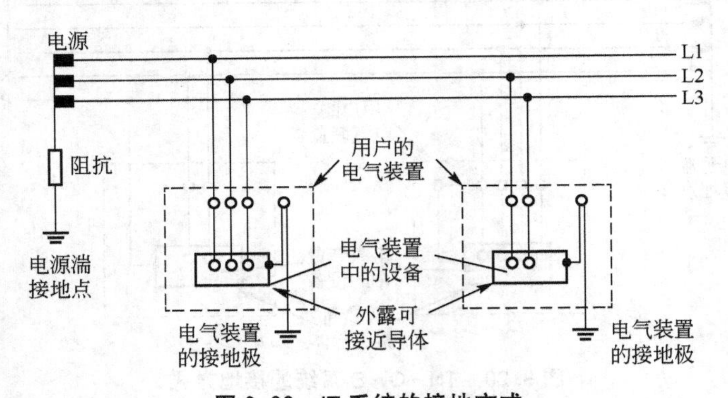

图 9.22　IT 系统的接地方式

在 IT 系统中，当任何一相故障接地时，由于大地可作为相线使其继续运行，所以在线路中需加单相接地检测装置，以便发生故障时报警。

IT 系统一般适用于矿井、游泳池等场所。

下列电力装置的外露可导电部分，除另有规定外，均应接地。

(1) 电机、变压器、电器、手握式及移动式电器。

(2) 电力设备传动装置。

(3) 室内、外配电装置的金属构架，钢筋混凝土构架的钢筋及靠近带电部分的金属围栏等。

(4) 配电屏与控制屏的框架。

(5) 电缆的金属外皮及电力电缆接线盒、终端盒。

(6) 电力线路的金属保护管、各种金属接线盒(如开关、插座等金属接线盒)、敷线的钢索及起重运输设备轨道。

下列电力装置的外露可导电部分，除另有规定者外，可不接地。

(1) 在木质、沥青等不良导电地坪的干燥房间内，交流额定电压为380V及以下，直流额定电压为400V及以下的电力装置。但当维护人员可能同时触及电力装置外露可导电部分和接地物件时除外。

(2) 在干燥场所，交流额定电压为50V及以下，直流额定电压为110V及以下的电力装置。

(3) 安装在配电屏、控制屏已接地的金属框架上的电气测量仪表、继电器和其他低压电器；安装在已接地的金属框架上的设备，如套管等。

(4) 当发生绝缘损坏时不会引起危及人身安全的绝缘子底座。

(5) 额定电压为220V及以下的蓄电池室内支架。

下述场所电气设备的外露可导电部分，严禁保护接地。

(1) 采用设置绝缘场所保护方式的所有电气设备及装置外可导电部分。

(2) 采用不接地局部等电位联结保护方式的所有电气设备及装置外可导电部分。

(3) 采用电气隔离保护方式的电气设备及装置外可导电部分。

(4) 采用双重绝缘及加强绝缘保护方式中的绝缘外护物里面的可导电部分。

9.6 接地装置

9.6.1 接地种类

1. 工作接地

工作接地是在TN-C系统和TN-C-S系统中，为了使电路或设备达到运行要求的接地(如变压器中性点接地)，或称配电系统接地。工作接地的作用是保持系统电位的稳定性，即减轻低压系统由于高压窜入低压时所产生过电压的危险性。如没有工作接地，当10kV的高压窜入低压时，低压系统的对地电压将上升为5800V左右。

在电子电路中，工作接地是为电路正常工作而提供的一个基准电位。该基准电位可以设为电路系统中的某一点、某一段或某一块等。当该基准电位不与大地连接时，视为相对的零电位。这种相对的零电位会随着外界电磁场的变化而变化，从而导致电路系统工作的不稳定。而当该基准电位与大地连接时，基准电位作为大地的零电位，不会随着外界电磁场的变化而变化。但是不正确的工作接地反而会增加干扰，如共地线干扰、地环路干扰等。为防止各种电路在工作中互相产生干扰，使之能相互兼容地工作，根据电路的性质，将工作接地分为不同的种类，如直流地、交流地、数字地、模拟地、信号地、功率地、电源地等。

某台设备要实现设计要求，往往含有多种电路，如低电平的信号电路(如高频电路、数字电路、模拟电路等)、高电平的功率电路(如供电电路、继电器电路等)等。为了安装电路板和其他元器件，抵抗外界电磁干扰，设备具有一定机械强度和屏蔽效能的外壳必须接地，如图 9.23(a)所示。当多个设备组成一个系统时，系统的接地如图 9.23(b)所示。

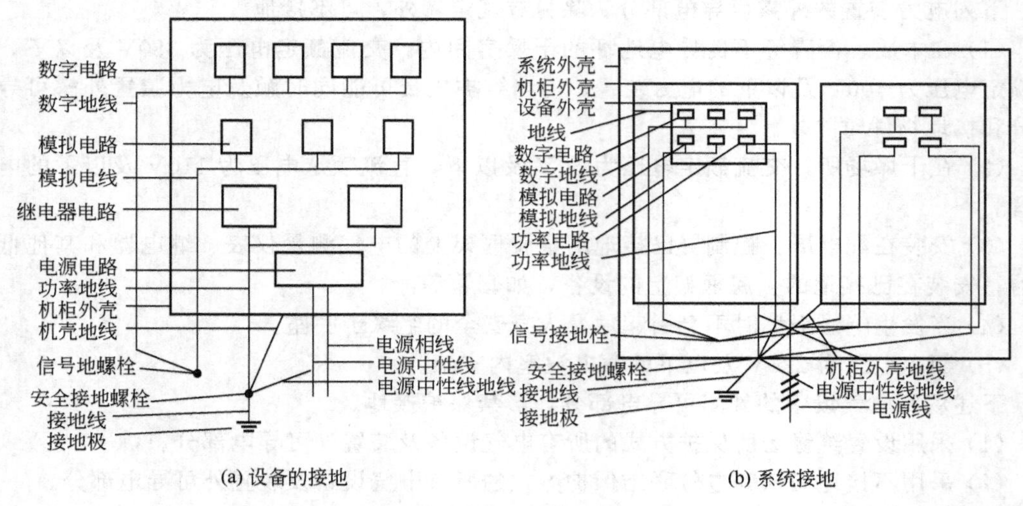

图 9.23　工作接地

系统的接地应当注意以下几点。

(1) 设备外壳用设备外壳地线和机柜外壳相连。

(2) 机柜外壳用机柜外壳地线和系统外壳相连。

(3) 对于系统，安全接地螺栓设在系统金属外壳上，并有良好电连接。

(4) 当系统内机柜、设备过多时，将导致数字地线、模拟地线、功率地线和机柜外壳地线过多。对此，可以考虑铺设两条互相并行并和系统外壳绝缘的半环形接地母线，一条为信号地母线，一条为屏蔽地及机柜外壳地母线。系统内各信号地就近接到信号地母线上，系统内各屏蔽地及机柜外壳地就近接到屏蔽地及机柜外壳地母线上；两条半环形接地母线的中部靠近安全接地螺栓，屏蔽地及机柜外壳地母线接到安全接地螺栓上；信号地母线接到信号地螺栓上。

(5) 当系统用三相电源供电时，由于各负载用电量和用电的不同时性，必然导致三相不平衡，造成三相电源中心点电位偏移，为此将电源中性线接到安全接地螺栓上，迫使三相电源中心点电位保持零电位，从而防止三相电源中心点电位偏移所产生的干扰。

(6) 接地极用镀锌钢管，其外直径不小于50mm，长度不小于2.0m；埋设时，将接地极打入地表层一定深度，一般要求接地电阻不大于4Ω，对于移动设备，接地电阻可不大于10Ω。

2. 保护接地

为了防止电气设备的绝缘损坏，其金属外壳对地电压必须限制在安全电压内，避免造成人身电击事故。应将电气设备的外露可被人接触部分接地，如电动机、变压器、照明器具外壳，民用电器的金属外壳(如洗衣机、电冰箱等)，变配电所各种电气设备的底座或支架，架空线路的金属杆或钢筋混凝土杆塔的钢筋及杆塔上的架空地线和装在塔上的设备的外壳和支架等，如图 9.24 所示。所有电气设备必须根据国标《系统接地的型式及安全技

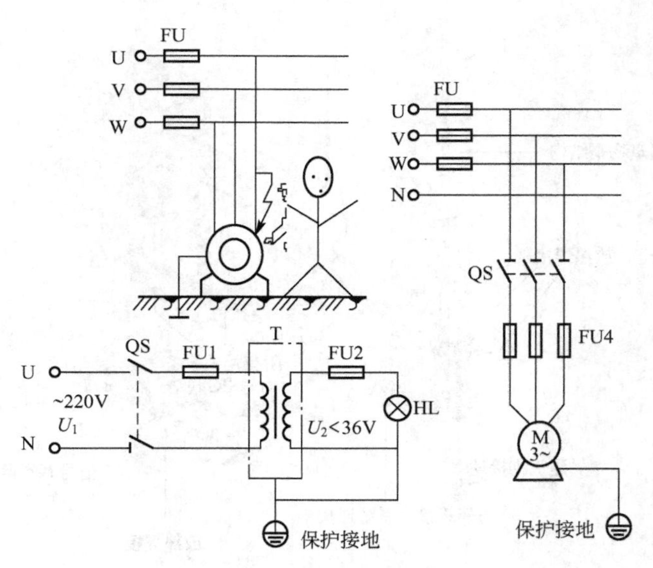

图 9.24 保护接地

术要求》(GB 14050—2008)进行保护接地。

3. 防雷接地

防雷接地是为了防止雷电过电压对人身或设备产生危害，而设置的过电压保护设备的接地。如避雷针、避雷器等，如图 9.25 所示。

图 9.25 防雷接地

4. 防静电接地

防静电接地是为了消除静电对人身和设备产生危害而进行的接地，如某些液体或气体的金属输送管道或车辆接地、计算机机房接地等。

5. 屏蔽接地

(1) 电路的屏蔽罩接地。各种信号源和放大器等易受电磁辐射干扰的电路应设置屏蔽罩。由于信号电路与屏蔽罩之间存在寄生电容，因此要将信号电路地线末端与屏蔽罩相连，以消除寄生电容的影响，并将屏蔽罩接地，以消除共模干扰。

(2) 电缆的屏蔽层接地。低频电路电缆的屏蔽层接地应采用一点接地的方式，而且屏蔽层接地点应当与电路的接地点一致。对于多层屏蔽电缆，每个屏蔽层应在一点接地，各屏蔽层应相互绝缘。

高频电路电缆的屏蔽层接地应采用多点接地的方式。当电缆长度大于工作信号波长的 0.15 倍时，采用工作信号波长的 0.15 倍的间隔多点接地方式。若不能实现，则至少将屏蔽层两端接地。

(3) 系统的屏蔽体接地。当整个系统需要抵抗外界电磁干扰，或当需要防止系统对外界产生电磁干扰时，应将整个系统屏蔽起来，并将屏蔽体接到系统地上。各种接地综合在一起，如图 9.26 所示。

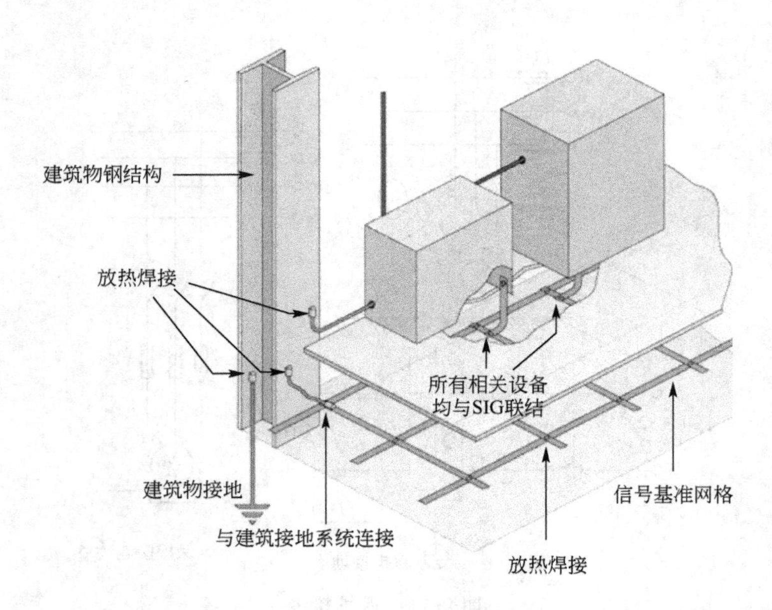

图 9.26　接地示意图

9.6.2　接地方式

工作接地根据工作频率可以采用以下几种接地方式。

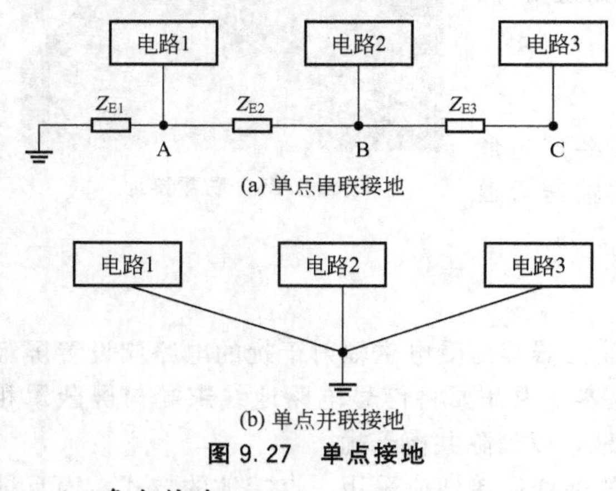

图 9.27　单点接地

1. 单点接地

工作频率低(＜lMHZ) 的采用单点接地式(即把整个电路系统中的一个结构点看做接地参考点，所有对地连接都接到这一点上，并设置一个安全接地螺栓)，以防两点接地产生共地阻抗的电路性耦合。多个电路的单点接地方式又分为串联和并联两种，如图 9.27 所示。由于串联接地会产生共地阻抗的电路性耦合，所以低频电路最好采用并联的单点接地式。

2. 多点接地

工作频率高(大于 30MHz)的采用多点接地式(即在该电路系统中，用一块接地平板代替电路中每部分各自的地回路)。因为接地引线的感抗与频率和长度成正比，工作频率高时将增加共地阻抗，从而将增大共地阻抗产生的电磁干扰，所以要求地线的长度尽量短。采用多点接地时，应尽量找最接近的低阻值接地面接地。

如图 9.28 所示，可以看出，设备内电路都以机壳为参考点，而各个设备机壳又都以地为参考点。这种接地结构能够提供较低接地阻抗，这是因为多点接地时，每条地线可以很短，并且多根导线并联能够降低接地导体总电感。在高频电路中必须使用多点接地，并且要求每根接地线长度小于信号波长的 1/20。

3. 混合接地

工作频率介于 1～30MHz 的电路采用混合接地式。当接地线的长度小于工作信号波长的 1/20 时，采用单点接地式，否则采用多点接地式。混合接地既包含了单点接地特性，又包含了多点接地特性。例如，系统内电源需要单点接地，而射频信号又要求多点接地，这时就可以采用图 9.29 所示的混合接地。对于直流，电容是开路的，电路是单点接地；对于交流，电容是导通的，电路是多点接地。

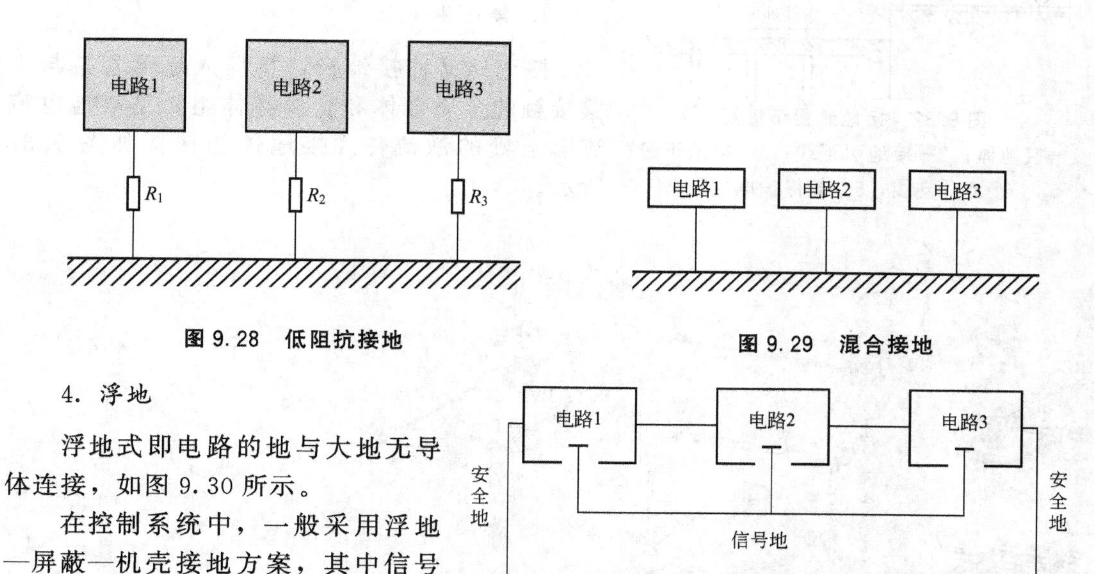

图 9.28 低阻抗接地

图 9.29 混合接地

4. 浮地

浮地式即电路的地与大地无导体连接，如图 9.30 所示。

图 9.30 浮地

在控制系统中，一般采用浮地—屏蔽—机壳接地方案，其中信号地处于悬浮状态，与其他接地互不相连，信号传输由屏蔽层隔开，机壳与安全接地相连(即与大地相连)，屏蔽层的接地也与安全接地相连，如图 9.31 所示。

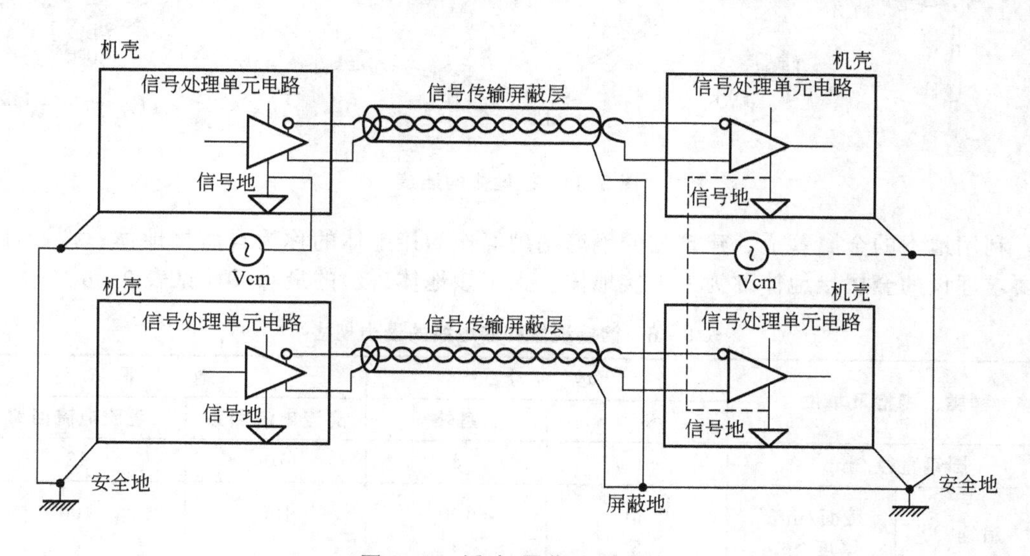

图 9.31 浮地-屏蔽-机壳接地

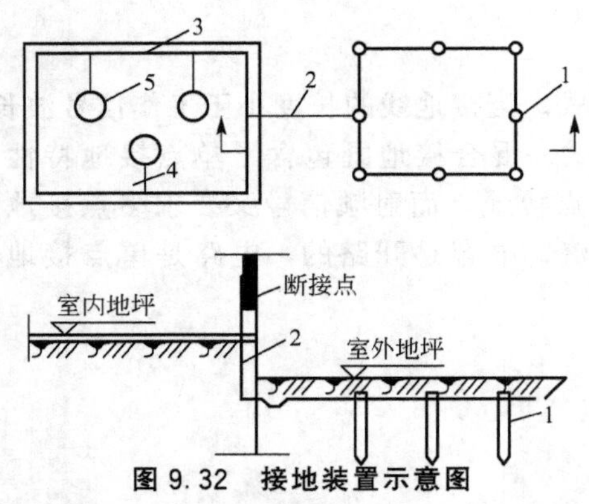

图 9.32　接地装置示意图

1—接地体；2—接地引下线；3—接地干线；4—接地分支线；5—被保护电气设备

9.6.3　接地装置

接地装置是指埋设在地下的接地电极与由该接地电极到设备之间的连接导线的总称。接地装置示意图如图 9.32 所示。

1. 接地体

接地体又称接地极，指埋入地下直接与土壤接触的金属导体和金属导体组，是接地电流流向土壤的散流件。接地体的连接如图 9.33 所示。

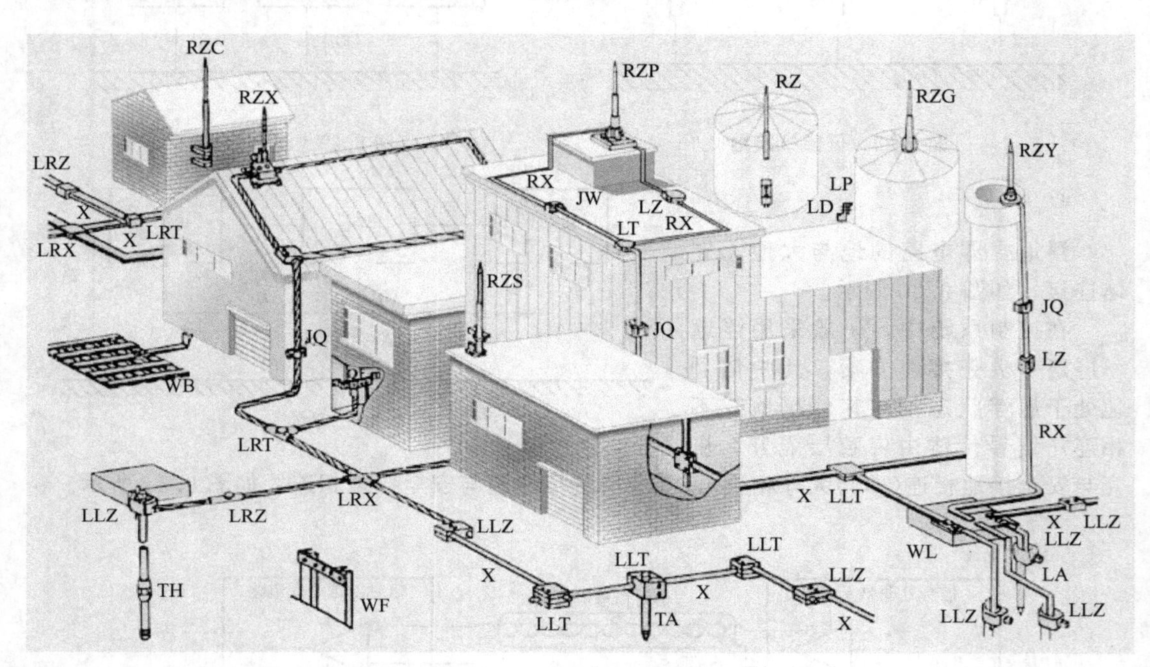

图 9.33　接地体的连接

利用地下的金属管道、建筑物的钢筋基础等作为接地体的称为自然接地体；按设计规范要求埋设的金属接地体称为人工接地体。人工接地体(极)的最小尺寸见表 9-6。

表 9-6　钢接地体和接地线的最小规格

种类、规格及单位		地上		地下	
		室内	室外	交流电流回路	直流电流回路
圆钢直径/mm		6	8	10	12
扁钢	截面/mm^2	60	100	100	100
	厚度/mm	3	4	4	6

(续)

种类、规格及单位	地上		地下	
	室内	室外	交流电流回路	直流电流回路
角钢厚度/mm	2	2.5	4	6
钢管管壁厚度/mm	2.5	2.5	3.5	4.5

2. 接地线

连接电气设备接地部分与接地体的金属导线称为接地线，是接地电流由接地部位传导至大地的途径。接地线中沿建筑物表面敷设的共用部分称为接地干线；电气设备金属外壳连接至接地干线部分称为接地支线。

3. 接地体总体布置设计

接地体总体布置设计应视地形、地势、土质等情况而定，并无一定之规，应根据具体条件进行设计，共分垂直、水平及二者混合3种布置方式。

1）垂直方式

如图9.34所示，垂直方式又分为一字形、十字形及鱼骨形等。特别要指出的是每根垂直接地体之间的距离不应小于5m，否则会有屏蔽作用，降低降阻效果。

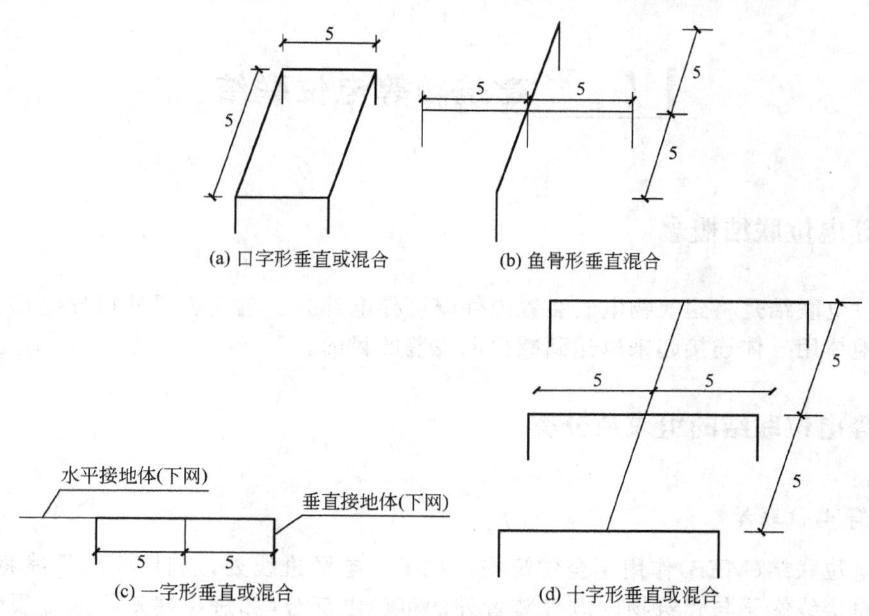

图9.34 垂直接地方式

2）水平方式

如图9.35所示，水平方式亦分为一字形、十字形及鱼骨形等。水平接地适用于地形宽阔、地质条件情况又不便深挖且无机械深钻的情况，接地体要尽量拉长。

3）混合方式

混合方式是水平方式与垂直方式的组合。水平连接线要求挖到尽可能深，使其成为水平接地体，并在其周围施用降电阻剂。垂直接地体周围亦同时施用降电阻剂。

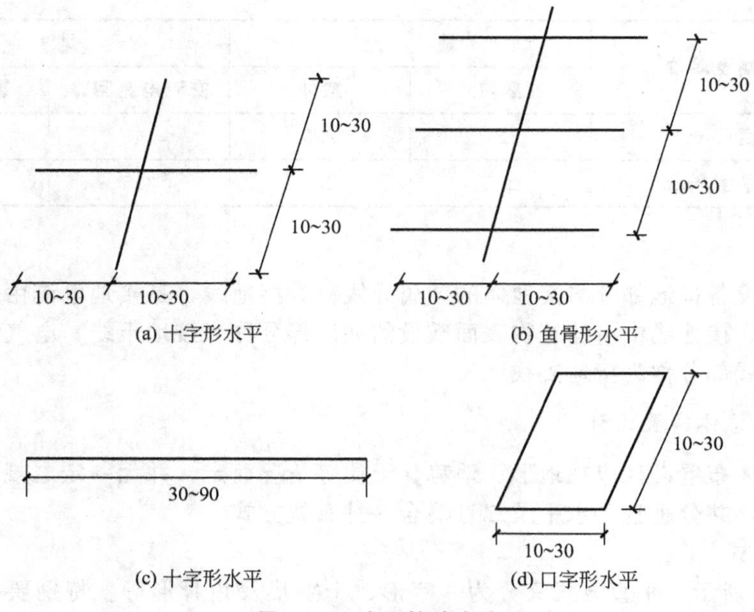

(a) 十字形水平 (b) 鱼骨形水平

(c) 十字形水平 (d) 口字形水平

图 9.35 水平接地方式

9.7 建筑物等电位联结

9.7.1 等电位联结概念

等电位电联结是将建筑物电气装置内外露可导电部分、电气装置外可导电部分、人工或自然接地体用导体连接起来以达到减少电位差的目的。

9.7.2 等电位联结的组成及分类

1. 总等电位联结

总等电位联结(MEB)作用于全建筑物，在每一电源进线处，利用联结干线将保护线、接地线的总接线端子与建筑物内电气装置外的可导电部分(如进出建筑物的金属管道、建筑物的金属结构构件等)连接成一体。建筑电气装置采用接地故障保护时，建筑物内电气装置应采用总等电位联结。

它应通过进线配电箱近端的接地母排(总等电位联结端子板)将下列可导电部分互相连通。

(1) 进线配电箱的 PE 母线(PEN)母排或端子。

(2) 接往接地极的接地线。

(3) 公用设施的金属管道，如上水、下水、热力。

(4)建筑物金属结构。

建筑物做总等电位联结后，可防止 TN 系统电源线路中的 PE 线和 PEN 线传导引入故障电压导致电击事故，同时可减少电位差、电弧、电火花发生的机率，避免接地故障引起的电气火灾事故和人身电击事故，同时也是防雷安全所必需的。因此，在建筑物的每一电源进线处，一般设有总等电位联结端子板，由总等电位联结端子板与进入建筑物的金属管道和金属结构构件进行连接，如图 9.36、图 9.37 所示。

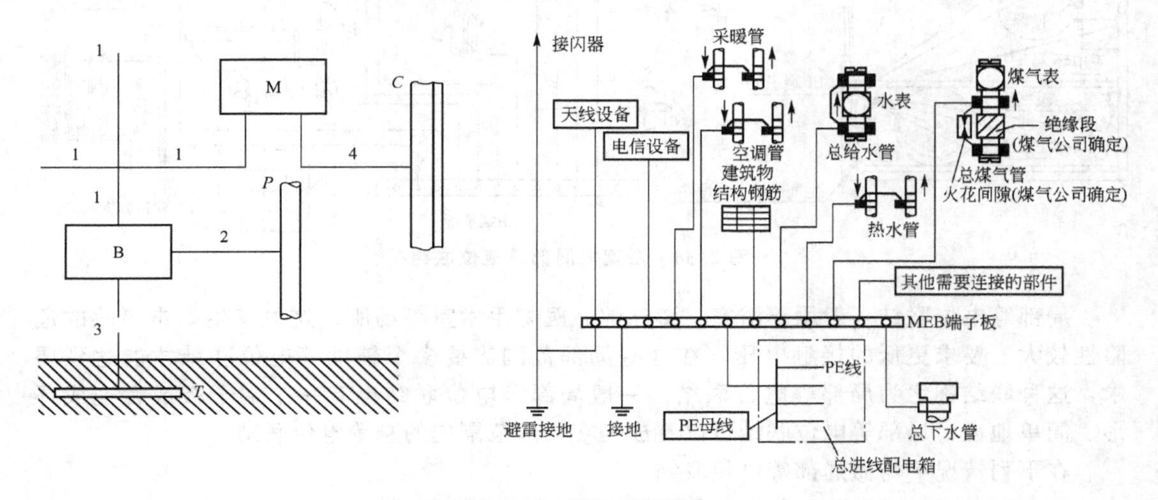

图 9.36 等电位联结

1—保护导体；2—总等电位联结导体；3—接地导体；4—辅助等电位联结导体；B—总接地端子；M—外露可导电部分；C—装置外导电部分；P—金属水管干管；T—接地极

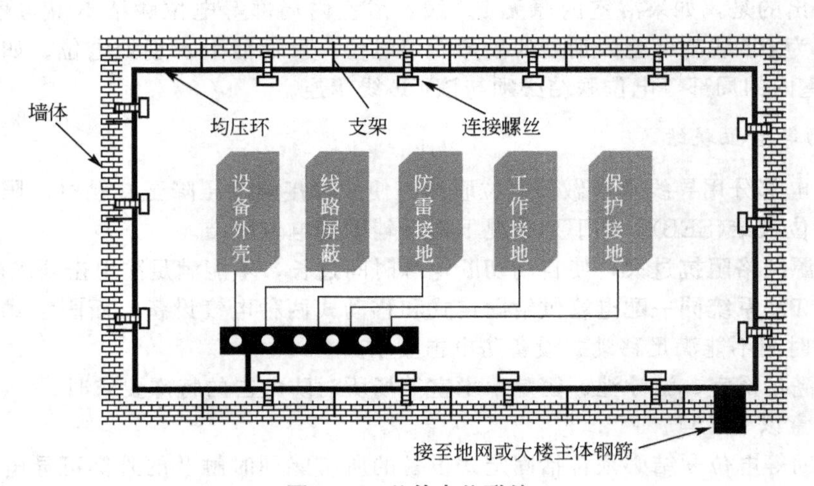

图 9.37 总等电位联结

2. 局部等电位联结

局部等电位联结(LEB)指在局部范围内设置的等电位联结。一般在 TN 系统中，当配电线路阻抗过大、保护动作时间超过规定允许值时或为满足防电击的特殊要求时，需做局部等电位联结。图 9.38 为浴室内局部等电位联结图。

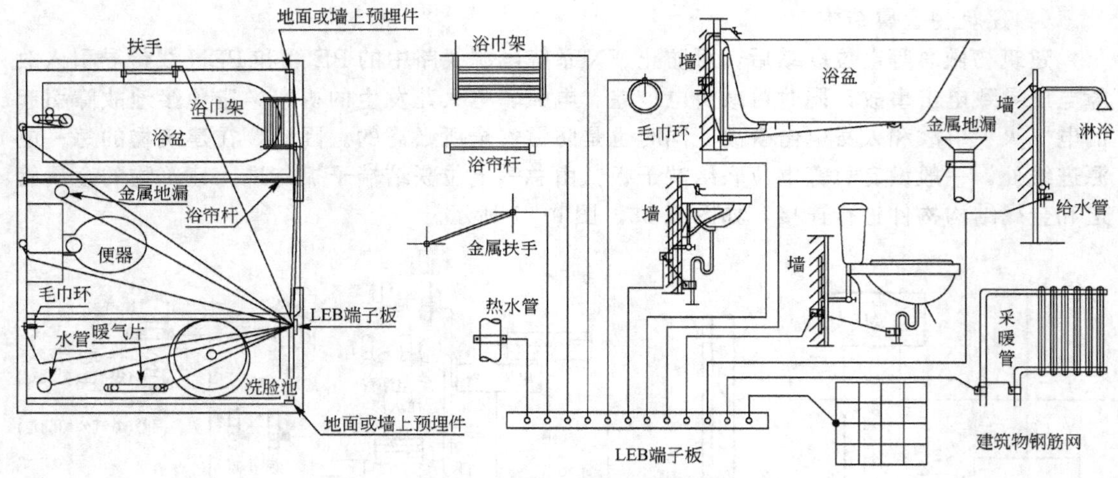

图 9.38　浴室内局部等电位联结

局部等电位联结一般用于浴室、游泳池、医院手术室等场所，这里发生电击事故的危险性较大，要求更低的接触电压，在这些局部范围需要多个辅助等电位联结才能达到要求，这种联结称之为局部等电位联结。一般局部等电位联结也有一个端子板或者连成环形。简单地说，局部等电位联结可以看成是在局部范围内的总等电位联结。

在下列情况下需做局部等电位联结。

(1) 局部场所范围内有高防电击要求的辅助等电位联结。

(2) 需做局部等电位联结的场所：浴室、游泳池、医院手术室、农牧场等，因保护电器切断电源时间不能满足防电击要求；或为满足防雷和信息系统抗干扰的要求。

需要指出的是，如果浴室内原无 PE 线，浴室内局部等电位联结不得与浴室外的 PE 线相连，因为 PE 线有可能因别处的故障而带电位，反而能引入别处电位。如果浴室内有 PE 线，浴室内的局部等电位联结必须与该 PE 线相连。

3. 辅助等电位联结

将两导电部分用导线直接做等电位联结，使故障接触电压降至接触电压限值以下，称做辅助等电位联结(SEB)。在下列情况下需做辅助等电位联结。

(1) 电源网络阻抗过大，使自动切断电源时间过长，不能满足防电击要求时。

(2) 自 TN 系统同一配电箱供给固定式和移动式两种电气设备，而固定式设备保护电器切断电路时间不能满足移动式设备防电击要求时。

(3) 为满足浴室、游泳池、医院手术室等场所对防电击的特殊要求时。

需要注意以下几点。

(1) 辅助等电位联结必须包括固定式设备的所有能同时触及的外露可导电部分和装置外可导电部分。等电位系统必须与所有设备的保护线(包括插座的保护线)连接。

(2) 连接两个外露可导电部分的辅助等电位线，其截面不应小于接至该两个外露可导电部分的较小保护线的截面。

(3) 连接外露可导电部分与装置外可导电部分的辅助等电位联结线不应小于相应保护线截面的一半。

局部等电位联结可看做在一局部场所范围内的多个辅助等电位联结。

9.8 防雷设计实例

9.8.1 某商场防雷

1. 工程概述

图 9.39 是某大型商场的屋顶防雷平面图，此商场主楼(1～25 层)为办公建筑，长 45.4m，宽 27.0m，高 111.8 m。本工程年预计雷击次数为 0.072 次，因此应划为第二类防雷建筑。屋顶设避雷网，女儿墙设避雷带，在 30m 高自立式铁搭顶端设避雷针，每层设置均压网。

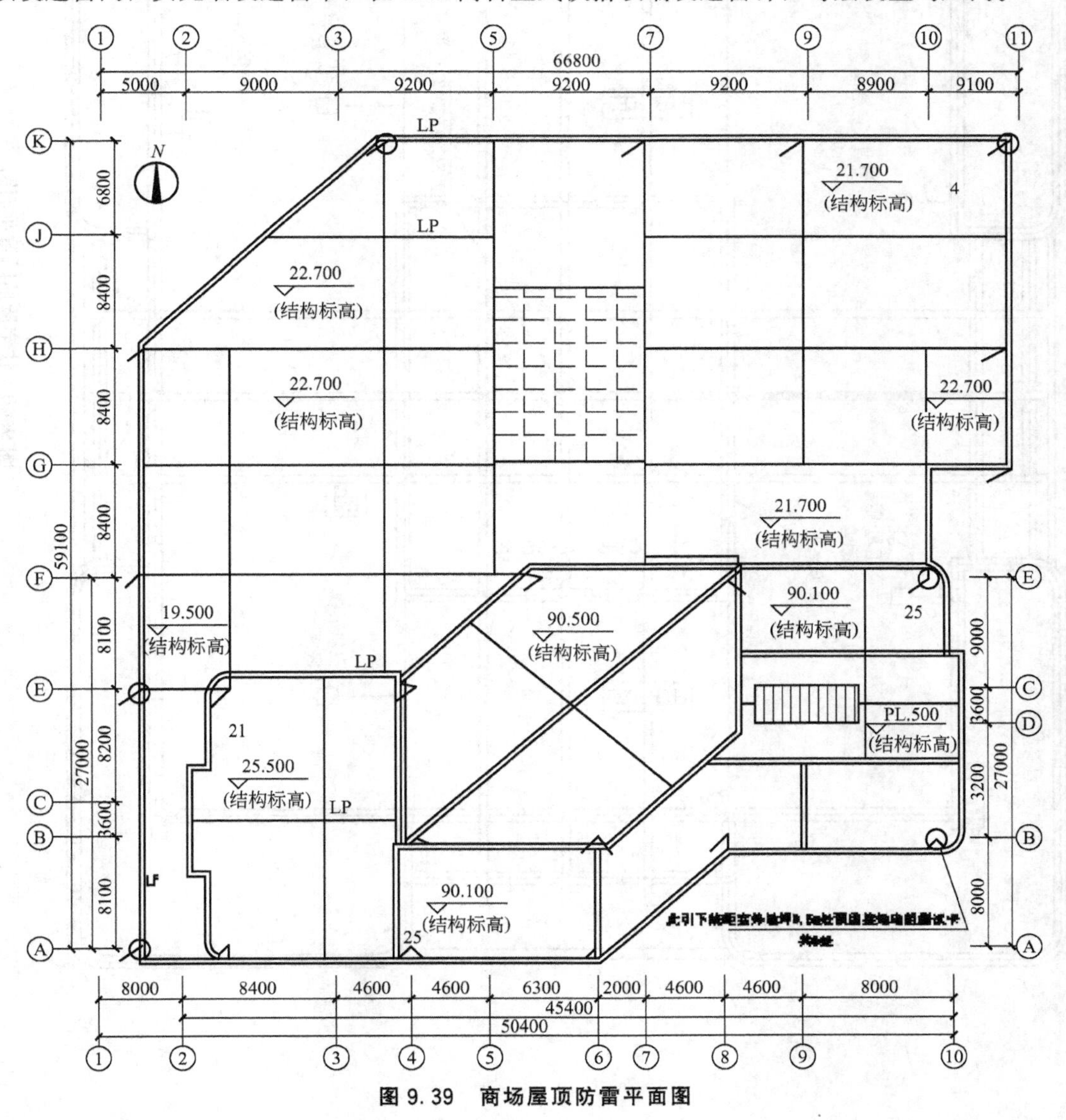

图 9.39 商场屋顶防雷平面图

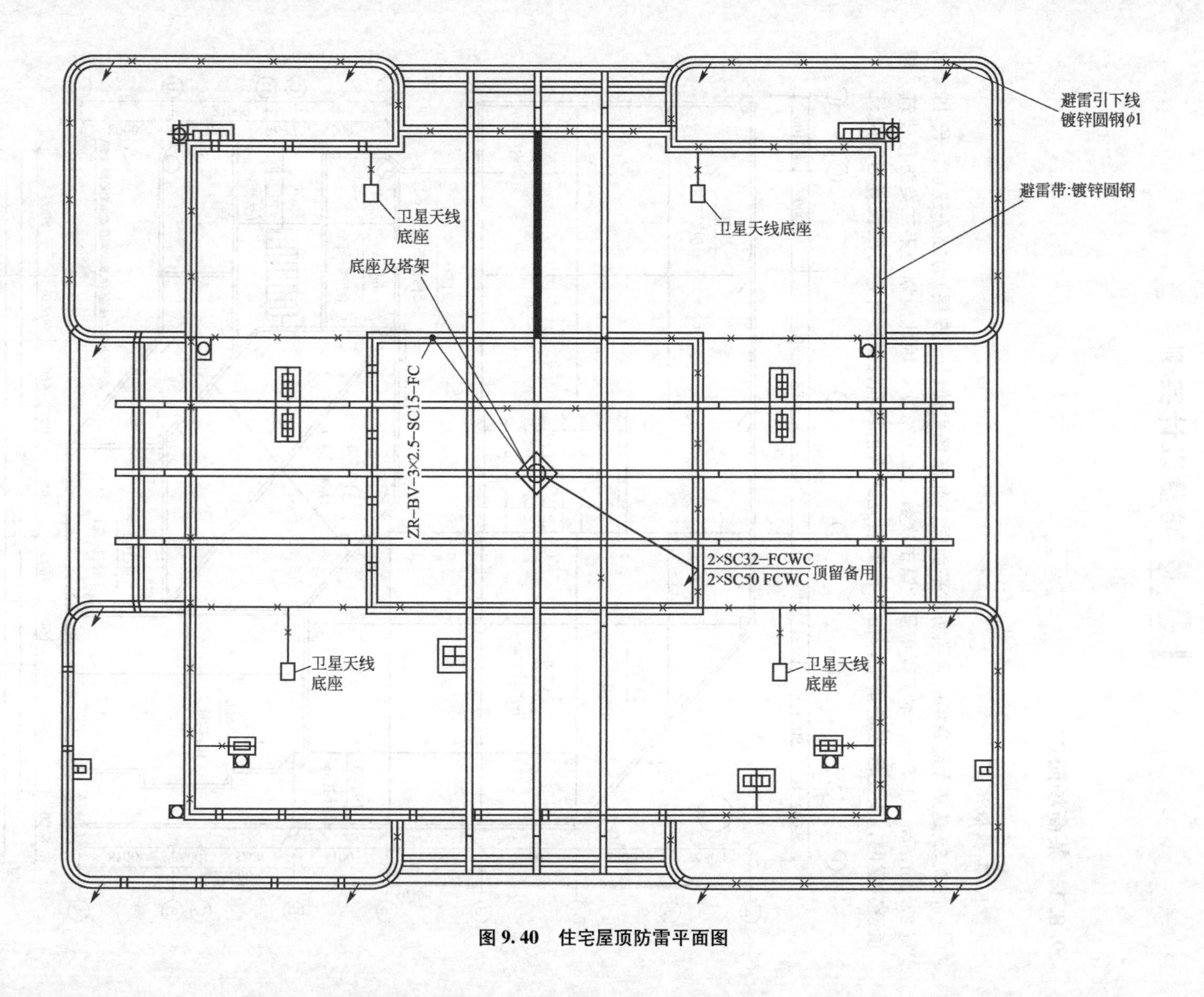

图 9.40　住宅屋顶防雷平面图

2. 建筑物防雷措施

作为第二类防雷建筑物，本工程应有防雷电波侵入的措施，由于高度超过 45m，还应采取防侧击雷和等电位的保护措施。另外，本工程装有大量的电子信息系统设备，还应有防雷电波脉冲的措施。

3. 建筑物外部防雷装置的布置

(1) 屋面采用 ϕ10mm 镀锌圆钢或金属栏杆作为接闪器，沿女儿墙四周敷设，支持卡子间距为 1m，转角处悬空段不大于 10m×10m 或 8m×12m 避雷网格。

(2) 突出屋面的所有金属栏杆、门窗等较大的金属物与防雷装置连接。

(3) 本工程采取以下防侧击雷和等电位的保护措施。

① 建筑物内钢构架和钢筋混凝土的钢筋应相互连接。

② 应利用钢柱或钢筋混凝土柱子内钢筋作为防雷装置引下线。结构圈梁中的钢筋也连成闭合回路，并同防雷装置引下线连接。

③ 应将 45m 及以上部分外墙上的金属栏杆、金属门窗等较大金属物直接或通过预埋件与防雷装置相连。

④ 垂直金属管道及类似金属物除应满足相应规定外，还应在顶端和底端与防雷装置连接。

(4) 利用柱子或剪力墙内两根 ϕ16mm 以上主筋焊接作为引下线，平均间距不大于 18m，引下线上端与避雷带焊接，下端与基础底板上的钢筋焊接，每根引下线的冲击接地电阻不大于 10Ω。图 9.39 是本工程屋顶防雷平面图。

(5) 本工程利用建筑物基础钢筋作防雷接地装置，在与防雷引下线相对应的室外埋深 0.8m 处，在被利用作为引下线的钢筋上焊接一根 40mm×4m 镀锌扁钢，此扁钢伸向室外，距外墙皮的距离不小于 1.5m，在建筑物四角引下线距室外地坪 0.5m 处预留接地电阻测试卡 6 处。

9.8.2 某住宅防雷

图 9.40 是某住宅防雷平面图，由于本工程主要是三级类防雷，应满足防直击雷、防雷电感应及雷电波的侵入。所以下面是本工程的防雷措施。

(1) 防直击雷，在建筑物屋角、屋檐、女儿墙或屋脊上装设避雷带，在屋面上装设的避雷带不大于 20m×20m 的网格。

(2) 防直击雷装置的引下线利用建筑物钢筋混凝土中的钢筋，引下线上端与避雷带焊接，下端与接地极焊接。下部在室外地下 1m 处焊出一根 40mm×4mm 镀锌导体，此导体伸向室外距外墙皮的距离不小于 1m。

(3) 为防雷装置装设的引下线，其引下线数量不小于两根，间距不大于 25m。

(4) 凡突出屋面的所有金属构件、金属通风管、金属屋面等均与避雷带可靠焊接。

本章小结

建筑防雷与接地系统是电力系统中的一个重要组成部分，本章主要讲解过电压的形式及产生的原因、建筑物防雷等级的划分和其对应的防雷措施、低压配电系统的接地方式和接地形式、过电压保护设备等。

本章重点是建筑物防雷等级的划分和其对应的防雷措施。

思考与练习题

1. 建筑物防雷等级有哪些？不同等级应采取什么防雷措施？
2. 防雷装置有哪些组成部分？其作用分别是什么？
3. 接闪器、引下线的规格有哪些？不同接闪器的应用条件是什么？
4. 浪涌保护器的作用是什么？在建筑供配电系统中是如何应用的？
5. 低压接地系统的种类有哪些？分别说明 TN、TT、IT 之间的区别。
6. 工作接地、保护接地、防雷接地、防静电接地、屏蔽接地的应用条件是什么？
7. 接地装置的组成部分分别是什么？对材料规格分别有什么要求？
8. 保护接地的应用有什么条件？
9. 在各种不同情况下的接地电阻有何区别？
10. 总等电位联结、辅助等电位联结、局部等电位联结的应用有什么不同？
11. 哪些场所电气设备的外露可导电部分严禁保护接地？
12. 哪些电力装置的外露可导电部分，除另有规定外，均应接地？

第10章 建筑电气安全技术

教学目标

建筑物一旦落成，就会面临一系列的考验。其中包括自然的、人为的和材料设备的原因。自然灾害有雷、地震；人为的灾害有火灾、电气短路、盗窃、爆炸；设备材料有可能被烧毁等、建筑电气的减灾措施主要有预防触电、防雷击、防火灾、防盗窃、防爆炸等。要求通过本章的学习，达到以下目标：

(1) 了解安全用电技术；

(2) 了解漏电保护技术；

(3) 掌握建筑电气接地与接零保护措施；

(4) 了解特殊场所的安全防护。

教学要求

知识要点	能力要求	相关知识
安全用电技术	(1) 掌握触电及对人体的伤害形式 (2) 了解影响触电严重程度的因素 (3) 了解触电的规律及防护措施 (4) 掌握如何安全用电	(1) 触电 (2) 影响触电严重程度的因素 (3) 触电的规律 (4) 防护措施
漏电保护技术	(1) 了解安装漏电保护开关的目的与要求 (2) 了解漏电开关的种类及工作原理 (3) 掌握漏电开关的分级保护 (4) 掌握漏电开关的型号和选型 (5) 了解漏电开关的安装与接线 (6) 了解漏电开关的应用技术	(1) 漏电保护开关 (2) 漏电开关的种类及工作原理 (3) 漏电开关的分级保护 (4) 漏电开关的型号和选型 (5) 漏电开关的安装与接线 (6) 漏电开关的应用技术
建筑电气接地与接零保护措施	(1) 了解建筑电气接地与接零保护的基本概念 (2) 掌握接地与接零的保护作用 (3) 掌握常用设备、设施的接地与接零的基本要求	(1) 接地与接零的保护作用 (2) 常用设备、设施的接地与接零的基本要求
特殊场所的安全防护	(1) 了解医疗场所的安全防护 (2) 了解潮湿、腐蚀等特殊场所的安全防护	(1) 医疗场所的安全防护 (2) 潮湿、腐蚀等特殊场所的安全防护

基本概念

触电、触电的形式、触电的规律、漏电保护器、安装、接线、接地和接零、安全防护

引言

随着国民经济的迅速发展及人民生活水平的不断提高，电力已成为工农业生产、科研、城市建设、市政交通和人民生活不可缺少的能源。随着用电设备和负荷的增加，用电安全的问题越来越突出。这是因为电力的生产和使用有它的特殊性，在生产和使用过程中，若不注意安全，则会造成人身伤亡事故和国家财产的巨大损失。因此，安全用电在生产领域和生活领域更具有特殊的重大意义。2012 年 6 月 14 日 20 时 30 分，深圳市宝安区沙井街道某玩具制品公司员工兰某在啤机部碎料房上班时不慎碰到墙上的铁皮线槽和 6 号碎料机，随即大声喊叫并倒地。兰某经医生抢救无效后死亡。此次触电原因为，碎料机电源开关箱出线端口处电源相线绝缘层破损(如下图所示)，金属导线与电箱金属外壳接触，导致电箱金属外壳、金属线槽和碎料机的金属外壳带电。本章主讲安全用电的基本知识。

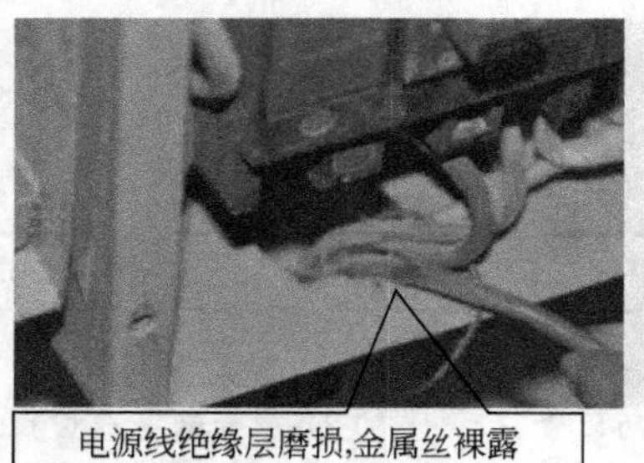

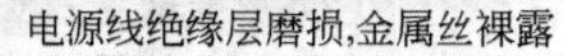

电源线绝缘层磨损,金属丝裸露

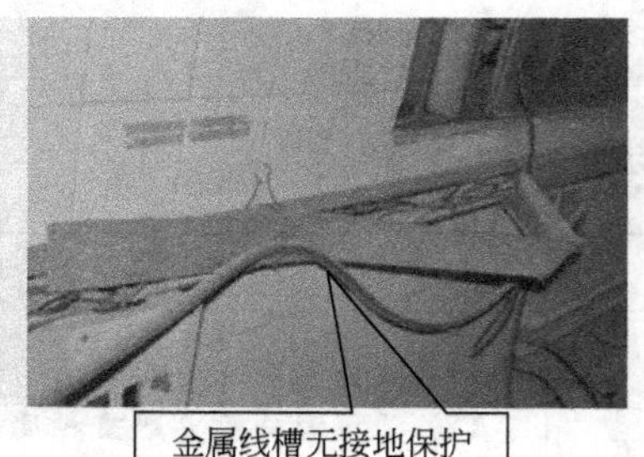

金属线槽无接地保护

10.1 安全用电技术

10.1.1 触电及对人体的伤害形式

1. 电击

电流通过人体时，在人体内部造成器官的损伤，而在人体外表不一定留下电流痕迹，人们将这种触电现象叫做电击。电击的危险性最大，一般触电死亡事故都是由电击引起。

2. 电伤

电伤是指由于电流的热效应、化学效应、机械效应及在电流作用下，使熔化或蒸发的金属微粒等侵袭人体皮肤，使局部皮肤受到灼伤、烤伤和皮肤金属化的伤害，严重的也可以致人死亡。

3. 触电的形式

触电的形式可分 3 种：单相触电、两相触电和跨步电压触电。

1）单相触电

在低压系统中，人体触电是由于人体的一部分直接或通过某种导体间接触及电源的一相，人体的另一部分直接或通过导体间接触及大地，使电源和人体及大地之间形成一个电流通路，这种触电方式称为单相触电(图 10.1)。

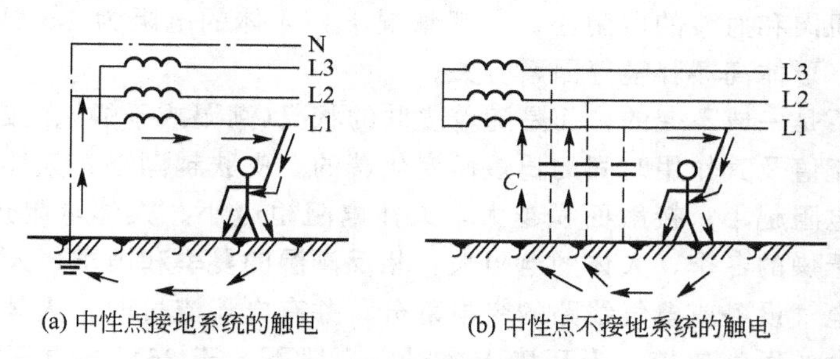

图 10.1　单相触电示意图

2）两相触电

在低压系统中，人体两部分直接或通过导体间接分别触及电源的两相，在电源与人体之间构成了电流通路，这种触电方式称为两相触电(图 10.2)。不管是单相触电还是两相触电，若电流通过人体心脏，则是最危险的触电方式。

3）跨步电压触电

在高压接地点附近地面电位很高，距接地点越远则电位越低，当人的两脚踩在不同电位点时，形成电压差而发生的触电称为跨步电压触电(图 10.3)。跨步越大越危险，尤其是靠近高压接地点时则非常危险，人距离高压接地点越远越安全，所以建筑物防雷规范规定接地极距离建筑物外墙距离应在 3m 以外。

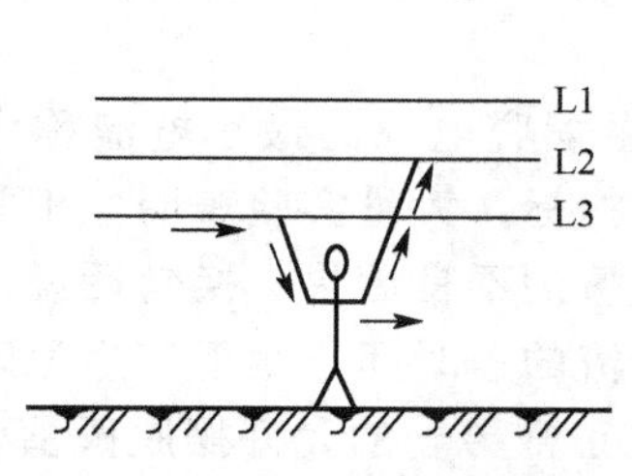

图 10.2　两相触电示意图

图 10.3　跨步电压触电示意图

在高压系统中，由于电压高，相线之间或相线与大地之间，当距离到达一定范围时，空气就会被击穿、所以在高压系统中，除了人体直接或通过导体间接触及电源会发生触电外，当人体直接或通过导体间接接近高压电源且电压之间距离达到一定范围时，电源与人体之间的介质被高压击穿也会导致触电。人体在高压电源周围发生触电的危险间距与空气等介质的温度、湿度、压强、污染及电极形状和电压高低有关。

10.1.2 影响触电严重程度的因素

1. 电流和人体电阻

影响触电严重程度的因素主要是电流，电流的大小取决于人体的电阻及触电电压。人体的电阻各有不同，人体各部位的电阻也不相同。例如，如人体的皮肤、脂肪、骨骼和神经的电阻大，而肌肉和血液的电阻小。一般情况下，人体的电阻为1～2kΩ，与人体的年龄、职业、性别、形体高矮胖瘦等因素有关。

人体的电阻不是一成不变的，而是随着皮肤的状况(潮湿或干燥)、接触电压高低、接触面积大小、电流值及其作用时间的长短而变化着的。皮肤越潮湿，人体电阻越小；接触电压越高，人体电阻越小；接触面积越大，人体电阻也越小。人体电阻还与温度、气候、季节有关，寒冷干燥的冬季，人体的电阻大，相反潮湿的夏季和雨季，人体的电阻小。

当人体接触电气设备或电气线路的带电部分，并有电流流过时，人体将会因电流的刺激而产生危及生命的医学效应。当环境干燥时，一般不大于36V的电压或小于10mA的电流，对人不会造成生命危险，虽然触电者感觉麻木，但自己可以摆脱电源；而当电流大于10mA时，人的肌肉就可能发生痉挛，时间一长，就有伤亡危险。

1）感觉阈值

能引起人的感觉的最小电流称为感觉阈值，习惯上称为感知电流。通过对人体直接进行的大量实验表明，对于不同的人，不同的性别，感知电流是不同的。如取其平均值，则成年男性的平均感知电流约为1.1mA；成年女性的平均感知电流约为0.7mA。感觉阈值与电流的频率有关，随着频率的增加，感觉阈值的极值将相应增加。例如，对男性来说，当频率从50Hz增加到5000Hz时，感知电流从1.1mA增加至7mA。

2）反映阈值

引起意外的不自主反应的最小电流称为反应阈值，习惯上称为反应电流。这种预料不到的电流作用，可能导致高空摔跌或其他不幸。因此反应阈值可能会给工作人员带来危险，而感觉阈值则不会造成什么后果。在数值上反应阈值一般略大于感觉阈值。

3）摆脱阈值

人触电后，在不需要任何外来帮助的情况下能自主摆脱电源的最小电流称为摆脱阈值，习惯上也称摆脱电流。摆脱电流是一项十分重要的指标，大量实验表明，正常人在能摆脱电源所需的时间内，反复经受摆脱电流，不会有严重的不良后果。换句话说，在摆脱电流作用下，触电者既能自行脱离危险，又不会在该电流的短时间作用下产生危险，即人体是能够经受摆脱电流作用的。从安全角度考虑，规定正常男子的允许摆脱阈值为9mA，正常女子为6mA。

4）心室纤颤阈值

触电后，引起心室纤颤概率大于5%的极限电流称为心室纤颤阈值，习惯上也称心室纤颤电流。当触电时间小于5s时，可用$I=165/t-1/2$来计算心室纤颤阈值；当触电时间大于5s时，则以30mA作为引起心室纤颤的又一极限电流值。大量的实验表明，当触电电流大于30mA时，才有发生心室纤颤的危险。

为供参考，现将动物实验所得的结果经过处理后，将电流及时间分成几个范围，分别按不同的范围确定不同的安全极限，见表 10－1。

表 10－1　触电电流和人体的生理反应

电流范围	50～60HZ 电流有效值/mA	通电时间	人体的生理反应
0	0～0.5	连续	无感觉
A1	0.5～5（摆脱电流）	连续	开始有感觉，手指、手腕等处有痛感，没有痉挛，可以摆脱带电体
A2	5～30	以数分为极限	痉挛，不能摆脱带电体，呼吸困难，血压升高，但仍属可忍受的极限
A3	30～50	数秒到数分	心脏跳动不规则，昏迷，血压升高，引起强烈痉挛，时间过长即引起心室颤动
B1	50～数百	低于心脏搏动周期	虽受强烈冲击，但未发生心室颤动
		超过心脏搏动周期	发生心室颤动，昏迷，接触部位留有电流通过痕迹。（搏动周期相位与开始触电时刻无特别关系）
B2	超过数百	低于心脏搏动周期	即使低于搏动周期的通电时间，如在特定的搏动相位开始触电时，也会发生心室颤动，昏迷，接触部位有电流通过的痕迹
		超过心脏搏动周期	未引起心室颤动，将引起恢复性心脏跳动，昏迷，有烧伤、死亡的可能性

2. 触电的时间

电击伤害的轻重，还与电流通过人体的时间有关，如图 10.4 所示。一方面，电流通过人体的时间越长，人体的电阻越低；另一方面，人的心脏每收缩扩张一次，中间约有 0.1s 的间歇时间，这 0.1s 对电流最敏感，假如这一瞬间电流通过心脏，即使电流很小也会引起心室纤维性颤动，乃至使人窒息。如果电流不在这一瞬间通过心脏，即使电流较大，也不会使人窒息而死。可见，人体触电时间在 1s 以上也是人体的一个生死关。相关研究表明，触电时间与流入人体的电流的乘积如果超过 30mA·s，就会发生人体触电死亡事故。

在图 10.4 中，①区为无反应区，在此区域内，人一般没有反应；②区为无有害生理危险区，在此区前段人体开始有点麻木，到后段区域则人体会产生轻微痉挛，麻木剧痛，但可以摆脱电源；③区为非致命纤维性心室颤动区，在此区域里，人体会发生痉挛，呼吸困难，血压升高，心脏机能紊乱等反应，此时摆脱电源的能力已较差；④区为可能发生致命的心室颤动的危险区，在此区域内人已无法脱离电源，甚至会停止呼吸，心脏停止跳动。

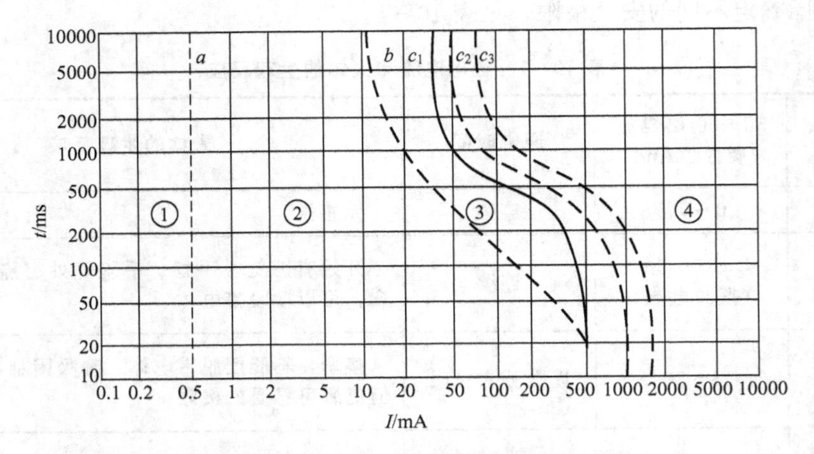

图 10.4 电流对人体伤害程度效应区域图

3. 电流的频率

国际电工委员会(IEC)的标准明确指出，人体触电后的纯医学效应与触电电流的种类、大小、频率和流经人体的时间有关。在交流供电系统中，低频比高频危险，而 50Hz 属于低频。

电流的频率除了会影响人体的电阻外，还会对触电的伤害程度产生直接影响。25～300Hz 的交流电对人体的伤害远大于直流电。同时对交流电来说，当低于或高于以上频率范围时，它的伤害程度就会显著减轻。

在高频情况下，人体也能承受较大的电流，当频率高于 1000Hz 时，其伤害程度比工频时将有明显减轻。

10000Hz 高频交流电的最小感知电流对于男性约为 12mA，女性约为 8mA；平均摆脱电流对于男性约为 75 mA，女性约为 50 mA；可能引起心室颤动的电流，通电时间为 0.03s 时约为 1100mA，通电时间为 3s 时约为 500mA。

在实际生产中，经常使用的频率为 3kHz、10kHz 或更高频设备，至今还未统计到触电死亡事例，仅有并不严重的灼伤事例。但是高压高频的强电设备，如烘干、淬火所用的高频设备，也有使人触电致死的危险。

4. 电流的路径

电流流经人体的途径，对于触电的伤害程度影响甚大。电流通过心脏、脊椎和中枢神经等要害部位时，触电的伤害最为严重。电流通过心脏会引起心室颤动，较大的电流还会使心脏停止跳动。电流通过中枢神经或脊椎时，会引起有关的生理机能失调，如窒息致死等。电流通过脊椎，会使人截瘫。电流通过头部使人昏迷，若电流较大，会对大脑产生严重的伤害而致死。因此，从左手到胸部及从左手到右脚是最危险的电流途径，从右手到胸部、从右手到脚、从手到手等都是很危险的电流途径，从脚到脚一般危险性就较小，但不等于说就没危险。例如，由于跨步电压而造成触电时，开始电流仅通过两脚间，触电后由于双足激烈痉挛摔倒，此时电流就会流经其他要害部位，同样会造成严重后果。另一方面，即使两脚触电，也会有一部分电流流经心脏，这同样会带来危险。

5. 周围环境

周围环境的潮湿情况及摆脱电源的空间大小也与受伤程度有关。特别是在金属容器中工作时，人的脚直接踩在金属容器上，电流很容易通过人体，所以在金属容器中用手把灯照明时，应将电压调在12V及以下。

6. 触电部分的压力

压力越大，则接触电阻越小，因此触电的危险性就越大。

7. 人体健康情况及精神状态

很显然，如果人有心脏病，承受电击的能力就差，危害的程度也就越严重。

10.1.3 触电的规律及防护措施

1. 触电的规律

(1) 触电事故中，年轻人居多，老年人很少。这是因为生产第一线主要是年轻人，而且年龄大的人经验多，事故自然就少。

(2) 触电有季节性。雨季触电事故多，如6～9月份触电事故占全年的80%以上。因为气候潮湿造成绝缘电阻下降，人体电阻也降低，所以5月份通常称为安全月，应对各种安全设施提前进行全面检查。

(3) 低压电比高压电触电概率多。有的资料表明，触电事故中低压触电占68.7%，高压触电占31.3%。

(4) 行业影响。从行业上看，冶金、建筑、建材、矿山等行业触电事故居多，这些行业属于劳动密集型产业，手持电动工具多，漏电触电的机会也多。工人简单培训后就上岗，甚至不经培训就上岗也是事故多发的原因。

2. 触电急救

触电者能否获救，关键在于能否尽快脱离电源和施行正确的紧急救护措施。

(1) 尽快使触电者脱离电源。抢救时必须注意，触电者身体已经带电，直接使他(她)脱离电源，对抢救者来说极其危险，为此应立即断开就近电源开关。若距电源开关太远，抢救者可用干燥的、不导电的物件，如木棍、竹竿、绳索、衣服等拨(拉)开电源电线，或把触电者拉开，如图10.5所示。抢救者应穿绝缘鞋或站在干燥的木板上进行这项工作。

图10.5 低压触电救护图

如果触电者在痉挛而紧握电线时，可用干燥的木柄斧、胶把钳等工具切断电线，或用干燥木板、干胶木板等绝缘物插入触电者身下，以切断触电电流。也可采用短路法使电源掉闸。

若事故发生在高压设备上，则应通知有关部门停电；或者穿上绝缘靴，带上绝缘手套，用相应等级的绝缘棒或绝缘钳进行上述的脱离电源工作。

使触电者脱离电源的办法，应根据具体情况以快为原则选择采用。但应该注意，要防止触电者脱离电源后摔伤，尤其触电者在高处时，要有具体保护措施。

(2) 脱离电源后的救护方法：触电者脱离电源后，应尽量在现场抢救，救护方法应根据伤害程度的不同而不同。

① 若触电者没有失去知觉，应让他就地静卧，并请医生前来诊治。

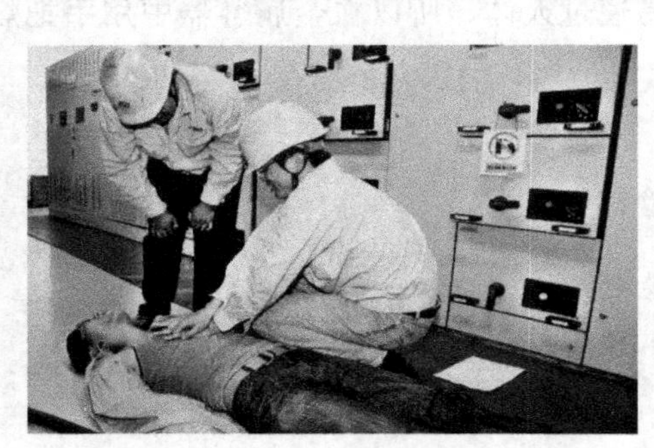

图 10.6　人工心脏挤压救护图

② 若触电者失去知觉，但还有呼吸或心脏还在跳动，应让他舒适、安静地平卧，劝散围观者，使空气流通，解开他的衣服以利呼吸，若如天气寒冷，还应注意保温，并迅速请医生诊治。如发现触电者呼吸困难，抽搐，不时还发生抽筋现象，应准备在心脏停止跳动、停止呼吸后立即进行人工呼吸和心脏挤压，图 10.6 为人工心脏挤压救护图。

③ 如触电者呼吸、脉搏、心脏跳动均已停止，这种情况往往是假死，切勿慌乱，不要随意翻动触电者，必须立即施行人工呼吸和心脏挤压，并迅速请医生诊治，千万不要放弃救治。

对触电者的抢救，往往需要很长时间(有时要进行 1～2h)，必须连续进行，不得间断，直到呼吸和心脏恢复正常，面色好转，嘴唇红润，瞳孔缩小，才算抢救完毕。

(3) 人工呼吸和心脏挤压法。人工呼吸法有俯卧压背法、俯卧牵臂法和口对口吹气法 3 种，其中最有效的是口对口吹气法。其要领如下。

① 迅速解开触电者的衣扣，松开紧身内衣、裤带，使触电者胸部和腹部自由舒张，并使触电者仰卧，胫部伸直。掰开触电者的嘴，清除口中的呕吐物，使呼吸道畅通。有活动假牙的要摘取下来。然后使触电者的头部尽量后仰，让鼻孔朝天，这样舌头根部就不会堵塞气流，注意头下不要垫枕头。

② 救护人员在触电者头部旁边，一手捏紧触电者的鼻孔(不要漏气)，另一只手扶着触电者的下颌，在触电者张开的嘴上可盖上薄纱布。

③ 救护人员做深呼吸后，紧贴触电者的嘴吹气，同时观察其胸部的鼓胀情况，以胸部略有起伏为宜。胸部起伏过大，表示吹气太多，容易吹破肺泡；胸部无起伏，表示吹气用力过小，作用不大。

④ 救护人员吹气完毕准备换气时，应立即离开触电人的嘴，并且放开捏紧的鼻孔，让其自动向外呼气。这时应注意触电人胸部复原情况，观察有无呼吸道梗阻现象。按以上步骤不断进行，对成年人每分钟大约吹气 14～16 次(约 4～5s 吹一次)。对儿童每分钟大约吹气 18～24 次，不必捏紧鼻子可任其自然漏气，并注意不要使儿童胸部过分膨胀，防止吹破肺泡。若触电者的嘴不易掰开，可捏紧嘴，对鼻孔吹气。

心脏挤压法又叫心脏按摩，即用人工的方法在胸外挤压心脏，使触电者恢复心脏跳动。方法如下。

① 使触电者仰卧，保证呼吸道畅通(具体情况同吹气法)。背部着地处应平整稳固，以保证挤压效果，不可躺在软的地方。

② 选好正确的压点。救护人员跪在触电者腰部的一侧，或者跨腰跪在腰部，两手相叠，把下边的手的掌根部放在触电者胸部稍下一点的地方。

③ 掌根适当用力向下挤压。对成人可压下 3～4cm；对儿童应只用一只手，并且用力

要小一些，压下深度要浅些。

④ 挤压后，掌根要迅速放松，让触电者胸部自动复原。

对成年人每分钟大约挤压60次；对儿童每分钟挤压90次左右。触电者如果停止呼吸，应采用口对口吹气法；如果心脏也停止跳动，必须和胸外心脏挤压同时进行，每挤压心脏四次，吹一口气，操作比例为4∶1，最好由两个人同时进行。

10.1.4 安全用电

因低压配电系统遍及生产、生活的各个领域，所以人们随时都要与其接触。当由于某种原因使其外露导电部分带电时，人们若与其接触，就有可能遭受电击(人们常说的触电)，危及人们的生命安全。为了保证人们的生命安全，必须采用相应的保护措施。本节主要讲述低压配电系统的防触电保护。

1. 常用的防护方法

(1) 采用护栏或阻拦物进行保护，阻拦物必须能防止如下两种情况之一发生。

① 在正常工作中设备运行期间，无意识地触及带电部分。

② 身体无意识地接近带电部分。

(2) 将设备置于伸直手臂范围以外的压域，凡是能同时触及不同电位的两部位间的距离，严禁在伸臂范围以内。在计算伸臂范围时，必须将手持较大尺寸的导电物件考虑进去。

(3) 在裸露的高压带电体旁应设置护栏或标志，为的是防止人畜走近而遭受跨步电压的伤害。标志的形式有红色灯泡、挂牌(牌上写“高压危险，请勿靠近!”或画有～符号)。

设置护栏的距离可以参考表10-2。

表10-2 护栏距离参考值

外线电压/kV	1～3	6	10	35
线路至护栏(室内)	0.825	0.85	0.875	1.05
安全距离(室外)/m	0.95	0.75	0.95	1.15

(4) 施工操作应保持安全距离，见表10-3。

表10-3 施工安全距离

电压/kV	1以下	1～10	35～110
最小操作距离/m	4	6	8

(5) 架空线路应保持最小的安全距离，见表10-4。

表10-4 架空线路最小安全距离

外线电压/kV	1以下	1～10	35
最小垂直距离/m	6	7	7

（6）间接接触保护法。用自动切断电源的保护（包括漏电电流动作保护）并辅以总等电位联结，使工作人员不致同时接触两个不同电位的保护（即非导电场所的保护）；使用双重绝缘或加强绝缘的保护；用不接地的局部等电位联结的保护。

（7）直接接触与间接接触兼顾的保护，宜采用安全超低压和功能超低压的保护方法来实现。

安全超低回路的带电部分严禁与大地连接，或与构成其他回路的一部分或保护线连接，使用安全超低压的设备外露可导电部分严禁直接接地或通过其他途径与大地连接。

10.2 漏电保护技术

10.2.1 安装漏电保护开关的目的与要求

根据《剩余电流动作保护电器的一般要求》(GB/Z 6829—2008)，建议带有插座的家庭安装动作电流小于 30mA 的漏电开关。工业、农业用电小于 32A 的电路亦应有同样的要求。我国劳动人事部制定的《手持式电动工具的管理、使用、检查和维修安全技术规程》(GB 3787—2006)要求Ⅰ、Ⅲ类手持电动工具应安装漏电保护开关。

在建筑工地现场，给临时供电设施安装漏电保护器的必要性更是显而易见的，因为建筑工地供电的特点是移动性大，有临时性，各个工种立体交叉作业互相影响大、容易乱，手持电动工具多，随意性强。

漏电保护开关（也称为剩余电流动作保护器）可以对低压电网中的直接触电和间接触电进行有效的防护，这是其他保护电器（如熔断器、自动空气开关等）所不能比拟的。

自动空气开关和熔断器主要是用来切断系统的相间短路故障的，正常时要通过负荷电流，其保护动作值要按超越正常负荷电流值整定，故一般较大。

而漏电保护开关只反应系统的剩余电流，正常运行时系统的剩余电流几乎为零，在发生漏电或触电事故时，电路产生剩余电流，初始值一般甚小，因此它的动作值可以整定得很小（一般为毫安级）。

在系统发生接地故障（如人员触电、设备绝缘损坏、碰壳接地等）时，会出现较大的剩余电流，漏电保护开关能可靠地动作，切断电源。

例如，设人体电阻为 800Ω，人体若直接触及 220V 相线，因中性点接地电阻相对甚小可以忽略，此时通过人体的电流为

$$I=\frac{220}{800}=0.26\text{A}=260\text{mA}$$

这个电流已远大于心室纤颤阈值，但对一般自动空气开关和熔断器来说，却根本不会动作，而采用漏电保护开关却完全可以可靠地切断电源供电。由此可见，对于漏电和触电，漏电保护开关均有其独特的防护功能，因此被广泛使用。

漏电保护器安装在低压电网电源端或进线端，以实现对所属网络的整体保护。漏电保护器只作为直接接触防护中基本保护措施的附加保护。在 TN 系统中，当发生绝缘损坏故障，且故障电流值小于过电流保护装置的动作电流值时，需要安装漏电保护器。采用漏电

保护器的 TN 系统中使用的电气设备外漏可导电部分可根据电击防护措施具体情况，采用单独接地，形成局部 TT 系统。

10.2.2 漏电开关的种类及工作原理

图 10.7 为三相漏电断路器工作原理图。

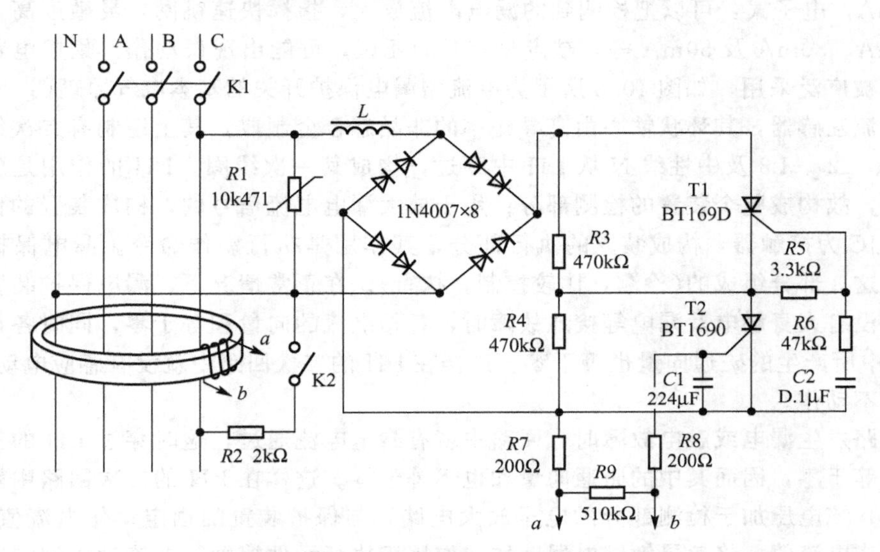

图 10.7 三相漏电断路器工作原理图

图中 L 为电磁铁线圈，漏电时可驱动闸刀开关 K1 断开。每个桥臂用两只 1N4007 串联可提高耐压。$R3$、$R4$ 阻值很大，所以 K1 合上时，流经 L 的电流很小，不足以造成开关 K1 断开。$R3$、$R4$ 为晶闸管 T1、T2 的均压电阻，可以降低对晶闸管的耐压要求。K2 为试验按钮，起模拟漏电的作用。按压试验按钮 K2，K2 接通，相当于外线相线对大地有漏电，这样，穿过磁环的三相电源线和中性线的电流的矢量和不为零，磁环上的检测线圈的 a、b 两端就有感应电压输出，该电压立即触发 T2 导通。由于 $C2$ 预先充有一定电压，T2 导通后，$C2$ 便经 $R6$、$R5$、T2 放电，使 $R5$ 上产生电压触发 T1 导通。T1、T2 导通后，流经 L 的电流大增，使电磁铁动作，驱动开关 K1 断开，试验按钮的作用是随时可检查本装置功能是否完好。用电设备漏电引起电磁铁动作的原理与此相同。$R1$ 为压敏电阻，起过压保护作用。

1. 漏电保护器的种类

从名称上分有“触电保护器”、“漏电开关”、“漏电继电器”等。凡称“保护器”、“漏电器”、“开关”者均带有自动脱扣器。凡称“继电器”者则需要与接触器或低压断路器配套使用，间接动作。

按工作类型划分有开关型、继电器型、单一型漏电保护器、组合型漏电保护器(由组合型漏电保护器与低压断路器组合而成)。

按相数或极数划分有单相一线、单相两线、三相三线(用于三相电动机)、三相四线(动力与照明混合用电的干线)。

按结构原理划分有电压动作型、电流型、鉴相型、脉冲型。

电压动作型漏电保护器适用于电源中性点不接地的时候，而且只能做低压保护，不能做分保护。

2. 电流型漏电保护器的工作原理

电流型漏电保护器可分为电磁式和电子式两种。电磁式：可靠性好，一般动作电流不小于 30mA。电子式：可以把检测到的漏电电流放大，指挥快速跳闸，灵敏度高，动作电流有 15mA、30mA 及 50mA 等，缺点是有时间死区，可能出现误动作。集成电路有抗干扰能力，被广泛采用。如图 10.8 所示为电流型漏电保护开关的基本电气原理图。图中 LH 为剩余电流互感器，其环状铁心由高导磁率的非晶态合金制成，其上绕制有二次线圈，电源线 L1 、L2 、L3 及中性线 N 从 LH 中穿过，构成其一次线圈。LH 的作用是反映漏电电流信号，故构成整个装置的检测部分；用于放大漏电电流信号的，构成装置的比较、控制部分；JC 为接触器，构成装置的执行部分，其作用是执行动作命令。漏电保护装置一般都是由这 3 部分组成的(检测，比较控制，执行)。在正常情况下，漏电保护装置所控制的电路中没有人身触电及漏电等接地故障时，各相电流的向量和等于零，同时各相电流在 LH 铁心中所产生的磁通向量也等于零。这样在 LH 的二次回路中就没有感应电动势输出，漏电装置不动作。

当电路发生漏电或触电故障时，回路中就有漏电电流通过，这时穿过 LH 的三相电流向量和不等于零，因而其中的磁通向量和也不等于零。这样在 LH 的二次回路中就有一个感应电压，该电压加于检测部分的电子放大电路，与保护装置的预定动作电流值相比较，若大于动作电流值，将使灵敏继电器动作，作用于执行元件掉闸。电流动作型漏电保护开关原理框图如图 10.8 所示。

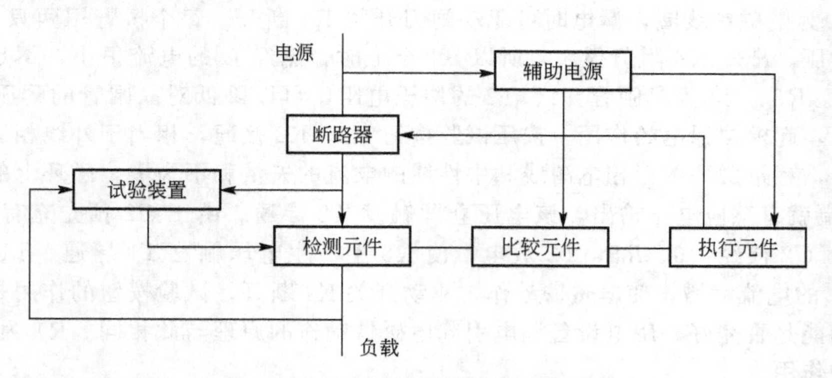

图 10.8　电流动作型漏电保护原理图

很明显，使用电流动作型漏电保护开关可不改变系统原有的运作方式。当电网三相对地阻抗平衡时，人体触电电流将全部反映给保护器的控制元件，不存在电网阻抗分流的影响。但实际上电网三相对地阻抗通常是不平衡的，因此保护器实际检测到的信号电流是人体触电电流及电网不平衡漏电电流的向量和。所以，当电网不平衡漏电电流达到保护器的起动电流值时，线路将送不上电；人体触电电流与三相不平衡电流反相时，会使保护器动作的灵敏度下降。从以上分析可知，电网不平衡漏电电流是影响电流动作型漏电保护开关工作稳定性的一个重要因素。

1）电流型漏电保护器的磁路与电流的关系

单相负载时，在负载正常工作的情况下，根据电磁原理，穿过零序电流互感器环内的磁通 $\Phi=\mu HS$。单相负载有一根相线一根中性线，流入磁环内的电流I_1和流回磁环内的电流I_2产生的磁场强度分别为H_1和H_2，磁环内磁场强度 H 如下。

单相负载时，

$$\dot{H}=\dot{H}_1+\dot{H}_2=\frac{N_1\dot{I}_1}{L_1}+\frac{N_2\dot{I}_2}{L_2}=\frac{N}{L}(\dot{I}_1+\dot{I}_2)=0$$

式中，N_1 和 N_2——零序电流互感器一、二次线圈数，显然 N_1 等于 N_2 等于 N；

L_1和 L_2——电感系数，显然相等，电感系数均为 L。

因为正常工作时没有漏电现象，所以$\dot{I}_1$和$\dot{I}_2$大小相等，方向相反，总磁场强度 H 为零，因此零序电流互感器二次侧没有感应电流，漏电开关不动作。

若负载出现漏电电流，漏电电流通过人体或其他路径流走，而没有通过零序电流互感器磁环内流回去，则$\dot{I}_1$和$\dot{I}_2$大小不相等，因此零序电流互感器二次侧产生感应电流，经过放大器放大，驱使漏电开关跳闸。

同理，在三相负载时，

$$\dot{H}=\dot{H}_1+\dot{H}_2+\dot{H}_3=\frac{N_1\dot{I}_1}{L_1}+\frac{N_2\dot{I}_2}{L_2}+\frac{N_3\dot{I}_3}{L_3}$$

因为 $L_1=L_2=L_3=L$，即电感系数相等，$N_1= N_2= N_3= N$ 所以，

$$\dot{H}=\frac{N}{L}(\dot{I}_1+\dot{I}_2+\dot{I}_3)$$

当三相负载平衡时，三相电流的向量和为零，即$\dot{I}_1+\dot{I}_2+\dot{I}_3=0$。

当三相负载不平衡时，只要不漏电，输出就为零。

当漏电时，$H=\frac{N}{L}I_0$，磁通 $\Phi=\mu HS$ 感应电动势 $E=N_2\frac{\mathrm{d}\Phi}{\mathrm{d}t}$，因此零序电流互感器二次侧产生感应电流，经过放大器放大，驱使漏电开关跳闸。

2）电磁式保护器工作过程

电磁式保护器工作过程如图 10.9 所示。

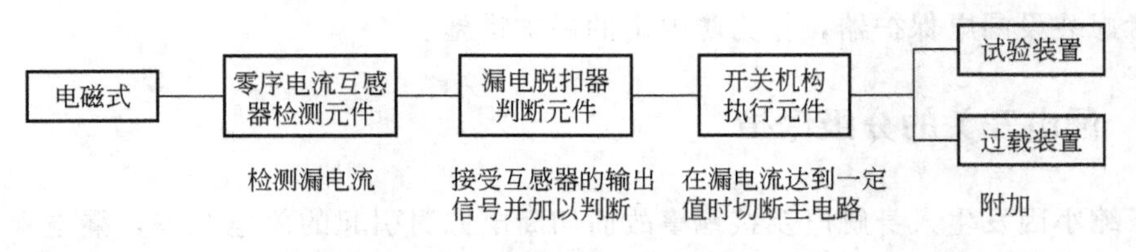

图 10.9 电磁式保护器工作过程示意图

3）电子式保护器的动作特性

电子式保护器的动作电流可以调整，其范围为 15～100mA，时间不大于 0.1s，出厂时已经调好，标注于铭牌上。

动作特性是动作电流乘以动作时间，一般是 30mA·s。

不动作电流不大于额定动作电流的 1/2。

4）电磁式保护器和电子式保护器特性的比较

电磁式保护器和电子式保护器特性的比较见表 10－5。

表 10－5　电磁式和电子式保护器特性比较表

序号	项　目	电　磁　式	电　子　式
1	灵敏度	30mA 以下比较困难	高
2	延时特性	难	易
3	辅助电源	不要	要
4	电源电压的影响	无	有，有稳压电路则无
5	温度对特性的影响	无	有，有温度补偿则无
6	重复操作时特性波动	较大	小
7	耐压试验	较高	较差，有过电压吸收电路则强
8	耐感应雷的性能	强	较差，有过电压吸收电路则强
9	耐机械冲击性能	一般	强
10	可靠性的关键	加工精度	电子元件质量及可靠性
11	对零序电流互感器的要求	高	低
12	制作技术工艺	精密，复杂	方便，简单
13	成本	高	低
14	抗干扰的能力	强	较弱
15	绝缘性能	好	差
16	实现延时	难	容易
17	断电后漏电保护特性	好	较差

施耐德公司生产的 VigiC65N 加漏电开关均有滤波装置，可防瞬间电压及浪涌电流引起的误动作。

为了防止电气设备与线路因绝缘损坏引起的电气火灾，宜装设漏电电流超过预定值时，能够发出声光信号报警或自动切断电源的漏电保护器。为了防止电气火灾而安装的漏电保护器、漏电继电器或报警装置，与线路末端保护的关系宜形成分级保护。安装在电源端的漏电保护器应采用低灵敏度延时型的漏电保护器。TT 系统的电气线路或电气设备，应优先考虑装设漏电保护器，作为防电击的保护措施。

10.2.3　漏电开关的分级保护

为了缩小因发生人身触电及接地事故而切断电源时引起的停电范围，漏电保护器的分级保护一般分为两级。两级漏电保护器的额定漏电电流和动作时间应协调配合。

1. 漏电开关分级保护系统图

如图 10.10 所示为漏电开关分级保护系统图。

2. 漏电电流保护装置的动作电流

漏电电流保护装置的动作电流宜按下列数值选择。手握式用电设备为 6mA；环境恶劣或潮湿场所(如高空作业，水下作业等处)的用电设备为 6～10mA；医疗电气设备为

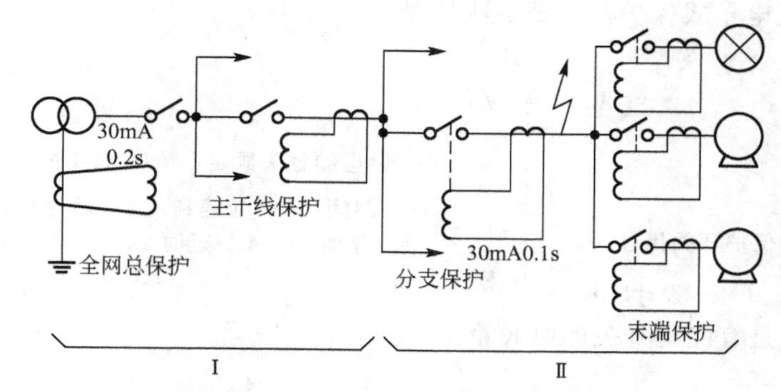

图 10.10 漏电开关的分级保护系统图

Ⅰ—第一级保护；Ⅱ—第二级保护

6mA；建筑施工工地的用电设备为15～30mA；家用电器回路为30mA；成套开关柜、分配电盘等为100mA以上；防止电气火灾为300mA。为确保消防电源的连续供电，消防电气设备的漏电电流动作保护装置只发出漏电信号而不自动切断电源。

3. 漏电保护器级数的选择

单相220V电源供电的电气设备，应选择二极二线式或单极二线式漏电保护器。三相三线式380V电源供电的电气设备，应选用三极式漏电保护器。三相四线式380V电源供电的电气设备，或单相设备与三相设备共用的电路，应选用三极四线式、四极四线式漏电保护器。

4. 根据电气设备的环境要求选用漏电保护器

漏电保护器的防护等级应与使用环境条件相适应。对电压偏差较小的照明电气设备，以及在高温或特低温度环境下的电气设备，应优先选用电磁式漏电保护器。雷电活动频繁地区的电气设备应选用冲击电压不动作型漏电保护器。安装在易燃、易爆、潮湿或有腐蚀性气体等恶劣环境下的漏电保护器，应根据有关标准选用特殊防护条件的漏电保护器，否则应采取相应的防护措施。

10.2.4 漏电开关的型号

型号含义：DZ15L-60/3，型号中的L是电磁式漏电开关，C表示集成电路式，E表示电子式，60是壳架等级额定电流(还有40A等)，3是极数。

漏电开关的型号很多，仅举如下几个实例。

【例10.1】

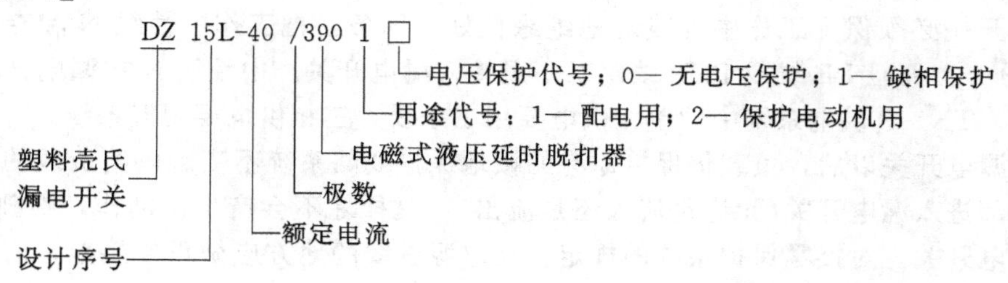

DZ18～20 是电子式保护器，都是两种保护。

【例 10.2】

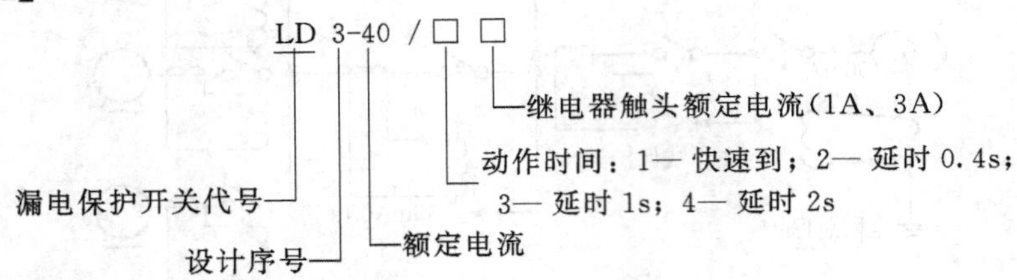

ZDXL -□R 是有漏电开关的电表箱。

10.2.5 漏电开关的安装与接线

1. 安装漏电断路器的设备和场所

(1) 属于Ⅰ类的移动式电气设备及手持式电动工具。

(2) 安装在潮湿、强腐蚀性的环境恶劣场所的电气设备。

(3) 建筑施工工地的电气施工机械设备。

(4) 暂设临时用电的电气设备。

(5) 宾馆、饭店及招待所客房内的插座回路。

(6) 学校、企业、住宅管建筑物内的插座回路。

(7) 游泳池、喷水池、浴池的水中照明设备。

(8) 安装在水中的供电线和设备。

(9) 医院中直接接触人体的电气医用设备。

(10) 其他需要安装漏电保护器的场所。

2. 接线前被保护设备相数、线数的检查

TN 系统和 TT 系统在下列场所应安装漏电保护器：Ⅰ、Ⅲ类手持电动工具；建筑工地施工机械电气；电气实验室实验台；潮湿场所使用电器；宾馆使用的移动式电器；生活理发用电器及其他需要的地方。接线前的准备工作主要有以下几点。

(1) 查清工作电压，核对额定电压、工作电流、漏电动作电流及分段时间。

(2) 漏电开关安装的地点确定：配电箱、板等要防雨、防潮、防尘，环境温度不大于40℃，避开强磁场，距离铁心线圈电器不小于 30cm。

(3) 工作中性线和相线无混淆，上接电源，中性线应穿过零序电流互感器。

(4) 单相漏电保护器可以用四线，不能用三线，也不能用三相三线漏电开关代替四线漏电开关。

漏电开关必须保证工作中性线对地绝缘良好。即务必把工作中性线 N 和专用保护线 PE 严格分开。而且 PE 线或 PEN 线绝对不可接入漏电开关。中性线 N 在漏电开关的前面可以接地。TN－S 供电系统中的单相供电要用三条线，三相供电要用五条线。

安装漏电开关以后，负载仍保持原有的接地保护线路系统不变。供给负载的全部工作电流应全部进入漏电开关(无论是流入还是流出)，这样才不会产生误动作，唯独 PE 线不准进入漏电开关。对接零保护系统的规定：在电源进线的地方应做重复接地，而在负载侧不得再做重复接地，仍保持接零系统不变。

安装时必须严格区分中线和保护线，三极四线式和四极式漏电保护器的中线应接入漏电保护器。经过漏电保护器的中线不得作为保护线，不得重复接地或接设备外露可导电部分。保护线不得接入漏电保护装置。此外，漏电保护器的安装必须由经过技术考核合格的电工进行操作。

3. 漏电保护器对低压电网的要求

漏电保护器负载侧的中线不得与其他回路共用。电气设备装有高灵敏度的漏电保护器时，则电气设备单独接地装置的接地电阻最大可放宽到500Ω，但预期接触电压必须控制在允许范围以内。装有漏电保护器的保护线路及电气设备，其泄漏电流必须控制在允许范围内。当其泄漏电流大于允许值时，必须更换绝缘良好的供电线路。安装漏电保护器的电动机及其他电气设备在正常运行时的绝缘电阻值不应小于0.5MΩ。

10.2.6 漏电开关的应用技术

漏电开关不动作的原因有以下几个方面。

(1) 漏电开关的输出端N线与地严格绝缘了，只是在输入端接地，这时断电的原因可能是前级有漏电开关，相当于前级漏电开关输出端接地了。

(2) 在TN-C系统中，接零保护设备的金属外壳碰地，如建筑施工中打混凝土用的震捣棒触及混凝土及钢筋漏电开关就跳闸，则相当于工作中性线N接地了。

(3) 漏电开关的质量不好。

10.2.7 漏电开关的选型

1. 结构形式的选择

集成电路优于分立元件；磁性材料宜用波莫合金、非晶态钛合金，不宜用硅钢片；宜用组合式，即低压断路器漏电保护元件组合在一起，如DZ10＋漏电元件，CJ20＋漏电元件。

家庭用漏电开关可以选用JL-1型(J—家用；L—漏电；1—设计序号)，有30mA、6A和16A几种规格。农用有AB62-16型(A—低压电器其他类；B—保护器；6—农用；2—序号；16—壳架电流等级，6A，10A，16A)。组合式常用DZ15L-40，壳架电流等级“40”中有10A、16A、20A、25A、32A、40A。壳架电流等级“63”中有25A、32A、40A、50A、63A、75A、100A。DZ10L-100型：漏电电流为75mA，I_N为100A，保护型，三相四线，做总体保护用。

2. 漏电动作电流的选择

漏电电流等级有6mA、10mA、15mA、30mA、50mA、75mA、100mA、200mA、500mA，1A、3A、5A、10A、20A等。按漏电动作电流选择，首先确定分几级保护，前级可以选用50～300mA，一般分两级保护，一级动作电流大，对150A以下的主干线，可以选用100mA。大于150A时，可以选择300mA动作电流，动作时间小于0.1～0.2s。二级及末级支路一般选用漏电动作电流 30mA 以下，而且具有反时限特性的漏电保护器。

漏电动作电流在 15mA 以下的漏电开关用在电动工具或移动式电器上、潮湿的地方、人站在金属容器上及坑道内时有可能造成二次伤害的地方。医疗电气设备用 6mA、0.1s 的漏电保护器，因接地困难选用 15～30mA 动作电流。住宅供电干线的全面保护用大于 30mA 的动作电流。中灵敏度漏电开关的动作电流大于 30mA，用于容量较大的设备(高速型)，可以提高接地保护的效果。

泄露电流的影响：任何绝缘都是有限度的，要考虑电气设备泄露电流的影响。在单相用电回路中，

$$I_{\Delta n} >= I_n/2000$$

对于三相设备有

$$I_{\Delta n} >= I_n/1000$$

式中，$I_{\Delta n}$——保护装置漏电电流(mA)；

I_n——最大负荷电流。

(1) 单相机配电时：动作电流小于 $I_{\Delta n}$，大于 $4I_{泄漏}$。

(2) 分支电流动作电流：应大于 $2.5I_{泄漏}$，同时大于其中一台最大设备的 $I_{泄漏}$。

(3) 对于主干线或全网络保护：$I_{\Delta n}$大于 $2I_{泄漏}$。

3. 漏电开关工作电流的选择

漏电开关工作电流的等级(IEC 标准)有 6A、10A、16A、20A、32A、40A、50A、63A、100A、200A、400A 等。

漏电开关额定电流大于负载计算电流或电动机额定电流即可。

有断路开关保护时，应校验极限通断能力，漏电开关的极限通断能力应大于计算的短路电流有效值。通断能力最小值的规定见表 10-6。

表 10-6 通断能力最小值

$I_{\Delta n}$	通断能力最小值 $I_{\Delta n}$
<10	300
10～50	500
50～100	1000
150～200	2000
200～250	3000

4. 额定电压的选择

用于 220/380V 低压配电系统，对脉冲电压不动作型的漏电开关规定峰值 7kV 时不发生误动作，连接室外架空线路的电气设备应选用冲击电压不动作型漏电保护器。

5. 极数的选择

极数的选择要看负荷情况，单相负荷用 1～2 极，三相用 3～4 极，动力用三极，电焊机用三相漏电开关代替，动力与照明混合用四极(实际保护用三极，N 极不断)。保护种类有单纯的漏电保护器、漏电保护加短路保护、漏电保护加短路保护加过载保护(常用低压断路器组合)、漏电保护加短路保护加过载保护加失电压欠电压保护(用几种电器组合而

成）。动作形式有两种：冲击波不动作型及冲击波动作型。

工程实施中根据《安全电压》(GB/T 3805—2008)规定：工作在安全电压下的电路必须与其他电气系统和任何无关的电路实行电路上的隔离。即与其他接地体、水暖管子等分开，即“悬浮”之。而根据《交流电气装置的接地设计规范》(GB/T 50065—2011)的接地规程规定：可能将接地网的高电位引向厂、站外或将低电位引向厂、站内的设备，应采取下列防止转移电位引起危害的隔离措施。

(1) 站用变压器向厂、站外低压电气装置供电时，其0.4kV绕组的短时（1min）交流耐受电压应比厂、站接地网地电位升高大40%。向厂、站外供电用低压线路采用架空线，其电源中性点不在厂、站内接地，改在厂、站外适当的地方接地。

(2) 对外的非光纤通信设备加隔离变压器。

(3) 通向厂、站外的管道采用绝缘段。

(4) 铁路轨道分别在两处加绝缘鱼尾板等。

10.3 特殊场所的安全防护

10.3.1 医疗场所的安全防护

本节讲述的是对患者进行诊断、治疗、整容、监测和护理等的医疗场所的安全防护设计。

1. 分类

医疗场所应按使用接触部件所接触的部位及场所分为0、1、2三类，各类应符合下列规定

(1) 0类场所应为不使用接触部件的医疗场所。

(2) 1类场所应为接触部件接触躯体外部，及际2类场所规定外的接触部件侵入躯体的任何部分。

(3) 2类场所应为将接触部件用于诸如心内诊疗术、手术室及断电将危及生命的重要治疗的医疗场所。

2. 安全防护

医疗场所的安全防护应符合下列规定。

(1) 在1类和2类的医疗场所内，当采用安全特低电压系统(SELV)、保护特低电压系统(PELV)时，用电设备的标称供电电压不应超过交流方均根值25V和无纹波直流60V。

(2) 在1类和2类医疗场所，IT、TN和TT系统的约定接触电压均不应大于25V。

(3) TN系统在故障情况下切断电源的最大分断时间230V应为0.2s，400V应为0.05s；IT系统最大分断时间230V应为0.2s。

3. TN系统剩余电流保护

医疗场所采用TN系统供电时，应符合下列规定。

(1) TN-C系统严禁用于医疗场所的供电系统。

（2）在1类医疗场所中，额定电流不大于32A的终端回路，应采用最大剩余动作电流为30 mA的剩余电流动作保护器作为附加防护。

（3）在2类医疗场所中，当采用额定剩余动作电流不超过30mA的剩余动作电流保护器作为自动切断电源的措施时，应只用于下列回路。

① 手术台驱动机构的供电回路。

② 移动式X光机的回路。

③ 额定功率大于5kVA的大型设备的回路。

④ 非用于维持生命的电气设备回路。

（4）应确保多台设备同时接入同一回路时，不会引起剩余电流动作保护器(RCD)误动作。

4. TT系统剩余电流保护

TT系统要求在所有情况下均应采用剩余电流保护器，其他要求应与TN系统相同。

5. IT系统剩余电流保护

医疗场所采用IT系统供电时应符合下列规定。

（1）在2类医疗场所内，用于维持生命、外科手术和其他位于“患者区域”内的医用电气设备和系统的供电回路，均应采用医疗IT系统。

（2）用途相同且相毗邻的房间内，至少应设置一个独立的医疗IT系统，医疗IT系统应配置一个交流内阻抗不少于100kΩ的绝缘监测器并满足下列要求。

① 测试电压不应大于直流25V。

② 注入电流的峰值不应大于1mA。

③ 最迟在绝缘电阻降至50kΩ时，应发出信号，并应配置试验此功能的器具。

（3）每个医用IT系统应设在医务人员可以经常监视的地方，并应装设配备有下列功能组件的声光报警系统。

① 应以绿灯亮表示工作正常。

② 当绝缘电阻下降到最小整定值时，黄灯应点亮，且应不能消除或断开该亮灯指示。

③ 当绝缘电阻下降到最小整定值时，可音响报警动作，该音响报警可解除。

④ 当故障被清除恢复正常后，黄色信号应熄灭。

当只有一台设备由单台专用的医疗IT变压器供电时，该变压器可不装设绝缘监测器。

（4）医疗IT变压器应装设过负荷和过热的监测装置。

6. 接地形式

医疗及诊断电气设备，应根据使用功能要求采用保护接地、功能接地、等电位联结或不接地等形式。

7. 接地电阻

医疗电气设备的功能接地电阻值应按设备技术要求确定，宜采用共用接地方式。当必须采用单独接地时，医疗电气设备接地应与医疗场所接地绝缘隔离，两接地网的地中距离应符合电子设备接地系统的规定。

8. 电源插座

向医疗电气设备供电的电源插座结构应符合手持式电气设备电源插座的规定。

9. 接地导体

医疗电气设备的保护导体及接地导体应采用铜芯绝缘导线，其截面应符合接地网的规定。

10. 防静电措施

手术室及抢救室应根据需要采用防静电措施。

10.3.2 特殊场所的安全防护

特殊场所指的是浴室、游泳池和喷水池及其周围，由于人身电阻降低和身体接触地电位而增加电击危险的安全防护。

1. 浴室的安全防护

浴室可根据尺寸划分为3个区域，如图10.11所示，图中所定尺寸已计入盆壁和固定隔墙的厚度。

0区：指浴盆、淋浴盆的内部或无盆淋浴1区限界内距地面0.10m的区域。

1区的限界：圆绕浴盆或淋浴盆的垂直平面；或对于无盆淋浴，距离淋浴喷头1.20m的垂直平面和地面以上0.1～2.25m的水平面。

2区的限界：1区外界的垂直平面和与其相距0.6m的垂直平面，地面和地面以上2.25m的水平面。

浴室的安全防护应符合下列规定。

(1) 安全防护应根据所在区域，采取相应的措施。

(2) 建筑物除应采取总等电位联结外，还应进行辅助等电位联结。

辅助等电位联结应将0、1及2区内所有外界可导电部分与位于这些区内的外露可导电部分的保护导体连接起来。

(3) 在0区内，应采用标称电压不超过12V的安全特低电压供电，其安全电源应设于2区以外的地方。

(4) 在使用安全特低电压的地方，应采取下列措施实现直接接触防护。

① 应采用防护等级至少为IP2X的遮栏或外护物。

② 应采用能耐受500V试验电压历时lmin的绝缘。

(5) 不得采取用阻挡物及置于伸管范围以外的直接接触防护措施；也不得采用非导电场所及不接地的等电位联结的间接接触防护措施。

(6) 除安装在2区内的防溅型剃须插座外，各区内所选用的电气设备的防护等级应符合下列规定。

① 在0区内应至少为IPX7。

② 在1区内应至少为IPX5。

③ 在2区内应至少为IPX4(在公共浴室内应为IPX5)。

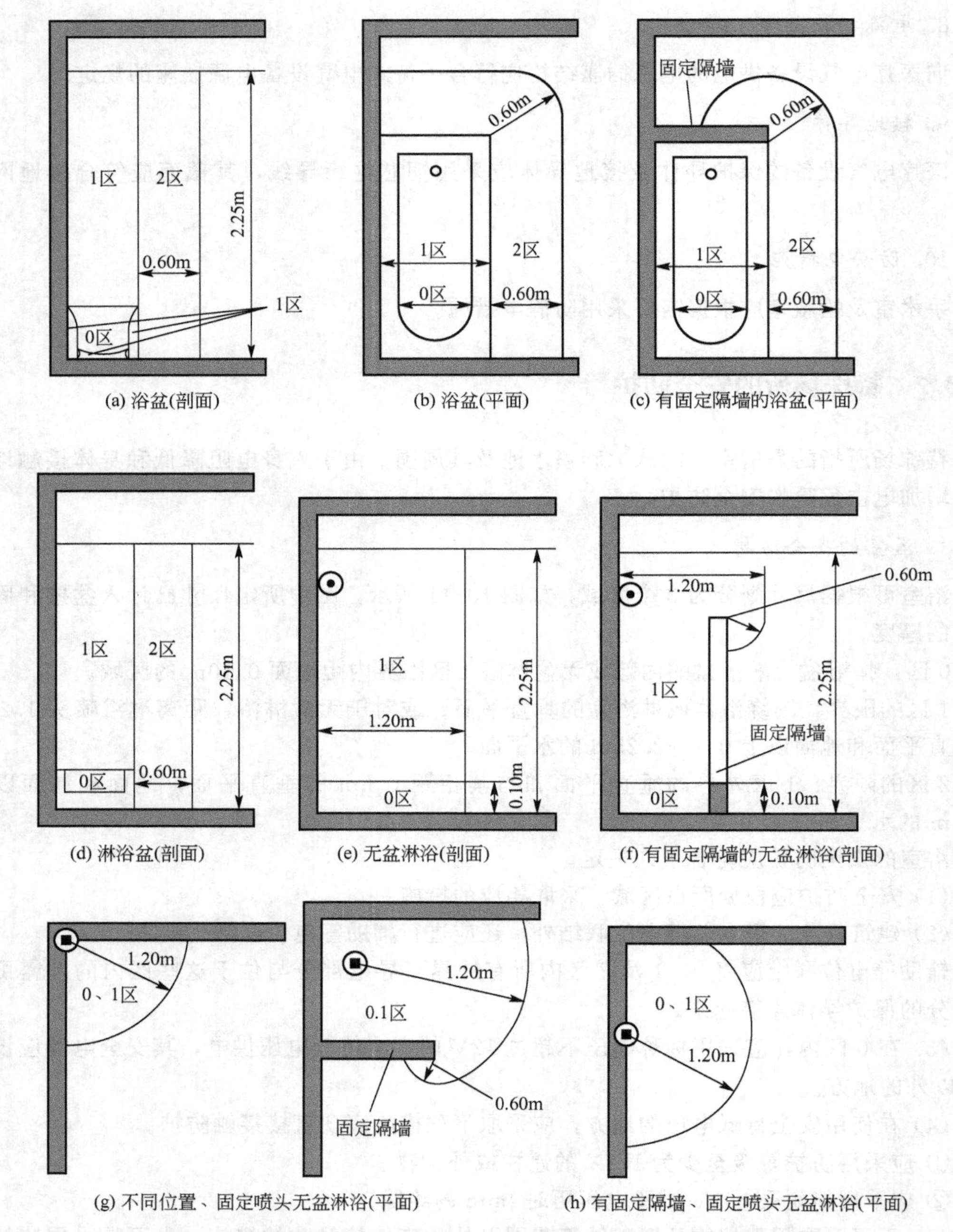

(a) 浴盆(剖面) (b) 浴盆(平面) (c) 有固定隔墙的浴盆(平面)

(d) 淋浴盆(剖面) (e) 无盆淋浴(剖面) (f) 有固定隔墙的无盆淋浴(剖面)

(g) 不同位置、固定喷头无盆淋浴(平面) (h) 有固定隔墙、固定喷头无盆淋浴(平面)

图 10.11　浴室的区域划分所定尺寸已计入墙壁及固定隔墙的厚度

(7) 在 0、1 及 2 区内宜选用加强绝缘的铜芯电线或电缆。

(8) 在 0、1 及 2 区内，非本区的配电线路不得通过，也不得在该区内装设接线盒。

(9) 开关和控制设备的装设应符合以下要求。

① 0、1 及 2 区内，不应装设开关设备及线路附件，当在 2 区外安装插座时，其供电应符合下列条件。

a. 可由隔离变压器供电。

b. 可由安全特低电压供电。

c. 可由剩余电流动作保护器保护的线路供电，其额定动作电流值不应大于30mA。

② 开关和插座距预制淋浴间门口的距离不得小于0.6m。

(10) 当未采用安全特低电压供电及安全特低电压用电器具时，在0区内，应采用专用于浴盆的电器；在1区内，只可装设电热水器，在2区内，只可装设电热水器及Ⅱ类灯具。

2. 游泳池的安全防护

游泳池和戏水池可根据尺寸划分为3个区域，如图10.12所示。

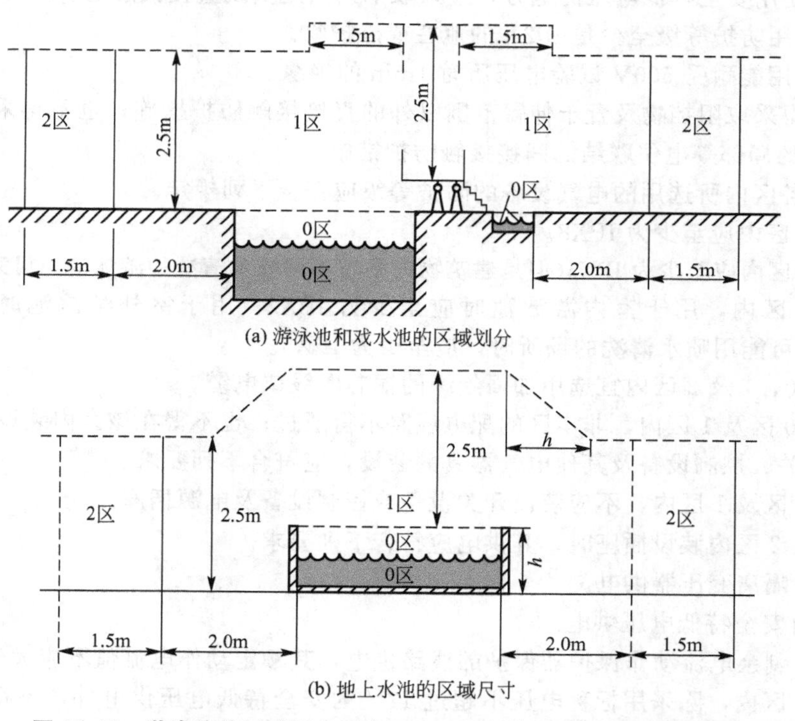

(a) 游泳池和戏水池的区域划分

(b) 地上水池的区域尺寸

图 10.12 游泳池的区域划分所定尺寸已计入墙壁及固定隔墙的厚度

0区：指水池的内部。

1区的限界：距离水池边缘2m的垂直平面；预计有人占用的表面和高出地面或表面2.5m的水平面。

在游泳池设有跳台、跳板、起跳台或滑槽的地方，1区包括由位于跳台、跳板及起跳台周围1.5m的垂直平面和预计有人占用的最高表面以上2.5m的水平面所限制的区域。

2区的限界：1区外界的垂直平面和距离该垂直平面1.5m的平行平面之间，预计有人占用的表面和地面及高出该地面或表面2.5m的水平面之间。

(1) 建筑物除应采取总等电位联结外，还应进行辅助等电位联结。应将0、1及2区内下列所有外界可导电部分及外围可导电部分，用保护导体连接起来，并经过总接地端子与接地网相连。

① 水池构筑物的水池外框、石砌挡墙和跳水台中的钢筋等所有金属部件。

② 所有成型外框。

③ 固定在水池构筑物上或水池内的所有金属配件。

④ 与池水循环系统有关的电气设备的金属配件。

⑤ 水下照明灯具的外壳、爬梯、扶手、给水口、排水口及变压器外壳等。

⑥ 采用永久性间隔将其与水池区域隔离的所有固定的金属部件。

⑦ 采用永久性间隔将其与水池区域隔离的金属管道和金属管道系统等。

(2) 在0区内，应用标称电压不超过12V的安全特低电压供电，其安全电源应设在2区以外的地方。

(3) 在使用安全特低电压的地方，应采取下列措施实现直接接触防护。

① 应采用防护等级至少是IP2X的遮栏或外护物。

② 应采用能耐受500V试验电压历时1min的绝缘。

(4) 不得采取阻挡物及置于伸臂范围以外的直接接触防护措施；也不得采用非导电场所及不接地的局部等电位联结的间接接触防护措施。

(5) 在各区内所选用的电气设备的防护等级应符合下列规定。

① 在0区内应至少为IPX8。

② 在1区内应至少为IPX5(但是建筑物内平时不用喷水清洗的游泳池，可采用IPX4)。

③ 在2区内，用于室内游泳池时应至少为IPX2；用于室外游泳池时，应至少为IPX4；用于可能用喷水清洗的场所时，应至少为IPX5。

(6) 在0、1及2区内宜选用加强绝缘的铜芯电线或电缆。

(7) 在0区及1区内，非本区的配电线路不得通过；也不得在该区内装设接线盒。

(8) 开关、控制设备及其他电气器具的装设，应符合下列要求。

① 在0区及1区内，不应装设开关设备或控制设备及电源插座。

② 当在2区内装设插座时，其供电应符合下列要求。

a. 可由隔离变压器供电。

b. 可由安全特低电压供电。

c. 可由剩余电流动作保护器保护的线路供电，其额定动作电流值不应大于30mA。

③ 在0区内，除采用标称电压不超过12V的安全特低电压供电外，不得装设用电器具及照明器。

④ 在1区内，用电器具必须由安全特低电压供电或采用Ⅱ级结构的用电器具。

⑤ 在2区内，用电器具应符合下列要求。

a. 宜采用Ⅱ类用电器具。

b. 当采用Ⅰ类用电器具时，应采取剩余电流动作保护措施，其额定动作电流值不应超过30mA。

c. 应采用隔离变压器供电。

(9) 水下照明灯具的安装位置，应保证从灯具的上部边缘至正常水面不低于0.5m。面朝上的玻璃应采取防护措施，防止人体接触。

(10) 对于浸在水中才能安全工作的灯具，应采取低水位断电措施。

本章小结

本章主讲建筑电气安全技术，触电的形式和触电后采取的措施，预防触电；漏电保护器的类型和工作原理，漏电开关的应用技术；建筑电气接地与接零保护作用及特殊场所的安全防护。

本章的重点是漏电保护器的类型和工作原理及漏电开关的应用技术，以及建筑电气接地与接零保护作用。

思考与练习题

1. 填空题

（1）触电有__________和__________两类，其形式有__________、__________和__________。

（2）影响触电严重程度的因素有__________、__________、__________、__________、__________和__________等。

（3）建筑用电规定安全电压的3个等级是______V、______V、______V。

（4）漏电保护器按工作原理分为__________和__________两种。

（5）我国建筑行业规定安全电压有3个等级是36V适用于____________________；24V适用于____________________；12V适用于____________________。

2. 问答题

（1）触电的原因是什么？

（2）安装漏电保护器应注意哪些问题？

（3）心脏挤压法又叫做心脏按摩，即用人工的方法在胸外挤压心脏，使触电者恢复心脏跳动。试阐述具体的做法。

（4）哪些地方需要安装漏电断路器？

（5）重复接地有哪些好处？

（6）浴室的安全防护应符合哪些规定？

（7）医疗场所采用IT系统供电时应符合哪些规定？

（8）医疗场所应按使用接触部件所接触的部位及场所分为几类？各类应符合哪些规定？

第11章 建筑中的弱电系统

教学目标

本章主要讲述当前建筑弱电系统中主流的安防系统，包括安防系统的组成和发展、防盗入侵报警系统、闭路电视监控系统、出入口控制系统和电子巡更系统、停车场管理系统和对讲系统、网络视频监控系统及工程实例。要求通过本章的学习，达到以下目标：

(1) 了解安防系统的组成和发展；

(2) 了解防盗入侵报警系统；

(3) 了解闭路电视监控系统；

(4) 了解出入口控制系统和电子巡更系统；

(5) 了解停车场管理系统和对讲系统；

(6) 了解网络视频监控系统。

教学要求

知识要点	能力要求	相关知识
安防系统	了解安防系统的组成和发展	安防系统
防盗入侵报警系统	(1) 了解防盗入侵报警系统的探测器原理及用途 (2) 掌握报警器选择和布防规划原则	(1) 磁控探测器 (2) 红外探测器 (3) 微波探测器 (4) 振动探测器 (5) 光纤探测器
闭路电视监控系统	(1) 了解模拟监控系统组成及原理 (2) 了解数字监控系统组成及原理	(1) 模拟系统 (2) 数字系统
出入口控制系统和电子巡更系统	(1) 了解出入口控制系统组成 (2) 了解电子巡更系统组成	巡更
停车场管理系统和对讲系统	(1) 了解停车场管理需求 (2) 了解对讲系统组成及原理	呼叫对讲系统
网络视频监控系统	了解网络视频监控系统组成	视频监控

基本概念

安防系统、磁控探测器、红外探测器、微波探测器、振动探测器、光纤探测器、模拟

系统、数字系统、巡更、呼叫对讲、视频监控

引例

2012年上半年中，诸多热点事件让人们应接不暇。无论是全程记录佳木斯“最美女教师”事发过程，还是揭开质疑重重的“深圳飙车案”，或是还原“最美司机”生命最后的76秒，甚至是找到逐渐走红网络的“最美路人”，等等。不得不说，2012监控很忙。在这些事件中，我们看得见的视频监控有在交通、学校、小区中的应用。而在有些事件中，还有我们看不到的视频监控在金融、监狱、公安、司法、教育、电力、水利、军队等更多领域的应用。即使作为一个普通百姓，也会察觉到周围已经不知不觉有了监控的身影。曾经具有神秘色彩的视频监控正在逐渐被大众所认知。如今，在世界的各个角落，不计其数的“电子眼”正在监控和记录着发生的形形色色的事情。见义勇为、拾金不昧在视频监控中焕发着人性之美，偷盗抢劫、交通事故也被监控记录成为案件追本溯源的证据。视频监控——这个幕后的记录者，无论事件的白与黑都能在这里体现它的真实性与公平性。

因此，安装应用先进的安防系统就成为一种必要措施。

在实际建筑工程中，弱电系统应用越来越普及。本章介绍了弱电设备中的安防系统在建筑中大体的分类及各自子系统的组成及原理，并附了一些简单案例供读者学习。

11.1 安防系统的组成和发展

智能化弱电系统的总体功能主要可以从以下几个方面来体现：保证大楼内的所有机电设备的正常运行；为大楼内人员提供人身、财产安全保障；为大楼内部用户提供舒适、便捷的工作、生活环境；提供大楼内适宜的空气温度、相对湿度和空气洁净度等环境参数指标。保障水、电、冷、热等能源供应；提供优美的背景音乐和信息显示，满足大楼内部各部门之间和与外部互通信息，实现信息资源共享的需要，使大楼使用者能及时了解大楼内部信息，能及时得到物业服务；为大楼管理者提供物业管理手段；延长设备使用寿命；节省能源；节省人员；提高设备利用率。

安防系统（Security &Protection System）也叫综合保安自动化系统（Security Automatic System），安防系统是建筑智能化中的一个必不可少的子系统，是确保人身、财产及信息资源安全的重要设备系统。

安防系统按作用范围分为外部入侵保护、区域保护和特定目标保护。外部入侵保护主要是防止非法进入建筑物。区域保护是对建筑物内、外部某些重要区域进行保护。特定目标保护指对一些特殊对象、特定区域进行监控保护。

11.1.1 安防系统的组成

1. 防盗报警系统

防盗报警系统是对重要区域的出入口、财务及贵重物品储藏区域的周界及重要部位进行监视、报警的系统。该系统中采用的探测器有动体监测器、振动探测器、玻璃破碎报警

器、被动式红外线接收探测顺及主-被动发射接收器等。

2. 闭路电视系统

采用闭路电视系统(CCTV)的摄像机对建筑物内重要部位的事态、人流等动态状况进行监视、控制，并可以对已经发生的监控过程进行客观视频记录。

3. 巡更系统

安保工作人员在建筑物相关区域建立巡更点，按规定路线进行巡逻检查，辅以电子装置，确保建筑物内、外大尺度空间的安全防范。

4. 访问对讲环节

访问对讲适合于高层及多层公寓、小区进行来访者管理，是保护住户安全的必备设施。

5. 出入口控制环节

出入口控制环节是在建筑物的出入口等重要部位的通道口安装门磁开关、电控锁或读卡机等控制装置，进行进出人员的控制。

6. 停车场管理系统

该环节对停车场、停车库的车辆出入进行控制、管理和计时收费。

11.1.2 安防系统的发展

随着信息技术及其他相关科学技术的迅速发展，安防系统越来越先进，功能也越来越强，体现在以下两方面。

1. 安防器件、设备的综合化和智能化

就目前的技术水平讲，各种安全防范设备的种类、性能都在持续不断地增加和提高。无论是闭路电视监控系统、防盗报警器材，还是出入口控制和可视对讲系统，其功能综合化、信号处理智能化程度都越来越高。

尤其是在解决安防系统的误报问题上取得了很大的进展，使用多重探测和内置微处理器使设备智能化得到提高。通过对各相关传感器信号进行综合逻辑判断、自动比较和分析来大幅度降低误报率。计算机技术融入闭路电视监控系统，监控主机与计算机相连，构成多媒体视频监控系统，功能大大增强，而且还具有防盗报警、消防联动、门禁控制等综合联动功能。

2. 数字化和网络化

监控系统的数字化是一个发展趋势。高品质的全数字监控系统，已被广泛应用于机关、银行、宾馆、路口、工厂等各种重要的监控场所。安防系统的数字化是指信号采用、传输、处理、存储、显示等过程的数字化。

计算机网络的发展和监控系统的数字化同时促使监控系统的网络化。一套监控系统不仅可方便地与另一套监控系统互连成一个系统，而且可以很方便地就近局域网或接入因特网，将实时监控信息大范围远距离传输并进行控制。通过计算机网络，一个部门或一个行业的诸多局部监控系统可互连成一个更大的监控网的大监控系统，也可以实现资源共享，节约投资，使各子系统有更高的性能。

11.2 防盗入侵报警系统

防盗报警系统主要由探测器、区域控制器和报警控制中心的计算机 3 个部分组成。报警系统的探测器在探测到有非法入侵时，具有报警及复核功能。

11.2.1 入侵报警系统的探测器

探测器的工作方式分为接触式和非接触式两大类。作为入侵报警系统的探测器有以下几种，如图 11.1 所示。

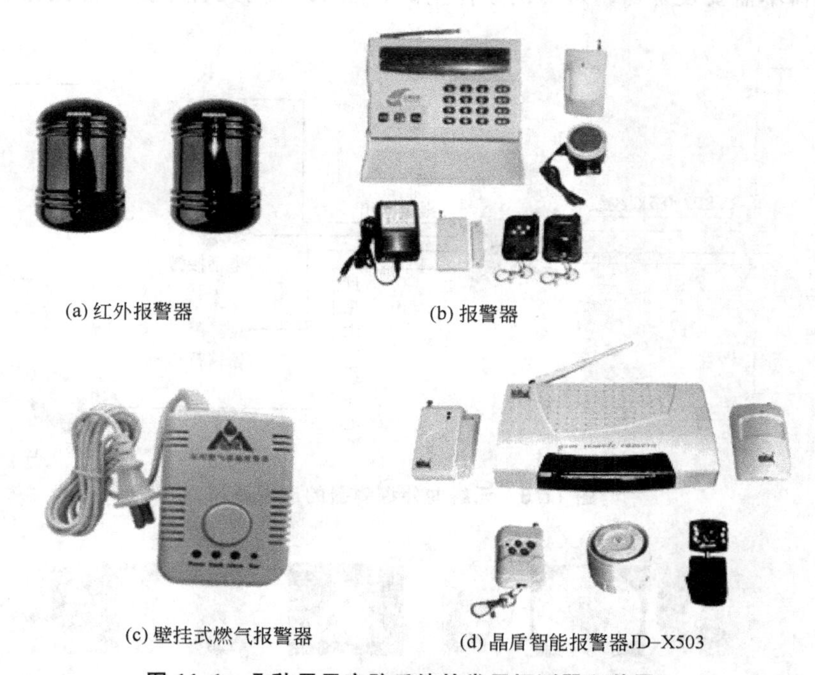

(a) 红外报警器　(b) 报警器

(c) 壁挂式燃气报警器　(d) 晶盾智能报警器JD–X503

图 11.1 几种用于安防系统的常用探测器和装置

1. *磁控探测器(门磁开关)*

采用微动开关或磁控干簧开关，安装在门窗成卷帘门处，可进行探测报警，图 11.2 为一些常用门磁开关。

2. *被动式红外线探测器*

被动式红外线探测器可感应人体热辐射。凡超过绝对零度的物体均发射红外线。温度不同，辐射波长不同，人体辐射的红外线波长在 $10\mu m$ 左右(远红外)。被动式红外线探测器又分量子型和热型。量子型响应速度较热型好，但其灵敏度对波长十分敏感，而热型的

图 11.2　几种常用门磁开关图

灵敏度与波长的关系不大。

焦电式红外线探测器有较高的灵敏度和响应速度，用得最多，通过设有 7～15μm 的带通滤波器来屏蔽非人体光源的红外线(图 11.3 为无线向外探测器的应用原理)。

被动式红外线探测器有立体型、平面型两种，一旦有非法进入者，立即报警。被动式红外线探测器不需要发射器，可探测立体空间，图 11.4 为几种常见的探测器。

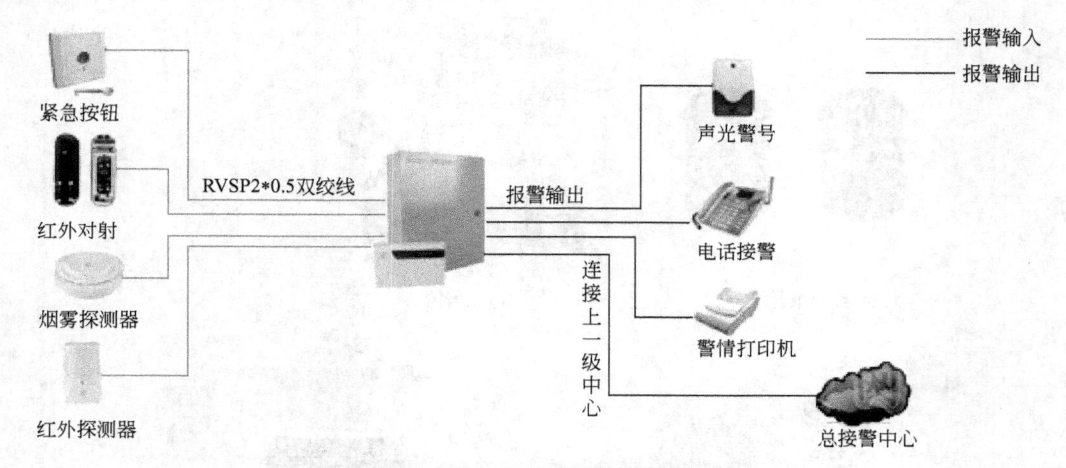

图 11.3　无线向外探测器的应用原理

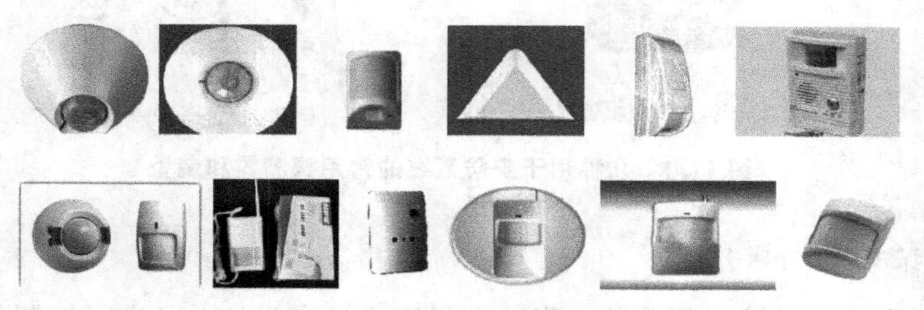

图 11.4　几种常见的被动式红外探测器

3. 主动红外线探测器(对射式红外线探测器)

主动红外线探测器分室内和室外两种形式。室内工作范围为 80～250m，室外工作范围为 0～200m。可以用于门通道出入管理和大厦出入口的监测管理，主要作用为周界防范，如门窗、出入口等处的监控。

此装置所用红外光频率被特定调制成某一频率，防止入侵者使用红外光源欺瞒探测报警装置，图 11.5 为几种常见的主动式红外探测器。

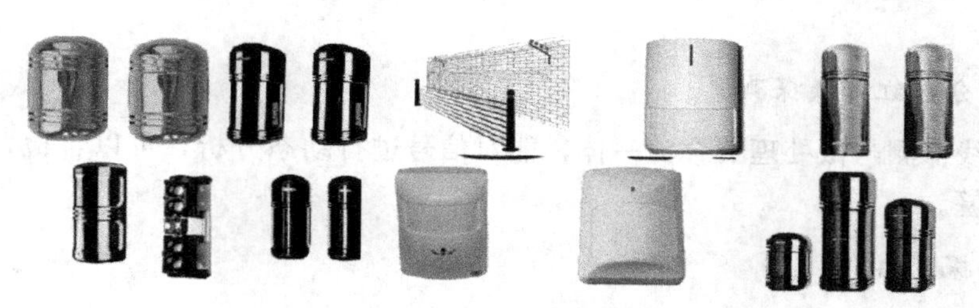

图 11.5　几种常见的主动式红外探测器

4. 反射式风动红外探测报警器

反射式风动红外探测报警器将红外线发射与接收环节集成为一体来进行探测报警。装置发出的红外线一旦由于入侵者的遮断而接收不到反射波时，就会立即报警。

5. 微波防盗报警

微波可穿进非金属物质，而红外线只要被有形的物体遮挡时，光束便被遮断。微波防盗报警装置主要用来探测移动的入侵者。装置发出无线电波，同时接收反射波，当警戒探测区域有非法进入的移动体时，反射波频率对入射波频率会出现一段多普勒频移，通过检测便可判知有移动的非法进入者。例如，发射波频率为 9.375GHz 时，移动物体的移动速度为 0.5～0.8m/s，频移范围为 31.25～520Hz。也可以使用超声波移动物体探测器，根据移动物体对超声波进行反射产生的多普勒频移来探测入侵者。

某种微波移动式报警器的原理结构如图 11.6 所示。

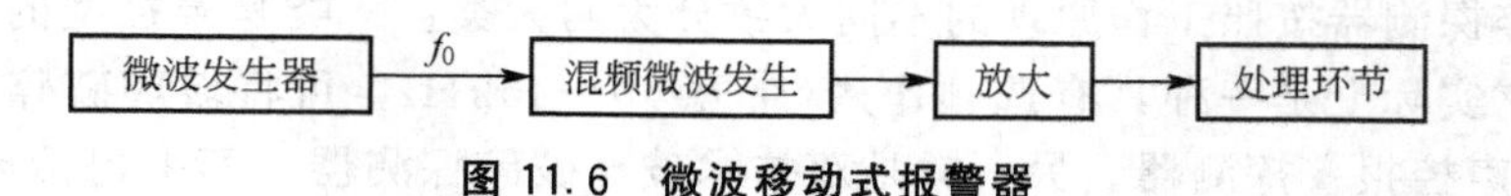

图 11.6　微波移动式报警器

微波＋红外探测器如图 11.7 所示。

由振荡器、混频器、放大电路和鉴频电路组成的微波探头安置在警戒区，发送频率为 f_0 的微波。反射波的频率为 f_0+f_1，由 f_1 作为报警信号。遇到静止物体时，反射波与入射波同频率，不报警。当有移动物体时，引起多普勒频移 f_1(信号)，且

$$f_1=\frac{2f_s \times S_i}{300} \tag{11-1}$$

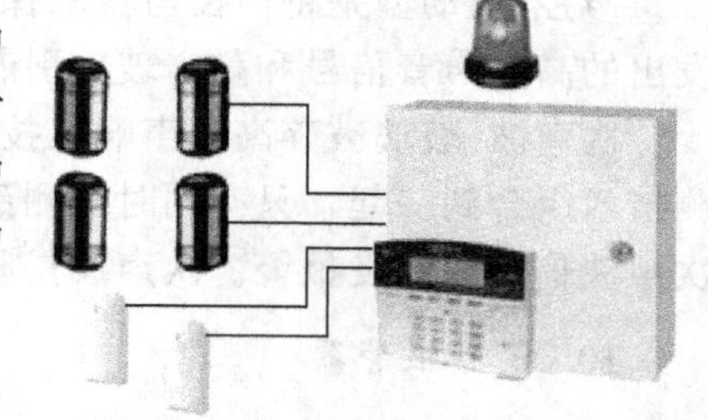

图 11.7　微波＋红外探测器的外观

式中，f_s——报警系统工作时发射的微波频率(MHz)；

S_i——移动物体的速度(m/s)。

装置的本机振荡频率越高，对于移动速度较慢的物体越敏感。

6. 双鉴和三鉴探测器

将红外线探头和微波探头组装在一起，由电子线路同时处理两个探头检测到的信

号，比单功能探测器有更强的探测能力，并降低了误报率。将微波探测被动式红外探头及主动式红外探测的传感元件及探头组织成一台探测器，有更高的监测性能，误报率极低。

7. 动态分析红外线探测器

将红外线探测与微处理器合为一体，能对信号进行动态分析，可以自检，但对强热和强光不会报警。

8. 振动探测器

这种探测器可探测到不同寻常的振动、钻洞、开关或人体接近，将嵌入微处理器后，可具备智能分析能力，可对破坏信号的频率、周期及振动强度等进行综合分析再确定是否报警。

9. 玻璃破碎探测器

使用压电式拾音器，装在面对玻璃面的位置，可对高频的玻璃破碎声音进行有效检测，还可对振动传感，如对玻璃破碎时产生的特殊频率信号感应，但对风吹动窗户、行驶车辆产生的振动无反应。玻璃破碎探测器中的压电陶瓷片在外力作用下产生扭曲、变形时将会在其表面产生电荷，对 10～15kHz 的玻璃破碎声音可有效检测，而对 10kHz 以下的声音信号(如说话、走路声)有较强的抑制作用。玻璃破碎声发射频率的高低、强度的大小同玻璃厚度、面积有关。玻璃破碎探测报警装置可在玻璃破碎时产生报警，防止非法入侵。

目前采用双探测技术，以降低误报率，保证其探测到破裂时产生的振动、音频、声响后才报警。

玻璃破碎探测器按照工作原理的不同大致分为两大类：一类是声控型的单技术玻璃破碎探测器，它实际上是一种具有选频作用(带宽 10～15kHz，可将玻璃破碎时产生的高频信号去除)的声控报警探测器。另一类是双技术玻璃破碎探测器，其中包括声控-振动型和次声波-玻璃破碎高频声响型。

声控-振动型是将声控与振动探测两种技术组合在一起，只有同时探测到玻璃破碎时发出的高频声音信号和敲击玻璃引起的振动，才输出报警信号。

次声波-玻璃破碎高频声响双技术探测器是将次声波探测技术和玻璃破碎高频声响探测技术组合到一起，只有同时探测到敲击玻璃和玻璃破碎时发出的高频声响信号和引起的次声波信号才触发报警。次声波是频率小于 20Hz 的声波。

10. 周界报警器

周界防范报警子系统是根据建筑物的安全技术防范管理的需要，对设防区域的非法入侵、盗窃、破坏和抢劫等进行实时有效的探测和报警的，并具有报警复核功能。其目的在于建立封闭式住宅小区，加强出入口管理，防范小区外闲杂人员进入，同时防范非法翻越围墙或栅栏的情况。当发生非法翻越时，探测器可以立即发出报警信号，在小区安防管理控制中心的电子地图上显示出翻越区域，通知保安人员进行及时处理，同时现场警告入侵者，并进行现场录像联动。其功能要求如下。

(1) 周界须全面设防，无盲区和死角。

(2) 探测器抗不良天气环境的干扰能力强。

(3) 防区划分适于报警时准确定位。

(4) 报警中心具备语音/警笛/警灯提示。

(5) 监控中心通过显示屏或电子地图识别报警区域。

(6) 翻越区域现场报警，同时发出语音/警笛/警灯警告。

(7) 报警中心可控制前端设备状态的恢复。

(8) 夜间与周界探照灯联动，报警时，警情发生区域的探照灯自动开启。

(9) 与闭路电视监控系统联动，报警时，警情发生区域的图像自动在监控中心监视器中弹出。

(10) 进行报警中心报警状态、报警时间记录。

周界防范报警子系统一般由探测器、报警控制器、联动控制器、模拟显示屏及探照灯等组成。周界报警器安装在围墙、地层下，某种静电感应周界探测器如图 11.8 所示。

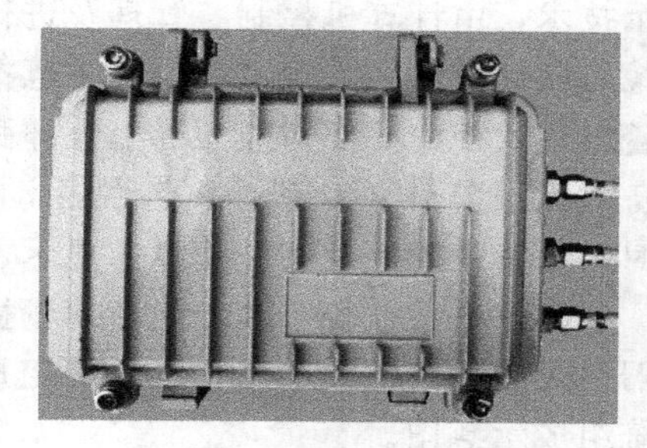

图 11.8 某种静电感应周界探测器

这种静电感应周界探测器工作可靠、灵敏度可调，可和接受开关信号的报警主机系统及监控报警联动系统可靠兼容接口，组成各种不同功能的周界防范系统。其工作原理是：在保护区域设一静电场，当入侵者干扰(接近、触摸、剪断、翻越)该静电场时，经探测处理器分析处理确认其幅度、方向、速度均满足报警条件，立即往主机送出通或断信号进行报警，通常主机采用微处理分防区的报警主机。

周界报警器中还常使用以下两种传感器。

(1) 泄漏电感传感器。将平行安装的两根泄漏电缆分别接到高频信号发生器和接收器上就组成了泄漏电感报警器。将其埋入地下，当非法进入者进入探测区时，空间电磁场分布状态变化，引起接收机收到的电磁能量变化，发出报警信号。

(2) 平行线周界传感器。多条平行导线，一部分与信号发生器连接，叫做场线，场线辐射电磁波；另一部分平行线与报警信号处理器相连，叫做感应线。场线辐射在感应线上感应出感应电流，有入侵者时，因感应电流变化发出报警。

11. 光纤传感器

将光纤固定在周界围栏上，有移动体跨越光缆时，压迫光缆，使光纤传输模式变化发出报警。

11.2.2 报警器选择与布防规划

报警器选择与布防规划时要注意以下两点。

(1) 选择防盗报警器应按防护场所分类。

(2) 大型建筑采用周界布防；面积较小的门墙可用磁控开关，大型玻璃门窗使用玻璃破碎报警器。

关于巡更管理系统、出入口控制系统、访客管理系统、停车场自动管理系统部分，此处不再赘述。

11.3 闭路电视监控系统

闭路电视监控系统是在建筑物内外需要进行安全监控的场所、通道或其他重要的区域设置前端摄像机，通过对被监控区域或场所的场景图像实时传送，实现对这些区域场所的视频监控。闭路电视监控系统功能要求如下。

对特定区域、场所或其他重要的区域进行实时监视。中心监视系统采用多媒体视频显示技术，由计算机控制、管理及进行图像记录。报警信号与摄像机联锁控制，录像机与摄像机联锁控制。系统可与周界防范报警系统联动进行图像跟踪及记录，当监控中心接到报警时，监控中心图像监视屏上立即弹出与报警相关的摄像机图像信号。可对视频失落及设备故障报警。可实现图像自动/手动切换、云台及镜头的遥控。可实现报警时，报警类别、时间、确认时间及相关信息的显示、存储、查询及打印。

闭路电视监控系统一般由视频摄像机、控制矩阵、长延时录像机或硬盘录像机、监视器、云台、解码器和操作键盘等组成，基本组成如图 11.9 所示，图 11.10 为电视监控系统组成示意图。

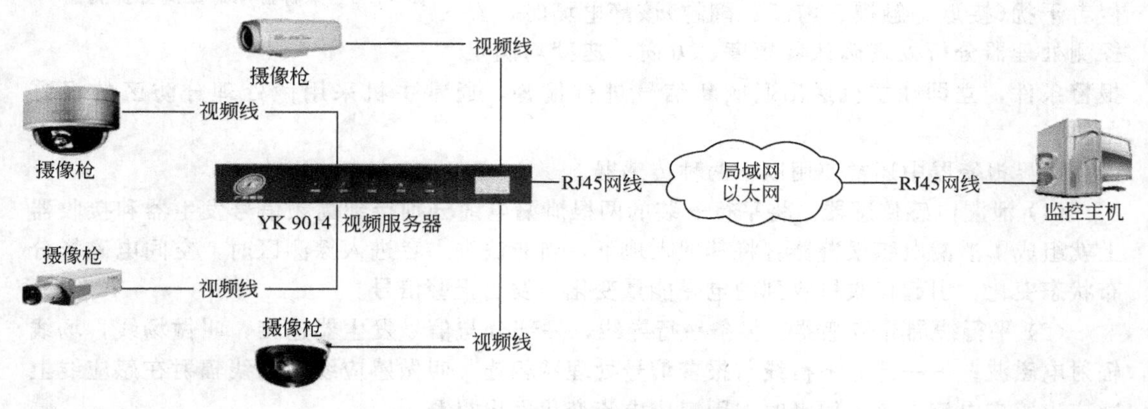

图 11.9 闭路电视监护系统组成图

视频监控系统的发展大致经历了以下 3 个阶段。

(1) 第一代视频监控系统即以模拟设备为主的闭路电视监控系统。

(2) 第二代视频监控系统即模拟输入与数字压缩、显示相结合的系统。核心设备是数字设备，称为数字视频监控系统。

(3) 第三代视频监控。20 世纪末，随着计算机网络传输速率的大幅度跨越式提高，计算机处理能力更加强劲，数字系统及计算机存储器的存储容量迅速提高，各种更先进的视频信息技术出现和发展，视频监控进入全数字化的网络时代，也叫做网络数字视频监控。第三代视频监控系统依托网络，以数字视频的压缩、传输、存储和播放为核心。

目前阶段，模拟视频监控系统正逐渐让位于数字视频监控系统。

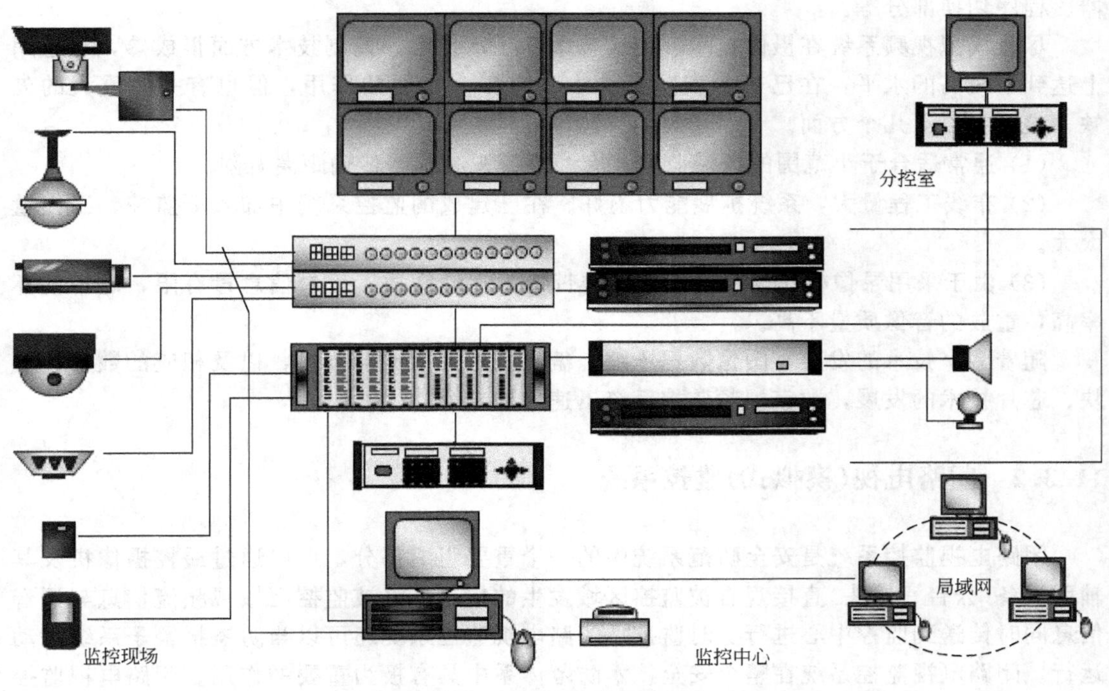

图 11.10 视监控系统组成示意图

11.3.1 模拟视频监控技术

模拟视频监控系统技术是很成熟的，应用也很广泛。典型的模拟视频监控系统一般由前端部分、传输系统、终端设备组成。前端部分指图像摄像部分(摄像机、镜头、云台、麦克风等)；图像传输系统指物理传输电缆、光缆、射频等；终端设备含操作盘、视频分配器、视频矩阵切换器、云台控制解码器、字符叠加器和显示设备等。系统中的摄像机是模拟摄像机而不是数字摄像机。

摄像部分就是图像采集设备，完成从目标景物到图像信息的转换。摄像部分性能直接决定图像信号质量和整个系统的质量。将摄像机公开或隐蔽地安装在防范区，由于长时间工作和环境变化无常，因此对摄像机有较高的性能和可靠性要求。

电视摄像机一般还配有自动光圈变焦镜头、多功能防护罩、电动云台及接口控制设备(解码器)。

传输系统的主要功能是将前端图像信息不失真地传送到终端设备，并将各种控制信号送往前端设备。近距离或特殊环境下使用同轴电缆基带传输。光纤具有的一些特殊性能，如频带宽、抗干扰性好和容量大等，使得光纤传输视频信息性能更为优良，无中继的传输距离可达几十公里，而同轴电缆的无中继传输距离仅为几百米，远距离传输多用光纤传输。

控制系统是视频监控系统的指挥中枢，其任务是将前端设备送来的信号进行处理和显示，并同时向前端设备发送各种控制指令。终端设备主要有监视器、录像机、视频分配器、程序切换部分等。

尽管模拟视频系统在摄像技术、传输技术、显示技术、控制技术方面很成熟，在应用上达到了较高的水平，在已有的安防系统中占有极为重要的作用，但也有一些重大的欠缺，表现在以下几个方面。

(1) 通常适合于小范围的区域监控。有线模拟视频信号传输距离有限。

(2) 布线工程量大，系统扩展能力不好。在已建成的监控系统中加入新监控，工作量太大。

(3) 由于采用录像机作为存储工具，磁带作为存储介质，记录信息量有限，磁带损坏率高，重放的音像质量不高。

随着数字技术的发展，图像数据压缩、编码技术及标准的改进，以及相应的数字化模块、芯片技术的发展，数字视频监控系统迅速发展起来。

11.3.2 闭路电视(模拟式)监控系统

闭路电视监控系统是安全防范系统中的一个重要组成部分，可以通过遥控摄像机及其辅助设备(云台、镜头)直接观看被监控区域发生的情况，将被监控区域视频流信息与语音信息同时传送到监控中心进行实时监控。闭路电视监控系统还可以与防盗报警子系统联动运行。闭路电视监控系统在整个安全技术防范体系中具有极为重要的作用。闭路电视监控系统还可以对被监控区域的图像和声音进行记录，为事件处理提供重要依据。

闭路电视系统主要由前端(摄像)、传输、终端(显示与记录)与控制 4 个主要部分组成，并具有对图像信号的分配、切换、存储、处理、还原等功能。

1. 前端设备

前端设备的主要任务是获取被监控区域的视频流信息与语音信息。主要设备是各种摄像机及其配套设备。摄像机安装在被监控区域内。由于摄像机需长时间不间断地工作，加之使用环境有时还很恶劣，如处于有风、沙、雨、雷的环境及不规律的高、低温条件下，因此，前端设备应具有较高的性能和可靠性。作为前端设备的电视摄像机，一般还需配置有自动光圈变焦镜头、多功能防护罩、电动云台及接口控制设备(解码器)等。

2. 传输系统

传输系统的主要功能是将前端设备提供的视频图像信息不失真地传送到终端设备，并将控制中心的各种指令送到前端设备。根据监控系统的传输距离、信息容量和功能要求的不同，主要使用无线传输和有线传输两种方式。当前还是多采用有线传输方式。有线传输方式中的传输媒质是电话线、同轴电缆和光纤。由于光纤具有容量大、频带宽、抗干扰性能好等优点，目前在较大型的电视监控系统中多采用光纤作为传输线。

3. 终端设备

终端设备指进行控制、显示与记录的设备。它的主要任务是将前端设备送来的各种信息进行处理和显示，并根据需要向前端设备发出各种指令，由中心控制室进行集中控制。终端设备包括监视器、录像机、录音机、视频分配器、控制切换设备、时序切换装置、时间信号发生器、同步信号发生器及其他一些配套控制设备等。

闭路电视监控系统的规模根据被监控区域的大小和被监控对象的多少来确定，系统的大小由摄像机的数量来确定。

4. 摄像机

在技术防范中，摄像机用来进行定点或流动监视和图像取证，因而要求摄像机各个部件的体积小，重量轻，易于安装和隐蔽、伪装，系统操作简便，调整机构少。选择摄像机的型号和决定其安装方式是整个系统能否充分发挥其作用的重要因素。图 11.11 给出了几种摄像机的外观形状。

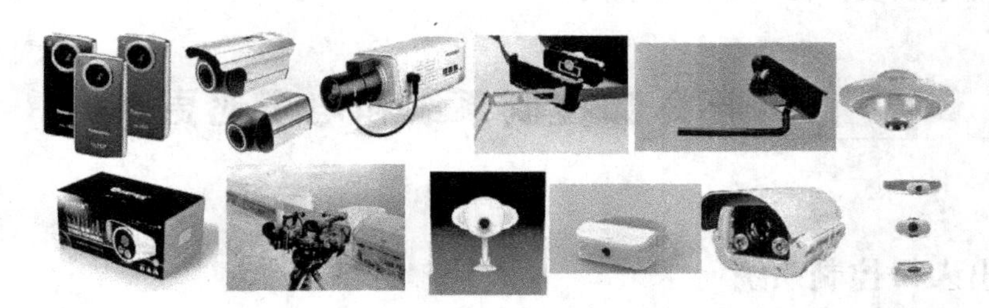

图 11.11　几种摄像机的外观图

按性能摄像机可分为以下几种。

(1) 普通摄像机：工作于室内正常照明环境或室外白天。

(2) 暗光摄像机：工作于室内无正常照明的环境里。

(3) 微光摄像机：工作于室外月光或星光下。

(4) 红外摄像机：工作于室外无照明的场所。

按功能摄像机可分为以下几种。

(1) 视频报警摄像机：在监视范围内如有目标移动时，向控制器发出报警信号。

(2) 广角摄像机：用于监视大范围的场所。

(3) 针孔摄像机：用于隐蔽监视局部范围。

按使用环境摄像机可分为以下几种。

(1) 室内摄像机：摄像机外部无防护装置，对使用环境有要求。

(2) 室外摄像机：在摄像机外安装防护罩，内设降温风扇、遮阳罩。

按图像颜色摄像机可分为以下几种。

(1) 黑白摄像机。灵敏度和清晰度高，不能显示图像颜色。

(2) 彩色摄像机。能显示图像颜色，但灵敏度和清晰度比黑白摄像机差。

11.3.3 数字视频监控系统

数字视频监控系统以计算机为核心，以数字视频处理技术为基础，应用图像数据压缩的国际标准，综合利用图像传感器、计算机网络、人工智能及控制技术，是一种新型监控系统。数字视频监控系统应用的图像压缩的国际标准主要有静止图像压缩标准(JPEG)、运动图像压缩标准(MPEG-1，MPEG-3、MPEG-4)等。

数字视频监控系统将摄像机获得的模拟视频信号转变为数字视频信号，或直接由数字摄像机输出数字视频信号，可同时在显示器上显示多路活动图像，并将图像压缩后存储在计算机硬盘上，从而可方便地在互联网上传输这些图像文件。在实时情况下，每路信号在监视、记录、回放时，均能达到25帧/s的活动图像效果。

数字视频监控系统的功能涵盖传统闭路电视监控系统的所有功能，除此之外，还具有远程视频传输与回放、结构化的视频数据存储等功能。

尽管数字视频监控系统与传统的模拟系统相比有巨大的优势，但处理的数据量大，占用频率资源多，因此只有对数字视频信号进行有效压缩，使具备这方面功能的模块芯片技术更成熟，价格更低廉，在通信和存储方面的经济成本能够与模拟系统相近时，数字视频监控系统才能获得更广泛和深入的应用。

11.4 出入口控制系统和电子巡更系统

11.4.1 出入口控制系统

出入口控制系统也称为门禁系统，它对正常的出入通道进行管理，对进出人员进行识别和选择，可以和闭路电视监控系统、火灾报警系统、保安巡逻系统组合成综合安全管理系统，是智能建筑中必不可少的组成部分。

(1) 实现出入口控制主要有以下几种方式。

① 在需要了解其通行状态的门上安装门磁开关。安装在门上的门磁开关会向控制中心发出该门开/关的状态信号，同时，系统控制中心将该门开/关的时间、状态、门地址等信息予以记录。

② 在需要监视和控制的门及通道上，除了安装门磁开关外，还要设置电动门锁。控制管理中心可监视这些门的状态和控制这些门的开启和关闭，还可以由程序控制，使某通道门在某一个时间段内处于开启状态，在其他时间段处于闭锁状态。而出入口控制系统中需要储存的信息量并不大。用户可以从卡中读取信息，也能将新信息存入卡中，这样可以使自动变更信息成为可能。

③ 在需要监视、控制和身份识别的重点区域的通道门处，除了安装门磁开关、电动锁外，还要安装磁卡识别器及密码键盘等装置，由控制中心监控，并做适当的记录。

(2) 出入口控制系统主要的检测技术手段如下。

① 磁条卡。磁条卡是出入口控制系统中常用的一种电子装置，磁条卡可储存大量的信息。

② 光学卡。光学卡结构较简单，光学卡的表面上有特定的图案孔洞，通过穿过孔洞的光线对图案孔洞构成的密码进行检测。

③ IC卡(也叫做智能卡)。IC卡存储区域中能寄存大量的数据，可在多种场合使用，IC卡上的信息可方便地进行修改。只有使用专用设备才能读取IC卡中的相关数据存储区域，IC卡很难伪造，在出入口控制系统中使用IC卡有很高的安全性。

④ 感应卡(非接触IC卡)。使用感应卡时不需要将其插入读卡机中，手持感应卡接近读卡机就可以完成读卡操作并快速通过出入通道关卡。感应卡可防水、防污，能用于潮湿的恶劣环境，使用方便，节省识别时间，特别适合在安全要求不很高的大流通量的情况下

使用。随着感应卡性能价格比的提高，其已逐渐成为智能化建筑出入口控制系统的主流识别卡。

⑤ 非出示系统。非出示系统中的卡和配套装置可以反射由读卡机发射的高频信号，读卡机接收反射回来的信号，当然，这个作用范围仅为几米以内。非出示系统大多应用于如仓库、医院等区域及场所。

11.4.2 电子巡更系统

电子巡更系统也是安全防范系统的一个子系统。在智能化建筑的主要通道和重要区域设置巡更点，保安人员按规定的巡逻路线在规定时间到达巡更点进行巡查，在规定的巡逻路线、指定的时间和地点与安防控制中心交换信息。一旦在一定的路段发生了异常情况及突发事件，巡更系统能够及时反应并发出报警。

电子巡更系统的通信方式有有线方式和无线方式两种。在有线方式中，巡更系统由计算机、网络收发器、前端控制器等设备组成。保安值班人员到达巡更点并触发巡更点开关，巡更点将信号通过前端控制器及网络收发器实时送给计算机系统，也叫做在线式巡更系统。在无线方式中，巡更系统由计算机、传送单元、手持读取器、编码片等设备组成，编码片安装在巡更点处代替巡更点，值班人员巡更时，手持读取器读取数据。巡更结束后，将手持读取器插入传送单元，将其存储的所有信息输入到计算机进行处理。

11.5 停车场管理系统和对讲系统

智能建筑的规模决定了停车场管理系统也是一个必不可少的子系统。车位超过50个时，需设停车场管理系统。停车场管理系统对智能化建筑的正常运营和加强车辆安全管理来讲是必须具备的设施系统，其主要功能是泊车与管理。

1）泊车

对车辆进出与泊车的控制可达到安全、有序、迅速停车及驶离的目的。在停车场内，有车位引导设施，使进入的车辆尽快找到合适的停泊车位，保证停车全过程的安全。还要解决停车场出口的控制，使被允许驶出的车辆能方便迅速地驶离。

2）管理

对停车场进行科学高效的管理，使车辆驶入，驶出时交费迅速，方便用户使用停车场，同时管理者又能实时掌握停车场管理系统整体的工作情况，并能方便地进行记录。停车场管理系统及收费系统主要由入口控制、出口控制、管理中心与通信管理4大部分组成。

对讲系统用于建筑物安全管理中，对于防止外来人员非经授权进入，确保智能建筑用户的人身、财产安全有很重要的作用。新型的可视对讲系统技术含量高，在明亮的白天或是漆黑的夜晚，都能清楚地看见室外的来访人员。

对讲系统由主机、若干分机、电控锁和电源箱组成。一般在建筑物的主要出入口安装对讲控制门机装置，并配有各住宅房号数码按键。在入口处，管理室的分机也叫做访客管理控制机。某个停车场管理系统的示意图如图 11.12 所示，图 11.13 为两进两出停车场系统接线示意图。

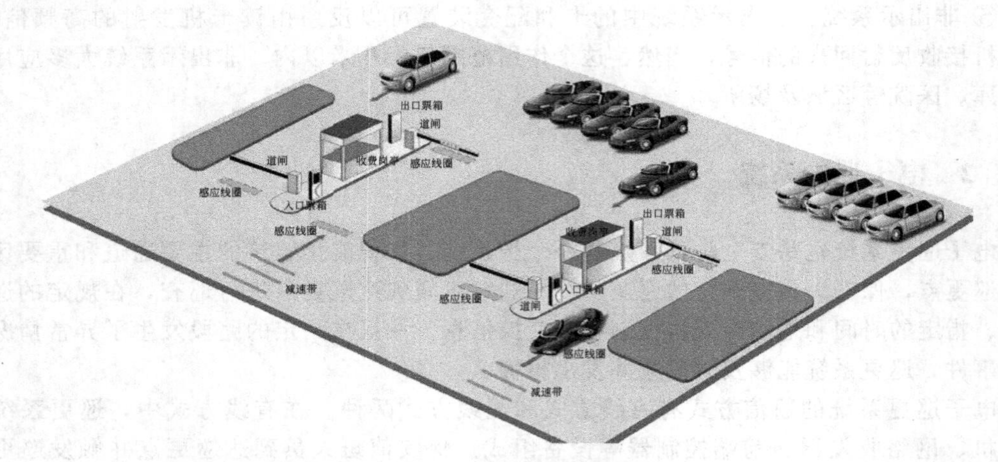

图 11.12 某停车场管理系统

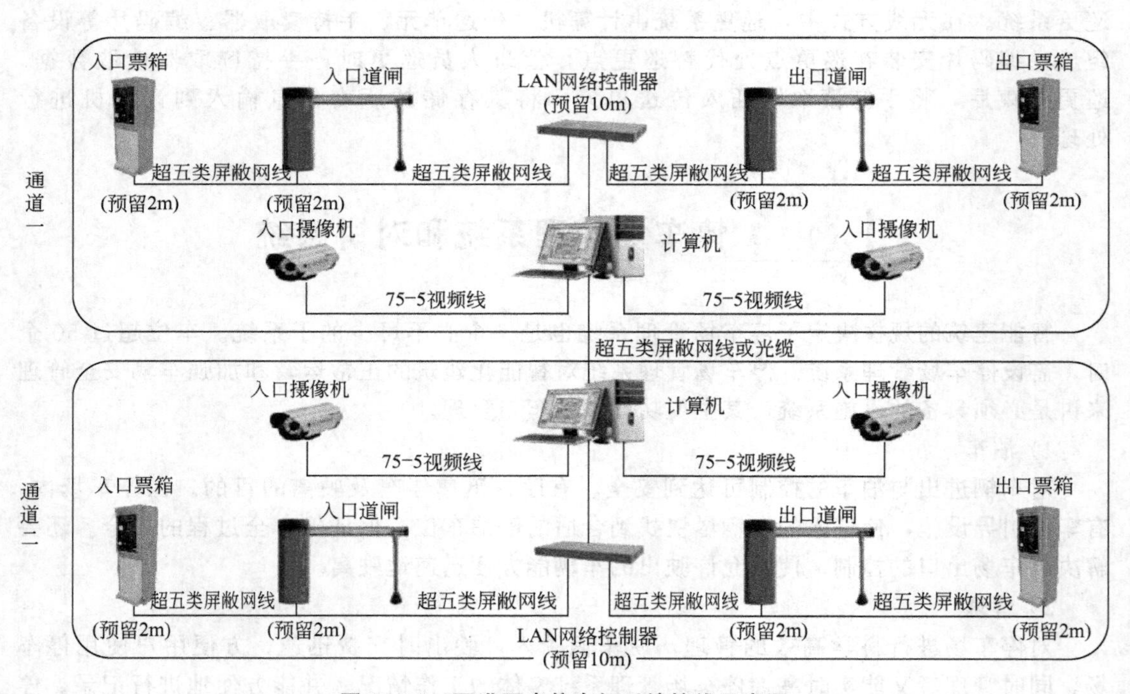

图 11.13 两进两出停车场系统接线示意图

11.6 网络视频监控系统

随着网络通信技术的迅速发展，先进的使用 IP 网络的网络视频监控系统、使用各种制式的网络视频监控系统都加入到视频监控系统的行列中。一个使用 D－LINK5300 网络摄像头、由 LINK54M 路由器、超五类网线、笔记本式计算机组成的无线网络视频监控系统如图 11.14 所示。

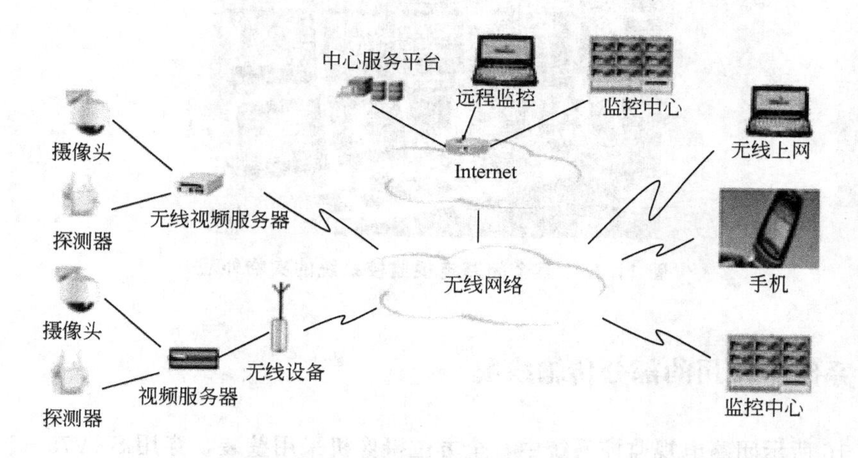

图 11.14　无线网络视频监控系统

11.7 工程实例——某楼宇部分区域的视频监控系统

11.7.1　系统结构

某楼宇部分区域的视频监控系统如图 11.15 所示。

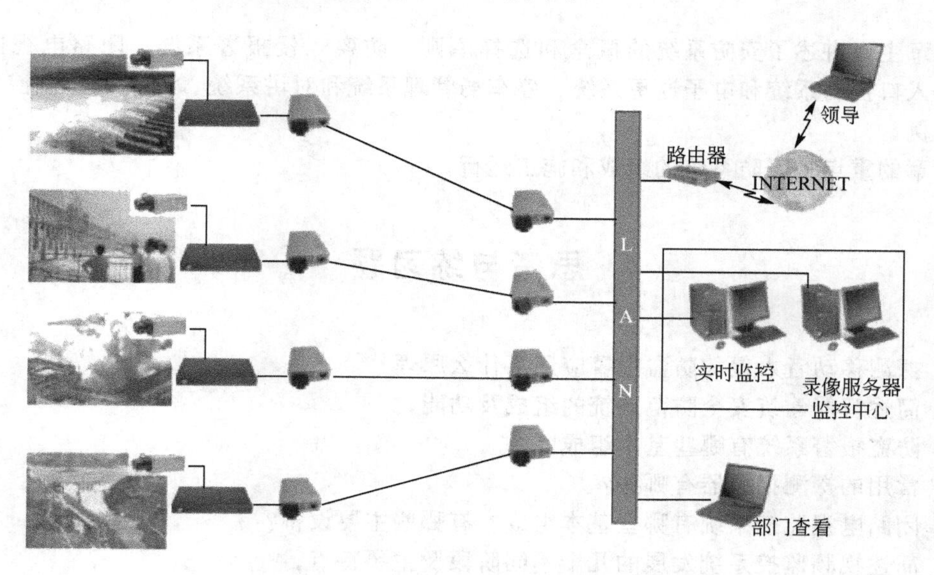

图 11.15　楼宇部分区域的视频监控系统

某个闭路电视监控系统的实物外观如图 11.16 所示。

图 11.16　某个闭路电视监校系统的实物外观

11.7.2　系统中使用的部分传输线缆

图 11.16 所示闭路电视监控系统中，全方位摄像机采用壁装，穿用 SYV75－5＋RVS2×1.0＋RVVP2×1.0 线缆；半球摄像机采用吸顶方式安装，穿用 SYV75－5＋RVS2 * 1.0 线缆；枪式摄像机为壁装，穿用 SYV75－5＋RVS2×1.0 线缆；对狭窄通道进行入侵探测的红外对射探测器，安装高度距地 0.8m，穿用 RVVP2×1.0 线缆。

SYV 实芯聚乙烯绝缘射频同轴电缆广泛应用于综合布线、安防工程、弱电工程、监控工程、楼宇对讲系统、网络通信工程、有线电视工程、音响工程等专用音频、视频线缆及各种配套传输电缆和消防工程中。

本 章 小 结

本章主要讲述了安防系统的概念和选择原则、防盗入侵报警系统、闭路电视监控系统、出入口控制系统和电子巡更系统、停车场管理系统和对讲系统、网络视频监控系统及应用实例。

本章的重点是安防系统的组成和施工运行。

思考与练习题

1. 探测移动者入侵的防盗报警应用了什么原理？
2. 简述智能建筑安全防范系统的组成及功能。
3. 防盗报警系统有哪些基本组成？
4. 常用的探测报警器有哪些？
5. 闭路电视监控系统有哪些基本组成？有哪些主要设备？
6. 简述视频监控系统发展的几个不同阶段及主要特点。

第12章 建筑电气设计

教学目标

为了使读者对一般民用建筑电气设计过程和要求有一个比较完整的了解，本章叙述了建筑电气设计的范围和内容，系统地介绍了对民用建筑电气设计的任务、总的原则、依据、一般程序及基本步骤，以及学生课程设计的程序、深度和施工图的绘制，希望能将理论教学与工程实践相结合，培养学生掌握工程设计的理念、规范要求和实际应用知识的能力，使学生毕业后更快适应专业工作、掌握技术业务，要求通过本章的学习达到以下目标：

(1) 掌握建筑电气设计的范围和内容；

(2) 掌握建筑电气设计的原则、依据与程序；

(3) 掌握建筑电气设计的图样与说明；

(4) 了解建筑电气设计施工图的绘制；

(5) 了解建筑电气课程设计。

教学要求

知识要点	能力要求	相关知识
建筑电气设计的范围和内容	(1) 掌握建筑电气设计的范围 (2) 掌握建筑电气设计的内容 (3) 了解建筑电气设计相应的国家规范	(1) 建筑电气设计的范围 (2) 建筑电气设计的内容 (3) 相应的国家规范
建筑电气设计的原则、依据与程序	(1) 掌握建筑电气设计的原则 (2) 了解建筑电气设计的依据 (3) 掌握建筑电气设计的程序	(1) 建筑电气设计的原则 (2) 建筑电气设计的依据 (3) 建筑电气设计的程序 (4) 方案设计 (5) 初步设计 (6) 施工图设计
建筑电气设计的图样与说明	(1) 掌握初设阶段的说明 (2) 掌握施工图的绘制方法和施工图的要求 (3) 了解设计说明书的编制 (4) 了解设计图样的要求	(1) 初设阶段的说明 (2) 施工图的绘制方法和施工图的要求 (3) 设计说明书的编制 (4) 设计图样的要求
建筑电气设计施工图的绘制	(1)了解电气工程图的图形符号 (2) 了解电气工程施工图的组成 (3) 了解电气工程的竣工验收	(1) 图形符号 (2) 施工图的组成 (3) 竣工验收
建筑电气课程设计	(1) 掌握课程设计要求 (2) 了解课程设计任务和设计方法 (3) 了解课程设计说明书的撰写 (4) 了解设计资料收集内容 (5) 掌握具体的设计步骤	(1) 课程设计要求 (2) 课程设计任务和设计方法 (3) 课程设计说明书 (4) 设计资料收集 (5) 设计步骤

基本概念

分界点、设计范围、设计原则、设计依据、设计程序、方案设计、初步设计、施工图设计、课程设计

引例

民用建筑(包括居住建筑与公共建筑)是人们生活的基本需求与社会政治、经济及文化活动实现的必要条件。民用建筑工程的实施，又是由规划、勘测、设计、施工及监理等一系列工作过程和环节来完成的。民用建筑电气工程设计是民用建筑工程(包括建筑、结构、暖通空调、给排水)设计中不可缺少的部分。

12.1 概　　述

为了搞好民用建筑电气工程设计，保证设计质量，在设计工作中应当做到：设计依据完备、可靠；设计程序严谨、合理；设计内容正确、详实；设计深度满足工程各阶段的需要；设计文件规范、工整，符合国家有关规定；设计变更原因清楚，责任分明，有据可查。同时，为了提高设计工效，充分优化设计成果，保护建设单位与建筑物使用者的合法权益，国家及有关主管部门制定与颁布了一系列法令、规范与技术标准。它们是国家技术政策的具体体现，也是设计工作必须遵循的指导原则。建筑电气从广义上讲，包括工业与民用建筑电气两方面，本章重点讨论民用建筑范畴内的问题。

12.1.1　电气设计的范围

所谓设计范围，是指设计边界的划分问题。设计边界分以下两种情况。

(1) 明确工程的内部线路与外部线路的分界点。电气的边界不像土建边界，它不能由规划部门的红线来划分，通常是由建设单位(甲方)与有关部门商量确定，其分界点可在红线以内，也可在红线以外。例如，供电线路及工程的接电点，有可能在红线以外。

(2) 明确工程电气设计的具体分工和相互交接的边界。在与其他单位联合设计或承招工程中某几项的设计时，必须明确具体分工和相互交接的边界，以免出现整个工程图彼此脱节。

12.1.2　电气设计的内容

建筑电气设计的内容一般包括强电设计和弱电设计两大部分。

1) 强电部分

强电设计部分包括变配电、输电线路、照明电力、防雷与接地、电气信号及自动控制等项。

2）弱电部分

弱电设计部分包括电话、广播、共用天线电视系统，火灾报警系统、防盗报警系统、空调及电梯控制系统等项目。

3）设计项目的确定

对于一个具体工程，其电气设计项目是根据建筑的功能、工程设计规范、建设单位及有关部门的要求等来确定的，并非任何一个工程都包括上述全部项目，可能仅有强电，也可能是强电、弱电的某些项目的组合。

通常，在一个工程中，设计项目可以根据下列几个因素来确定。

(1) 根据建设单位的设计委托要求确定。在建设单位委托书上，一般应写清楚设计内容和设计要求(有时因建设单位经办人对电气专业不太熟悉，往往请设计单位帮助他们一起填写设计委托书，以免漏项)，这是因为有时建设单位可能把工程中的某几项另外委托其他单位设计，所以设计内容必须在设计委托书上写清楚。

(2) 由设计人员根据规范的要求确定。例如，民用建筑的火灾报警系统、消防控制系统、紧急广播系统、防雷装置等内容是根据所设计建筑物的高度、规模、使用性能等情况，按照民用建筑有关的规范规定，由设计人员确定，在建设单位的设计委托书上不必写明。但是，如果根据规范必须设置的系统或装置，而建设单位又不同意设置时，那么必须有建设单位主管部门同意不设置的正式文件，否则应按规范执行。

(3) 根据建筑物的性质和使用功能按常规设计要求考虑的内容来确定。例如，学校建筑的电气设计内容，除一般的电力、照明以外，还应有电铃、有线广播等内容；剧场的电气设计中，除一般的电力、照明以外，还应包括舞台灯光照明、扩声系统等内容。

总之，设计时应当仔细弄清建设单位的意图、建筑物的性质和使用功能，熟悉国家设计标准和规范，本着满足规范的要求、服务于用户的原则确定设计内容。

12.2 建筑电气设计的原则、依据与程序

12.2.1 建筑电气设计的原则

建筑电气的设计必须贯彻执行国家有关工程的政策和法令，应当符合现行的国家标准和设计规范，还应遵守有关行业、部门和地区的特殊规定和规程。在上述前提下力求贯彻以下原则。

(1) 应当满足使用要求和保证安全用电。

(2) 确立技术先进、经济合理、管理方便的方案。

(3) 设计应适当留有发展的余地。

我国现行常用的电气设计的国家标准和部颁标准见表12-1。

表 12-1 国家标准和部颁标准的常用电气设计规范

序号	规格代号	规范名称	序号	规格代号	规范名称
1	JGJ 16—2008	民用建筑电气设计规范(附条文说明)	10	GB 50052—2009	供配电系统设计规范
2	GB 50053—1994	10kV 及以下变电所设计规范	11	GB 50060—2008	3～110kV 高压配电装置设计规范
3	GB 50054—2011	低压配电设计规范	12	GB/T 50062—2008	电力装置的继电保护和自动装置设计规范
4	GB 50055—2011	通用用电设备配电设计规范	13	GB 50045—1995	高层民用建筑设计防火规范(2005 版)
5	GB 50056—1993	电热设备电力装置设计规范	14	GB 50016—2006	建筑设计防火规范
6	GB 50057—2010	建筑物防雷设计规范	15	GB 50116—1998	火灾自动报警系统设计规范
7	GB 50058—1992	爆炸和火灾危险环境电力装置设计规范	16	GB 50348—2004	安全防范工程设计技术规范
8	GB 50059—2011	35kV～110kV 变电所设计规范	17	GB/T 50311—2007	建筑与建筑群综合布线系统工程系统设计规范
9	GB 50061—2010	66kV 及以下架空电力线路设计规范			

12.2.2 建筑电气设计的依据

1. 设计的法律依据与设计原则

民用建筑电气工程设计，必须根据上级主管部门关于工程项目的正式批文和建设单位的招标文件或设计委托书进行，它们是设计工作的法律依据与责任凭证。

上述文件中关于设计的性质、设计任务的名称、设计范围的界定、投资额度、工程时限、设计变更的处理、设计取费及其方式等重要事项必须有明确的文字规定，并经各有关方面签字用印认定，方能作为设计依据。

民用建筑电气工程的设计必须有明确的使用要求及自然的和人工的约束条件作为客观依据，它们由以下原始资料表述。

(1) 建筑总平面图、建筑内部空间与电气相关的建筑设计图。

(2) 用电设备的名称、容量、空间位置、负荷的时变规律、对供电可靠性与控制方式的要求等资料。

(3) 与城市供电、供水、通信、有线电视等网络接网的条件与方式等方面的资料。

(4) 建筑物在火灾、雷害、震灾与安全等方面特殊潜在危险的必要说明资料。

(5) 建筑物内部与外部交通条件、交通负荷方面的说明资料。

(6) 电气设计所需的大气、气象、水文、地质、地震等自然条件方面的资料。

建设单位应尽可能提供必要的资料，对于确属需要而建设单位又不能提出的资料，设计单位可协助或代为调研编制，再由建设单位确认后，作为建设单位提供的资料。

2. 民用建筑电气设计必须遵照的国家有关法令

这些法令包括：《中华人民共和国建筑法》、《中华人民共和国电力法》、《中华人民共和国消防法》、《建设工程质量管理条例》、《中华人民共和国工程建设标准强制性条文》(房屋建筑部分)。

12.2.3 建筑电气设计的程序

1. 建筑电气方案设计

1) 建筑电气方案设计文件编制深度原则

(1) 应满足编制初步设计文件的需要。

(2) 宜因地制宜正确选用国家、行业和地方建筑标准设计。

(3) 对于一般工业建筑(房屋部分)工程设计，设计文件编制深度还应符合有关行业标准的规定。

(4) 当设计合同对设计文件编制深度另有要求时，设计文件编制深度应同时满足设计合同的要求。

2) 建筑电气设计说明

(1) 设计范围：本工程拟设置的电气系统。

(2) 变、配电系统。

① 确定负荷级别：1、2、3级负荷的主要内容。

② 负荷估算。

③ 电源：根据负荷性质和负荷量，要求外供电源的回路数、容量、电压等级。

④ 变、配电所：位置、数量、容量。

(3) 应急电源系统：确定备用电源和应急电源形式。

(4) 照明、防雷、接地、智能建筑设计的相关系统内容。

2. 初步设计阶段

电气的初步设计是在工程的建筑方案设计基础上进行的，对于大中型复杂工程，还应进行方案比较，以便遴选技术上先进可靠、经济上合理的方案，然后进行内部作业，编制初步设计文件。

1) 建筑电气初步设计文件编制深度原则

(1) 应满足编制施工图设计文件的需要。

(2) 宜因地制宜正确选用国家、行业和地方建筑标准设计。

(3) 对于一般工业建筑(房屋部分)工程设计，设计文件编制深度还应符合有关行业标准的规定。

(4) 当设计合同对设计文件编制深度另有要求时，设计文件编制深度应同时满足设计合同的要求。

2) 建筑电气初步设计内容

(1) 设计说明书。

(2) 设计图纸。

(3) 主要电气设备表。

(4) 计算书(供内部使用及存档)。

3) 设计说明书

(1) 设计依据。

① 建筑概况：应说明建筑类别、性质、面积、层数、高度等。

② 相关专业提供给本专业的工程设计资料。

③ 建设方提供的有关职能部门(如供电部门、消防部门、通信部门、公安部门等)认定的工程设计资料，建设方设计要求。

④ 本工程采用的主要标准及法规。

(2) 设计范围。

① 根据设计任务书和有关设计资料，说明本专业的设计工作内容和分工。

② 本工程拟设置的电气系统。

(3) 变、配电系统。

① 确定负荷等级和各类负荷容量。

② 确定供电电源及电压等级、电源由何处引来、电源数量及回路数、电缆埋地或架空、近远期发展情况。

③ 备用电源和应急电源容量确定原则及性能要求；有自备发电机时，说明起动方式及与市电网关系。

④ 高、低压供电系统结线形式及运行方式；正常工作电源与备用电源之间的关系；母线联络开关运行和切换方式；变压器之间低压侧联络方式；重要负荷的供电方式。

⑤ 变、配电站的位置、数量、容量(包括设备安装容量，有功、无功、视在容量，变压器台数、容量)及形式(户内、户外或混合)；设备技术条件和选型要求；总用电负荷分配情况；重要负荷的考虑及其容量；总电力供应主要指标。

⑥ 继电保护装置的设置。

⑦ 电能计量装置；采用高压或低压；专用柜或非专用柜(满足供电部门要求和建设方内部核算要求)；监测仪表的配置情况。

⑧ 功率因数补偿方式：说明功率因数是否达到供用电规则的要求，应补偿容量和采取的补偿方式和补偿前后的结果。

⑨ 操作电源和信号：说明高压设备操作电源和运行信号装置配置情况。

⑩ 工程供电：高、低压进出线路的型号及敷设方式。

(4) 配电系统。

① 电源由何处引来、电压等级、配电方式；对重要负荷和特别重要负荷及其他负荷的供电措施。

② 选用导线、电缆、母干线的材质和型号，敷设方式。

③ 开关、插座、配电箱、控制箱等配电设备选型及安装方式。

④ 电动机起动及控制方式的选择。

(5) 照明系统。

① 照明种类及照度标准。

② 光源及灯具的选择，照明灯具的安装及控制方式。

③ 室外照明的种类(如路灯、庭院灯、草坪灯、地灯、泛光照明、水下照明等)、电压等级、光源选择及其控制方式等。

④ 照明线路的选择及敷设方式(包括室外照明线路的选择和接地方式)。

(6) 热工检测及自动调节系统。

① 按工艺要求说明热工检测及自动调节系统的组成。

② 自动化仪表的选择。

③ 仪表控制盘、台选型及安装。

④ 线路选择及敷设。

⑤ 仪表控制盘、台的接地。

(7) 火灾自动报警系统。

① 按建筑性质确定保护等级及系统组成。

② 消防控制室位置的确定和要求。

③ 火灾探测器、报警控制器、手动报警按钮、控制台(柜)等设备的选择。

④ 火灾报警与消防联动控制要求，控制逻辑关系及控制显示要求。

⑤ 火灾应急广播及消防通信概述。

⑥ 消防主电源、备用电源供给方式，接地及接地电阻要求。

⑦ 线路选型及敷设方式。

⑧ 当有智能化系统集成要求时，应说明火灾自动报警系统与其他子系统的接口方式及联动关系。

⑨ 应急照明的电源形式、灯具配置、线路选择、敷设方式及控制方式等。

(8) 通信系统。

① 对工程中不同性质的电话用户和专线，分别统计其数量。

② 电话站总配线设备及其容量的选择和确定。

③ 电话站交、直流供电方案。

④ 电话站站址的确定及对土建的要求。

⑤ 通信线路容量的确定及线路网络组成和敷设。

⑥ 对市话中继线路的设计分工，以及线路敷设和引入位置的确定。

⑦ 室内配线及敷设要求。

⑧ 防电磁脉冲接地、工作接地方式及接地电阻要求。

(9) 有线电视系统。

① 系统规模、网络组成、用户输出口电平值的确定。

② 节目源选择。

③ 机房位置、前端设备配置。

④ 用户分配网络、导体选择及敷设方式、用户终端数量的确定。

(10) 闭路电视系统。

① 系统组成。

② 控制室的位置及设备的选择。
③ 传输方式、导体选择及敷设方式。
④ 电视制作系统组成及主要设备选择。
(11) 有线广播系统。
① 系统组成。
② 输出功率、馈送方式和用户线路敷设的确定。
③ 广播设备的选择，并确定广播室位置。
④ 导体选择及敷设方式。
(12) 扩声和同声传译系统。
① 系统组成。
② 设备选择及声源布置的要求。
③ 确定机房位置。
④ 同声传译方式。
⑤ 导体选择及敷设方式。
(13) 呼叫信号系统。
① 系统组成及功能要求(包括有线或无线)。
② 导体选择及敷设方式。
③ 设备选型。
(14) 公共显示系统。
① 系统组成及功能要求。
② 显示装置安装部位、种类、导体选择及敷设方式。
③ 显示装置规格。
(15) 时钟系统。
① 系统组成、安装位置、导体选择及敷设方式。
② 设备选型。
(16) 安全技术防范系统。
① 系统防范等级、组成和功能要求。
② 保安监控及探测区域的划分、控制、显示及报警要求。
③ 摄像机、探测器安装位置的确定。
④ 访客对讲、巡更、门禁等子系统配置及安装。
⑤ 机房位置的确定。
⑥ 设备选型、导体选择及敷设方式。
(17) 综合布线系统。
① 根据工程项目的性质、功能、环境条件和近、远期用户要求，确定综合布线的类型及配置标准。
② 系统组成及设备选型。
③ 总配线架、楼层配线架及信息终端的配置。
④ 导体选择及敷设方式。
(18) 建筑设备监控系统及系统集成。
① 系统组成、监控点数及其功能要求。

② 设备选型。

③ 导体选择及敷设方式。

(19) 信息网络交换系统。

① 系统组成、功能及用户终端接口的要求。

② 导体选择及敷设要求。

(20) 车库管理系统。

① 系统组成及功能要求。

② 监控室设置。

③ 导体选择及敷设要求。

(21) 智能化系统集成。

① 集成形式及要求。

② 设备选择。

(22) 建筑物防雷。

① 确定防雷类别。

② 防直接雷击、防侧击雷、防雷击电磁脉冲、防高电位侵入的措施。

③ 当利用建(构)筑物混凝土内钢筋做接闪器、引下线、接地装置时，应说明采取的措施和要求。

(23) 接地及安全。

① 本工程各系统要求接地的种类及接地电阻要求。

② 总等电位、局部等电位的设置要求。

③ 接地装置要求，当接地装置需做特殊处理时，应说明采取的措施、方法等。

④ 安全接地及特殊接地的措施。

4) 设计图样

(1) 电气总平面图(仅有单体设计时，可无此项内容)。

① 标示建(构)筑物名称、容量，高、低压线路及其他系统线路走向，回路编号，导线及电缆型号规格，架空线杆位，路灯、庭院灯的杆位(路灯、庭院灯可不绘线路)，重复接地点等。

② 变、配电站的位置、编号和变压器容量。

③ 比例、指北针。

(2) 变、配电系统。

① 高、低压供电系统图：注明开关柜编号、型号及回路编号，一次回路设备型号，设备容量，计算电流，补偿容量，导体型号规格，用户名称，二次回路方案编号。

② 平面布置图：应包括高、低压开关柜，变压器，母干线，发电机，控制屏，直流电源及信号屏等设备平面布置和主要尺寸，图样应有比例。

③ 标示房间层高、地沟位置、标高(相对标高)。

(3) 配电系统(一般只绘制内部作业草图，不对外出图)。

主要干线平面布置图、竖向干线系统图(包括配电及照明干线，变、配电站的配出回路及回路编号)。

(4) 照明系统。

对于特殊建筑，如大型体育场馆、大型影剧院等，有条件时应绘制照明平面图。该平面图应包括灯位(含应急照明灯)、灯具规格、配电箱(或控制箱)位，不需连线。

(5) 热工检测及自动调节系统。

① 需专项设计的自控系统，需要绘制热工检测及自动调节原理系统图。

② 控制室设备平面布置图。

(6) 火灾自动报警系统。

① 火灾自动报警系统图。

② 消防控制室设备布置平面图。

(7) 通信系统。

① 电话系统图。

② 站房设备布置图。

(8) 防雷系统、接地系统。一般不出图样，特殊工程只出屋顶平面图、接地平面图。

(9) 其他系统。

① 各系统所属系统图。

② 各控制室设备平面布置图(若在相应系统图中说明清楚时，可不出此图)。

5) 主要设备表

注明设备名称、型号、规格、单位、数量。

6) 设计计算书(供内部使用及存档)

(1) 用电设备负荷计算。

(2) 变压器选型计算。

(3) 电缆选型计算。

(4) 系统短路电流计算。

(5) 防雷类别计算及避雷针保护范围计算。

(6) 各系统计算结果还应标示在设计说明或相应图样中。

(7) 因条件不具备不能进行计算的内容，应在初步设计中说明，并应在施工图设计时补算。

3. 施工图样设计阶段

1) 建筑电气施工图设计文件编制深度原则

(1) 施工图设计文件应满足设备材料采购、非标准设备制作和施工的需要。对于将项目分别发包给几个设计单位或实施设计分包的情况，设计文件相互关联处的深度应当满足各承包或分包单位设计的需要。

(2) 宜因地制宜正确选用国家、行业和地方建筑标准设计。

(3) 对于一般工业建筑(房屋部分)工程设计，设计文件编制深度还应符合有关行业标准的规定。

(4) 当设计合同对设计文件编制深度另有要求时，设计文件编制深度应同时满足设计合同的要求。

2) 建筑电气施工图内容

(1) 图样目录。

(2) 施工设计说明。

(3) 设计图纸主要设备表。

(4) 计算书(供内部使用及存档)。

3) 施工设计说明

(1) 工程设计概况：应将经审批定案后的初步设计说明书(或方案)中的主要指标录入。

(2) 各系统的施工要求和注意事项(包括布线、设备安装等)。

(3) 设备定货要求(亦可附在相应图样上)。

(4) 防雷及接地保护等其他系统有关内容(亦可附在相应图样上)。

(5) 本工程选用标准图图集编号、页号。

4) 设计图样

(1) 施工设计说明、补充图例符号、主要设备表可组成首页，当内容较多时，可分设专页。

(2) 电气总平面图(仅有单体设计时，可无此项内容)。

① 标注建(构)筑物名称或编号、层数或标高、道路、地形等高线和用户的安装容量。

② 标注变、配电站的位置、编号；变压器台数、容量；发电机台数、容量；室外配电箱的编号、型号；室外照明灯具的规格、型号、容量。

③ 架空线路应标注线路规格及走向、回路编号、杆位编号、挡数、挡距、杆高、拉线、重复接地、避雷器等(附标准图集选择表)。

④ 电缆线路应标注线路走向、回路编号、电缆型号及规格、敷设方式(附标准图集选择表)、人(手)孔位置。

⑤ 比例、指北针。

⑥ 图中未表达清楚的内容可附图做统一说明。

(3) 变、配电站。

① 高、低压配电系统图(一次线路图)。图中应标明母线的型号、规格；变压器、发电机的型号、规格；开关、断路器、互感器、继电器、电工仪表(包括计量仪表)等的型号、规格、整定值。图下方表格标注开关柜编号与型号、回路编号、设备容量、计算电流、导体型号及规格、敷设方法、用户名称、二次原理图方案号(当选用分格式开关柜时，可增加小室高度或模数等相应栏目)。

② 平、剖面图。按比例绘制变压器、发电机、开关柜、控制柜、直流及信号柜、补偿柜、支架、地沟、接地装置等平、剖面布置，安装尺寸等；当选用标准图时，应标注标准图编号、页次；标注进出线回路编号、敷设安装方法；图样应有比例。

③ 继电保护及信号原理图。继电保护及信号二次原理方案，应选用标准图或通用图。当需要对所选用标准图或通用图进行修改时，只需绘制修改部分并说明修改要求。控制柜、直流电源及信号柜、操作电源均应选用企业标准产品，图中标示相关产品型号、规格和要求。

④ 竖向配电系统图。以建(构)筑物为单位，自电源点开始至终端配电箱止，按设备所处相应楼层绘制，应包括变、配电站变压器台数、容量，发电机台数、容量，各处终端配电箱编号，自电源点引出回路编号(与系统图一致)，接地干线规格。

⑤ 相应图样说明。图中表达不清楚的内容，可随图做相应说明。

(4) 配电、照明。

① 配电箱(或控制箱)系统图，应标注配电箱编号、型号，进线回路编号；标注各开

关(或熔断器)型号、规格、整定值；配电回路编号、导线型号规格(对于单相负荷应标明相别)；对有控制要求的回路应提供控制原理图；对重要负荷供电回路宜标明用户名称。上述配电箱(或控制箱)系统内容在平面图上标注完整的，可不单独出配电箱(或控制箱)系统图。

②配电平面图应包括建筑门窗、墙体、轴线、主要尺寸、工艺设备编号及容量；布置配电箱、控制箱，并注明编号、型号及规格；绘制线路始、终位置(包括控制线路)，标注回路规格、编号、敷设方式，图样应有比例。

③ 照明平面图，应包括建筑门窗、墙体、轴线、主要尺寸，标注房间名称，绘制配电箱、灯具、开关、插座、线路等平面布置，标明配电箱编号，干线、分支线回路编号、相别、型号、规格、敷设方式等；凡需二次装修部位，其照明平面图随二次装修设计，但配电或照明平面图上应相应标注预留的照明配电箱，并标注预留容量；图样应有比例。

④ 图中表达不清楚的，可随图做相应说明。

(5) 热工检测及自动调节系统。

① 普通工程宜选定型产品，仅列出工艺要求。

② 需专项设计的自控系统，需要绘制热工检测及自动调节原理系统图、自动调节框图、仪表盘及台面布置图、端子排接线图、仪表盘配电系统图、仪表管路系统图、锅炉房仪表平面图、主要设备材料表、设计说明。

(6) 建筑设备监控系统及系统集成。

① 监控系统框图、绘制 DDC 站址。

② 随图说明相关建筑设备监控(测)要求、点数、位置。

③ 配合承包方了解建筑设备情况及要求，审查承包方提供的深化设计图样。

(7) 防雷、接地及安全。

① 绘制建筑物顶层平面图，应有主要轴线号、尺寸、标高；标注避雷针、避雷带、引下线位置；标明材料型号规格和所涉及的标准图编号、页次，图样应标注比例。

② 绘制接地平面图(可与防雷顶层平面图重合)，以及接地线、接地极、测试点、断接卡等的平面位置；标明材料型号、规格、相对尺寸等和涉及的标准图编号、页次(当利用自然接地装置时，可不出此图)；图样应标注比例。

③ 当利用建筑物(或构筑物)钢筋混凝土内的钢筋作为防雷接闪器、引下线、接地装置时，应标注连接点、接地电阻测试点、预埋件位置及敷设方式，注明所涉及的标准图编号、页次。

④ 随图说明可包括：防雷类别和采取的防雷措施(包括防侧击雷、防雷击电磁脉冲、防高电位引入)；接地装置形式，接地极材料要求、敷设要求、接地电阻值要求；当利用桩基、基础内钢筋作接地极时，应采取的措施。

⑤ 除防雷接地外的其他电气系统的工作或安全接地的要求(如电源接地形式，直流接地，局部等电位、总等电位接地等)，如果采用共用接地装置，应在接地平面图中叙述清楚，交代不清楚的应绘制相应图样(如局部等电位平面图等)。

(8) 火灾自动报警系统。

① 火灾自动报警及消防联动控制系统图、施工设计说明、报警及联动控制要求。

② 各层平面图应包括设备及器件布点、连线，线路型号、规格及敷设要求。

(9) 其他系统。

① 各系统的系统框图。

② 说明各设备定位安装、线路型号规格及敷设要求。

③ 配合系统承包方了解相应系统的情况及要求，审查系统承包方提供的深化设计图样。

5) 主要设备表

注明主要设备名称、型号、规格、单位、数量。

6) 计算书(供内部使用及归档)

施工图设计阶段的计算书，只补充初步设计阶段时应进行计算而未进行计算的部分，修改因初步设计文件审查变更后，需重新进行计算的部分。

4. 工程设计技术交底

电气施工图设计完成以后，在施工开始之前，设计人员应向施工单位的技术人员或负责人作电气工程设计的技术交底。主要介绍电气设计的主要意图，强调指出施工中应注意的事项，并解答施工单位提出的技术疑问，补充和修改设计文件中的遗漏和错误。其间应做好会审记录，并最后作为技术文件归档。

5. 施工现场配合

在按图进行电气施工的过程中，电气设计人员应常去现场帮助解决图样上或施工技术上的问题，有时还要根据施工过程中出现的新问题做一些设计上的变动，并以书面形式发出修改通知或修改图。

6. 工程竣工验收

设计工作的最后一步是组织设计人员、建设单位、施工单位及有关部门对工程进行竣工验收。电气设计人员应检查电气施工是否符合设计要求，即详细查阅各种施工记录，并现场查看施工质量是否符合验收规范，检查电气安装措施是否符合图样规定，将检查结果逐项写入验收报告，并最后作为技术文件归档。

12.3 建筑电气设计施工图的绘制

工程设计施工图是用来直观地表达设计意图的工程语言。它也是指导施工人员安装操作和维护设备运行的依据，同时还是设备订货的依据。因此，施工图样表达要规范、准确、完整、清楚，文字要简洁。

12.3.1 电气工程图的图形符号

在电气工程图中，设备、元件、线路及其安装方法等，都是用统一的图形符号和文字符号来表达的。图形符号和文字符号犹如电气工程语言中的“词汇”，所以要设计、绘制和阅读电气图样，应首先熟悉这些“词汇”，并弄清它们各自代表的意义。

电气图样中的电气图形符号通常包括系统图图形符号、平面图图形符号、电气设备文字符号和系统图的回路标号。这些符号和标号都有统一的国家标准。在实际工程设计中，若统一图例(国标)不能满足图样表达的需要时，可以根据工程的具体情况，自行设定某些图形符号，此时必须附有图例说明，并在设计图样中列出来。一般而言，每项工程都应有图例说明。

12.3.2 电气工程施工图的组成

一般而言，一项工程的电气设计施工图总是由系统图、平面图、设备布置图、安装图、电气原理图等内容组成。

电气工程的规模有大有小，电气项目也各不相同，反映不同规模的工程图样的种类、数量也是不相同的。

1）系统图

系统图是用来表示系统的网络关系的图样。系统图应表示出系统的各个组成部分之间的相互关系、连接方式，以及各组成部分的电气元件和设备及其特性参数。通过系统图可以了解工程的全貌和规模。

当工程规模大、网络比较复杂时，为了表达更简洁、方便，也可先画出各干线系统图，然后分别画出各子系统，层层分解，有层次地表达。图 12.1 为某工程照明系统图。

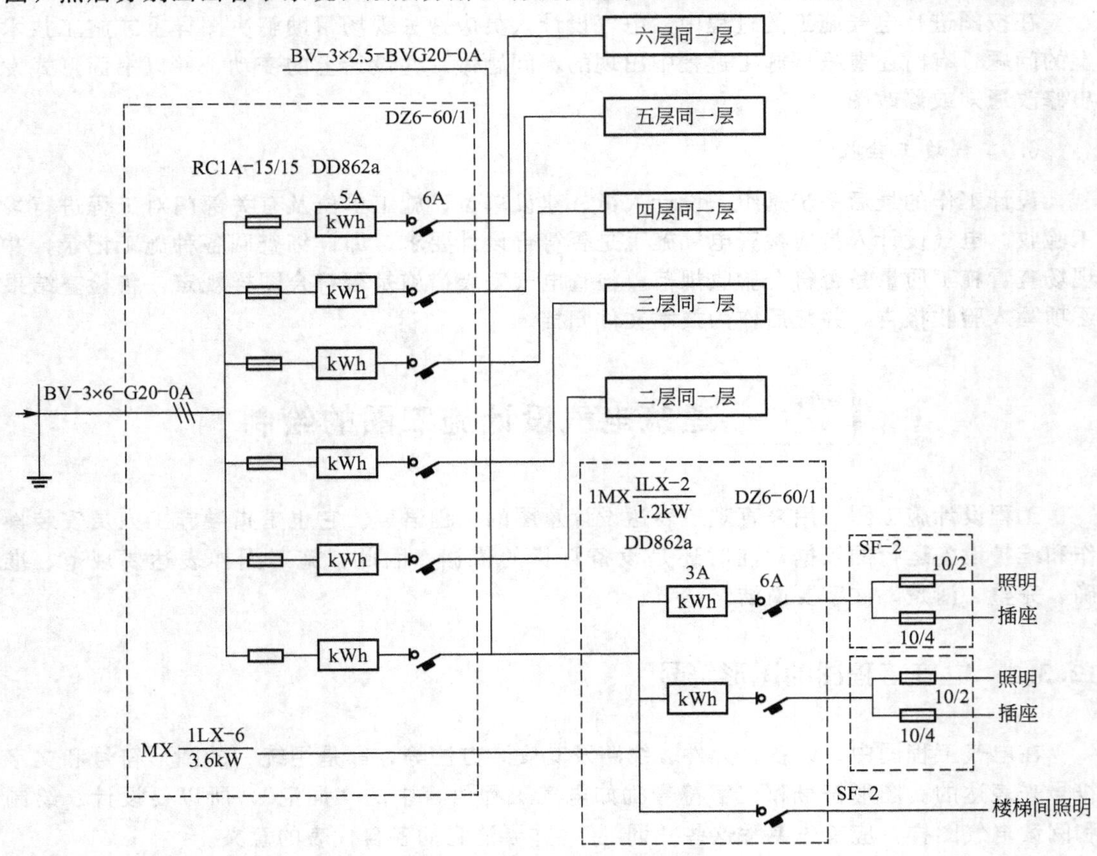

图 12.1 某住宅照明系统图

2）平面图

平面图是表示所有电气设备和线路的平面位置、安装高度，设备和线路的型号、规格，线路的走向和敷设方法、敷设部位的图样。

平面图按工程内容的繁简分层绘制，一般每层绘制一张或数张。同一系统的图画在一张图上。平面图还应标注轴线、尺寸、比例、楼面标高、房间名称等，以便于图形校审、编制施工预算和指导施工。图 12.2 为某住宅照明平面图。

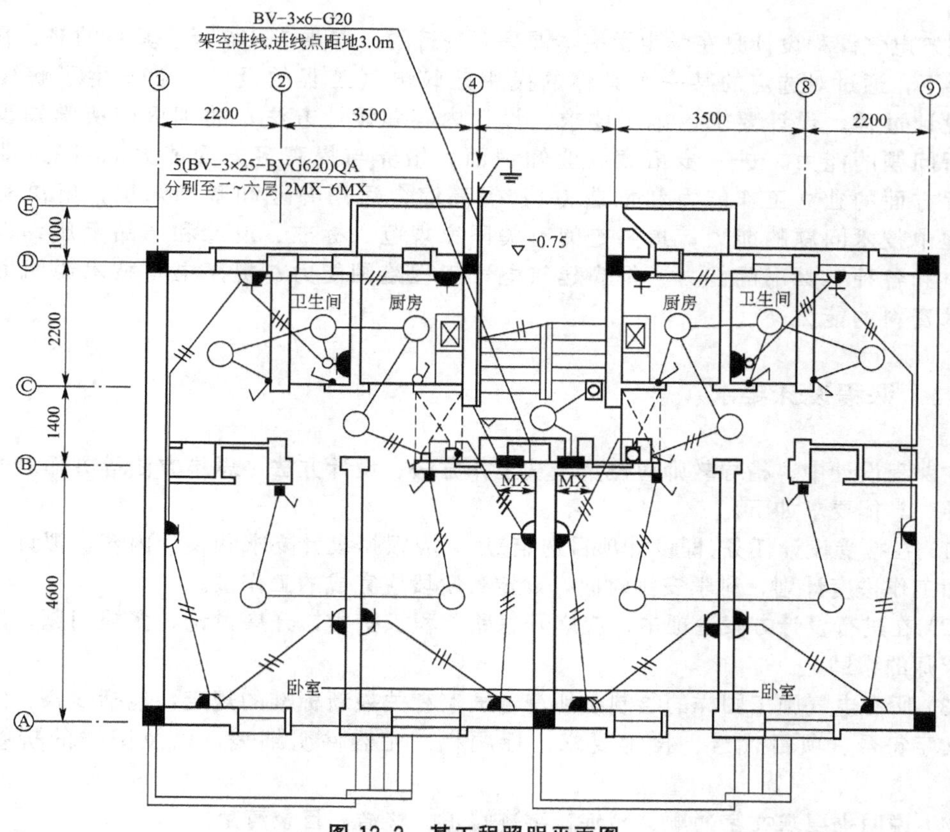

图 12.2 某工程照明平面图

3）设备布置图

设备布置图通常由平面图、立面图、剖面图及各种构件详图等组成，用来表示各种电气设备的平面与空间位置相互关系及安装方式。这类图一般都是按三视图的原理绘制的工程图。

4）安装图

安装图是表示电气工程中某一部分或某一部件的具体安装要求和做法的图样，同时还表明安装场所的形态特征。这类图一般都有统一的国家标准图，需要时尽量选用标准图。

5）电气原理图

电气原理图是表示某一具体设备或系统的电气工作原理的图样，用以指导具体设备与系统的安装、接线、调试、使用与维护。在原理图上，一般用文字简要地说明控制原理或动作过程，同时，在图样上还应列出原理图中的电气设备和元件的名称、规格型号及数量。

总之，电气施工图的绘制，应力求用较少的图样准确、明了地表达设计意图，使施工和维护人员读起来感到条理清楚。此外，在一个具体工程中，往往可以根据实际情况适当增加或者减少某些图。

12.4 建筑电气课程设计

建筑电气课程设计是在学生学完本课程后进行的，需要7～10天。其目的是：在教师的指导下，通过对选定的某一个具体的民用建筑电气工程的设计，使学生了解建筑电气的设计过程、设计要求、施工要求、设计内容和设计方法；达到巩固所学知识，提高分析问题的能力，进一步拓宽专业知识面，培养与提高多方面能力的目的(即在建筑工程方面的独立工作能力和创造力)；提高综合运用专业和基础知识，解决实际建筑工程中技术问题的能力；提高查阅有关国家规范、标准、设计和产品手册，以及图书资料和各种工具书的能力；提高建筑电气工程绘图能力；提高书写技术说明书和编制技术资料的能力。

12.4.1 课程设计要求

在课程设计中，指导教师应侧重于从工作方法、设计方法、思维方法等方面对学生进行指导。具体要求如下。

(1) 在接受设计任务(即设计项目选定)后，应根据设计要求和设计内容，拟订设计任务书和工作进度计划，科学安排时间，确定各阶段应完成的工作量。

(2) 在进行设计方案论证中，应广开思路，积极探索，开展讨论，多提问题，以求得指导老师的帮助。

(3) 所有电气施工图样的绘制必须符合国家有关最新标准的规定，包括线条、图形符号、文字符号、项目代号、技术要求、标题栏、元器件明细表，以及图样的折叠和装订等。

(4) 说明书要求文字通顺、简练，字迹端正、整洁，目录清楚。

(5) 在设计过程中，有条件时可深入到类似工程的实际工地进行调查，了解施工对设计的要求，使设计能尽量符合实际，使电气设计与建筑设计及其他各专业设计配合好，从而能较好地指导施工。

(6) 应在规定的时间内完成所有的设计任务。

(7) 在进行电气设计时，可采用手工绘图和CAD绘图相结合的办法。

12.4.2 课程设计任务书

课程设计任务书与工程设计书有所区别，工程设计书主要分为设计内容和要求、设计标准、具体设计项目目、工程控制造价等内容。课程设计任务书主要有以下几方面。

(1) 设计工程名称与来源。

(2) 参与本建筑项目电气设计的人数及其要求。

(3) 设计内容可分为以下两大部分。

① 强电部分的项目：供配电系统、电梯、空调、照明、设备自动控制和调节、防雷接地等。

② 弱电部分的项目：有线通信、有线广播、火灾自动报警、CATV系统(有线电视)、保安监控及综合布线等。

(4) 设计资料收集(另行介绍)。

(5) 各部分设计内容和设计要求的建议，主要内容为：采用的设计标准与要求、设计方案、设计的质量指标要求、建筑材料的选用要求(指电气元器件)、供电负荷等级、照度标准及照明质量、供配电系统、照明系统、电梯、空调、自动控制、消防、安保、防雷接地及弱电系统。设计过程中应与整个建筑结构相配合，最终设计出电气系统布置图和安装接线图。

(6) 图样质量和数量要求。

(7) 文件编制的要求。

(8) 设计进度和时间安排。

(9) 设计说明书要求反映设计方案的论证和计算过程、结果。

另外，设计任务书的封面上一般应标有学校名称、项目名称、设计者姓名、指导老师、教研室、任务书发放日期等。

12.4.3 设计方法

(1) 根据设计任务书，对设计要求进行分析，并从强电和弱电两方面分别考虑进行设计。

(2) 收集各有关设计资料。

(3) 进行方案论证，确定设计方案。确定的主要内容有照明方式、照度标准、负荷等级、供配电系统结构、强电系统和弱电系统的结构和内容等。

(4) 进行施工图设计，主要是设计计算与编制施工图设计文件。

(5) 绘制建筑电气干线图、系统图和平面布置图。

(6) 编写设计说明书、图样目录等。

12.4.4 课程设计说明书的撰写

1. 课程设计说明书的要求

课程设计说明书是课程设计的一个重要方面，是说明设计的书面材料，也是设计质量的反映。所以要求设计者必须独立认真完成。具体要求如下。

(1) 文字简练、通畅、条理清楚、说明透彻、逻辑性强、书写工整。

(2) 论据充分、计算准确、使用公式正确。

(3) 详略得当。

(4) 说明书的内容应包括主要的计算和必要的图样，并且对图样上未能表示清楚的内容加以说明。说明书采用A4纸。设备材料表和设计图样可附在后面，也可独立装订成册。

(5) 图面要清晰，图样要规范化、标准化，统一格式，统一封面，装订成册。

2. 设计说明书的结构形式

设计说明书的完整内容应由以下几部分构成。

(1) 目录。

(2) 标题。

(3) 概述。主要简述本设计项目的概况、设计和指导原则、主要内容和摘要(约 200 字)。

(4) 方案论证。

(5) 施工图设计，用括建筑电气(强、弱电)干线图、系统图、建筑电气(强、弱电)平面图设计、负荷计算、照明计算、其他参数确定及计算、设备选择、图样施工要求说明。

(6) 参考文献。

(7) 结论包括对本设计的客观评价、设计特点、存在的问题和改进意见及致谢等。

12.4.5 设计资料收集

在进行课程设计之前，应进行调查研究，广泛收集必需的设计基础资料(如国家的有关法律、法规、规范、规程、标准、图集，以及地方标准、规定等)。主要内容有以下几点。

① 全面了解建筑规模、生产工艺、建筑构造和总平面布置情况。

② 向建筑物所在地供电部门了解电力系统的情况，了解本工程供电电源的供电方式、供电电压等级、电源回路数，对功率因数的要求，计费办法及计费电表的设置等。

③ 向其他专业了解工艺对电气设计的要求及用电负荷资料；了解电力设计的控制方式是就地操作还是远程遥控，是手动还是机械电动；有无电气信号和自动控制系统的要求，是直接起动还是降压起动；各生产设备之间的相互制约情况、机间连锁装置要求等。

④ 向建筑专业索取建筑物的平、剖面图样，向结构专业索取基础平面图。了解建筑物在该地区的方位，邻近建筑物的概况；建筑层高；楼板厚度，地面、楼面、墙身做法；主次梁、构造柱、过梁的结构布置及所在轴线位置；有无出屋顶女儿墙、挑檐；屋顶有无设备间、水箱等。

⑤ 向建设单位及其他专业了解工艺设备布置图及室内布置图。了解生产车间工艺设备的确切位置；办公室内的办公桌布置形式；商店里栏柜、货架布设方位，橱窗内展出的内容及要求；宾馆内客房里设备布置、卫生间要求；住宅建筑中的洗衣机、电风扇、空调的选择位置等。

⑥ 向建设单位了解建设标准。了解各房间灯具标准要求；各房间使用功能要求；建筑物是否设置节日彩灯，是否安装广告、泛光灯；电话、闭路电视和空调的设置要求；电气消防、保安监控的设置要求等。

⑦ 了解进户电源的进线方位，对进户标高的要求，进户装置的形式要求。

⑧ 了解电气设备的工作状况、产品类型、负荷性质与特点。

⑨ 了解工作场所对光源、视觉功能、照明灯具显色性的要求。

⑩ 向工程建设地点的气象台(站)及有关部门了解气象、地质资料，建筑物周围土壤类别和自然环境，防雷、接地装置有无障碍等。

12.4.6 设计步骤

设计步骤可参考第6章第6.5节和第6.6节。

1. 照明设计步骤

(1) 确定设计照度。按各房间视觉工作的要求和室内环境的清洁状况，根据《建筑照明设计标准》(GB 50034—2004)及有关规程，确定各房间的最低照度和照度补偿系数。

(2) 照明方式的选择。根据工艺要求、生产性质和房间的照度规定，选择合理的照明方式。

(3) 灯具的选择。按照房间的装修色彩、对光色的要求标准、环境条件等来决定光源和灯具的选择。

(4) 合理布置灯具。按照照明光线的投射方向、工作面上的照度、照度均匀性和眩光限制，以及建设投资状况、维护方便与安全等因素来综合考虑。

(5) 进行照度计算。通过对各功能用房的照度计算，决定安装灯具的数量和光源容量。

(6) 进行供电系统方案对比，决定配电方式。

(7) 进行各支线负荷的平衡分配、线路走向的确定，以及配电范围和配电箱位置的选择。

(8) 计算电流和导线选择。计算各支线与干线的工作电流，选择导线截面、型号、敷设方式、穿管管径，进行导线电流和电压损失值的验算。

(9) 电器设备选择。通过计算电流。选择自动空气开关、漏电保护开关型号规格及电度表、电压表、电流表、电流互感器、电压互感器型号规格等。根据设计要求确定配电箱型号与规格。

(10) 进行管网综合。在设计过程中与给排水工程、暖通工程、燃气工程的设计进行管道汇总，将预留孔洞和预埋件的设置资料提交土建工程。

(11) 绘制电气施工图。先绘制各层电气平面图、防雷接地平面图；再绘制配电干线图、配电系统图，以及弱电干线系统图；最后编写设计总说明，列出主要设备材料表。

※2. 电力设计步骤

(1) 根据工艺、土建、给排水、暖通、燃气、弱电等工程提供的用电设备情况进行总负荷计算，并考虑无功功率的补偿，进行变配电所及变压器容量和数量的选择。

(2) 与供电部门商洽，决定供电方式及要求。

(3) 根据负荷对供电的要求和电源条件，选择符合国家有关建筑方针和政策，以及技术、经济上最合理的供电方案与供配电系统。

(4) 根据供电部门的规定，决定电能计量的方法，确定用电设备的供电电压。

(5) 进行负荷电流计算，选择配电设备、配电线路等。

(6) 进行防雷和接地装置设计。

(7) 提出对其他土建类专业设计的工艺要求，如变配电所或配电室房间与设备布置的平、剖面图，设备支架或基础、电缆沟等各部位尺寸，防火防爆要求，预留孔洞及预埋件部位和要求，给排水和暖通、燃气管网、设备的综合布置要求等。

(8) 进行各子项施工图的绘制，以及标准图、大样图的选择。

(9) 编写设计说明，列出主要设备材料表。

3. 防雷接地系统设计

(1) 根据《建筑物防雷设计规范》(GB 50057—2010)、《建筑物电子信息系统防雷技术规范》(GB 50343—2012)规定，确定建筑物防雷等级，并确定具体防雷措施。

(2) 选择满足要求的防雷装置，即接闪器、引下线、接地装置。

(3) 施工图(防雷和接地平面图)绘制。防雷平面图是在建筑物屋顶平面图的基础上绘制的，图上应标出避雷针或避雷带(网)的安装位置，引下线、接地装置的安装位置，并说明接闪器、引下线选用的材料规格和对施工方法的要求等。接地平面图是在建筑物的基础平面图上绘制的，图上应标出接地装置的位置、接地电阻检测点位置、接地干线的位置，以及它们的材料规格和施工工艺等。

※4. 电话设计步骤

(1) 调查了解当地电信部门对新增用户的要求和有关规定，与电信部门商洽装机容量，确定设计施工界限。

(2) 根据工程建设地点和市话电缆的方位，确定电话电缆进户的位置，设计进户方案，决定上升线路的路径。

(3) 提出电话设计对其他设计专业的工艺要求，核对电话管线与其他管线的最小间距是否符合有关规范规定。

(4) 在建筑平面图的基础上绘制电话施工图(包括配线、干线示意图和平面布置图)，选择大样图，表明工程做法。

(5) 编制设计说明，列出主要设备材料表。

※5. 共用天线电视系统设计步骤

(1) 了解建筑物建设地点的场强、用户电视机台数等资料。

(2) 确定接收天线位置。

(3) 天线输出电平值估算。

(4) 前端设备及分配系统确定。

(5) 分配系统各点电平值计算。

(6) 前端计算。

(7) 施工图绘制。在建筑平面图的基础上绘制 CATV 系统的施工图，包括电平分配系统图(同时将计算出的各用户电平逐点标在图样上)、各楼层平面布置图(用于指导管线敷设、设备位置的确定)、首张图(标写出工程施工工艺、总设计说明、主要设备材料表及电器设备的生产厂房及订货方法等)。

注：以上打“※”号部分内容可根据课程设计深度具体要求酌情选取。

12.5 电气施工图设计实例

12.5.1 某写字楼建筑电气施工图设计说明

1. 工程设计概况

本工程属于一类建筑，地上22层，地下3层，建筑面积为103685m²。工程性质为办公及配套项目，包括金融业、商业、餐饮、停车及后勤用房等。

2. 设计依据

(1) 上级部门批准的文件及甲方设计任务书。
(2) 国家现行有关设计规程、规范及标准，主要包括以下几点。
①《高层民用建筑设计防火规范(2005版)》(GB 50045—1995)。
②《民用建筑电气设计规范》(JGJ 16—2008)。
③《建筑物防雷设计规范》(GB 50057—2010)。
④《10kV及以下变电所设计规范》(GB 50053—1994)。
⑤《低压配电设计规范》(GB 50054—2011)。
⑥《供配电系统设计规范》(GB 50052—2009)。
⑦《火灾自动报警系统设计规范》(GB 50116—1998)。
⑧《综合布线系统工程设计规范》(GB 50311—2007)。
⑨《有线电视系统工程技术规范》(GB 50200—1994)。
(3) 内部各工种提供的资料。

3. 设计范围

(1) 变、配电系统。
(2) 电力、照明系统。
(3) 防雷接地系统。
(4) 综合布线系统。
(5) 有线电视系统。
(6) 楼宇自动控制系统。
(7) 保安闭路监视系统。
(8) 停车场管理系统。
(9) 电气消防系统。
(10) 集成管理。

4. 变、配电系统

(1) 负荷等级及供电电源。
① 负荷等级：本工程中安防信号电源、消防系统设施电源、通信电源、人防应急照

明及计算机系统电源等为一级负荷；生活水泵、普通客梯等为二级负荷；其他为三级负荷。

② 供电电源：采用两路独立的10kV电源，两路10kV电源采用电缆埋地引入本建筑，并送至本工程地下一层的电缆分界室。

(2) 负荷估算：总设备容量为9618kW，总计算容量为6012kW。其中一级负荷设备容量为1690kW；二级负荷设备容量为650kW；三级负荷设备容量为7278kW。

(3) 变配电所：变配电所设在地下一层。

(4) 高压配电系统：10kV高压配电系统均为单母线分段，正常运行时，两路电源同时供电，当任一电源故障或停电时，人工闭合联络断路器，每路电源均能承担全部负荷。进线柜与计量柜、进线隔离柜；联络柜、联络隔离柜加电气与机械联锁。高压断路器采用真空断路器、直流操作系统。

(5) 继电保护与计量。

① 10kV进线：三相过流，二相速断，零序。

② 10kV母联：三相过流。

③ 10kV馈线：变压器高温、超温，三相过流，二相速断，零序。

(6) 计量方式：本工程采用高压集中计量，在每路10kV进线设置总计量装置。

(7) 功率因数补偿：本工程采用低压集中自动补偿方式，每台变压器低压母线上装设不燃型干式补偿电容器，对系统进行无功功率自动补偿，使补偿后的功率因数大于0.9。本工程要求荧光灯就地补偿，且补偿后的功率因数大于0.9。

(8) 本工程预留安装无线电负控装置。

(9) 低压配电系统：低压配电系统接地形式采用TN-S系统。工作中性线(N)和接地保护线(PE)自变配电所低压开关柜开始分开，不再相连。

1号、2号变压器之间及3号、4号变压器之间的低压母线设联络断路器，低压为母线分段运行，联络断路器设自投自复、自投不自复、手动转换开关。自投时应自动断开非保证负荷，以保证变压器正常工作。主进线断路器与联络断路器设电气联锁，任何情况下只能合其中的两个断路器。低压配电系统采用放射式与树干式相结合的方式，对于单台容量较大的负荷或重要负荷采用放射式供电；对于照明及一般负荷采用树干式与放射式相结合的供电方式。

(10)变配电所电源监测系统：本工程在变配电所设置电源监测系统，对建筑物内的供电系统进行监视及实施节能控制。该系统将Windows的电力监控软件与通信设备有机结合起来，提供有关电气设备的完整信息，以达到收集监测配电系统数据、降低电气设备的成本、提高配电系统性能的目的。

① 高压系统。

a. 进、出线，母联断路器状态显示。

b. 进、出线电流与电压显示。

c. 功率因数显示。

d. 有功功率。

e. 计量。

(2) 变压器。

a. 温度显示。

b. 超温报警。

③ 低压系统。

a. 进线、母联断路器状态显示。

b. 进线电流、电压显示。

c. 电能质量监测。

d. 功率因数显示。

e. 计量(切除非消防负荷)。

(4) 高、低压配电系统图形显示。

5. 电力系统

(1) 冷冻机组、冷冻泵、冷却泵、生活泵、消防水泵、电梯采用放射式供电。新风机等设备采用树干式供电。

(2) 为保证重要负荷的供电，对重要设备，如消防用电设备(消防水泵、排烟风机、加压风机、消防电梯等)、信息网络设备、保安用电、消防控制室、中央控制室等均采用双回路专用电缆供电，在最末一级配电箱处设双电源自投，自投方式采用双电源自投自复。其他电力设备采用放射式或树干式供电。

(3) 为保证用电安全，用于移动电器装置的插座、地面出线口的电源均设电磁式剩余电流保护器(动作电流不大于 30mA，动作时间不大于 0.1s)。

(4) 主要配电干线由变配电所沿电缆桥架(线槽)引至各电气竖井，支线穿钢管敷设。配电线路采用封闭母线、阻燃铜芯电缆或导线。消防设备配电干线采用防火电缆，支线采用防火型铜芯电缆或导线。配电线路在电气竖井、设备层及设备机房内为明设，在公共部位均为暗敷。暗敷于混凝土中的管路穿焊接钢管(RC)，吊顶内穿金属线槽或镀锌钢管敷设。所有明敷配电线路均应做防火处理。

(5) 自动控制。

① 生活水泵、污水泵等采用水位自控、超水位报警；消防加压泵采用压力控制。

② 消防水泵、喷淋水泵、排烟风机及正压风机等平时就地检测控制，火灾时通过火灾报警联动控制系统或通过消防控制室实现自动控制。本工程所有消防用电设备热继电器只做报警信号，不做保护之用。所有消防水泵、喷洒水泵、排烟风机及正压风机，其配电空气断路器不设过负荷保护，并均可在消防控制室和现场进行自动/手动控制启停，并将运行状态及故障信号送至消防控制室显示。

③ 空调机和新风机为就地检测通过楼宇自控实现控制，火灾时接受联动控制。

④ 冷冻机组、防火卷帘门等由厂商配套供应控制箱。

⑤ 非消防电源的切除是通过空气断路器的分励脱扣来实现。

6. 照明系统

(1) 光源：照明应以清洁、明快为原则进行设计，同时考虑节能因素，避免能源浪费，以满足使用的要求。室内外照明应选用发光效率高、显色性好、使用寿命长、色温相宜、符合环保要求的光源。室外照明装置应限制对周围环境产生的光干扰。对餐厅、电梯厅、走道等均采用白炽灯；商场、办公室等采用高效节能荧光灯；设备用房采用白炽灯或荧光灯。

(2) 为保证照明质量，办公区域选用双抛物面格栅、蝠翼配光曲线的荧光灯灯具，荧光灯为显色指数大于 80 的三基色的荧光灯。

(3) 照度标准：照度标准见表 12-2。

表 12-2　照 度 标 准

场　　所	照度/lx	场　　所	照度/lx
办公室	500～750	冷冻机房、泵房	75～100
前厅	300	电脑机房	200～300
餐厅、大厅	100～200	走道、库房等	75～100
会议中心	300	洗手间	200
汽车库	75～100	温室花园	300

(4) 应急照明：消防控制室、变配电所、楼梯间、水泵房、保安用房等重要机房的应急照明按 100%考虑；门厅、走道按 30%考虑；其他场所按 10%考虑。各层走道、拐角及出入口均设疏散指示灯，蓄电池采用集中免维护电池进行供电，停电时自动切换为直流供电。疏散指示灯和标志照明灯具的选型应符合消防部门的有关规定，并且应急照明持续时间应不少于 30min。

(5) 室外照明：夜间户外照明具有安全照明和警卫照明两种功能。安全照明使人们辨认障碍物和危险物，如梯阶或路面情况，而警卫照明能使人们感到他们所处的环境是很安全的。一般来讲，舒适、区域易辨认的室外环境使人感到有安全感。本照明设计不仅为楼宇提供足够的户外照明，还用灯光照明来美化环境，从而使该区域的夜间使用率得到提高。

(6) 照明系统的配电方式。

① 本工程对用电量较大的照明配电系统，利用在强电竖井内的全封闭式插接铜母线或铜芯电缆配电给各层照明配电箱。

② 应急照明配电均以双电源树干式配电给各应急照明箱，并且在最末一级配电箱实现双电源自动切换。

③ 在 BAS 室和消防控制室的中央电脑之间设置通信接口。当发生火灾时，可以在消防控制室根据防火分区，将正常照明配电箱的电源切断。

④ 照明、插座分别由不同的支路供电，照明分支导线采用 BV—2×2.5mm^2；插座分支导线采用 BV—3×2.5mm^2，所有插座回路(空调插座除外)均设剩余电流保护器保护(动作电流不大于 30mA，动作时间不大于 0.1s)。

⑤ 变电所地下夹层照明采用一路 36V 电源供电。灯具安装高度低于 2.4m 时，需增加一根 PE 线，平面图中不再标注。

7. 主要设备选型与安装

1) 高压开关柜主要技术指标

(1) 环境条件。

① 海拔高度不大于 1000m(海平面以上)。

② 环境温度－5～40℃。

③ 最大日温差 25℃。

④ 相对湿度日平均不大于95%，月平均不大于90%(25℃)。

⑤ 抗震能力水平加速度小于0.4g(正弦波3周)，垂直加速度小于0.2g(正弦波3周)，安全系数大于1.67。

⑥ 安装地点：户内。

(2) 运行条件。

① 额定运行电压：10kV。

② 最高运行电压：12kV。

③ 中性点接地方式：小电阻接地。

④ 工频耐压：42kV/min。

⑤ 雷电冲击电压：75kV(全波，峰值)。

⑥ 额定频率：50Hz。

⑦ 额定电流：进线柜为1250A，馈线柜为630A。

⑧ 主母线额定电流：1600A。

⑨ 短时耐受电流：31.5kA。

⑩额定开断电流(有效值)：31.5kA。

⑪ 额定动稳定电流(峰值)：80kA。

(3) 设计标准及依据：GB 3906—2006、GB/T 1821.2—2000、DL/T 1054—2007、GB/J 11022—2011、GB/T 16927.1—2011、DL/T 404—2007、DL 409—1991。

(4) 真空断路器技术参数。

① 型号：见图样要求。

② 额定电压：12kV。

③ 运行电压：10kV。

④ 额定频率：50Hz。

⑤ 额定电流：1250A。

⑥ 额定开断电流(有效值)：31.5kA。

⑦ 额定关合电流(峰值)：75kA。

⑧ 额定稳定电流(有效值)：75kA。

⑨ 短时耐受电流(有效值)：25kA，3s。

⑩ 工频耐压：42kV/1min。

⑪ 雷电冲击电压：75kV(1.2/50μs)。

⑫ 最大允许载流不大于5A。

⑬ 合闸时间：约70ms。

⑭ 固有分闸时间不大于45ms。

⑮ 燃弧时间不大于15ms(50Hz)。

⑯ 开断时间不大于60ms。

⑰ 电气寿命：额定电流下允许开断次数为20000次，额定短路开断电流下允许开断次数为100次。

⑱ 合闸线圈在65%～110%额定电压(直流220V)能可靠动作，跳闸线圈在65%～120%额定电压应可靠动作。

⑲ 操作顺序：正常情况为0—180s—CO—180s—CO。

⑳ 机械寿命：30000 次。

㉑ 备用辅助接点：两个常开、两个常闭。

㉒ 保证运行寿命大于 25 年。

㉓ 真空度 10^{-7}托，终止真空度 10^{-4}托(瓷质真空管)。

㉔ 最小截流值小于 5A。

㉕ 弹跳时间小于 3ms。

(5) 真空断路器操动机构。

① 机构形式：弹簧储能式。

② 操作电动机电源直流：220V。

③ 操作电源电压变动范围：－12.5%～20%。

(6) 电压互感器。

① 型号：参见设计图，符合供电局要求。

② 额定电压：1kV。

③ 额定电流：1A。

④ 额定开断电流：31.5kA。

⑤ 额定变比：10/0.1kV。

⑥ 工频耐压：42kV/1min。

⑦ 冲击耐压：75kV。

⑧ 局放小于 10PC。

(7) 电流互感器。

① 型号：参见设计图，符合供电局要求。

② 电流变比：参见设计图，满足供电方案和审图要求。

③ 准确等级：计量保护按供电局要求，参见设计图。

④ 工频耐压：42kV/min。

⑤ 冲击耐压：75kV。

⑥ 短时耐受电流(有效值)：25kA，3s。

⑦ 动稳定电流(峰值)：63kA。

⑧ 局放小于 10pc。

(8) 接地开关。

① 型号：参见设计图，符合供电局要求。

② 关合电流(峰值)：63kA。

③ 动稳定电流(峰值)：63kA。

④ 热稳定电流：31.5kA，3s。

⑤ 630A 最大关合电流 63kA，允许关合两次。

⑥ 手动操作有联锁。

(9) 过电压保护(避雷器)：符合供电局技术要求，一端硬连接，一端软连接。

(10) 开关柜总体要求。

① 开关柜应是金属铠装耐电弧型标准手车柜，配备必要的机械和电气联锁装置。开关柜的结构用敷铝锌钢板弯制后用螺栓组装而成，所有部件强度能承受运载、安装和运行短路所引起的作用力损坏。外壳防护等级 IP40，断路器室门打开时为 IP20，电缆进线孔

有密封措施，并考虑有降低产生涡流措施。

② 进线电压互感器为抽出式，计量柜电流互感器和电压互感器应装在手车上。

③ 10kV 馈出线柜为电缆式出线形式，高压柜为下进下出型。

④10KV 进线开关柜的电源侧，馈电柜的负荷侧应设置带该相插孔的带电显示器(电容分压型)，馈电柜负荷侧应设置接地开关。

⑤ 两进线断路器与母联断路器之间加闭锁，任何情况下都不允许 3 个断路器同时处于合闸位置。母联断路器按手投设计，正常时为 10kV 双路电源同时供电，母联断路器打开。当任一路电源失压，检查另一路有电情况下，手动投入母联断路器。当进线断路器因电流保护动作或手动掉闸，均不允许再合母联断路器。

⑥ 开关柜应具有的联锁。

a. 只有当断路器处于分闸位置时，手车方能抽出或插入。

b. 只有当断路器处于工作位置和试验位置时，才可操作断路器。

c. 只有当手车抽出至试验位置或柜体时，接地开关才能合闸，当接地开关处于合闸位置时，手车不允许从试验位置推向工作位置。

d. 只有当手车处于试验位置，才能拔下二次插头。

e. 受电开关柜与受电电流互感器柜之间，分段开关柜与分段电流互感器柜或母线隔离柜之间应设置电气或机械联锁。

f. 开关柜为标准的手车式中置柜，推进抽出灵活方便，不产生冲击力，对相同开关柜，手车应有互换性。

g. 10kV 进线、出线和变压器开关柜装三相保护 TA，设过流、速断及零序保护。柜上的仪表应选用刻度清晰且能抗震的。刻度单位应符合中国国家计量法规。

h. 开关柜内所有二次绝缘组件(如端子、辅助开关、插件等)均应是阻燃型的，端子排的防火标准应满足美国 UL 关于工程塑料耐燃烧标准中规定的 94V－0 分类的试验要求。

i. 柜体表面不得有因制造原因造成的能见的压痕或拱曲。

j. 开关柜有五防性能：防止误分、合断路器，防止带负荷分、合隔离开关，防止带电合接地开关，防止接地开关处在接地位置时送电和防止误入带电间隔。

k. 断路器的操动机构。

- 断路器有可靠的电气“防跳”功能。
- 断路器的操动机构，在任何状态下都可以电气和机械跳闸。
- 在断路器开关柜的低压室装有操作方式选择开关。
- 所有操动机构各辅助开关的接线，除特殊要求外同规格采用相同接线以保证手车的互换性。
- 手车在试验与工作位置的显示。
- 手车在柜内有与位置对应的辅助开关。

l. 母线及连接。

- 各段母线按长期允许载流量选择，能承受相当于连接在母线最大等级的断路器关合电流所产生的电动力，母线室母线为绝缘母线，母线的接头应镀银。
- 母线与支母线有标相别的标识。
- 接地主母线的最小界面按规范和供电局要求。

m. 其他特征。

● 继电保护装置参照 SPAJ—140C 设计，并按设计要求安装在开关柜内，继电器的布置防震性能好，当小门打开或关闭及断路器操作时，保护不会误动作。

● 对外引线二次电缆，均通过端子排上的端子，端子排及端子均符合设计院图样要求的指示和编号。每个端子只接一根线，内部跨接线可接两根线，每个开关柜的继电器室内留有 15%备用端子，至少有 15 个备用端子。

● CT 二次侧引至端子为线的最小截面不小于 2.5mm^2 的铜线，表计、控制、信号和保护回路的连接导线为最小截面不小于 1.5mm^2 的铜线，静态装置和强电(220V)二次回路的导线尽量分开在不同导线槽内引接。

● 电压互感器二次侧自动开关安装在控制室的面板上。

● 10kV 进线开关柜设本相保护 CT，具有过流、速断、零序保护；10kV 变压器开关柜设三相 CT 保护，具有过流、速断及零序保护。另设变压器温度超限跳闸功能，变压器一次侧开门跳闸功能。

● 柜内断路器与手车均设联锁，进线柜与母联柜设防止合环闭锁功能，计量柜与进线柜联锁，取柜内手车电气二次互锁。

● 10kV 所有继电器及母联断路器设有各种信号接口。

● 10kV 计量柜 PT、CT 选用 0.2 级。

● 柜中的结构分为母线室、继电器室、电缆室和二次仪表室，所有母线、分支路、接头等带电部分均应有绝缘护套。

● 在运行位置上的隔离插头能耐受短路冲击电流，并保证接触良好。

● 开关柜的各高压室装有压力释放装置，其排气口的位置不会危及人身安全，排气口在正常情况下关闭与壳体具有相等的保护等级，在事故情况下自动拉开泄压。

● 开关柜为完全符合 GB/T 11022—2001 的耐弧型标准开关柜(31.5kA，ls)。在故障情况下各小室的隔板及柜体外壳均不损坏。开关柜应已通过西高所或沈高所的形式试验。

n. 开关柜二次线特点。

● 进线及母联断路器的联锁原则：进线断路器及母联断路器在任何条件下，只允许其中两台处于合闸状态，避免两条进线断路器及母联断路器并列运行。投切装置采取手动投切方式，正常运行方式为两台进线断路器投入运行，母联断路器开断，当某一条进线因电源故障失压时(非下游侧故障引起)，将延时跳开进线断路器，由进线断路器跳闸位置信号起动母联合闸继电器，手动合上母联断路器恢复送电。进线电源恢复正常后采取手动操作方式切换回到正常运行方式。

● 两台专用计量柜的面板上安装供电局提供的有功电能表及电量采集器。二次线引至低压小室内端子排上。

● 进线开关柜和馈线柜预留安装电流变送器。

● 预留与楼宇自动控制系统连接的端子。

(11) 开关柜结构。

① 开关柜包括母线室、断路器室、电缆室、控制仪表室。各室之间的保护等级为 IP3X，柜内所有带电部分均应绝缘，绝缘材料应选用耐电弧、耐高温、阻燃、低毒、不吸潮，且具有优良机械和电气性能的材料。

② 断路器应在一个可抽出装置上，并带有拉出可动部分所必需的装置，相同参数的

可移动元件应能互换，具有相同参数和结构的其他元件也可互换。

③ 开关柜和金属隔板应可靠接地，接地导体和接地开关应满足额定短时和峰值耐受电流的要求。

④ 在运行位置的隔离插头应能耐受短路冲击电流和短时短路电流，并保证接触良好。

⑤ 当小车位于试验位置时，隔离插头完全断开，活门自动关闭，以防止操作人员接触带电部分，上下活门应能分别开启。

⑥ 开关柜是金属外壳，壳体保护等级为IP4X，地板和墙壁均不能作为壳体的一部分，柜底用钢板封闭，电缆连接在柜的底部进行，电缆室应有足够的空间，可以安装两个电缆头，其接线端子距地面高度不小于700mm，并提供电缆入口的橡胶封堵。

⑦ 开关柜的各室均具有与壳体相同防护等级的压力释放装置，其压力出口的位置应确保对人身没有危害，压力释放装置在正常情况下关闭；在事故情况下，压力出口打开，自动释放内部压力。

⑧ 母线为电解铜板，装在单独的母线室内，母线和母线连接为全绝缘，排列从上到下，从左到右，从里到外(从柜前观察)。母线排列如下。

a. 第一相U(黄色)。

b. 第二相V(绿色)。

c. 第三相W(红色)。

2）变压器主要技术条件

(1) 环境条件。

① 海拔高度不大于1000m，户内安装。

② 环境温度：－15～40℃。

③ 日温差：25℃。

④ 年平均温度：30℃。

⑤ 相对湿度不大于95%(25℃)。

⑥ 抗震能力：水平加速度小于0.3g(正弦波3周)；垂直加速度小于0.15g(正弦波3周)；安全系数大于1.67。

(2) 电力系统条件。

① 额定电压：10kV。

② 额定频率：50Hz。

③ 最高工作电压：11.5kV。

④ 中性点接地方式：中性点经小电阻接地。

(3) 设计标准及依据：GB 2099.1—2008、GB 4208—2008、03D201—4、GB/T 17211—1998。

(4) 形式：树脂浇注固体绝缘配电变压器(环氧树脂选用进口材料，变压器制造厂须提供环氧树脂材料技术参数及制造厂家)。

(5) 配电变压器的主要参数。

① 额定容量：见高压供电系统图。

② 外壳保护等级：IP20。

③ 冷却方式：AF(风冷)。

④ 一次额定电压：10.5kV。

⑤ 一次最高工作电压：11.5kV。

⑥ 二次额定电压：400V。

⑦ 额定频率：50Hz。

⑧ 相数：三相。

⑨ 阻抗电压 U_k(%)：630～1600kVA，6%。

2000kVA 及以上，8%。

⑩ 连接组别：Dynll。

⑪ 线圈导体：高压铜线/低压铜箔。

⑫ 铁心硅钢片型号及厚度：铁心采用的硅钢片性能应不低于 0.3 厚度。

⑬ 绝缘等级：F/F。

⑭ 温升：100/100K。

⑮ 最热点温度：小于 150℃。

⑯ 工频耐压(有效值)：(35kV/5min)/(3kV/5min)。

⑰ 冲击耐压(峰值)：75kV。

⑱ 电压调节。

a. 无励磁调压。

b. 电压调节范围：10±2×2.5%。

c. 主分接过电压 10%时，可连续无负荷运行；过电压 5%时，可连续满负荷运行(环境温度 40℃)。

⑲ 局部放电水平：小于 10pc(试验方法按国标 GB 03D201—4)。

⑳ 噪声水平：小于 62dB。

㉑ 承受短路能力：试验方法按国标 03D201—4。

㉒ 变压器应设防止电磁干扰的措施，保证变压器不对该环境中的任何事物构成不能承受的电磁干扰。

㉓ 变压器带外壳运行时其额定容量不应降低。

㉔ 变压器应有温度显示器及温控系统(测温元件埋设在低压线圈内)，且三相线圈巡回轮流检测，并需有超温报警及掉闸触点，触点容量应达到 220V/2A。

㉕ 变压器运行寿命：不小于 25 年。

㉖ 变压器高压、低压进出线方式按本工程订货要求确定。

㉗ 变压器主绝缘及全部辅助有机绝缘件，均具有阻燃性能，满足 V0 级阻燃标准。

㉘ 有机绝缘件的绝缘爬距：不小于 230mm。

(6) 材料、结构及工艺水平要求。

① 高压、低压绝缘材料须达到 F 级绝缘。

② 铁心叠装后表面应光滑、无伤痕、整齐美观。铁心上下夹件不设拉螺杆。应使用强度高的钢板制作。焊接整齐无毛刺。

③ 浇注后的高压线圈表面环氧树脂层应均匀、光滑平整，线圈表面不应补刷树脂及绝缘漆。

④ 低压线圈采用铜箔绕制，线圈端部采用 DMD 材料及环氧树脂充填包封，端封应充填平整，线圈内部不留空隙。

⑤ 高压、低压引出要有一定的电流裕度并须经绝缘子与外部连接。

⑥ 铁心及全部金属部件须有防锈处理。

⑦ 变压器外壳按实际工程项目设计要求制造，但应坚固、牢固、便于拆装。

3）直流屏、信号屏技术条件

（1）环境条件。

① 海拔高度：不大于1000m。

② 环境温度：－5～40℃。

③ 日温差：20℃。

④ 相对湿度：不大于90%(相对环境温度20±5℃)。

⑤ 抗震能力：地面水平加速度0.3g(正弦波3周)；地面垂直加速度0.15g(iE弦波3周)；安全系数不小于1.67。

⑥ 具有防雷、防过电压措施。

（2）引用标准：DL/T 5000—2000、DL/T 5136—2012、YD/T 731—2008。

（3）基本参数。

① 直流系统电压：额定电压220V。

② 直流屏总容量65AH。

③ 直流、信号屏共3面。

④ 馈线屏：合闸母线馈出回路数为5，控制母线馈出回路数为5。

⑤ 交流电源：额定电压为交流380V，工作频率为50Hz。

⑥ 绝缘和耐压：直流母线对地绝缘电阻应不小于10MΩ，所有二次回路对地绝缘电阻应不小于2MΩ。整流模块和直流母线的绝缘强度，应能承受工频2kV试验电压，耐压1min，无绝缘击穿和闪络现象。

⑦ 蓄电池：免维护蓄电池。

（4）直流屏设备性能与功能要求。

① 屏体采用钢制框架，无焊接点，不变形，整个屏体为封闭式，带有恒定电压和浮充电的两组铅酸蓄电池(免维型)，它将用于高压断路器的跳闸、合闸及继电保护控制，以及信号回路的直流电源，直流系统由电源屏和控制屏组成。两路交流输入正常时，一路三相交流工作，另一路互为备用，分别向充电和浮充电两套整流装置供电，通过转换开关对免维护铅酸蓄电池进行充电或浮充电，也可以向直流母线供电，直流屏正面应装有整流装置及铅酸蓄电池组的电压表、电流表、电源开关，充电浮充电转换开关，绝缘监察及闪光装置的开关，按钮直流回路输出开关，微机控制监测系统，以及直流母线接地，低电压过电压信号显示。直流输出回路数量应满足变电所的设计要求。

② 柜体表面不得有因制造原因造成的能见的压痕或拱曲。

③ 直流屏内应有两组铅酸蓄电池，一组工作，一组备用，当维护和检查一组电池时，另一组电池投入浮充电工作状态，每一组电池都能对所有开关柜的操作提供足够的安时容量。

④ 直流屏采用免维护密封铅酸蓄电池，产品由专业厂家制造，其技术特性如下。

a. 输入380(1±10%)，两路进线互为备用。

b. 输出220V/110V。

c. 防护等级IP30。

d. 噪声小于50dB;

e. 浮充电压稳定度±1%。

f. 电池组浮充电状态的直流输出特性：供经常负荷(控制回路)的电压稳定度为±0.5%，波纹不大于0.5%；供冲击负荷(合闸回路)瞬时最大冲击负荷电流小于5A，时间不大于0.5s，电压下降不大于15%；电池组经受上述冲击负荷后，将在30s左右时间内恢复原浮充额定值，间隔冲击负荷可多次重复。

(5) 中央信号盘。

① 10kV所有断路器和0.4kV主断路器及母联断路器的位置指示信号(在简易模拟系统图上，做断路器位置分合指示灯)。

② 全部开关柜的事故及预告信号，分设各自的音响及光字显示，应装设被重复动作，延时自动或手动解除音响的事故和预告信号装置。事故信号：各断路器非操作掉闸。预告信号：直流系统故障、TV熔断器熔断、变压器温度过高、变压器风机起动。

4) 低压开关柜技术条件

(1) 环境条件(户内)。

① 低于1000m(海平面以上)，户内安装。

② 环境温度：−15～40℃。

③ 最大日差温度：−25℃。

a. 环境湿度：大于95%。

b. 抗震能力：水平加速度小于0.165g；垂直加速度小于0.83g；安全系数为2。

(2) 运行条件。

① 工作电压：380(1+±10%)。

② 工作频率：50(1±5%)。

③ 接地形式：TN-S。

(3) 设备标准：YD/T 731—2008、GB 7251.1—2005、GB 7251.2—2006、GB/T 14048.10—2008、GB 14048.1—2012、GB 13539.1—2008、GB/T 20641—2006、CECS49：93。

(4) 开关柜要求。

① 两路进线之间断路器设置电气加机械联锁，两路进线与母联之间断路器要设置电气联锁，以防两路电源并列运行。

② 600A及以上的断路器为框架式断路器，600A以下的断路器为塑壳断路器，且符合IEC 157—1标准，但不低于《低压电气装置第1部分：基本原则、一般特性评估和定义》(GB/T 16895.1—2008)。

③ 变电所低压开关柜主进线采用封闭母线上进线方式，馈电柜采用电缆下出线方式。

④ 在进线柜上装有进线断路器、合闸指示灯、电流表、电压表、电压转换开关(五位置)、电流转换开关。

⑤ 当任一台变压器故障或上级电源停电时，经低压保护延时0～5s跳开主进线断路器，再经0～1s延时合入母联断路器，当该变压器故障解除或电源恢复供电后，自动断开母联断路器，再合入该进线断路器，恢复正常供电方式(即两台变压器分别运行，母联断路器断开)。

⑥ 转换开关设3种工作方式，可以选一种运行：自投自复、自投不自复、全部手动。

⑦ 所有设备在安装及运行后应具有标记牌，标记牌上应说明容量、操作特性、形式

及序号，所有设备应具有可靠的安全措施，以防意外及设备损坏。

⑧ 开关柜内零部件尺寸、隔离室尺寸实行模数化，侧板与门为不小于2mm厚的冷轧薄钢板制成。单元回路的电气设备均安装在抽出式功能单元中，并能灵活地根据所需的各种单元线路方案进行任意组合，且一旦发生故障，可以在很短的时间内将单元抽出，换上备用单元继续使用，相同单元可在任一柜上互换。

⑨ 低压开关柜各出线单元均有"运行"指示灯、"停车"指示灯、电流表。

a. 预留楼宇自控接口装置，预留与楼宇自动控制系统连接的端子。

b. 柜体表面不得有因制造原因造成的能见的压痕或拱曲。

(5) 开关柜技术参数。

① 主电路额定工作电压：交流660V。

② 额定频率：50Hz。

③ 母线额定工作电流。

a. 水平母线(主母线)：除注明5000A外，均为4000A；垂直母线(支母线)：1000A。

b. 对于额定短时耐受电流(3s有效值)，水平母线(主母线)：80kA；垂直母线(支母线)：50kA；保护导体(接地主母线)：48kA；中性母线(中性主母线)：48kA。

c. 对于额定峰值耐受电流，水平母线(主母线)：176kA；垂直母线(支母线)：105kA。

④ 开关柜工频耐压2.5kV，冲击耐受电压8kV。

⑤ 产品降容系数为0.8。

⑥ 低压电容器补偿柜采用自动分步补偿电容的方式，其柜体结构与低压开关柜结构相同，柜上设自动补偿装置，与低压开关柜并排安装时，柜体尺寸、颜色应与低压柜一致。

⑦ 干式全膜低压金属化电容器。

a. 额定电压：—400/230V。

b. 频率：50Hz。

c. 环境温度：上限50℃，下限—40℃。

d. 干式电容器性能：电容器应具有不浸油、不渗漏、不燃烧、不爆炸、不污染环境及使用寿命长、损耗低等先进指标，并采用内附式熔丝保护，具备过电流保护、过温度保护、过压力保护，以减少电容器鼓肚和爆炸的危险；同时应与配套设备的技术参数相适应并满足电压波动的允许条件；电容器应具有自愈性能；电容器被永久击穿时仅故障元件退出运行，其他元件仍可正常运行；内装放电电阻，在1min内端子间的电压降至50V以下；应配有自动投切低压电容器装置，使功率因数保持在0.9以上。

e. 电容器投入电网运行时放电电阻回路不导通；当电容器从电网切除后，放电电阻回路瞬时可靠接通以达到电容器的放电标准。满足运行时损耗低、电容器放电安全可靠的要求，可以降低电容器周围的环境温度，延长电容器使用寿命。

(6) 开关柜结构技术特征。

① 通过机构联锁，使每个抽出单元都具有移动位置、试验位置、分断位置。

② 连接(工作)位置和分离位置。

③ 应保证同类规格的低压断路器抽屉能够互换。

④ 应保证足够的接触压力(触头)。

⑤ 一次隔离触头的动稳定和热稳定应不低于相应容量刀开关的规定。

⑥ 抽出单元与屏(柜)身间应有接地触头位置，接触电阻小于 1000mΩ。

⑦ 上进、上出配线应考虑多条电缆母线与断路器的连接方式。柜深及柜总宽度不能超过平面图所注尺寸，且进出线位置不可错位，以免影响预留孔洞。

⑧ 开关柜应在最大短路故障时安全运行，并能承受由此引起的电气、机械应力，在故障条件下所产生的气体通过压力释放口排放，压力释放口的位置不允许朝向操作人员，800A 及以上的功能单元应单独设有排气口或喷气口，较小的功能单元可共用一个喷气口。

⑨ 柜体顶部设有吊环，易于吊装。产品出厂时，柜体的底部配有木质底座，易于叉车铲入底部运输。

⑩ 柜内全分隔，装置小室、母线小室、电缆小室隔板均做到无卤素、阻燃、自熄灭。

⑪ 整柜全封闭，防护等级达 IP40。

⑫ 柜内的金属结构件，除外表的门板为铝锌板外，都经过镀锌处理。开关柜门板及封板表面的涂漆先进行除油、除锈或磷化处理，内外表面均先喷一层防蚀底漆，再用静电环氧粉末喷涂，喷涂厚度为 40μm，保证开关柜在整个使用周期表面涂层不剥落。涂层颜色应经建设单位、设计单位认可。

5）封闭式母线主要技术条件

（1）环境条件。

① 海拔高度不超过 2000m，环境温度不超过 40℃，最低温度不低于 5℃。

② 一般相对湿度在 40℃时，不超过 50%；在－20℃时，可达 90%。注意对温度变化而出现的冷凝现象予以处理。

③ 污染等级：按 GB 1497 的规定选 2 级。

（2）设计标准及规范：GB/T 5584.1—2009、GB/T 5584.3—2009、CNCA 01C—010—2007、GB 14048.1—2012、JB/T 10316—2002、JB/T 9662—2011、GB 7251.2—2006。

（3）电气指标。

① 额定工作电压为－380/660V。

② 额定频率为 50Hz。

③ 额定工作电流，包括母线槽的额定工作电流、馈电箱的额定工作电流，见设计图样。

④ 变电所内封闭式母线额定短时耐受电流：80kA；额定峰值耐受电流：176kA。

⑤ 电气竖井内封闭式母线额定短时耐受电流：50kA；额定峰值耐受电流：105kA。

⑥ 变电所内封闭式母线槽的线制为三相四线；电气竖井内母线槽的线制为三相五线。中性线排载流量同相线排，接地排截面可为相线排的 1/2。

⑦ 母线槽对直接触电和间接触电的防护要求应符合 GB 7251.2—2006 的规定。

⑧ 防护等级：所有母线槽除特别指定外，必须为全封闭型。插接式母线槽必须达到 IP41 或以上。

⑨ 绝缘电阻：母线槽标称电压的绝缘电阻应不小于 1000Ω/V。

⑩ 电阻、电抗和阻抗值：应符合 GB/T 18216.2—2012 要求。

（4）母线槽结构形式。

① 母线槽应作为通过形式试验低压成套开关设备和控制设备进行设计，母线槽的结

构必须安全可靠、安装方便、维护容易，同时应能承受在标准规定的机械、电和热应力的材料构成，材料应进行适当的表面处理。插接单元的各种元件和附件必须按母线槽制造厂商的推荐，以保证元件的兼容性。

② 母线槽的结构应尽量紧凑、尺寸小，除开口外，其他部分母线各层之间无空间存在，为密集型；所有母线槽内部的连续空间应采用阻隔措施。

③ 母线槽的连接性能应可靠，保证具有尽量小的接触电阻；母线槽的连接操作应当满足快速连接的要求，应使用单螺栓进行连接，并且当连接力矩达到许用值时能有显示，而不必使用专用力矩扳手；母线槽应满足易于更换的要求，在不影响相邻母线段的情况下，可以拆除出一段母线。

④ 全封闭式母线槽产品的质量必须是优质、可靠、稳定的。导体必须采用 GB 5585.1—2005、GB 5585.2—2005 要求的材料。绝缘材料应采用具有足够的绝缘性能、耐热性能及耐老化性能的低烟、无毒材料。

⑤ 外壳：外壳必须采用优质钢板，并应满足机械负载的要求。外壳相互连接部件间可采用焊接或螺栓连接，但对用螺栓连接的外壳应保证电气的连续性，使用紧固件应有良好的镀层，外壳表面应覆盖耐热阻燃涂层，涂层应可防大气腐蚀，涂层应均匀一致、整洁美观，无起泡、裂纹等缺陷。

⑥ 温升和压降：母线槽的温升试验按 GA/T 537—2005 进线试验，其各部位不能超过规定值。母线槽内各点的温升应当均匀，整条母线槽应具有尽量小的电阻损耗和尽量小的磁滞涡流损耗，降低电抗损耗值。

⑦ 母线槽应有接地端子，同时应有牢固的接地标志，接地端子应由导电性能良好的材料制成并应有防腐措施，且安装在易于接近的地方。接地端子所用接地螺栓最小尺寸应符合国家有关规定要求。母线槽单元外壳上任一未涂漆点与接地端子间的连接，电阻值应该足够低，以保证母线槽系统的安全运行。

⑧ 母线槽的连接：母线槽单元间连接处母线的连接一定要自然吻合，不能产生机械应力，所用螺栓及垫圈应采用具有足够强度的电镀层的钢或铜合金制品，连接处的防护等级应符合规范要求。母线接头的设计必须满足由于热膨胀而引起母线槽的线性伸缩，而不降低母线的机械强度、电气的连接性、载流容量及短路容量。必须配膨胀带，在建筑结构的接缝处必须装置伸缩节。母线槽的伸缩节必须能吸收由于母线槽温度变化而引起的热膨胀及建筑物不少于 100mm 的垂直沉降，沿水平和垂直段上每隔约 30m 及母线槽制造厂商认为需要之外配置额外的伸缩节。

⑨ 插接式分线箱：插接式部件必须由生产母线槽的同一厂商生产，每件插接部件必须与母线槽机械连锁以防止误操作。分线箱的插头与母线干线单元的机械连接应牢靠，电气接触良好，保证插拔 50 次，仍能正常工作。分线箱与母线干线单元连接处应具有防喷水等措施，满足规定的防护等级。分线箱的操作机构应灵活、可靠。分线箱所选用的电器元件的安装均应牢固可靠，均应符合其自身的产品标准。分线箱上应有不准带负荷插拔的装置或警告标记。分线箱的外壳结构与母线干线单元同样具有防喷水性，并能承受防喷水性能试验，试验结束后，分线箱不能有短路现象的发生。母线槽的插接单元应有可靠的接地和连锁功能。在插拔插接箱的过程中，地线始终是先接后断的，以保证操作人员的人身安全；插接箱的门和操作手柄与箱内的断路器具有可靠的联锁功能，免除在断路器处于合闸的情况下打开箱门；另外，插接箱内的断路器还应与母线之间保持联锁，以保证插接箱

内的断路器处于合闸时，不能将插接箱插接到母线槽上或是将正在工作的插接箱拔离母线，以防止带电分合隔离插头。插接箱处于插接通电工作状态时，应有措施防止插接箱因意外振动等原因从母线槽上脱落。

6）电力电缆主要技术条件

（1）运行环境条件。

① 海拔高度不大于 1000m。

② 环境温度为－15～40℃。

③ 电缆应允许使用机械牵引方式敷设。

（2）设计标准及规范：GB/T 3953—2009、JB/T 8137.1—1999、GB/T 6995.2—2008、GB/T 12666.1—2008、GB/T 12706.1—2008、GB/T 12666.1—2008 、GB/T 12666.2—2008。

（3）技术要求。

① 导体：电缆导体的铜材应符合 GB/T 3953—2009 的规定。长期运行温度为 90℃，短路时(最大短路持续 5s)，导体最高温度不超过 250℃。

② 导体表面应光洁无油污，无损伤屏蔽及绝缘的毛刺、锐边，以及凸起或断裂的单线。

③ 绝缘：应按 GB/T 11016.1—2009 和 GB/T 11026.1—2003 的规定选择绝缘材料。标准绝缘厚度应符合 GB/T 13542.1—2009 的规定，绝缘厚度的平均值应不小于规定的标准值，绝缘最薄点的厚度不应小于规定标准值的 90%(0.1mm)，导体和绝缘外面的任何隔离层或半导体屏蔽层的厚度不包括在绝缘厚度内。绝缘线芯的识别标志应符合 GB/T 6995.5—2008的规定。

④ 护套：非金属外护套除应符合 GB/T 11327.1—1999 和 GB/T 11327.2—1999 的规定外，氧指数应大于 30。电缆护套材料标准厚度应符合 GB/T 13542.1—2009 的规定。电缆的填充物应用阻燃材料，并符合 GB/T 13849.3—1993 的规定。阻燃电缆分类应符合 GB/T 12666.1—2008 和 GB/T 12666.2—2008 的规定，均为 B 类。

⑤ 例行试验：导体直流电阻试验应符合 GB/T 18216.2—2012 的规定，多芯电缆的导体直流电阻试验应在成盘电缆的所有导体上进行。局部放电试验应在成盘电缆上进行。多芯电缆的所有绝缘芯线均应进行试验，局部放电量应符合 DL/T 356—2010 的规定。交流电压试验应在成盘电缆上进行。对于阻燃防火电缆应进行单根燃烧试验和成束燃烧试验，其结果应符合 GB/T 12666.1—2008 和 GB/T 12666.2—2008 的规定。当火焰温度为 1000℃时，防火型电缆应可持续通电 90min。

⑥ 所有试验均要求提供试验报告。所有电缆均应是根据 GB/T 11017.1—2002 规定通过了形式试验的产品。电缆的标志应符合 GB/T 6995.1—2008 的规定。电缆应妥善包装在符合 JB/T 7600.1—2008 规定的电缆盘上。电缆端头应可靠密封，伸出盘外的端口应钉保护罩，伸出长度不少于 300mm。电缆长度的误差为 0～5%。生产过程必须符合 ISO 9000 或 ISO 14000 的质量保证体系。

7）荧光灯具主要技术条件

（1）技术条件。

① 灯罩：嵌入式格栅灯盘采用冷轧钢板加工成形，材板厚度不低于 0.6mm。灯盘表面必须经酸洗磷化后，表面静电喷涂，亚光烤漆，乳白色表面无挂漆现象，涂层厚度均匀，灯罩的强度应保证在安装和运输过程中不变形。

② 灯具反射器：采用进口阳极氧化高纯铝板，亚光铝板厚度在0.4mm以下。

③ 灯具效率：灯具效率不小于75%。

④ 镇流器。

a. 镇流器必须是全输出、高效率、耗能低、启动快。室外使用的镇流器必须满足能在−29℃的温度下正常工作。

b. 每个灯管单独配置直管形荧光灯镇流器。

c. 镇流器按灯管标称功率为36W。

⑤ 介电强度：加交流50Hz，2000V，历时1min，应无击穿和闪络现象。

⑥ 启动器：采用达到国际标准的产品，并能与本灯管电路配套，在220V额定电压时，灯应能在180V电压下1min完全启动。

⑦ 电容器：电容器总的功率因数不小于0.9，耐压不小于450V，电容器容量为4.5μF，并具有防火与防燃性能，也可采用双管灯合用一个电容器的方法，每个电容器容量为9μF。

⑧ 灯具导线采用阻燃多芯铜线，耐压500V，线径不小于1.0mm²，线色应符合国家规定，灯具内部布线必须绑扎成束、排列整齐。接线端子采用阻燃型端子，导线与金属压接处必须套黄腊管，进线端应有短路保护。

⑨ 灯具有明显的接地装置点，接地螺钉不小于M6，并在灯具上有明显标记，灯具进线孔为ϕ20，带有胶皮保护圈。

⑩ 反光器与灯罩固定采用弹簧压片形式，反光器与灯罩应分合自如，两者间隙在1mm内。

⑪ 光源采用36W，荧光灯管特性是：平均使用寿命不小于12000h，光通量不小于28001m，色温为4000～5000K。

⑫ 灯具的防护等级为IP20。

(2) 设计标准及依据：GB 18489—2008、GB 7000.1—2007 、GB 7000.201—2008、GB 7000.202—2008QB 2907—2007、DB35/T 810—2008、GB 1312—2007、GB/T 14044—2008。

8) 应急灯具主要技术条件

(1) 设计标准及依据：GA 54—1993、GB 7000.2—2008、GB 7001—1986。

(2) 主要部件性能及要求。

① 主电输入回路应装熔断器或其他保护装置，熔断器的电流值应标示清晰。

② 应设接地端子，且端子标示清晰。极与极、极与壳之间的绝缘电阻不小于20MΩ。

③ 灯具外壳应选用不燃材料或难燃材料(氧指数不小于32)制造，面板应能承受机械损伤而不致碎裂。

④ 灯具内部发热件表面最高温度不超过90℃(环境温度25℃时)，其电池周围的环境温度不超过50℃。

⑤ 标志灯文字笔画宽度应不小于10mm，且分辨清晰；图形外形尺寸不应小于100mm；辅助文字笔画宽度可自行设计；文字标志不宜单独采用汉字以外的其他文字(楼层显示标志灯除外)。其图形、文字应选用GB 17945—2010附录A方式。

⑥ 光源应便于更换。

⑦ 介电强度：加交流50Hz，1000V，历时1min，应无击穿和闪络现象。

⑧ 灯具的内外线路：灯具连接到电源应用接线柱，灯内电线应采用耐温不小于105℃

导线，刷锡接入端子，灯内导线标称截面(铜芯)不应小于 0.5mm^2，额定电压不应低于 500V。

⑨ 应根据设计要求在不同使用场所，分别选用普通型、机械防护型、防潮型、防爆型。据安装方式不同可选择嵌墙装、明装、地板内嵌装。

(3) 技术要求。

① 标志灯颜色组合及亮度要求：标志灯的颜色应为绿色、红色、白色与绿色组合、白色与红色组合 4 种组合之一，其表面亮度应满足以下要求。

a. 仅用绿色或红色图形、文字构成标志的标志灯表面最小亮度不应小于 15cd/m^2，且最大亮度与最小亮度比值不应大于 10。

b. 用白色与绿色组合或白色与红色组合构成的图形、文字作为标志的标志灯表面最小亮度不应小于 3cd/m^2，最大亮度不大于 300cd/m^2，白色、绿色或红色本身最大亮度与最小亮度的比值不大于 10。白色与相邻绿色或红色交界两边对应点的亮度比值应不小于 5 且不大于 15。

② 转换光通量：应急照明灯从主电源转换到应急电源供电时，其光通量应不低于光源在额定电压时光通量的 70%。

③ 荧光类应急灯在应急启动时不应受辉光启动器的影响。

④ 应急灯在应急状态不受主电供电线短路、接地的影响。

⑤ 应设主电、充电、故障状态指示灯，主电状态用绿色，充电状态用红色，故障状态用黄色。

⑥ 消防应急灯具在处于未接入光源、光源不能正常工作或光源规格不符合要求等异常状态时，内部元件表面最高温度不应超过 90℃，且不影响电池的正常充电。光源恢复后，消防应急灯具应能正常工作。

⑦ 应能连续完成至少 50 次“主电状态 1min—应急状态 20s—主电状态 1min”的工作状态循环。

(4) 应急电源的技术要求。

① 主要部件性能及要求。

a. 主要部件应采用国家有关标准的定型产品。

b. 电池与充放电回路间及主电输入、主电输出支路，应急输出主路、支路均应加装熔断器或其他保护装置，其电流值应标示清晰。

c. 电池可以采用密封免维护铅酸电池及其他密封免维护电池，但不得采用非密封类电池。

d. 集中应急电源应选用不燃材料或难燃材料(氧指数不小于 32)制造。

e. 内部连线宜采用温度不小于 105℃的导线且接线牢固。

f. 应急电源所在环境温度应为 25℃，此条件下，内置部件工作表面温度不超过 90℃(包括主电、应急状态)。使用铅酸免维护电池时，周围(不触及电池)长期温度不超过 30℃；使用镍镉电池时，不宜超过 50℃。

② 安全条件。

a. 主电输入端子与壳体之间绝缘电阻不应小于 50MΩ，有绝缘要求的外部带电端子与壳体间绝缘电阻不小于 20MΩ。

b. 应急电源主电输入端与外壳体间应能耐受频率为 50(1±1%)，电压为 1500(1±

10%)，历时(60±5)s 的试验。应急灯具的外部带电端子［额定电压不大于 50V(DC)］与壳体间应能耐受频率为 50(1±1%)、电压为 500(1±10%)，历时(60±5)s 的试验。试验期间，消防应急灯具不应发生表面飞弧和击穿现象，试验后，集中应急灯具应能正常工作。

③ 技术条件。

a. 集中应急电源应显示主电电压、电池电压和输出电流，并应设主电、充电、故障状态指示灯。

b. 应保证主电和备电不能同时输出，并能以手动、自动两种方式转入应急状态，应设只有专业人员操作的强制应急启动按钮，该按钮启动后，应急电源应不受放电保护的影响。

c. 集中应急电源连同灯具转换时间不大于 5s；高危险区域使用的应急转换时间不大于 0.25s。

d. 每个供电支路应单独保护，且任意一支路故障应不影响其他支路的正常工作。

e. 集中应急电源必须符合设计标定的负载功率时的标定应急工作时间，同时在恒定的功率条件下必须满足 90min 应急时间要求。

f. 集中应急电源应设置充电回路短路保护，充电回路短路时其内部元件表面温度不超过 9℃，重新装好电池后应能回复正常工作。

g. 应急电源的充电时间应不大于 24h。

h. 应急电源应设过充保护电路，使用镍镉电池时最大连续过充电流不应超过 $0.05C_5$A；采用密封免维护铅酸电池时最大充电电流不应大于 0.4 C_{20}A，主充电压、浮充或涓充电压电流均应按选定电池充电标准执行。

i. 应急电源设电池过放保护。使用镍镉电池时，电池终止电压不小于额定电压的 80%；使用免维护铅酸电池时，最大放电电流不应大于 0.6cmA，电池终止电压应不小于电池额定电压和 90%或按放电倍率自动定点方式进行；放电终止后，在未重新充电条件下，即使电池电压恢复，应急电源不应重新启动，且静态泄放电流不大于 10^{-5}CA。

j. 应急电源应能连续完成至少 50 次“主电状态 1min—应急状态 20s—主电状态 1min”的工作状态循环。蓄电池应为全封闭、免维护电池，正常工作使用寿命不应少于 4 年。

k. 应急电源由主电状态转入应急状态时的主电电压应在 132～187V 范围内。由应急状态恢复到主电状态时的主电电压应不大于 187V。

l. 应急电源应设主电、充电、故障和应急状态指示灯，主电状态用绿色，故障状态用黄色，充电状态和应急状态用红色。

m. 应急电源空载时应能自保，在超载 20%时能正常工作，超载 20%时冷启动亦能顺利启动。

n. 当中接电池组额定电压大于或等于 12V 时，应对电池(组)分段保护，每段电池(组)额定电压应不大于 12V，且在电池(组)充满电时，每段电池(组)电压均不应小于额定电压。

o. 应急电源在下述情况下应发出声、光故障信号，并指示故障的类型，声信号应能手动消除；当有新的故障信号时，声故障信号应再启动，光故障信号在故障排除前应保持。

● 充电器与电池之间连接线开路及短路。

● 应急输出主线路及支路连接线的开路、短路。

● 应急控制回路的开路及短路。

● 在应急状态下，电池电压低于过放保护电压值。

p. 对逆变 50Hz 正弦波的应急电源，如不说明限定负载条件，应在全阻性、全感性、全容性负载的 120%时均能顺利启动，且波形不应变形，频率不改变。

q. 用于消防应急照明的集中应急电源，必须为按 GB 17945—2010 标准设计及制造并通过国家消防电子产品监督检验中心按此标准检验合格的产品，不得使用执行其他消防电源标准及非消防类电源产品。

9）线槽主要技术条件

（1）线槽使用的材质参照《电控配电用电缆桥架》（JB/T 10216—2000）标准执行，所使用的原材料应为冷轧钢板，不得用热轧钢板代替。

（2）钢板板材的厚度应与要加工的线槽规格相适应，满足表 12-3 的规定。

表 12-3　线槽板厚度

线槽宽度/mm	允许最小厚度/mm	线槽宽度/mm	允许最小厚度/mm
<400	2.0	400～800	2.5

（3）线槽表面防腐材料应符合国家现行有关标准。

（4）线槽采用热浸镀锌，镀锌层表面应均匀，无毛刺、过烧、挂灰、伤痕、局部未镀锌等缺陷，不得有影响安装的锌瘤。螺纹的镀锌层应光滑，螺栓连接应能拧入。

（5）线槽焊缝表面应均匀，不得有偏焊、裂纹、夹渣、烧穿、弧坑等缺陷。

（6）线槽的螺栓孔径在螺杆直径不大于 M16 时，可比螺杆直径大 2mm 开长孔。螺栓连接孔的孔距允许偏差：同一组内相邻两孔间距为 7mm；同一组内任意两孔间距±1mm；相邻两组端孔间距±1.2mm。

（7）成品线槽的几何尺寸必须规范且符合设计要求，外形无扭曲变形现象。有孔托盘通风孔冲压处及板材剪切部位，不得有飞边及毛刺现象。

10）配电箱、柜主要技术条件

（1）设计标准及依据：GB 7251.1—2005 GB 7251.3—2006 、GB 50171—2012、GB 50254～GB 50257—1996。

（2）主要技术条件。

① 质量监督部门明令淘汰的电工产品及禁止使用的电工产品，均不得安装使用。

② 所使用的新技术、新材料、新产品、新工艺，必须先经试验（试点）和国家规定组织鉴定，有相应的规程和标准。未经试验鉴定或未达到技术指标要求者，在本工程中不得使用。

③ 多股线必须刷锡、压接线端子。

④ 母线为铜母线，母线搭接处必须搪锡，搪锡前应将其表面进行处理，刷锡后表面应平整无杂物。母线应涂复黑漆，漆膜应完整无杂物。母线涂复黑漆起止位置应一致、整齐，并有相序色标，且不易褪色。断路器及接触器的进线必须贴色标，当进线为塑料铜线时，应该有明显相序标识，箱内配线必须符合国家规范要求。

⑤ 箱(柜)体应在明显、易操作的地方设置不可拆卸的接地螺钉，并设置“■”标志。暗装配电箱在右上角须留 40mm×4mm 镀锌扁钢作为进出电管接地用，长度不小于10cm。配电箱(柜)的金属部分，包括电器的安装板和电器的金属外壳等均应有良好的接地。配电箱(柜)的盖、门、覆板等处装有电器并可开启时应用裸铜软线与接地螺钉可靠连接。

⑥ 配电箱(柜)内电气断路器下方宜设标志(牌)，标明出线断路器所控支路名称或编号，并标明电器规格。箱内电器元件的上方标志该元件的文字符号，各电路的导线端头也应标志相应的文字符号。所有的文字符号应与提供的线路图、系统图上的文字符号一致。

⑦ 所使用的图形和符号应符合相应的国家标准。箱(柜)内元件质量、认证标志准确，安装固定可靠，接线正确、牢固；外接端子质量、外接导线预留空间、箱(柜)内配线规格与颜色、电气间隙及爬电距离符合规范要求。

⑧ 箱体颜色应按合同和业主提供的色标生产，箱体内部油漆应均匀、完整。外表面油漆应均匀、光滑、无明显划痕，无起泡、滴流等现象。固定电气的支架均应刷漆，安装在同一室内且经常监视的盘面颜色应和谐一致，漆大同小异会产生反光眩目现象。交货时应配备与箱体同一批号颜色的油漆，按每箱 $100cm^3$ 计。

⑨ 配电箱(柜)内的电源指示灯应接在总断路器前侧。指示灯应采用图样给定规格的指示灯。指示灯及按钮的颜色应根据其用途按 GB 8166—2011“电工成套装置中指示灯和按钮的颜色”的规定执行。

⑩ 箱体加工应平整、无手工敲打痕迹。所有金属加工件均不应有毛刺，尺寸要准确，装配公差要符合要求。所有镀锌件应做到镀层均匀、平整。使用螺钉要妥当(如应使用平机螺钉处就不能使用其他螺钉)露出柜面的螺钉应使用镀锌件，所有螺钉必须加设平垫、弹簧垫。箱内不应有散绕的导线头等杂物。

⑪ 安装在水泵房、屋面等潮湿和露天场所时，必须按要求采取相应的防水、防潮措施。

⑫ 动力、照明配电箱应根据使用要求和进线制、用电负荷大小、分到回路等及设计要求，选用符合认证标准的配电箱。标准照明配电箱(照明用)铁制箱体，其钢板厚度不得小于 2.0mm。配电箱箱体的上部、下部采用活板，待配管时由现场进行开孔。照明配电箱门(盖)可拆装的，箱体上应有不小于 M10 的专用接地螺栓，位置应设在明显处，配件应齐全，配电箱盘面电气元件安装，应根据设计要求，选用符合标准的电气元件，箱内不应装设不同电压等级的电气装置。

⑬ 柜下部接线端子距地高度不得小于 350mm，避免电缆导线连接用的有效空间过小，装有超安全电压的电器设备的柜门、盖、覆板必须与保护电路可靠连接；柜内保护导体颜色符合规定；支撑固定导体的绝缘子(瓷瓶)外表面不得有裂纹或缺损；配电箱(柜)上装有计量仪表、互感器及继电器时，其二次配线应使用铜芯绝缘软线。其截面应不小于：电流回路 $2.5mm^2$ 导线，电压回路 $1.5mm^2$ 导线。接到活动门处的二次线必须采用铜芯多股软线，并在活动轴两侧留出余量后卡固。

⑭ 电器安装板后的配线须排列整齐，用尼龙绑带绑扎成束或敷于专用线槽内，并卡固在板后或柜内安装架处。配线应留有适当余度。

⑮ 配电箱(柜)内与电器元件连接的导线，如为多芯铜软线，须盘圈后压接铜线鼻子；如为多芯铜线，须采用套管线鼻压接。与电度表连接的导线须用单股铜芯导线。

⑯ 导线穿过铁制安装板面时需在铁板处加装橡皮或塑料护圈，以保护导线绝缘外皮

完好。

⑰ 当配电箱(柜)所装各种开关及断路器处于断开状态时，可动部分不得带电。垂直安装时应上端接电源下端接负荷。水平安装时，左端接电源右端接负荷(面对配电装置)。所有的配电箱内须有保护板(二层板)，使带电部分不裸露。

⑱ 照明箱内电气干线用硬母线。出线断路器应与电气干线单独连接，不得采用导线套接。

⑲ 在配电箱(柜)内应设置 N、PE 母线徘，PE、N 线经端子排配出。PE、N 线端子采用方铜端子。配电箱(柜)内端子板排列位置应与熔断器、断路器位置相对应。配电箱(柜)内的电源母线应有彩色分相标志，一般按表 12-4 规定布置。

表 12-4 电源母线色标

相别	色标	母线安装位置		
		垂直安装	水平安装	引下线
L1	黄	上	后(内)	左
L2	绿	中	中	中
L3	红	下	前(外)	右
N	淡蓝	最下	最外	最右
PE	绿/黄			

⑳ 双路电源自投，互投箱(柜)内接线必须严格核对相位、相序。成品出厂前，必须做联动试验，合格后方可出厂。供货时必须提供相关试验及检测报告。

㉑ 柜箱冲压外形尺寸不得偏差过大，外饰面无损伤，并有相应保护措施。柜箱内接线要求规范、牢固、可靠；柜箱内或门上安装的仪表牢固，间距均匀；柜门内回路系统图完整齐全。

㉒ 所有配电箱，应能满足《上海市建筑产品推荐性通用图集 28 PZDX 系列终端组合配电箱安装》建设工程质量所规定的验收规范要求。

㉓ 箱内应贴有本相系统图，设备编号、铭牌内容齐全。

㉔ 所有配电箱(柜)使用的电器器气件必须严格按照电气设计系统图所给的要求制作。所有过路箱必须按照电线进线规格预留电缆 T 接端子，终端箱必须按照电缆进线规格预留电缆接线空间。进线断路器主断路器必须按照电缆进线规格、数量预留接线母排，暗装配电箱箱体和配线板分开进场；明装箱及配电柜整体成套进场。

11) 设备的安装

(1) 变压器，高、低压开关柜，直流屏、信号屏应与预留角钢牢固焊接，电缆夹层上空明露部分用花纹钢板满铺，柜前、柜后均用 120mm×10mm(宽×厚)绝缘满铺。

(2) 各层照明配电箱，除竖井内明装外，其他均为暗装(剪力墙上除外)；安装高度均为底边距地 1.4m。动力箱、控制箱均为竖井、机房、车库内明装、其他暗装，箱体高度 600mm 以下，底边距地 1.4m；600～800mm 高的配电箱，底边距地 1.22m。800～1000mm 高的配电箱，底边距地 1.0m。1000～1200mm 高的配电箱，底边距地 0.8m；

1200mm 以上高的配电箱，为落地式安装，下设 300mm 基座。与设备配套的控制箱、柜，应征得业主及设计人员的认可。

(3) 水泵、空调机、新风机、各类风机等设备电源出线口的具体位置，以设备专业图样为准。

(4) 照明开关、插座均为暗装，除注明者外，均为 250V，10A，应急照明开关应带指示灯。除注明者外，插座均为单相两孔加三孔安全型插座。卫生间插座底边距地 1.2m，烘手器安装高度为 1.4m，电热水器插座底边距地 2.0m，其他插座均为底边距地 0.3m；开关底边距地 1.44m，距门框 0.2m(有架空地板的房间，所有开关、插座的高度均为距架空地板的高度)。卫生间内开关、插座选用防潮防溅型面板。

(5) 出口指示灯和疏散诱导指示灯，采用集中免维护蓄电池进行供电，停电时自动切换为直流供电。出口指示灯在门上方安装时，底边距门框 0.2m；若门上无法安装时，在门旁墙上安装，顶距吊顶 50mm；出口指示灯明装，疏散诱导指示灯暗装，底边距地 0.3m。

(6) 电缆、导线的敷设。

① 高压电缆选用 ZRYJV—10kV 交联聚氯乙烯绝缘，聚氯乙烯护套铜芯电力电缆。

② 低压出线电缆选用交联聚氯乙烯绝缘，聚氯乙烯护套铜芯(阻燃)电力电缆，工作温度为 90℃；电缆明敷在桥架上，若不敷设在桥架上，应穿焊接钢管(RC)敷设。RC32 及以下管线暗敷。RC40 及以上管线明敷。

③ 本工程暗敷钢筋混凝土楼板中金属管均为焊接钢管。

④ 所有支线除电力双电源互投箱出线选用(NF—)BV—500V 聚氯乙烯绝缘(防火型)导线，至污水泵出线选用 VV39 型防水电缆外，其他均选用(ZR—)BV—500V 聚氯乙烯绝缘(阻燃)导线，穿焊接钢管(RC)暗敷。在电缆桥架上的导线应按回路穿塑料管或采用(ZR—)BVV—500V 型导线。

⑤ 控制线为(ZR—)KVV 型电缆，与消防有关的控制线为 NF-KVV 防火型电缆。

⑥ 应急照明支线应穿镀锌钢管暗敷在楼板或墙内，由顶板接线盒至吊顶灯具一段线路穿钢质(防火)波纹管或普利卡管，普通照明支线穿镀锌钢管暗敷在楼板或吊顶内；机房内管线在不影响使用及安全的前提下，可采用镀锌钢管、金属线槽或电缆桥架明敷。

⑦ 所有穿过建筑物伸缩缝、沉降缝的管线应按《建筑电气安装工程图集》中有关做法施工。

⑧ 电缆线槽水平敷设时，线槽间的连接头应尽量设置在跨距的 1/4 左右处。水平走向的电缆每隔 2m 左右固定一次，垂直走向的电缆每隔 1.5m 左右固定一次。电缆线槽装置应有可靠接地，如利用电缆线槽作为接地干线，应将电缆线槽的端部用 $16mm^2$ 软铜线连接起来，并应与总接地干线相连接，长距离的电缆线槽每隔 30m 与总接地干线连接一次。

(7) 照明设备的选型及安装。

① 所有正常照明配电箱、应急照明配电箱均于墙上明装或暗装，底边距地 1.4m。

② 地上办公、商场内的照明采用高效荧光灯，由于其功能尚未确定，因此，本工程照明设计在办公、商场内灯具均匀布置，待建筑功能确定后，再另行委托设计单位进行照明设计。

③ 本工程各层照明配电箱插座回路均采用漏电断路器。插座均采用单相五孔插座。除图中注明者外，其他均暗装，底边距地 1.2m。所有插座回路导线均为 BV—3×2.5RC20，暗敷。由于办公、商场功能尚未确定，本工程在办公、商场内均匀布置地面插座，待建筑功能确定后，可另行委托设计单位进行设计。

④ 灯具开关均选用 10A，250V。线板开关，并均暗装，底边距地 1.4m。

⑤ 办公、商场内的照明管线穿镀锌钢管在吊顶内暗敷，空调机房内照明管线，利用线槽明敷。

8. 防雷接地及安全措施

1）防雷接地

(1) 本建筑物按二类防雷考虑，屋顶易受雷击的部位设置避雷带作为接闪器，在整个屋面组成 10m×10m 的网格。

(2) 避雷带安装在屋顶的外沿和建筑物的突出部位。

(3) 屋面上的所有金属突出物，如卫星和共用天线接收装置、节日彩灯、航空障碍灯、金属设备和管道及建筑金属构件等，均应与屋面上的防雷装置可靠连接。

(4) 建筑物的擦窗机及导轨应做好等电位联结与防雷系统连为一体。当擦窗机升到最高处，其上部达不到人身的高度时，应做 2m 高的避雷针保护。

(5) 利用建筑物结构柱内一根主钢筋($\phi>16$mm)作为引下线，间距不大于 18m。引下线下端与基础底梁及基础底板轴线上的上下两层钢筋内的两根主筋可靠焊接。外墙引下线在距室外地面 1m 处引出与室外接地线焊接。

(6) 为防止侧向雷击，将 10 层以上，每 3 层利用圈梁内两根主筋作均压环，即将该层外墙上的所有金属窗、构件、玻璃幕墙的预埋件及楼板内的钢筋接成一体后与引下线焊接。

(7) 本工程强、弱电接地系统统一设置，即采用同一接地体。利用建筑物结构基础作为接地装置，要求总接地电阻 $R<1\Omega$。在结构完成后，必须通过测试点测试接地电阻，若达不到设计要求，应加接人工接地体。

(8) 人工接地体距建筑物出入口或人行通道不应小于 3m。当小于 3m 时，为减少跨步电压，应采取下列措施之一。

① 水平接地体局部埋探不应小于 1m。

② 水平接地体局部应包绝缘物，可采用 50～80mm 的沥青层，其宽度应超过接地装置 2m。

③ 采用沥青碎石地面或在接地体上面敷设 50～80mm 的沥青层，其宽度应超过接地装置 2m。

(9) 当结构基础有被塑料、橡胶等绝缘材料包裹的防水层时，应在高出地下水位 0.5m 处，将引下线引出防水层，与建筑物周围接地体连接。

(10) 引下线距地 0.5m 设测试卡子，并配有与墙面同颜色的盖板。

(11) 接地装置焊接应采用搭接焊，其搭接长度应满足以下要求。

① 扁钢与扁钢搭接应为扁钢宽度的 2 倍，不少于三面施焊。

② 圆钢与圆钢搭接应为圆钢直径的 6 倍，双面施焊。

③ 扁钢与圆钢搭接应为圆钢直径的 6 倍，双面施焊。

④ 扁钢与钢管、扁钢与角钢焊接时，紧贴角钢外侧两面，或紧贴钢管两侧施焊。

(12) 室外接地凡焊接处均应刷沥青防腐。

(13) 在变压器低压侧装一组SPD，为SPD的安装位置距变压器沿线长度不大于10m时，可装在低压主进断路器负载侧的母线上，SPD支线上应设短路保护电器，并且与主进断路器之间应有选择性。

(14) 在向重要设备供电的末端配电箱的母线的各相上，应装设SPD。上述的重要设备通常是指重要的计算机、楼宇中央监控设备、主要的电话交换设备、UPS电源、中央火灾报警装置、电梯的集中控制装置、集中空调系统的中央控制设备及对人身安全要求较高的或贵重的电气设备等。

(15) 对重要的信息设备、电子设备和控制设备的订货，应提出装设SPD的要求。

(16) 由室外引入或由室内引至室外的电力线路、信号线路、控制线路、信息线路等在其入户处的配电箱、控制箱、前端箱等的引入处应装设SPD。

(17) 电涌保护器安装线路上应有过电流保护器件，并应有劣化显示功能。

(18) 防雷设施施工时，参见国家标准图集《建筑物防雷设施安装》[99(07)D501—1]。

2) 安全措施

(1) 在地下一层适当柱子处预留160×160×6(mm)铜板，并沿建筑物内墙全长敷设一根与主接地线连接的50mm×6mm铜带可靠连接，作为专用接地保护线(PE)，应将建筑物内设备金属总管、建筑物金属构件等部位进行总等电位联结。

(2) 在变配电室做局部等电位联结。在室内适当柱子处顶留160×160×6(mm)铜板，并与变配电室内全长敷设的一根接地线40×5(mm)铜带可靠连接，作为专用接地保护线(PE)。

(3) 在消防控制室、电梯机房、电话机房、中央控制室及各层强、弱电竖井等处做局部等电位联结。接地线规格详见接地干线系统图。

(4) 为防止人身触电的危险，本工程设置专用接地保护线(PE)，即TN-S系统配线，凡正常不带电，绝缘破坏时可能带电的电气设备的金属外壳、穿线钢管、电缆外皮、支架等均应与接地系统可靠连接。

(5) 等电位盘由紫铜板制成，应将建筑物内保护干线、设备金属总管、建筑物金属构件等部位进行连接。总等电位联结均采用各种型号的等电位卡子，绝对不允许在金属管道上焊接。具体做法参考《等电位联结安装》(02D501—2)。各种金属设备总管位置详见水工工种和设备工种的施工图。

(6) 本工程采用TN-S接地形式，其专用接地线(即PE线)的截面规定如下。

当相线截面小于16mm^{2}时，PE线与相线相同。

当相线截面为16～35mm^{2}时，PE线为16mm^2。

当相线截面为35～400mm^{2}时，PE线为相线截面的一半。

当相线截面为400～800mm^{2}时，PE线为200mm^2。

当相线截面大于800mm^{2}时，PE线为相线截面的1/4。

(7) 不允许使用蛇皮管、保温管的金属网、薄壁钢管或外皮做接地线或保护线。

(8) 变压器的中性点与接地装置线连接时，应采用单独的接地线。

(9) 当利用电梯导轨或吊车轨道做接地线连接时，应将其连成封闭回路。

(10) 在地下禁止使用裸铝做接地体或接地线。

(11) 所有插座回路均设置剩余电流保护器，其动作电流小于 30mA，动作时间不大于 0.1s。

(12) 保护线上不应设置保护电器及隔离电器，但允许设置供测试用的只有用工具才能断开的接点。

9. 综合布线系统

(1) 综合布线系统是将语音信号、数字信号的配线，经过统一的规范设计，综合在一套标准的配线系统上，此系统为开放式网络平台，方便用户在需要时，形成各自独立的子系统。综合布线系统可以实现世界范围资源共享，综合信息数据库管理、电子邮件、个人数据库、报表处理、财务管理、电话会议、电视会议等。

(2) 电话引入线的方向为本建筑北侧。由市政引来外线电缆及中继电缆，进入地下一层模块站。模块站由电信部门设计，本设计仅负责总配线架以下的配线系统。

(3) 本工程模块站设在地下一层，其内部设计由电信部门负责。

(4) 由市政电信管网引入线，待与业主协商后确定。

(5) 本工程综合布线系统的 5 个子系统如下。

① 工作区子系统。办公区域按平均 $10m^2$ 为一工作区，每个工作区接一部电话及一个计算机终端设备。每个工作区选用双孔五类 RJ45 标准信息模块插座，在地面或墙上安装。

② 水平配线子系统。在办公区域设置若干集合点插件，由层配线架至集合点插件及由集合点插件至信息插座，水平配线子系统均选用超五类电缆。

③ 垂直干线子系统。楼内干线选择光缆及铜缆通过楼层配线将分配线架与主配线架用星形结构连接。光缆干线主要用于通信速率较高的计算机网络，铜缆主要用于低速话音通信。

④ 设备间子系统。本设计综合布线系统数据部分的设备间设在一层信息网络中心，内设光缆主配线架等数据部分建筑配线设备。

⑤ 管理子系统。每层设置两个弱电竖井，内设光缆配线架、铜缆配线架等楼层配线设备，管理各层水平布线，连接相应的网络设备。

(6) 由于信息网络中心主机等设备待定，本工程综合布线系统的形成需经业主和网络设备厂方等部门协商后决定。

(7) 由于办公、商场功能尚未确定，本工程在办公、商场均匀布置地面信息插座。待建筑功能确定后，再另行委托设计单位进行设计。图中其他信息插座均采用暗装，安装高度为底边距地 0.3m。

(8) 本工程信息网络系统分支导线待定，其配用管径分别为：1、2 根 RC20；3、4 根 RC25；5、6 根 RC32。除图中注明外，其他均穿镀锌钢管暗敷。

(9) 综合布线系统技术要求。

① 设备材料的技术指标。

a. 水平电缆采用五类 100ΩUTP 电缆，至少支持 155Mb/s 的传输速率。

b. 线缆性能指标必须符合或高于 ISO UTP 中的 8.1 节技术要求。

● 五类电缆。

最大衰减(dB/100m)：10MHz 6.6；16MHz 8.2；100MHz 22。

最小近端串音衰减(dB/100m)：10MHz，47；16MHz 44；100MHz 32。

特性阻抗(Ω)：1～100MHz，100±15。

● 二类电缆。

最大衰减(dB/100m)：10MHz，9.8；16MHz，13.1。

最小近端串音衰减(dB/100m)：10MHz 26，16MHz 23。

特性阻抗(Ω)：1MHz～16MHz，100±15。

● 水平与垂直光纤均为 62.5/125Gμm 多模光纤，其技术指标必须符合或高于 ISO 1801 中 8.4 节的技术性能要求。

最大传输衰减：850nm，3.5dB/km ；1300nm，1.0dB/km。

信号最小传输带宽：850nm，200MHz·km；1300nm，500MHz·km。

垂直干线光纤采用中心束管式结构，必须有非金属保护层和防火绝缘材料护套。

● 信息插座、配线模块、转换接头和交叉连接配线架等连接硬件必须满足或高于 ISO 11801 第 9 章中对连接光纤和五类、三类电缆所提出的要求。

五类配线架的最大衰减：10MHz，0.1dB；16MHz，0.2dB；100MHz，0.4dB。

五类配线架的最小近端串音衰减：10MHz，60dB；116MHz，56dB；100MHz，40dB。

信息插座为五类 RJ45 型双孔(或单孔)插座，在双孔插座上应有可区别语音和数据插口的圆形标志。

光纤插座为双芯带 RC 接头。

所有插座面板尺寸均为 86mm×86mm。

根据设计要求，信息插座可采用 45°斜插带防尘盖型。

所有配线面板必须是 19 英寸(1 英寸≈2.54cm)模块化部件，可以方便地安装在 19 英寸标准机柜内，机柜应有带锁的前后面，侧门可拆卸，带交流电源插座和风扇，上下均可布线，机柜深度为 400mm 。

数据跳线架采用五类 4 对多股软线，插头带有保护套。

② 系统技术要求。综合布线的综合性能应满足或高于 IS0 11801 中 7.1.1 节的 ClassD 和 Optical class 的应用。为满足应用，投标者提供的各种设备材料所组成的布线系统的各种链路应是 ISO 11801.7.1.2 节的 ClassD 和 Optical class 的链路，应符合或高于上述标准技术性能要求。

a. 电缆接口处最小回波损耗限值：16～20MHz，15dB；20～100MHz，10dB。

b. 链路传输的最大衰减限值；10MHz，7.5dB；16MHz，9.4dB；31.25MHz，13.1dB；62.5MHz，18.4dB；100MHz，23.2dB。

c. 线对间最小近端串音衰减：10MHz，39dB；16MHz，36dB；31.25MHz，32dB；62.5MHz，27dB；100MHz，24dB。

d. 光纤链路应符合 ISO 11801 第 3 节的技术性能要求。

e. 多模光纤中光纤布线链路的最大衰减限值见表 12-5。

表 12-5 我纤布线链路最大衰减限值

光纤应用类别	链路长度	850nm	1300nm
配线(水平)子系统	100m	2.5dB	2.2dB
干线(垂直)子系统	500m	3.9dB	2.6dB
建筑群子系统	1500m	7.4 dB	3.6dB

f. 多模光纤最小的光回波损耗限值见表 12－6。

表 12－6 多模光纤最小的光回波损耗限值

标称波长	最小光回波损耗限值/dB	标称波长	最小光回波损耗限值/dB
850nm	20	1300nm	20

(10) 信息网络系统中的各类元器件均由承包公司配套供应。

10. 有线电视系统

(1) 普通电视信号由室外有线电视信号引来，屋顶设卫星天线，接收卫星信号，卫星天线数量与接收节目内容待与甲方商定。系统包括前置放大器、频道放大器、供电单元、浪涌保护器、同轴电缆、宽频带放大器、分配器、分支器、终端电阻、TV/FM 输出插口等装置。

(2) 有线电视系统采用 750MHz(1000MZ) 双向数据传输系统。干线传输系统采用分配—分配或分配—分支系统，用户分配网络采用分配—分支系统。

(3) 有线电视系统技术指标。

① 频率范围：VHF 为 Bandl—Band3；UHF 为 BandV1—AnndV。

② 调频广播：88～108MHz。

③ 信号设计指标。

信噪比：大于 44dB 调频广播：大于 45dB。

载波互调比：大于 58dB。

载波交扰调制比：大于 47dB。

载波组合：三阶差拍比：大于 55dB。

载波组合二阶差拍比：大于 55dB。

载波交流声比：大于 46dB。

色度/亮度时延差：大于 100NS。

回波值：小于 7%。

微分增益：不大于 10%

微分相位：小于 100。

邻频电平差：小于 2dB。

任意频道间电平差小于 8dB。

邻频抑制：大于 60dB。

音图像电平差：小于 13～23dB。

终端输出口：(64±)4dB。

系统输出端口相互隔离度：不小于 30dB(70～550MHz)，大于 22dB(其他频道)。

系统输出端口最强与最弱电视信号电平差：小于 15dB。

系统输出端口电平限值见表 12－7。

表 12－7 系统输出端口电平限值

波段	最大(dBμV)	最小(dBμV)	波段	最大(dBμV)	最小(dBμV)
VHF	83	60	FM	80	47
UHF	83	60			

(4) 有线电视系统主要设备性能：前端设备应包括频道放大器、频道转换器、线路放电器、混合器等。

① 频道放大器：应具有自动增益控制。增益：大于 30dB；输出电平：大于 115dBμV；噪声系数：小于 6dB；屏蔽系数：大于 70dB。

② 频道转换器：应根据系统接收信号强度及干扰程度确定转换频道。增益：大于 20dB；最小输出电平：大于 120dBμV；噪声系数：VHF 小于 8dB；UHF 小于 10dB。

③ 线路放大器。

a. 线路放大器频率范围：47～750MH≥(1000MHz)，5～30MHz 回路；增益：大于 15dB；输出电平：大于 110dBμV。

b. 全频道放大器频率范围：47～750MH≥(1000MHz)，5～30MHz 回路；增益：大于 30dB。

带内平坦度：±1dB；噪声系数：VHF 不大于 9dB，UHFI 不大于 9dB，最大输出电平：大于 115dBμV。

c. 混合器。混合器的工作频率及输入端数量必须与所需频道数及频带相一致。插入损耗：小于 4dB，带内平坦度±1dB；带外衰减：大于 20dB；相互隔离度：大于 20dB。

d. 分配器应选用带有金属屏蔽盒的分配器及 F 端子插头插座，避免高频直射波干扰产生重影。频率范围：47MHz～1GHz。二分配器损耗：3.5～4dB；四分配器损耗：7.5～8dB。相互隔离度：大于 20dB。

e. 分支器应只有空间传输特性。根据系统要求选择适当的插入 5 损耗和分支损耗的优质分支器，使用户输出口的电平近乎均匀。应选用带有金属屏蔽盒的分支及 F 端子插头、插座，避免高频直射波干扰产生重影。频率范围：47MHz～1GHz；相互隔离度：VHF 大于 40dB，UHF 大于 38dB；反向隔离度：VHF 大于 33dB，UHF 大于 30dB。

f. 系统终端输出口应符合国标《电视和声音信号的电缆分配系统》(GB/T 6510—1996)要求及 IEC 标准，应完全屏蔽于四散的 R、F 场强以外。配有频带消除滤波器，以抑制不需要的信号。应使用印刷电路，并包括电容以确保使用安全。不允许在输出口做环形连接来达到足够的分隔，应使用有分隔度的分支器作为分隔。

g. 终端电阻。在本系统所有支路的末端及分配器、分支器的空置输出端口均投入 75nΩ 终端电阻。终端电阻必须由分配器和分支器的制造厂提供。

h. 同轴电缆。分配系统的电缆应选用铜导体同轴电缆，同轴电缆应符合国际标准并具有以下特性。特性阻抗：75Ω(DC)～(1GHz)；最大衰减：小于 9dB/100m(在 200MHz 时)。同轴电缆应有阻隔潮气措施，外防护套应采用不受污染类型。电缆在敷设过程中不能在穿管内有接头，或用连接器连接。同轴电缆须印有制造厂名字，电线在交付使用前须由制造厂进行测验，并在每一电缆盘上加以说明。

i. 机柜、机箱。机柜设备箱外观形象和工业质量好。

● 机房设备采用标准 19″机柜安装，便于调试、操作。

● 系统中分配器、分支器、线路放大器等元件，可安装于设备箱内，设备箱采用镀锌钢板制成。

● 设备箱的尺寸应为将来的扩容留有余地，并应妥善接地。

(5) 卫星接收天线。

① 为保证卫星节目的质量，应采用高品质、高增益的卫星接收天线，天线采用特殊

材料一次铸压成型。

② 天线环境工作条件。

a. 抗风能力：8级风正常工作；10级风降精度工作；12级风不破坏(天线朝向锁定)。

b. 环境温度：－30～50℃。

c. 相对湿度：5%～95%。

d. 气压：86～106kPa。

③ 采用3m C波段前馈抛物面天线接收泛美8号卫星节目：CNN(美国)、NHK(日本)，天线增益大于42dB。

④ 采用4.5m C波段前馈抛物面天线接收亚洲1号卫星节目：凤凰台、卫视音乐、卫视体育，天线增益大于50dB。

⑤ 天线系统技术指标。天线指向精度：±0.1°；天线效率：大于70%；驻波比：小于1.2；G/T值：大于2dB/K；静态的限电平载噪比：6～8dB；音频输出：75gs，5～8.5MHz；伴音中频带宽：280kHz。

⑥ 天线系统接收设备。

a. 采用具有低噪音、高频器技术、防水性的设备。

b. 采用高精度数字双极4馈源。

c. 选用模拟数字接收机等设备，将卫星信号转换为系统所需的音视频信号。

d. 接收机的各视频信号经调制解调器调制为射频信号，经混合器送入有线电视网。

e. 技术指标；加权信噪比：大于65dB；带内载噪比：大于70dB；带外载噪比：大于90dB；前端卫星电视系统信噪比：大于10dB。

⑦ 为了加强对卫星节目的管理，保证传输节目内容符合当前精神文明建设的要求，有线电视前端同时配有监视器，以监视各频道的节目内容。

(6) 其他。

① 本工程的用户图像清晰度应在四级以上。

② 所有有线电视系统采用的设备和部件的输入、输出标称阻抗及电缆标称特性阻抗均应为75Ω。

③ 电视天线除图中注明者外，其他均穿镀锌钢管(RC20)暗敷于结构板内。

④ 有卫星天线和室外有线电视信号引入的馈线均加装避雷保护器，以防止雷电波的侵入。

⑤ 竖井内电视分配器、分支器箱底边距地1.4m明装。

⑥ 由于办公、商场功能尚未确定，本工程在办公、商场均匀布置地面电视插座。待建筑功能确定后，再另行委托设计单位进行设计。本工程图中其他电视插座均采用暗装，安装高度为底边距地0.3m。

⑦ 本系统所用各种器件均由承包厂商成套供货，并负责安装、调试。

11. 楼宇自动控制系统

本工程设楼宇自动控制系统，对全楼的供水、排水设备，冷水系统、空调设备及供电系统和设备进行监视及节能控制。楼宇自动控制系统的控制中心设在地下三层，对全楼设备进行监视和控制。由数据采集盘至监控点的楼宇自控线路，在空调机房、冷冻机房、变电所等楼宇自控点集中处采用线槽明敷。监控点准确位置及标高参见水、空调专业图样。

冷冻机房控制室内设控制分站，对冷水系统和空调设备进行监视和控制。

1）对给、排水系统的控制

（1）给水系统。

① 市政给水压力检测和显示。

② 地下水池水位显示和报警。

③ 高位水箱水位显示和报警。

④ 水泵启、停控制，状态显示和故障报警。

⑤ 泵的轮换使用及备用泵的自动投入。

（2）排水系统。

① 污、废水井高水位报警。

② 根据水位控制排水泵的运行台数。

③ 水泵启、停控制；状态显示和故障报警。

④ 泵的轮换使用及备用泵的自动投入。

（3）对空调系统的控制。

① 冷水系统。

a. 冷冻机起、停控制，状态显示和故障报警。

b. 冷冻水泵起、停控制，状态显示和故障报警。

c. 冷却水泵起、停控制，状态显示和故障报警。

d. 冷却塔风机起、停控制，状态显示和故障报警。

e. 冷却水供水温度遥测。

f. 冷冻水供、回水温度遥测。

g. 冷冻水回水水流量。

h. 冷负荷计算。

i. 冷冻机、冷却/冻水泵、冷却塔风机的顺序启、停控制。

j. 根据冷负荷确定冷水机组开启台数。

k. 根据冷冻水系统供、回水总管压差控制其旁通阀的开度。

② 新风空调机。

a. 风机启、停控制，状态显示和故障报警。

b. 送、回风温、湿度遥测。

c. 根据送、回风温、湿度调节冷、热水阀，蒸汽阀开度。

d. 过滤器淤塞报警。

e. 新风阀与风机联锁。

f. 新风温、湿度遥测。

g. 防冻保护。

（4）排风机、送(进)风机，风机启、停控制，状态显示和故障报警。

（5）对变配电系统的监视、控制。

（6）对照明系统的控制。

① 办公照明。

② 室外照明。

③ 节日照明。

2）楼宇自控系统组件

楼宇自控系统应具备以下组件。

（1）系统数据库服务器和用户工作站、数据库应具备标准化、开放性的特点，用户工作站提供系统与用户之间的互动界面，界面应为简体中文，图形化操作，动态显示设备工作状态。

（2）与服务器、工作站连接在同一网上的控制器，负责协调数据库服务器与现场DDC之间的通信，传递现场信息及报警情况，动态管理现场DDC的网络。

（3）具有能源管理功能的DDC安装于设备现场，用于对被控设备进行监测和控制。

（4）符合标准传输信号的各类传感器，安装于设备机房内，用于楼宇自控系统所监测的参数测量，将监测信号直接传递给现场DDC。

（5）各种阀门及执行机构，用于直接控制风量和水量，以便达到所要求的控制目的。

（6）现场DDC应能可靠、独立工作，各DDC之间可实现点对点通信，现场中的某一DDC出现故障，不应影响系统中其他部分的正常运行。整个系统应具备诊断功能，且易于维护、保养。

3）系统软件配置要求

（1）系统的软件应至少包括操作系统、中央站监控软件、控制器监控软件、节能管理软件、诊断软件、应用编程软件包。

（2）软件的基本要求：应提供满足系统运行功能，易于二次开发，易于维护及符合开发系统标准的系统软件、应用软件、应用编程软件包等全套软件。

（3）BAS的各类应用软件应使用同一种高级语言，并且采用同一种数据库管理系统。

（4）大楼的BAS用户界面全部汉化，具备多窗功能，动态图形显示操作，提供可靠的监测数据及设备运行状态的资料报表。

（5）系统平台应具备网络管理、标准网络协议、远程通信管理及符合计算机技术发展趋势的要求。

（6）系统应确保监控中心出现故障时，控制器将继续独立执行其功能。在控制器的电源装置出现问题时，有关的状态资料会被输送到监控中心。在电源中断后恢复供电时，所有受电源中断影响的设备和控制器应均能自动复位，而不需更新设定。

（7）系统软件的操作应具备密码保护，根据操作人员的权限进行范围操作，以提高系统的安全可靠性。

（8）系统软件应能对现场监控点进行优化控制，计算出最佳的设备调节参数，以达到节约能源的目的。系统软件还能实现以下联网及联动控制。

① BAS与相关系统间通信联网与联动控制。

② BAS应具备各系统间通信联网和联动控制的硬件接口和软件接口，网络互联协议可使用TCP/IP。

③ BAS与保安系统的联动。

④ BAS与火灾报警系统的联动；BAS与其他智能子系统的联动。

楼宇自动控制系统所用各种器件均由承包厂商成套供货，并负责安装、调试。

12. 综合保安闭路监视系统

（1）保安室设在主楼一层与消防控制室共室，内设系统矩阵主机、视频录像、打印机、监视器及一台24V电源设备等。视频自动切换器接收多个摄像点信号输入，定时自动轮换(1～30s)输出监控信号，也可手动任选一个摄像机的画面跟踪监视、录像、打印。系统矩阵主机带输入、输出板、云台控制及编程，控制输出时、日，字符叠加等功能。在建筑的地下汽车库入口、一层大堂、各层电梯厅、电梯轿厢等处设置摄像机，电梯轿厢内采用广角镜头，要求图像质量不低于四级。

(2) 主要设备技术参数及指标。

① 黑白摄像机。摄像头：1/3″行间转移CCD；最低照度：0.1lx；水平分辨率：570线以上；信噪比：大于50dB。

② 彩色摄像机。摄像头：1/3″行间转移CCD；最低照度：1.5lx；水平分辨率：460线以上；信噪比：大于50dB。

③ 矩阵切换器：输入30～64路，输出8～16路；可加装多协议控制模块。

④ 监视器：黑白监视器分辨率大于700线；彩色监视器分辨率大于450线。

⑤ 半球形内置云台防尘罩。云台转动角度：水平356°，垂直0～90°；云台转动速度：水平12(°)/s，垂直6(°)/s；半球罩尺寸：12″。

(3) 保安闭路监视系统各路视频信号，在监视器输入端的电平值应为1Vp p±3dB VBS。

(4) 保安闭路监视系统各部分信噪比指标分配应符合：摄像部分：40dB；传输部分：50dB；显示部分：45dB。

(5) 保安闭路监视系统采用的设备和部件的视频输入和输出阻抗及电缆阻抗均应为75Ω。

(6) 普通摄像机至保安室预留两根RC20管，带云台摄像机至保安室预留三根RC20管。

(7) 闭路电视监视系统功能。

① 中央控制屏提供24h监视。

② 所有监视器可选择显示系统中任一摄像机摄取的画面。

③ 通过选择切换式固定显示任一画面，可将任一摄像机画面在任一监视器上显示。

④ 可编程循环显示所有摄像机画面，也可有选择地显示其中一个或更多的摄像机画面，可调整参加循环摄像机中每个画面的显示时间。

⑤ 图像显示可选择全幅、四分格或一部分手动定点监视。

⑥ 使用计算机时，操作人员可调出建筑物的各层平面图，并有图标指示报警情况及摄像机的位置(编码也不同时显示)，图标的形状应使操作人员可直接区分是固定式还是活动式摄像机，操作人员可选择选定的视频图像，若要选择特定摄像机画面显示在屏幕上，只需使用鼠标或键盘简单操作。

⑦ 视频窗口显示活动画画可在屏幕上按比例缩放和移动，以避免干扰重点区域的监视，用鼠标单击想要看的地区，即可实现任何摄像机上、下、左、右的移动。

⑧ 多窗口系统与报警联动。发生任何报警，系统将根据预先编制的程序自动切换出报警地区的平面图，同时视频窗口将显示报警地区的活动画面，并自动启动录像机对该图进行实时录像。

本系统所用各种器件均由承包厂商成套供货，并负责安装、调试。

13. 停车场管理系统

(1) 本工程在地下车库设一套停车场管理系统。采用影像全鉴别系统，停车库出入口处设固定式摄像机，在任何情况下应能清晰地摄取所通过车辆的牌号和驾驶员容貌，其图像可通过视频分配器分三路输出：一路送至监控中心；一路送收费管理用监视器，供工作人员了解收费口工作情况；一路受分控室计算机控制，实现与收费计算机联网。当车辆进入或驶出收费口等，收费系统向控制计算机发出编号指令，计算机将控制录像机自动录下该车的牌号和正在使用收费机人员的图像，车辆驶出收费口后，系统将根据收费系统的指令，停止录像待命，周而复始。

停车场所停车辆主要分为两部分，一部分为内部车辆，另一部分为外来的临时车辆，对于内部车辆，采用非接触式 IC 卡进行识别。对于外来临时车辆则采用临时出票方式。内部车辆在进入停车场时，在读卡机前通过非接触式 IC 卡的自动识别，外来车辆则在临时出票机索取一张票卡，与此同时，入口处的摄像机会摄下进场车辆的车型、颜色、车牌等识别特征，若 IC 卡有效，则挡车杆自动抬起放行车辆，若不符合则向中心发出报警信号。车辆进场前，通过 LED 显示屏可得知车场内是否有空余车位。通过进口处的感应线圈，对停车位数进行递减，并通过出口处的感应线圈又将空余车位数量反映到入口处的 LED 显示屏上。车辆离开停车场时，在出口处摄像机拍摄下出场车辆的车型、颜色、车牌，并与入场时的 IC 卡或临时停车的票卡相对应，若一致则放行，若不一致，则挡杆不动，并向中心发出报警信号。对外来临时车辆，在出口处根据其停车时间进行收费后放行。同时，系统记录下车辆离场的信息。

(2) 停车场管理系统应具备。

① 自动计费、收费显示、出票机有中文提示、自动打印收据。

② 出入栅门自动控制。

③ 入口处设空车位数量显示。

④ 使用过期票据报警。

⑤ 物体堵塞验卡机入口报警。

⑥ 非法打开收款机钱箱报警。

⑦ 出票机内票据不足报警等。

(3) 停车场管理系统的操作软件应有全汉化操作系统，人机界面友好，该系统应留有与楼宇自控系统、安全防范系统的接口，并应为开放的通信协议，便于系统的互联或联动。

(4) 停车场管理系统应与消防系统联动，当发生火灾时，进口处挡车杆停止放行车辆，LED 显示屏显示禁止入内。同时，出口处挡车杆自动抬起放行车辆。

(5) 本系统所用各种器件均由承包厂商成套供货，并负责安装、调试。

14. 电气消防系统

1) 消防系统组成

① 火灾自动报警系统。

② 消防联动控制系统。

③ 消防紧急广播系统。

④ 消防直通电话系统。

⑤ 电梯运行监视控制系统。

2）消防控制室

本工程在首层设置消防控制室，对全楼的消防进行探测监视和控制。消防控制室的报警控制设备由火灾报警控制盘、CRT 图形显示屏、打印机、紧急广播设备、消防直通对讲电话、电梯运行监视控制盘、UPS 不间断电源及备用电源等组成。

火灾监控管理工作站以 PCI 控制机为工作平台，CRT 图形显示中心以建筑平面图的形式显示各报警点的位置和工作状态，并可在图形显示中心直接控制，系统采用人机对话、交互图形显示和复合窗口技术，具有模拟曲线、联动系统关系图、建筑平面图和文件及报表，显示方式均为中文方式(Windows 运行环境)。并可通过楼宇系统对消防系统进行二次监视及信息共享。

控制主机应采用模块化结构，容量易于扩展，微处理器采用双 CPU，提高系统容错能力和可靠性。在原始单元故障或出现问题时，应能自动地将每个功能转接到冗余单元上。系统部件应有 IEC 29 合格性检验。

具有火灾报警和记忆功能，当收到火灾信号时，应能发出声光报警信号，显示火灾发生的区域及部位，自动记录各报警点及时间(具有打印及中文读音报警功能)。消防主控机(集中控制器)分初次报警信号和二次报警信号，应有报警确认功能，报警确认时间为 0～60s，这样可以减少误报。

采用大液晶显示屏触摸式面板 LED 中文显示，具有人机对话功能、手指触摸操作功能，多种类型、多参数画面显示等优点。

具有故障报警记忆功能，当区域报警控制器有故障信号或区域控制器与主控机(集中报警控制器)之间数据总线断线，或当系统其他部位出现断电、开路、接地、接线或元件的任何差错时，均应能发出故障声光报警信号，且能显示故障发生区域并自动记录。

具有火灾优先功能，当同时出现火灾和故障信号时，应首先转入火灾声光报警，火灾信号消失后再发出故障声光报警。

具有短路隔离功能，尽量使故障影响面降低到最小程度，从而提高了系统的安全性。具有自动测试、自动管理、自身诊断功能，在预定的时间内自动执行全部探测器测试，测试各探测器的故障状况，浓度值是否正常等，且能自动显示和打印。

具有时钟功能，时钟能显示年、月、日、时、分，当火灾发生时显示暂停，显示火灾信号首次报警时间，内部自动连续记忆，并能记忆所有火灾发生的时间。

具有网络接口增扩功能，从而方便与楼宇的其他管理系统联网。

具有多种探测报警、探测器灵敏度可调、数据分析和系统仿真功能，从而减少误报率，且应能定期对每个探测器进行自动巡检。

消防报警及联动控制装置的操作电源为直流 24V，应设置 UPS 不间断电源及后备蓄电池组，保证在任何情况下，控制主机及其联动设备不间断供电不小于 30min。

系统软件的设计应允许业主根据需要随时改变，对任何现有的程序控制范畴进行添加、删除或改变节点，随后输入一个已建立的授权代码。

消防控制室设主电源配电盘，380/220V 双路电源互投供电。设置 UPS 后备蓄电池组及直流充电机，保证在主电源故障情况下，消防控制室报警及其他所有联动、通信设备的不间断供电，供电电压为 DC 24V。

消防控制室设专用接地板，由此专用接地板引至各消防电子设备的专用接地线，应选用铜芯绝缘导体，导线总截面面积不小于 4mm^2，电子设备上应带有接地螺栓或端子。消防电子设备凡采用交流供电时，设备金属外壳和金属支架应做保护接地，接地线应与电气保护接地干线(PE 线)相连接。

3）火灾自动报警系统

本工程采用集中报警系统及区域报警(包括火灾显示盘)系统。除了厕所、更衣室等不易发生火灾的场所以外，其余场所根据规范要求均设置感烟、感温探测器，煤气报警器及手动报警器，中厅还设置红外光束感烟探测器。在各层楼梯前适当位置处设置一台火灾显示盘，当发生火灾时，显示盘能可靠地显示本层火灾部位，并进行声光报警。显示盘上设有向消防控制室进行报警的确认按钮及报警灯，还应设置检查显示盘上各指示灯的自检按钮及声光报警复位按钮。显示盘上的图形应和该层建筑平面一致。火灾显示盘为防尘封闭型，所有带指示灯按钮均布置在面板上，布置要美观大方，操作及维修方便。

火灾自动报警与消防联动控制系统应采用总线或网络结构，模块化结构的控制主机，应运用双 CPU 技术，提高系统的可靠性。系统由独立的火灾监控管理工作站，报警、控制系统主机，联动控制操作台、操作终端和显示终端、打印设备、彩色图形显示终端、带备用蓄电池的电源装置、火灾探测器、手动报警器、火灾应急广播，疏散警铃、信号，控制模块及中间继电器、消防专用电话、区域报警装置或显示屏等其他有关设施组成。

火灾自动报警数据传输：采用总线方式或采用集散型网络系统，要求具有一定的开放性。火灾自动报警系统应至少留有 25％的备用容量，以便将来的发展。火灾报警控制器额定容量按总线回路地址编码总数额定值的 75％～80％来配置。

4）消防联动控制系统

在首层消防控制室设置联动控制台，控制方式分为自动控制和手动控制两种。通过联动控制台，可以实现对消火栓灭火系统，自动喷洒灭火系统，防烟、排烟、加压送风系统，以及一般照明及动力电源切断控制系统等的监视和控制。

(1) 消火栓灭火系统。

消火栓灭火系统采用稳高压系统，平时管网的水压靠屋顶水箱和稳压增压设备保证。消火栓补压泵由压力继电器控制起/停(当工作压力下降 0.05MPa 时自动起动)，当管网压力恢复至常值时，补压泵自动停泵。消火栓泵的自动起动由管网压力继电器控制，即当发生火灾时，由于补压泵补水量不足，水压继续下降，当管网压力再下降 0.03MPa 时，通过压力继电器自动起动设在地下三层泵房内的消火栓泵(一用一备)，向系统供水灭火；同时补水泵自动停泵，消火栓泵既可以在消防控制室联控台上进行自动/手动起停控制，又可以在水泵房就地自动/手动控制起停。消防控制室具有起动控制优先权。消火栓泵起动时，补压泵自动停泵。消火栓泵及补压泵的起动、停止运行信号及故障信号送至消防控制室，在联控台上显示。

本工程每个消火栓内设有手动控制按钮(应有防误操作措施)，并附水泵起动后的信号指示(DC 24V)。当火灾发生时，可按动消防报警按钮，起动消火栓泵，并发出报警信号至消防控制室，及时、准确地提醒工作人员确认火灾现场，并采取必要的灭火措施，消火栓泵运行信号反馈至消火栓处。

(2) 喷洒灭火系统。

① 湿式自动喷洒灭火系统控制。稳压泵由气压罐连接管道上的压力控制器控制，使系统压力维持在工作压力，当压力下降 0.05MPa 时，稳压泵启动；当压力再继续下降

0.03MPa时，一台自喷加压泵起动，同时稳压泵停止。消防时，喷头喷水，水流指示器动作，反映到区域报警盘和总控制盘，同时相对应的报警阀动作，敲响水力警铃，压力开关报警，反映到消防控制室，自动或手动起动一台自动加压泵，备用泵能自动投入。在消防控制室及水泵房均可以自动/手动控制喷洒泵的启、停，消防控制室具有优先权。喷洒泵及补压泵的运行状态及故障信号送至消防控制室，并在联控台上显示。

② 预作用系统控制。地下三层车库内设预作用式自动喷洒系统，每套预作用阀组包括两个信号阀，一台空气平衡器(空压机，220V)，一个气路压力控制器，一个低气压报警开关，一个水路报警压力开关。平时阀组后管道内充有低压气体，压力不大于0.03MPa，阀组前水压由屋顶水箱保证，阀组后管道内气压由压力控制器和空气平衡器组成的连锁装置控制。当管路发生破损或大量泄露时，空压机的排气量不能使管路系统中的气压保持在规定的范围内，低气压报警开关发出故障报警信号。火灾时，安装在保护区的双路火灾探测器发出火灾报警信号，火灾报警控制器在接到报警信号后发出指令信号，打开预作用阀上的电磁阀，使阀前压力水进入管路内，管路系统的设计使充水时间不大于3min，同时报警压力开关接通声光显示盒，显示管网中已充水，同时空压机停止，系统转变为湿式系统。如果火灾继续发展，闭式喷头破碎喷水，预作用阀上的压力开关报警，自动起动喷洒加压泵，同时水力警铃报警。预作用系统还设有手动操作装置。

③ 消防专用水池的最低水位报警信号送至消防控制室，在联控台上显示。

(3) 防烟、排烟、加压送风系统。

① 排烟系统：当发生火灾时，探测器报警信号送至消防控制室，经确认后，可在消防控制室自动或手动打开火灾层的24V自动排烟口，同时联锁起动该系统的排烟风机。当火灾温度超过280℃时，排烟风道上的防火调节阀(在排烟风机旁边)熔丝熔断，关闭阀门；同时自动关闭该系统的排烟风机。

② 合用前室正压送风系统：当发生火灾时，探测器报警信号送至消防控制室，经确认后，可在消防控制室自动或手动打开火灾层及上下层的24V电动送风口，同时联锁起动该系统屋顶层的正压风机。火灾后，由消防控制室手动关闭24V电动送风口；同时，自动关闭该系统的加压风机。

③ 消防楼梯正压送风系统：当发生火灾时，探测器报警信号送至消防控制室，经确认后，可在消防控制室自动或手动打开正压风机前的24V常闭风阀，同时联锁起动该系统的正压风机。火灾后，由消防控制室手动关闭24V常闭风阀；同时，自动关闭该系统的正压风机。

④ 消防补风系统：当发生火灾时，探测器报警信号送至消防控制室，经确认后，可在消防控制室自动或手动起动该系统的补风风机。

⑤ 所有排烟风机及正压、补风风机，均可在消防控制室和现场进行自动/手动控制起停。排烟风机及正压风机的运行状态及故障信号送至消防控制室显示。

⑥ 各排烟风机及正压送风系统的常闭风阀均在现场设置机械手动控制器，手动控制器与排烟阀之间预留RC20管，排烟阀及手动控制器位置见设施图样。排烟阀及常闭风阀的开闭信号送至消防控制室，可在联控台上进行状态显示及控制。

⑦ 在各防火分区的防火墙的风道外设置防火阀，在消防控制室可以电动关闭上述防火阀，并将防火阀的关闭信号送至消防控制室。

⑧ 进出空调机房送回风管道的70℃易熔防火阀，当发生火灾时，因温度超过70℃而

熔断关闭防火阀，将关闭信号送至消防控制室显示，并联锁停止空调机组。

(4) 一般照明及动力电源切断控制系统。

当发生火灾时，消防控制室可根据火灾情况，通过中间继电器转换自动或手动切断火灾区的正常照明及动力电源。同时，通过中央电脑控制(BAS)室关闭火灾区的空调机组、回风机、排风机等。还可以通过消防直通对讲电话通知变配电所，切断其他与消防无关的电源。

(5) 消防紧急广播系统。

① 在消防控制室设置消防广播机柜(台)，消防紧急广播机组采用定压式输出(输出功率为2×300W)，在地下层、屋顶层等适当位置处设置号筒式3W防火型扬声器，安装在距地2.0m左右的墙上，其余各层的走廊及公共部分均设置3W防火型扬声器，安装在吊顶上，扬声器的直径为200mm。消防紧急广播回路，按建筑层分路，每层一路。当发生火灾时，消防控制室值班人员可根据火灾发生的区域，自动或手动进行紧急广播，及时指挥疏导人员撤离火灾现场。

② 消防紧急广播系统除在火灾时能可靠地进行火灾报警外，在平时应能兼做一般性业务广播；并且在发生火灾时，该系统应具有优先火灾报警功能。

(6) 手动报警按钮及消防专用电话。

① 每个防火分区应至少设置一个手动火灾报警按钮，从一个防火分区的任何位置到最邻近的一个手动火灾报警按钮的距离不应大于30m。

② 手动报警按钮应设置在明显的和便于操作的部位，并应有明显的标志。

③ 手动报警按钮应附对讲电话插孔(对于定型产品为对讲电话插孔独立安装，可紧靠在手动按钮旁安装)。手动报警按钮安装高度距地1.5m。

④ 消防专用电话网络应为独立的消防通信系统，即不能利用一般电话线路或综合布线系统代替消防专用电话线路，应独立布线。在消防控制室内设置消防直通对讲电话总机，除在各层走廊疏散口附近适当位置等处设置消防直通对讲电话插口外，还应在变配电值班室、中央电脑控制(DDC)室、水泵房值班室、消防电梯机房等处分别设置消防直通对讲电话分机。

⑤ 要求消防控制室电话总机及各分机、对讲电话插口可以互相呼叫对讲，消防电话分机采用红色无拨号话机，话机及对讲电话插口上设有“火警”专用明显标志。

⑥ 消防控制室应设置可直接报警的外线电话(119专用电话)，需设置在联动台上时，应提出具体要求，如双音频预置号码等话机性能。消防控制室应设置消防专用电话总机，宜选择供电时电话总机或对讲通信电话设备，设备选型、容量应根据实际情况适当留有余量(如15%)。

⑦ 消防专用电话总机与电话分机或插孔之间呼叫方式应该是直通的，中间不应有交换或转接程序。

(7) 电动防火卷帘门。

① 一般电动防火卷帘门两侧设专用的烟、温探测器组，联动控制卷帘门两步落底。第一步由感烟探测器报警，联动控制卷帘门降至距地1.8m，待感温探测器报警，联动控制卷帘门落底。

② 当防火卷帘门仅用于分隔防火分区，不用于疏散时，探测器动作后应直落到底。

③ 防火卷帘门应具有在无电源情况下，由感温元件控制卷帘门自重落底的功能。

④ 防火卷帘门由消防控制室集中管理，一般由探测器联动控制(也可根据实际情况，通过控制模块实现消防控制室手动控制)，一步或二步动作信号均返回消防控制室。

⑤ 防火卷帘门两侧应设有声光报警装置，当卷帘门动作时，声光报警器报警，且在门两边设手动控制按钮，应有防误操作措施。

(8) 闭路电视监控。

建筑物内设有闭路监视系统的，当发生火灾时，由监控中心联动闭路监视系统的摄像机，并通过录像系统进行实时录像，可对火灾报警点进行图像复核。

(9) 电梯监视控制系统。

① 全部电梯监视控制盘等均设置在消防控制室，并且安装在控制台上。

② 一层消防梯门边设有打碎玻璃按钮和钥匙开关，供消防人员紧急救火时使用，钥匙开关具有优先控制权。

③ 根据火灾情况及场所，由消防控制室电梯监控盘发出指令，指挥电梯按消防程序运行。

④ 对所有电梯进行对讲，说明改变运行程序的原因。除消防电梯保持运行外，其余电梯均强制返回一层。

⑤ 电梯监控盘显示各电梯的运行状态，除层数显示外，还应设置正常、故障、开门、关门等状态显示。火灾指令开关采用钥匙型开关，由消防控制室负责火灾时的电梯控制。

⑥ 上述各功能均由电梯厂商负责实现，本设计仅负责预留线槽，作为控制电缆通道。

5) 主要设备、元件及其技术要求

(1) 火灾自动报警及消防联动控制系统中所有产品应能适应其工作场所的环境条件(包括温度、电磁场、噪声等)。

(2) 火灾自动报警及消防联动控制系统的运作，应该是既能通过建筑物中智能系统的综合网络结构来实现与楼宇设备自控系统、公共音响广播管理系统及有线无线通信系统等在发生火灾时相应的联动功能，也可以在完全摆脱其他系统或网络的情况下独立工作。

① 探测器一般要求为二总线制连接，电子编码，功耗低，可靠性高，环境适应性强，结构合理，对火灾早期的阴燃和明火都有很好响应的自带CPU智能型探测器，能够独立自检测环境状态并与探测器内置的火灾特性曲线参数进行比较，准确地判断如下状态：火灾报警(非误报)、干扰(如污染)，探测器完好或断线、脱落(内置短路隔离器)，诊断方式中的趋势判定(火灾趋势、自身污染度和灰化程度)。

② 每个探测器底座应装有确认灯，当某个探测器报警时确认灯亮，以便到现场后能迅速确定报警位置，并且要有可供连接遥距指示灯的接口。

③ 每个底座上均装有供电电源极性反接时的保护电路和防止电压脉冲干扰的保护电路，例如，在平时因系统中电池充电器充电及放电引起的工作电压波动的情况下，探测器也应能满意地工作。

④ 所有感温和感烟探测器应置于同一底座上，当需要更换探头类型时，底座不受影响，也不需另接电线。

⑤ 火灾探测器的类型及灵敏度应根据保护对象的固有特性(火灾初期燃烧特性及环境特性等因素)确定。

⑥ 在危险仓库或易燃物品储存库(如油箱间)应安装防爆型探测器，并应符合国家检测中心的标准。

⑦ 附机械锁定装置，防止非专业人员拆卸。

⑧ 若在底座上出现拆离探测器或未能适当地安装牢固及接上其他类型的探测器时，则应能发出故障火警信号。探测器工作电压：DC 16～DC 24；DC 15～30。

⑨ 感烟探测器允许使用的环境。相对湿度：0～95%，无结露，抗高风速能力不小于12m/s，在上述条件下，探测器能正常工作，不影响其准确度。

a. 燃烧电离探测器。空气速度：1～30m/s；温度范围：－10～50℃；报警遮暗：0.5%～1.7%；保护类型：IP43。

b. 光电烟雾探测器。温度范围：0～50℃；报警遮暗：0.2%～3.7%；保护类型：IP43。

⑩ 感温探测器：感温探测器是固定温度和温度上升速率的组合，由CPU维持一个正常条件的移动平均数，在温度和温度变化速率分别达到57℃和8℃/min时，开始报警。保护类型：IP53。

⑪ 线性光束探测器。线性光束探测器应包括一个光发射器(它发射一束调制的红外光束)和一个红外光接收器(它应对环境温度变化进行自补偿)。如果光束被遮暗的时间超过20s，或是设备的外壳被取下，则该设备应提供一个故障信号。光束工作距离：200m；光束工作宽度：10～15m；报警遮暗：20%～60%；工作温度：－10～60℃；保护类型：IP56。

⑫ 手动报警器。总线侧连接至独立地址(或普通双线连接至独立地址模块)；压下玻璃不破碎按钮，可复位；附电话插孔(或另设一旁)；玻璃面板应有明显字标标示；报警器一般为嵌入式，接线应符合一般通用标准，并与系统直接接线，无须附加接头或连接器等。当安装接线系统有要求，必须另加特殊的盒子时，应由本承包商一同提供。保护类型：IP54。提供的后备玻璃应为总数量的10%。

⑬ 声光警报器。报警灯应是电子式高亮度闪光灯，一般用硅酮密封，用聚碳酸酯透镜保护。上面应有字标“火警”、“FIRE”。灯光频闪频率一般最大为1～3次/s，灯的最小输出亮度不小于75烛光。灯电源为直流24V，且能由主控设备监控，电源消耗约30mA。蜂鸣器与灯组装在一起，安装在一个接线盒内，该接线盒由承包商提供。

⑭ 控制与信号模块。内置CPU，独立运行模式，总线制连接，电子编码，内置短路隔离器；触点容量为DC 24V，2A；模块应易于拆卸、便于维护，所需电源由系统统一提供。模块受主控机监视，电路中的开路、短路和接地故障均能被监视。

⑮ 消防控制室设备。

a. 微型计算机(符合工控机标准)及其他：主频200～300MHz；内存16～32MB；硬盘2～4GB；3.5英寸(1.44MB)软盘驱动器；磁盘机为CDROM驱动器；至少配置两个RS 232通信接口，两个RS－485通信接口，20英寸SVGA彩色显示器，1101标准键盘及鼠标器，一个打印机接口，一个以太网络卡，一台彩色喷墨打印机。

b. 控制主机：16位以上，双CPU，模块化结构；至少配置1MB RAM、51KB EFROM和256KB EPROM；存储整个系统的数据(储存最少125个发生事故记录)；可扩展的I/O模块卡，单机最大编址容量不小于1000点；带有报警、时间和事件驱动的继电器控制，联动能力不小于50点；至少配置两个RS－232通信接口，两个RS－485通信接口或XXX现场总线通信接口；应具备至少4h的后备电源，RAM后备电池支持时间不应小于15h，实际时钟后备电池支持时间应不小于6个月。主控机应配置四线回路控制，每个回路控制器接往各个带地址编码的控制器及控制、监视、隔音模块，所带电源均由此回路控制器提供，且当控制器有任何故障时，应发出故障信号。

c. 不间断电源(UPS)装置：不间断电源供电时间应不小于1h；组件电源AC 220V－10%，50～60Hz供电，可自动使220V电池组保持近似充足电的状态，同时能持续载荷进行补偿；选用的电池应在其整个正常寿命中免维修；电池的容量由承包商根据系统设计要求及设备配置作精确计算，并将结果提交审批；任何一个电池充电器发生故障时，应发出指示信号；系统中无源节点容量不小于5A；电池安装于机柜内，应有良好的通风散热措施(视工程情况，一般与主控屏分开)。

d. 主控屏包括但不限于下列部件：不小于100个字符显示(LCD或LED)；可显示整个系统的资料、报警区域。发光指示器显示：主电源开启、系统开启、电池故障、系统故障、报警信号。故障指示器应在故障排除，按下“恢复”键之后才熄灭。手触式按钮：报警确认、蜂鸣器消声、警报消声。当任何报警器被启动，相应的灯号即亮起，控制单元内的继电器启动电铃。按下报警消声开关，电铃停止工作，同时起动监督蜂鸣器。此后若输入第二次警报，电铃应再次响起。报警及故障蜂鸣器：主控屏上的故障蜂鸣器应能因任一故障区的动作而启动，按下“消声”开关时，即消声。

e. 联功控制柜。设备控制按钮及状态信号显示：开关按钮带标签指示、指示灯(双灯)。消防广播：传声器、备用扩音机、手动分区选择按键。对讲电话总机：自动、手动选择按键、专用119电话。柜体一般要求如下。

● 所有设备和元件需牢固安装，内部电线的连接和排列应便于以后的维修和更换部件等工作。

● 所有接线柱应有护罩，其中带电的接线柱连同其分开的控制板上应设有适当的警告牌。所有电路应装上可拆装的熔断器，以便分隔、检测和维修。

● 所有主控屏和联动柜内部用金属板隔开，以便将系统中不同电压等级(220/24V)的元件隔离开，并且防止温敏元件受热过高。

● 屏(柜)体选用1.5mm厚钢板制成，钢板表面进行喷塑处理，并须达到IP44防水、防尘的保护要求。

● 所需的通气百叶宜设在屏(柜)的侧面和后面，所有通气百叶应设有网罩。

● 各屏(柜)均需设接地螺栓，以便系统接地。

f. 系统软件配置的基本要求。

● 消防控制室操作系统平台为中文Windows NT，作为火灾报警监控的CRT图形显示中心，应具有强大的图形处理功能。并提供非常好的人机对话界面，可以使操作人员直观了解事故发生地点和发展趋势，迅速提出处理事故的对策。

● 控制主机专用软件应可实现功能、数据自由编程，在现场直接通过操作及信息单元进行编程，软件具有查询和自诊断等功能。

● 软件开发应以高级语言为主，按“危险分散”原则，采用模块化结构，引入模糊逻辑人工神经网络处理系统，提高处理火灾参数的做法。

● 采用分布式智能系统来处理算法软件，将信号处理软件分布在探测器和控制器内，使其系统具有下列优点：信号处理方式灵活，火灾判断可靠性高；系统通用性、兼容性好，易于现有系统的改造或升级，系统抗干扰能力强；系统的响应速度较快；微机处理器的应用更加有层次；系统的数据存储器容量加大；可以较方便地进行软件的升级和更新。

6）其他

（1）消防设备与其他设备供货界限及接口原则：因消防联动系统在发生火灾时需根据程序输出信号驱动各种灭火、放排烟、疏散、运输等设备动作，因此对与其相交接部位的设备、元件有哪些具体要求，需哪一方供货更有利于系统的形成，必须明确，以免出现遗漏或无人管的“死区”。特别强调有以下几点。

① 所有阀门、自动门等设备的执行器所需电源，是由消防系统配套提供还是另设。

② 所有排烟风机、水泵等联动设备的控制继电器或隔离继电器，是由消防系统配套提供还是另设。

③ 火灾发生时，控制电梯迫降首层的控制及返回信号要求，应指示业主在电梯订货时提出。

④ 火灾报警后，应有信号报至保安、闭路电视监控系统，以便采取相应的监控措施，系统需满足通信协议接口问题。

（2）由于火灾自动报警设备未定，故在探测器之间均预留 RC20 镀锌钢管，暗敷在楼板内。但整个系统的消防设备线路敷设应符合国家现行规范中的有关规定。

（3）消防报警控制设备的功能及造型等，均符合中国的现行规范，所有火灾报警设备、探测器等均应具有国家消防检测中心的测试合格证书。

（4）所有连接消防系统的设备的信号线及特殊控制电缆、电线等的选型必须满足北京消防局的要求；并且均采用阻燃或防火型控制电缆、电线，要求质量可靠。

（5）本工程主楼采用两路独立 10kV 电源供电。消防设备均采用双电源末端互投供电，以确保消防用电设备的电源。

（6）变电所内的高压断路器采用真中断路器。变压器采用干式变压器。所有连接消防系统设备的电缆、电线均选防火型电缆、电线。其他电缆、电线均选阻燃型电缆、电线。

（7）电气消防系统所用各种器件均由承包厂商成套供货，并负责安装、调试。

15. 集成管理

（1）集成管理的重点是突出在中央管理系统的管理，控制仍由下面各子系统进行。集成管理能为本工程各个管理部门提供高效、科学和方便的管理手段。将建筑中日常运作的各种信息，如楼宇自控、安防、火灾自动报警、公共广播、通信系统及展览管理信息、各种日常办公管理信息、物业管理信息等构成相互之间有关联的一个整体，从而有效地提升建筑整体的运作水平和效率。

（2）集成管理，首先要求进行集成的系统应该是一个开放性的系统，在集成过程中，首先要解决好各个系统间通信协议的标准化问题，使整个系统达到信息识别的惟一性，只有这样，才能真正达到各子系统之间的联动，也才能做到无论集成先后，均能平滑连接。

（3）系统集成的规模，首先是以楼宇设备管理系统为模式，即 BMS 模式，先将在建筑中有相互联动关系的各楼宇设备子系统进行相对集成，达到相互之间在处理和解决建筑中出现的问题时，能协同动作，提高效率，便于管理。在 BMS 中，以楼宇自控系统(BAS)为基础平台，进行相关的联动设计。

（4）中央集成系统应采用二次集成。第一次为 BMS 集成，即对大厦内各项分散的楼宇设备进行综合集成管理；第二次为 IBMS 系统集成，为大厦提供一个中央集成管理系统。对 BMS 系统的集成应包括 BAS 楼宇自动化系统、消防自动报警系统、保安门禁及报警防盗系统、闭路电视监控系统、停车场管理系统及公共广播系统等。对整个大厦的IBMS系统集成，应包括上述的BMS系统、CAS通信自动化系统及OAS办公自动化系统。通过IBMS平台，可对整个大厦的所有弱电系统进行综合并统一的监控及管理。

(5) 对于消防自动报警系统的集成只做二次监察，并不进行控制，但须接收消防系统信息，进行楼宇自动化及闭路电视监控系统等联动的实施。

(6) 系统集成的要求如下。

① 大厦弱电系统的集成设计，应充分体现本工程作为智能化大厦的特点。

② 系统集成方案应采用国际上最先进的系统集成技术，将大厦内所有的自动化设备，保安、消防设备的运行信息，汇集到中央系统集成平台上，通过对信息的收集、分析作出决策，对整个系统的弱电系统进行最优化控制，达到高效、经济、节能、协调的运行状态，并最终与建筑艺术相结合，创造一个舒适、温馨、安全的工作环境。

③ 鉴于消防报警系统为单独系统，为实现对消防系统的集成(不包括控制)，应具备与消防报警系统的联网及数据接口能力。

④ 系统集成应在尽可能降低造价的同时，最大限度地发挥各个系统的功能。

⑤ 系统集成应建立于符合国际标准的千兆比特局域网上，信息的共享应采用国际通用的标准网络传输协议TCP/IP，从而使各种不同的系统均可实现集成。

⑥ 系统集成实现后，应能通过远程网WAN将集成的信息传送到其他地方，如远程工作站，在远程工作站上通过授权应能管理、监督和维护整个系统的运行状况。

16. 其他

(1) 凡与施工有关而又未说明之处，均参见国家相关施工及验收规范执行或按《建筑电气通用图集》(92DQ)施工。

(2) 本设计除注明外，各尺寸均以mm计算。

(3) 本工程火灾报警系统、楼宇自控系统、保安监控系统、计算机网络系统等弱电系统均根据各系统的需要，由厂商配备必要的UPS电源。

(4) 电气施工中，应及时与土建配合预埋电气管线及各种设备的固定构件等。在地下层电缆线槽安装时，应与其他工种密切配合，当与其他工种相撞时，应及时现场调整，避免造成经济损失。不同性质导线共槽时，应进行金属分隔。

(5) 当管线长度超过30m时，中间应做接线盒。接线盒规格由施工单位现场确定。

(6) 对于电竖井内供电缆贯穿的预留洞，在设备安装完毕后，须用阻燃防火材料将洞口做密封处理，在电线桥架穿过防火分区处，应采用防火材料做封堵处理，以满足防火的要求。

(7) 冷水机组采用软起动方式起动，其配电柜、控制柜(上进上出)由厂商配套供应。

(8) 本工程所选设备、材料，必须具有国家级检测中心的测试合格证书。

(9) 所有设备确定厂家后均需建设、施工、设计、监理四方进行技术交底。

(10) 根据国务院签发的《建设工程质量管理条例》。

① 本设计文件需报建设行政主管部门或其他有关部门审批批准后，方可使用。

② 建设方必须提供电源等市政原始资料，原始资料必须真实、准确、齐全。

③ 由建设单位采购建筑材料、建筑构件和设备的，建设单位应当保证建筑材料、建筑构件和设备符合设计文件和合同的要求。

④ 施工单位必须按照工程设计图样和施工技术标准施工，不得擅自修改工程设计，不得偷工减料。施工单位在施工过程中发现设计文件和图样有差错的，应当及时提出意见和建议。

⑤ 对于隐蔽工程，施工完毕后，施工单位应和有关部门共同检查验收，并做好隐蔽工程记录。

⑥ 建设工程竣工验收时，必须具备设计单位签署的质量合格文件。

12.5.2 某写字楼建筑电气施工图样

某写字楼建筑电气施工图样汇总见表 12－8，部分施工图样附于表后。

表 12－8 某写字楼建筑电气施工图样汇总

序号	图号	图纸名称	图样规格	备注
1	电施－1	电气图例	A4	
2	电施－2	电讯图例	A4	
3	电施－3	电气主要设备材料表及灯具表	A4	
4	电施－4	电讯主要设备材料表	A4	
5	电施－5	电气主要技术参数表(一)	A4	
6	电施－6	电气主要技术参数表(二)	A4	
7	电施－7	电讯常用线缆管径表	A4	
8	电施－8	高压供电系统图	A4	
9	电施－9	进线 PT 柜辅助电源小母线回路二次原理图	A4	
10	电施－10	进线 PT 柜电压回路二次原理图	A4	
11	电施－11	进线 PT 柜联锁，就地与远方备用信号二次原理图	A4	
12	电施－12	进线 PT 柜单线图端子排图二次原理图	A4	
13	电施－13	进线 PT 柜单线图设备表	A4	
14	电施－14	主进线柜辅助电源小母线回路二次原理图	A4	
15	电施－15	主进线柜电流回路二次原理图	A4	
16	电施－16	主进线柜控制与保护回路二次原理图	A4	
17	电施－17	主进线柜就地信号，联锁二次原理图	A4	
18	电施－18	主进线柜远方备用信号二次原理图	A4	
19	电施－19	主进线柜端子排图(一)	A4	
20	电施－20	主进线柜端子排图(二)	A4	
21	电施－21	主进线柜设备表	A4	
22	电施－22	计量柜电压与电流回路二次原理图	A4	
23	电施－23	计量柜辅助电源小母线回路二次原理图	A4	
24	电施－24	计量柜联锁，就地与远方备用信号二次原理图	A4	
25	电施－25	计量柜端子排图	A4	

（续）

序号	图号	图纸名称	图样规格	备注
26	电施-26	计量柜设备表	A4	
27	电施-27	馈线柜电流回路二次原理图	A4	
28	电施-28	馈线柜辅助电源小母线回路二次原理图	A4	
29	电施-29	馈线柜控制与保护回路二次原理图	A4	
30	电施-30	馈线柜就地信号，预报警信号二次原理图	A4	
31	电施-31	馈线柜远方备用信号二次原理图	A4	
32	电施-32	馈线柜端子排图(一)	A4	
33	电施-33	馈线柜端子排图(二)	A4	
34	电施-34	馈线柜设备表	A4	
35	电施-35	联络柜辅助电源小母线回路二次原理图	A4	
36	电施-36	联络柜电流回路二次原理图	A4	
37	电施-37	联络柜控制与保护回路二次原理图	A4	
38	电施-38	联络柜就地信号与联锁二次原理图	A4	
39	电施-39	联络柜远方备用信号二次原理图	A4	
40	电施-40	联络柜端子排图(一)	A4	
41	电施-41	联络柜端子排图(二)	A4	
42	电施-42	联络柜设备表	A4	
43	电施-43	母线隔离柜辅助电源小母线回路二次原理图	A4	
44	电施-44	母线隔离柜就地信号，联锁与备用信号二次原理图	A4	
45	电施-45	母线提升柜远方备用信号二次原理图	A4	
46	电施-46	母线隔离柜端子排图	A4	
47	电施-47	母线隔离柜设备表	A4	
48	电施-48	低压配电系统图(一)	A4	
49	电施-49	低压配电系统图(二)	A4	
50	电施-50	低压配电系统图(三)	A4	
51	电施-51	低压配电系统图(四)	A4	
52	电施-52	低压配电系统图(五)	A4	
53	电施-53	低压配电系统图(六)	A4	
54	电施-54	变配电所设备布置平面图	A4	
55	电施-55	变配电所剖面图	A4	
56	电施-56	变配电所接地平面图	A4	
57	电施-57	变配电所楼板留洞平面图	A4	
58	电施-58	变配电所设备预埋件平面图	A4	
59	电施-59	变配电所设备夹层线槽布置图	A4	
60	电施-60	变配电所夹层照明平面图	A4	

（续）

序号	图号	图纸名称	图样规格	备注
61	电施-61	水泵房配电系统图	A4	
62	电施-62	冷冻机房水泵配电系统图	A4	
63	电施-63	照明配电干线系统图	A4	
64	电施-64	应急照明配电干线系统图	A4	
65	电施-65	电力配电干线系统图(一)	A4	
66	电施-66	电力配电干线系统图(二)	A4	
67	电施-67	电力控制箱系统图(一)	A4	
68	电施-68	电力控制箱系统图(二)	A4	
69	电施-69	电力控制箱系统图(三)	A4	
70	电施-70	电力控制箱系统图(四)	A4	
71	电施-71	电力控制箱系统图(五)	A4	
72	电施-72	电力控制箱系统图(六)	A4	
73	电施-73	电力控制箱系统图(七)	A4	
74	电施-74	电力控制箱系统图(八)	A4	
75	电施-75	电力控制箱系统图(九)	A4	
76	电施-76	电力控制箱系统图(十)	A4	
77	电施-77	电力控制箱系统图(十一)	A4	
78	电施-78	电力控制箱系统图(十二)	A4	
79	电施-79	电力控制箱系统图(十三)	A4	
80	电施-80	电力控制箱系统图(十四)	A4	
81	电施-81	照明配电箱系统图(一)	A4	
82	电施-82	照明配电箱系统图(二)	A4	
83	电施-83	照明配电箱系统图(三)	A4	
84	电施-84	照明配电箱系统图(四)	A4	
85	电施-85	照明配电箱系统图(五)	A4	
86	电施-86	照明配电箱系统图(六)	A4	
87	电施-87	照明配电箱系统图(七)	A4	
88	电施-88	照明配电箱系统图(八)	A4	
89	电施-89	照明配电箱系统图(九)	A4	
90	电施-90	照明配电箱系统图(十)	A4	
91	电施-91	照明配电箱系统图(十一)	A4	
92	电施-92	综合布线系统图	A4	
93	电施-93	保安闭路监视系统图	A4	
94	电施-94	有线电视及卫星电视系统图	A4	

（续）

序号	图号	图纸名称	图样规格	备注
95	电施-95	楼宇自控系统图	A4	
96	电施-96	楼宇自控控制点统计表	A4	
97	电施-97	高压配电系统 BAS 监视控制示意图	A4	
98	电施-98	低压配电系统 BAS 监视控制示意图	A4	
99	电施-99	节日照明、室外照明及排水泵 BAS 监视控制示意图	A4	
100	电施-100	单风机空调机组 BAS 监视控制示意图	A4	
101	电施-101	制冷机组 BAS 监视控制示意图	A4	
102	电施-102	新风机组、风机 BAS 监视控制示意图	A4	
103	电施-103	双风机空调机组 BAS 监视控制示意图	A4	
104	电施-104	热交换 BAS 监视控制示意图	A4	
105	电施-105	火灾自动报警及消防联动系统图(一)	A4	
106	电施-106	火灾自动报警及消防联动系统图(二)	A4	
107	电施-107	控制电缆表	A4	
108	电施-108	火灾探测器与消防设备联动表	A4	
109	电施-109	火灾探测器与消防设备联动表(续一)	A4	
110	电施-110	火灾探测器与消防设备联动表(续二)	A4	
111	电施-111	火灾探测器与消防设备联动表(续三)	A4	
112	电施-112	火灾探测器与消防设备联动表(续四)	A4	
113	电施-113	火灾探测器与消防设备联动表(续五)	A4	
114	电施-114	火灾探测器与消防设备联动表(续六)	A4	
115	电施-115	火灾探测器与消防设备联动表(续七)	A4	
116	电施-116	火灾探测器与消防设备联动表(续八)	A4	
117	电施-117	火灾探测器与消防设备联动表(续九)	A4	
118	电施-118	地下三层电力平面图(一)	A4	
119	电施-119	地下三层电力平面图(二)	A4	
120	电施-120	地下三层电力平面图(三)	A4	
121	电施-121	地下三层电力平面图(四)	A4	
122	电施-122	地下二层电力平面图(一)	A4	
123	电施-123	地下二层电力平面图(二)	A4	
124	电施-124	地下二层电力平面图(三)	A4	
125	电施-125	地下二层电力平面图(四)	A4	
126	电施-126	地下一层电力平面图(一)	A4	

（续）

序号	图号	图纸名称	图样规格	备注
127	电施-127	地下一层电力平面图(二)	A4	
128	电施-128	地下一层电力平面图(三)	A4	
129	电施-129	地下一层电力平面图(四)	A4	
130	电施-130	一层电力平面图(一)	A4	
131	电施-131	一层电力平面图(二)	A4	
132	电施-132	一层电力平面图(三)	A4	
133	电施-133	一层电力平面图(四)	A4	
134	电施-134	二层电力平面图(一)	A4	
135	电施-135	二层电力平面图(二)	A4	
136	电施-136	标准层电力平面图(一)	A4	
137	电施-137	标准层电力平面图(二)	A4	
138	电施-138	地下三层照明平面图(一)	A4	
139	电施-139	地下三层照明平面图(二)	A4	
140	电施-140	地下三层照明平面图(三)	A4	
141	电施-141	地下三层照明平面图(四)	A4	
142	电施-142	地下二层照明平面图(一)	A4	
143	电施-143	地下二层照明平面图(二)	A4	
144	电施-144	地下二层照明平面图(三)	A4	
145	电施-145	地下二层照明平面图(四)	A4	
146	电施-146	地下一层照明平面图(一)	A4	
147	电施-147	地下一层照明平面图(二)	A4	
148	电施-148	地下一层照明平面图(三)	A4	
149	电施-149	地下一层照明平面图(四)	A4	
150	电施-150	一层照明平面图(一)	A4	
151	电施-151	一层照明平面图(二)	A4	
152	电施-152	一层照明平面图(三)	A4	
153	电施-153	一层照明平面图(四)	A4	
154	电施-154	二层照明平面图(一)	A4	
155	电施-155	二层照明平面图(二)	A4	
156	电施-156	标准层照明平面图(一)	A4	
157	电施-157	标准层照明平面图(二)	A4	

（续）

序号	图号	图纸名称	图样规格	备注
158	电施-158	地下三层电气消防平面图(一)	A4	
159	电施-159	地下三层电气消防平面图(二)	A4	
160	电施-160	地下三层电气消防平面图(三)	A4	
161	电施-161	地下三层电气消防平面图(四)	A4	
162	电施-162	地下二层电气消防平面图(一)	A4	
163	电施-163	地下二层电气消防平面图(二)	A4	
164	电施-164	地下二层电气消防平面图(三)	A4	
165	电施-165	地下二层电气消防平面图(四)	A4	
166	电施-166	地下一层电气消防平面图(一)	A4	
167	电施-167	地下一层电气消防平面图(二)	A4	
168	电施-168	地下一层电气消防平面图(三)	A4	
169	电施-169	地下一层电气消防平面图(四)	A4	
170	电施-170	一层电气消防平面图(一)	A4	
171	电施-171	一层电气消防平面图(二)	A4	
172	电施-172	一层电气消防平面图(三)	A4	
173	电施-173	一层电气消防平面图(四)	A4	
174	电施-174	二层电气消防平面图(一)	A4	
175	电施-175	二层电气消防平面图(二)	A4	
176	电施-176	标准层电气消防平面图(一)	A4	
177	电施-177	标准层电气消防平面图(二)	A4	
178	电施-178	地下三层弱电平面图(一)	A4	
179	电施-179	地下三层弱电平面图(二)	A4	
180	电施-180	地下三层弱电平面图(三)	A4	
181	电施-181	地下三层弱电平面图(四)	A4	
182	电施-182	地下二层弱电平面图(一)	A4	
183	电施-183	地下二层弱电平面图(二)	A4	
184	电施-184	地下二层弱电平面图(三)	A4	
185	电施-185	地下二层弱电平面图(四)	A4	
186	电施-186	地下一层弱电平面图(一)	A4	
187	电施-187	地下一层弱电平面图(二)	A4	
188	电施-188	地下一层弱电平面图(三)	A4	

（续）

序号	图号	图纸名称	图样规格	备注
189	电施-189	地下一层弱电平面图(四)	A4	
190	电施-190	一层弱电平面图(一)	A4	
191	电施-191	一层弱电平面图(二)	A4	
192	电施-192	一层弱电平面图(三)	A4	
193	电施-193	一层弱电平面图(四)	A4	
194	电施-194	二层弱电平面图(一)	A4	
195	电施-195	二层弱电平面图(二)	A4	
196	电施-196	标准层弱电平面图(一)	A4	
197	电施-197	标准层弱电平面图(二)	A4	
198	电施-198	消火栓消防泵控制原理图(一)	A4	
199	电施-199	消火栓消防泵控制原理图(二)	A4	
200	电施-200	消火栓消防泵控制原理图(三)	A4	
201	电施-201	稳压泵控制原理图(一)	A4	
202	电施-202	稳压泵控制原理图(二)	A4	
203	电施-203	稳压泵控制原理图(三)	A4	
204	电施-204	空压机控制原理图(一)	A4	
205	电施-205	空压机控制原理图(二)	A4	
206	电施-206	自动喷洒泵控制原理图(一)	A4	
207	电施-207	自动喷洒泵控制原理图(二)	A4	
208	电施-208	自动喷洒泵控制原理图(三)	A4	
209	电施-209	正压风机控制原理图	A4	
210	电施-210	排烟风机控制原理图	A4	
211	电施-211	排烟(兼排气)风机控制原理图	A4	
212	电施-212	排烟(兼排气)风机箱主要设备材料表	A4	
213	电施-213	新风机组控制原理图	A4	
214	电施-214	普通电动机控制原理图	A4	
215	电施-215	普通电机(带遥控)控制原理图	A4	
216	电施-216	排水泵控制原理图(一)	A4	
217	电施-217	排水泵控制原理图(二)	A4	
218	电施-218	排水泵控制原理图(三)	A4	
219	电施-219	竖井设备布置图	A4	

电气图图图图例

序号	符号	说明	备注	序号	符号	说明	备注	序号	符号	说明	备注
		变压器				电度表				三相四孔插座	
		电压互感器				无功电度表					
		电流互感器				带最大需量指示器的电度表				双极开关	
		避雷器				带最大需量记录器的电度表				三极开关	
		断路器				照明配电箱				调光器	
		隔离开关				应急照明配电箱				风扇电阻开关	
		负荷开关				动力配电箱				风机盘管控制开关	
		熔断器式刀开关				电源自动切换箱				白炽灯	
		熔断器式负荷开关				控制箱				聚光灯	
		带漏电保护器的低压断路器				断路器箱				泛光灯	
		漏电保护器				电表箱				航空障碍灯	
		接触器				按钮(箱)				筒灯	
		热继电器				电磁阀				花灯	
		继电器								壁灯	
		过电流继电器				热水器				单管日光灯	
		定时限过电流继电器				风机盘管				双管日光灯	
		反时限过电流继电器				轴流风机(扇)				三管日光灯	
		电流表				风扇				诱导灯	
		电压表				自耦变压器启动装置				层号灯	
		电压表转换开关				变频调速装置				安全出口灯	
		功率表				单相五孔插座(三孔、两孔各一)				双管日光灯	
		无功功率表				剃须插座				航空障碍灯	
		功率因数表				带单极开关的单相双孔插座				导线引向	
		最大需量指示器				双极双控开关					

电气图例 | 图号 | 电施-1

文字符号

符号	说明	符号	说明
导线敷设方式的标注			
SC	穿焊接钢管敷设	CT	用电缆桥架敷设
TC	穿电线管敷设	SR	用线槽敷设
RC	穿水煤气管敷设		
导线敷设部位的标注			
BC	暗敷设在梁内	FC	暗敷设在地面或地板内
CLC	暗敷设在柱内	CC	暗敷设在屋面或顶板内
WC	暗敷设在墙内	ACC	暗敷设在不能进入的吊顶内
灯具安装方式的标注			
Ch	链吊式	R	嵌入式
P	管吊式	CR	顶棚内安装
W	壁装式	T	台上安装
S	吸顶式	BR	墙壁内安装
HM	座装式		
导线的标注			
WP	电力干线	W	电力分支线
WL	常用照明干线	W	常用照明分支线
WEL	事故照明干线	WE	事故照明分支线

标注方式

序号	名称	符号	说明
1	用电设备	$\frac{A}{B}$	A-设备编号 B-额定功率(KW/KVA)
2	配电箱	(1) ABC (2) ABC/D	(1)平面图 (2)系统图 A-层号 B-设备代号 C-设备编号 D-功率(KW/KVA)
3	灯具	$A\text{-}B\frac{C \times D}{E}F$	A-灯数 B-灯具型号或编号 C-灯泡数 D-灯泡功率 E-安装高度(米) F-安装方式

电气主要技术参数表（一）	图号	电施-5

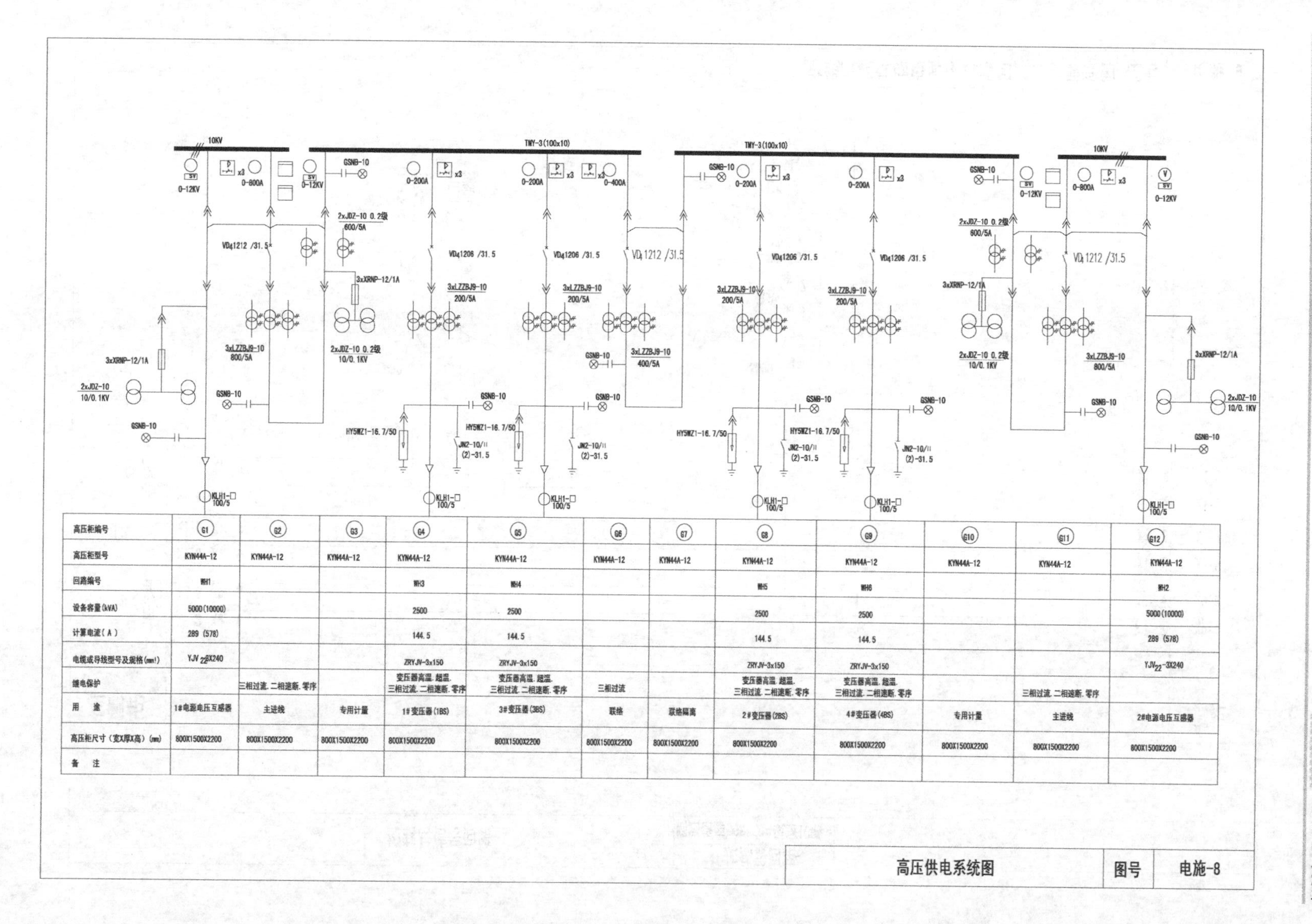

高压柜编号	G1	G2	G3	G4	G5	G6	G7	G8	G9	G10	G11	G12
高压柜型号	KYN44A-12	KYN44A-12	KYN44A-12	KYN44A-12	KYN44A-12	KYN44A-12	KYN44A-12	KYN44A-12	KYN44A-12	KYN44A-12	KYN44A-12	KYN44A-12
回路编号	WH1			WH3	WH4			WH5	WH6			WH2
设备容量(kVA)	5000(10000)			2500	2500			2500	2500			5000(10000)
计算电流（A）	289 (578)			144.5	144.5			144.5	144.5			289 (578)
电缆或导线型号及规格(mm²)	YJV_{22}-3X240			ZRYJV-3x150	ZRYJV-3x150			ZRYJV-3x150	ZRYJV-3x150			YJV_{22}-3X240
继电保护		三相过流、二相速断、零序		变压器高温、超温、三相过流、二相速断、零序	变压器高温、超温、三相过流、二相速断、零序	三相过流		变压器高温、超温、三相过流、二相速断、零序	变压器高温、超温、三相过流、二相速断、零序		三相过流、二相速断、零序	
用　途	1#电源电压互感器	主进线	专用计量	1#变压器(1BS)	3#变压器(3BS)	联络	联络隔离	2#变压器(2BS)	4#变压器(4BS)	专用计量	主进线	2#电源电压互感器
高压柜尺寸（宽X厚X高）(mm)	800X1500X2200	800X1500X2200	800X1500X2200	800X1500X2200	800X1500X2200	800X1500X2200	800X1500X2200	800X1500X2200	800X1500X2200	800X1500X2200	800X1500X2200	800X1500X2200
备　注												

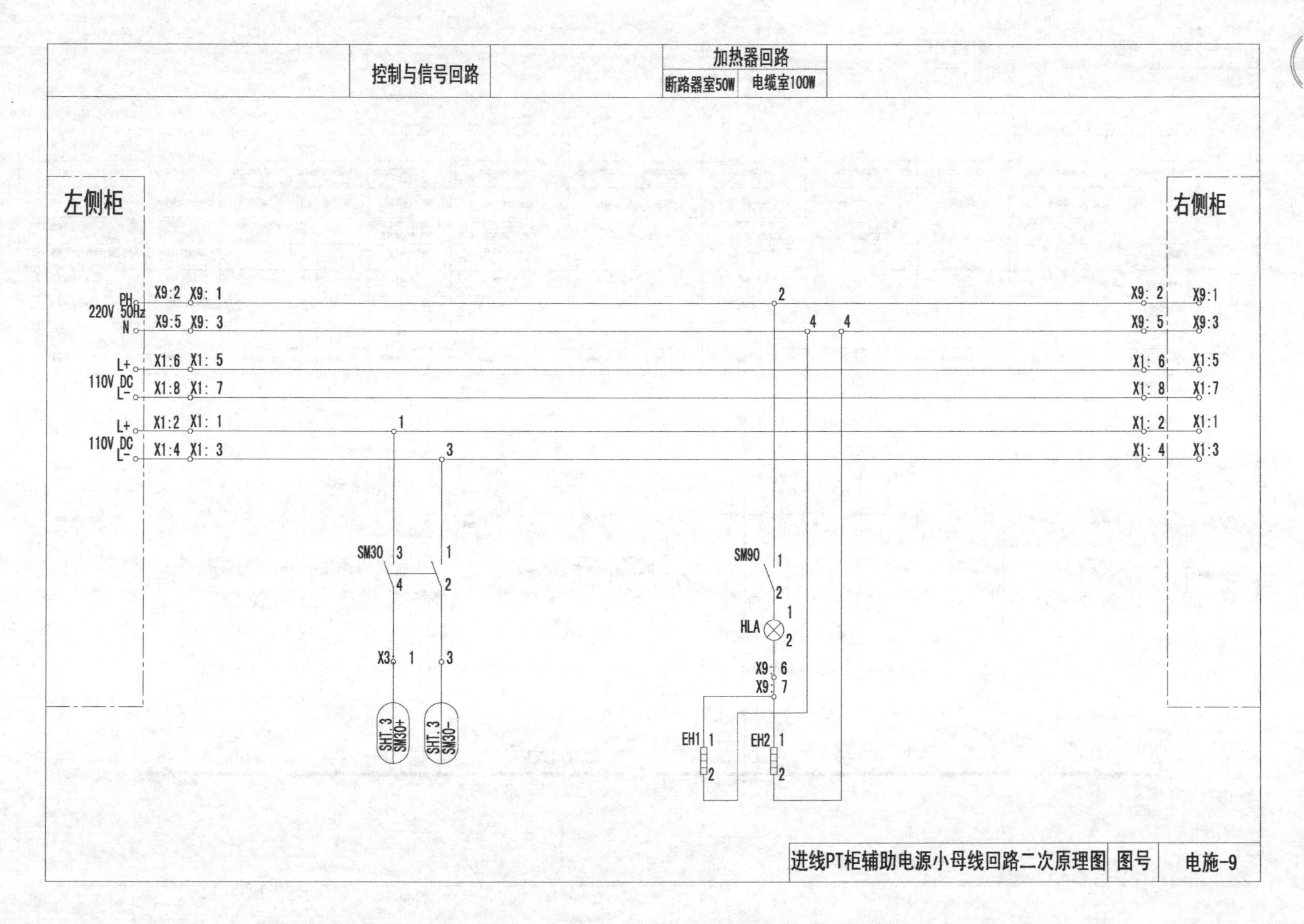
控制与信号回路
加热器回路
断路器室50W
电缆室100W
左侧柜
右侧柜
220V 50Hz
PH
N
110V DC
L+
L-
X9:2 X9: 1
X9:5 X9: 3
X1:6 X1: 5
X1:8 X1: 7
X1:2 X1: 1
X1:4 X1: 3
X9: 2 X9:1
X9: 5 X9:3
X1: 6 X1:5
X1: 8 X1:7
X1: 2 X1:1
X1: 4 X1:3
SM30
X3
SHT.3 SM30+
SHT.3 SM30-
SM90
HLA
X9: 6
X9: 7
EH1
EH2
进线PT柜辅助电源小母线回路二次原理图
图号
电施-9

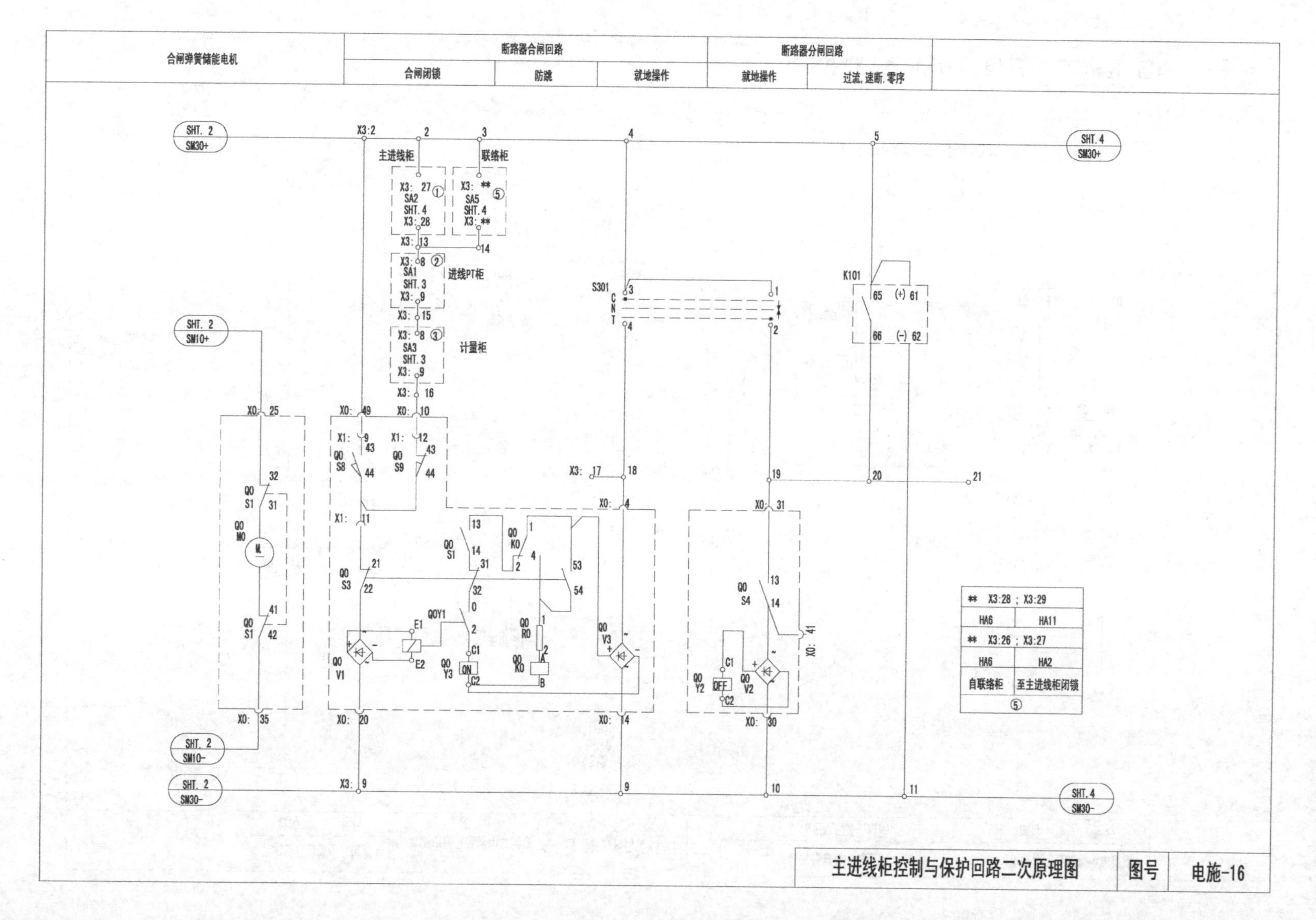
合闸弹簧储能电机
断路器合闸回路
合闸闭锁
防跳
就地操作
断路器分闸回路
就地操作
过流、速断、零序
主进线柜
联络柜
进线PT柜
计量柜
** X3:28 ; X3:29
HA6 HA11
** X3:26 ; X3:27
HA6 HA2
自联络柜 至主进线柜闭锁
⑤
主进线柜控制与保护回路二次原理图
图号
电施-16

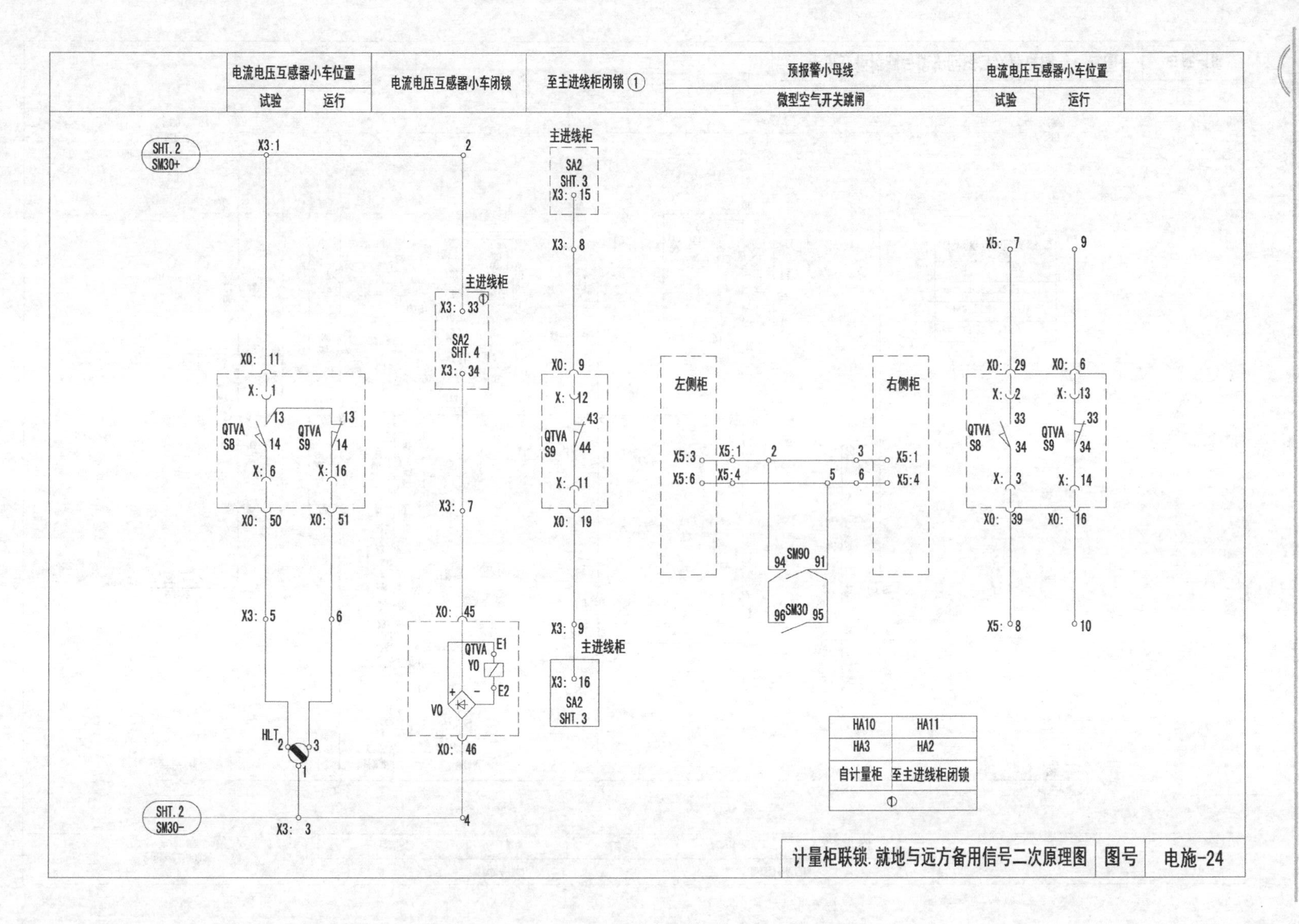

电流电压互感器小车位置
试验
运行
电流电压互感器小车闭锁
至主进线柜闭锁 ①
预报警小母线
微型空气开关跳闸
电流电压互感器小车位置
试验
运行
SHT.2
SM30+
SHT.2
SM30-
主进线柜
SA2
SHT.3
SHT.4
QTVA
S8
S9
YO
VO
E1
E2
HLT
左侧柜
右侧柜
SM90
SM30
HA10
HA11
HA3
HA2
自计量柜
至主进线柜闭锁
计量柜联锁.就地与远方备用信号二次原理图
图号
电施-24

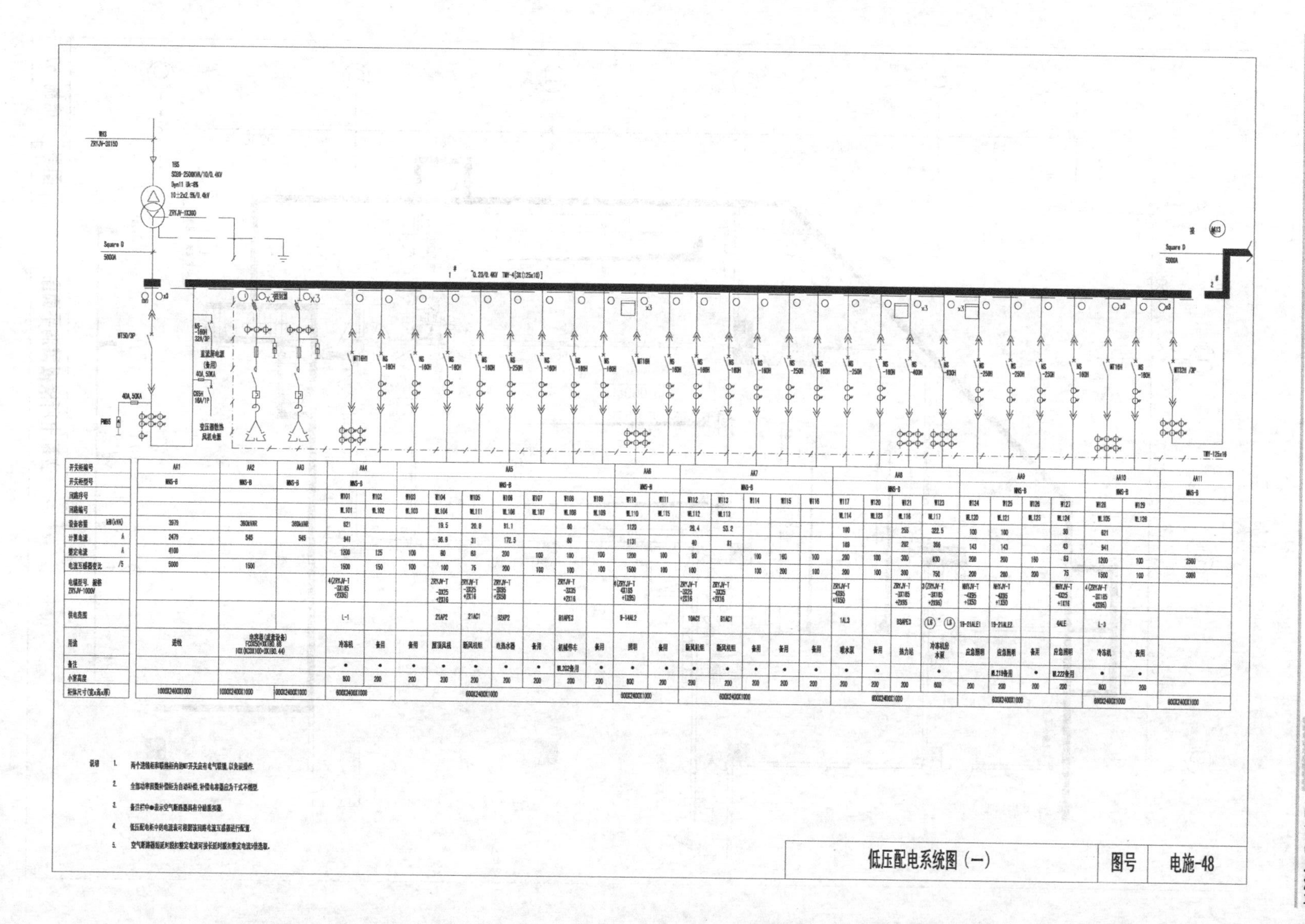

开关柜编号	AA1	AA2	AA3	AA4		AA5						
开关柜型号	MNS-B	MNS-B	MNS-B	MNS-B		MNS-B						
回路序号				W101	W102	W103	W104	W105	W106	W107	W108	W109
回路编号				WL101	WL102	WL103	WL104	WL111	WL106	WL107	WL108	WL109
设备容量 kW(kVA)	3979	360kVAR	360kVAR	621			19.5	20.8	91.1		60	
计算电流 A	2479	545	545	941			36.9	31	172.5		80	
整定电流 A	4100			1200	125	100	80	63	200	100	100	100
电流互感器变比 /5	5000	1500		1500	150	100	100	75	200	100	100	100
电缆型号、规格 ZRYJV-1000V				4(ZRYJV-T -3X185 +2X95)			ZRYJV-T -3X25 +2X16	ZRYJV-T -3X25 +2X16	ZRYJV-T -3X95 +2X50		ZRYJV-T -3X35 +2X16	
供电范围				L-1			21AP2	21AC1	B2AP2		B1APE3	
用途	进线	电容器(成套设备) FC0X50+XX1B0.88 10X(KC0X100+XX1B0.44)		冷冻机	备用	备用	屋顶风机	新风机组	电热水器	备用	机械停车	备用
备注				•	•	•	•	•	•	•	WL202备用	•
小室高度				800	200	200	200	200	200	200	200	200
柜体尺寸(宽x高x厚)	1000X2400X1000	1000X2400X1000	1000X2400X1000	600X2400X1000		600X2400X1000						

开关柜编号	AA6		AA7					AA8				AA9				AA10		AA11
开关柜型号	MNS-B		MNS-B					MNS-B				MNS-B				MNS-B		MNS-B
回路序号	W110	W111	W112	W113	W114	W115	W116	W117	W120	W121	W123	W124	W125	W126	W127	W128	W129	
回路编号	WL110	WL115	WL112	WL113				WL114	WL123	WL116	WL117	WL120	WL121	WL123	WL124	WL105	WL126	
设备容量 kW(kVA)	1120		28.4	53.2				100		255	322.5	100	100		30	621		
计算电流 A	1131		40	81				189		292	366	143	143		43	941		
整定电流 A	1200	100	80		100	160	100	200	100	300	630	200	200	160	63	1200	100	2500
电流互感器变比 /5	1500	100	100		100	200	100	200	100	300	750	200	200	200	75	1500	100	3000
电缆型号、规格 ZRYJV-1000V	4(ZRYJV-T 4X185 +1X95)		ZRYJV-T -3X25 +2X16	ZRYJV-T -3X35 +2X16				ZRYJV-T -4X95 +1X50		ZRYJV-T -3X185 +2X95	3(ZRYJV-T -3X185 +2X95)	NHYJV-T -4X95 +1X50	NHYJV-T -4X95 +1X50		NHYJV-T -4X25 +1X16	4(ZRYJV-T -3X185 +2X95)		
供电范围	8-14AL2		10AC1	B1AC1				1AL3		B3APE3	(L6)~(L8)	19-21ALE1	19-21ALE2		4ALE	L-3		
用途	照明	备用	新风机组	新风机组	备用	备用	备用	喷水泵	备用	热力站	冷冻机房水泵	应急照明	应急照明	备用	应急照明	冷冻机	备用	
备注	•	•	•	•	•	•	•	•	•		•		WL219备用	•	WL222备用	•	•	
小室高度	800	200	200	200	200	200	200	200	200	200	600	200	200	200	200	800	200	
柜体尺寸(宽x高x厚)	600X2400X1000		600X2400X1000					800X2400X1000				600X2400X1000				800X2400X1000		600X2400X1000

说明
1. 两个进线柜和联络柜内的MT开关应有电气联锁，以免误操作.
2. 全部功率因数补偿柜为自动补偿，补偿电容器应为干式不燃型.
3. 备注栏中●表示空气断路器具有分励脱扣器.
4. 低压配电柜中的电流表可根据该回路电流互感器进行配置.
5. 空气断路器短延时脱扣整定电流可按长延时脱扣整定电流5倍选取.

低压配电系统图（一） 图号 电施-48

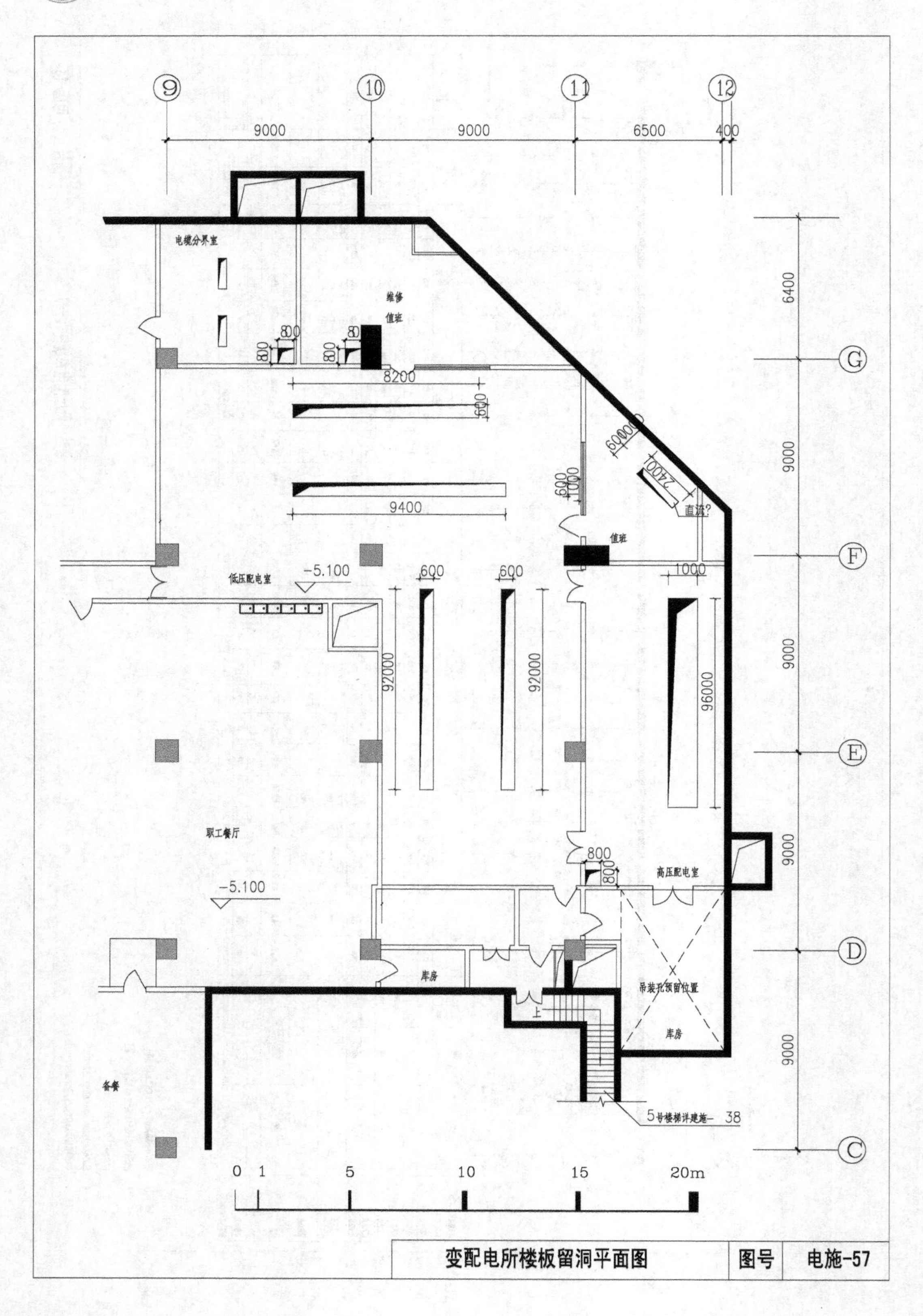

变配电所楼板留洞平面图	图号	电施-57

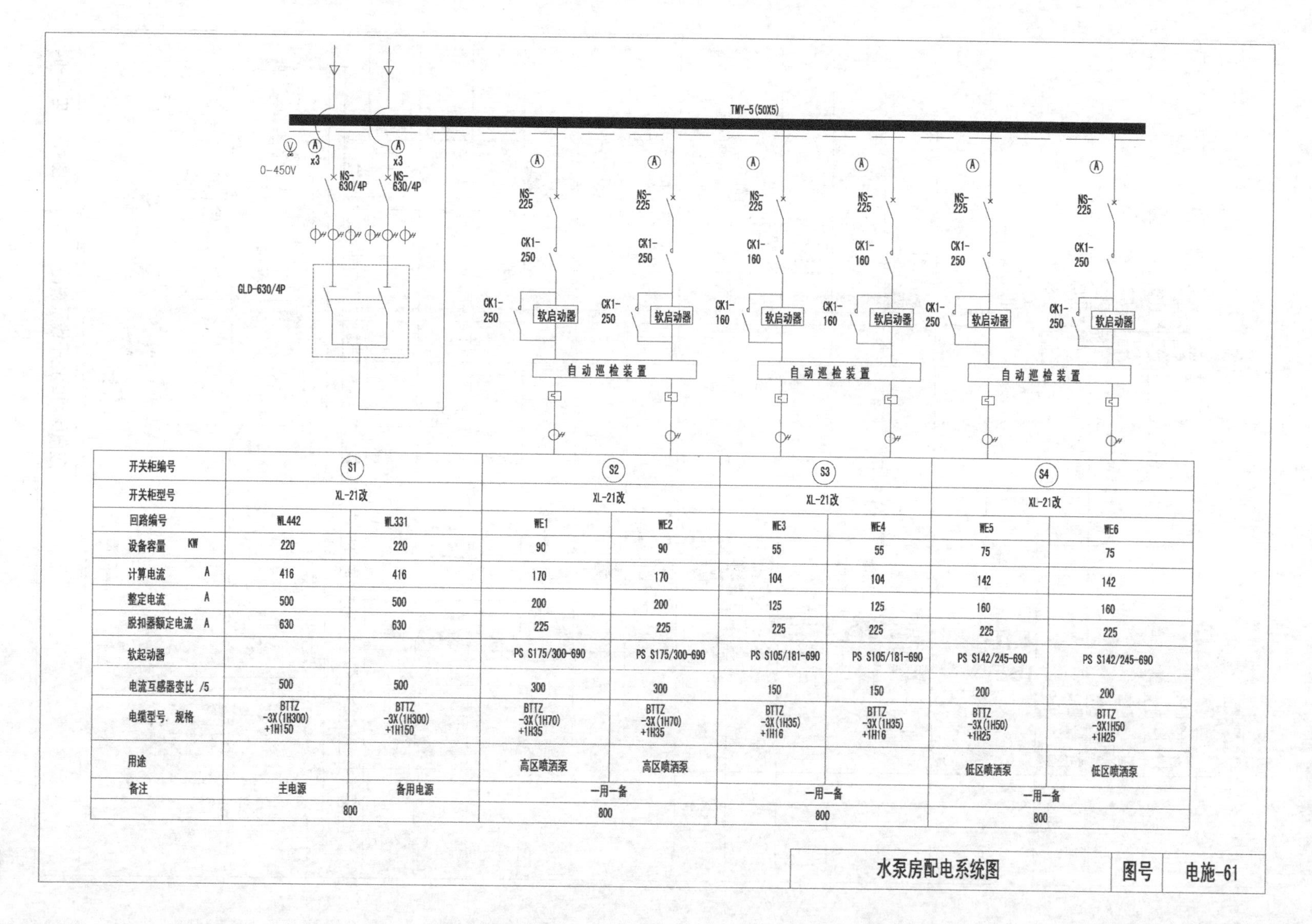

开关柜编号	S1		S2		S3		S4	
开关柜型号	XL-21改		XL-21改		XL-21改		XL-21改	
回路编号	WL442	WL331	WE1	WE2	WE3	WE4	WE5	WE6
设备容量 KW	220	220	90	90	55	55	75	75
计算电流 A	416	416	170	170	104	104	142	142
整定电流 A	500	500	200	200	125	125	160	160
脱扣器额定电流 A	630	630	225	225	225	225	225	225
软起动器			PS S175/300-690	PS S175/300-690	PS S105/181-690	PS S105/181-690	PS S142/245-690	PS S142/245-690
电流互感器变比 /5	500	500	300	300	150	150	200	200
电缆型号．规格	BTTZ -3X(1H300) +1H150	BTTZ -3X(1H300) +1H150	BTTZ -3X(1H70) +1H35	BTTZ -3X(1H70) +1H35	BTTZ -3X(1H35) +1H16	BTTZ -3X(1H35) +1H16	BTTZ -3X(1H50) +1H25	BTTZ -3X1H50 +1H25
用途			高区喷洒泵	高区喷洒泵			低区喷洒泵	低区喷洒泵
备注	主电源	备用电源	一用一备		一用一备		一用一备	
	800		800		800		800	

水泵房配电系统图 | 图号 | 电施-61

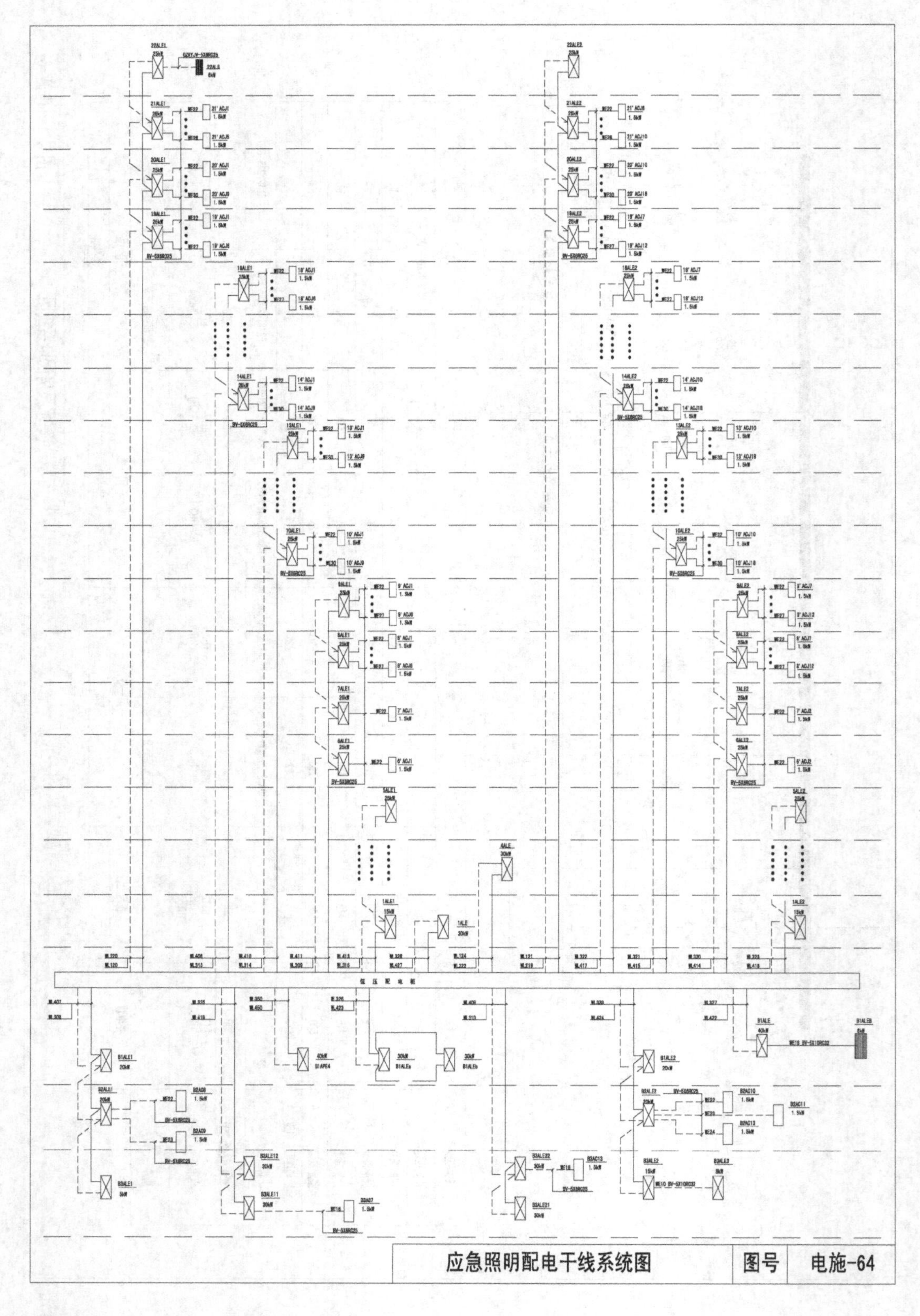
低压配电柜
应急照明配电干线系统图
图号
电施-64

控制箱编号	系统图	控制要求	安装方式	备注
B1AL11-12kW B1AL21-12kW	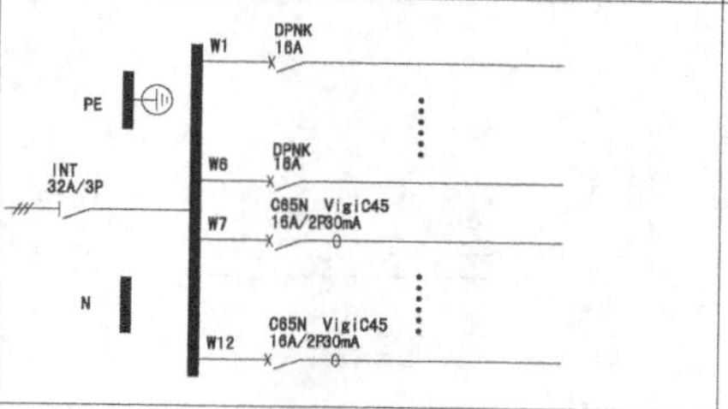 PE INT 32A/3P N W1 DPNK 16A W6 DPNK 16A W7 C65N VigiC45 16A/2P30mA W12 C65N VigiC45 16A/2P30mA		暗装	1. 箱体参考尺寸：600X400X160 2. 配电箱箱型：终端箱 3. 配电箱进线电缆编号：B1AL11—W8(B1AP1) B1AL21—W8(B1AP2) 4. 配电箱进线电线规格：BV-5X10RC32
B1AL12-6kW 1AL13-6kW 1AL23-6kW	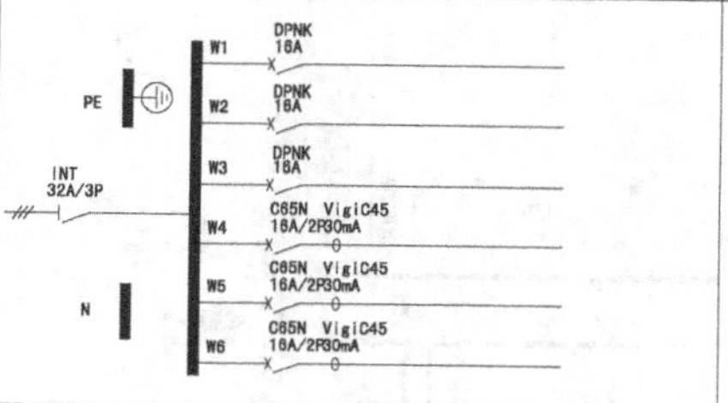 PE INT 32A/3P N W1 DPNK 16A W2 DPNK 16A W3 DPNK 16A W4 C65N VigiC45 16A/2P30mA W5 C65N VigiC45 16A/2P30mA W6 C65N VigiC45 16A/2P30mA		暗装	1. 箱体参考尺寸：600X400X160 2. 配电箱箱型：终端箱 3. 配电箱进线电缆编号：B1AL12—W22(B1AL1) 1AL13—W3(1AL1) 1AL23—W3(1AL2) 4. 配电箱进线电线规格：BV-5X10RC32
B1ALE-40kW	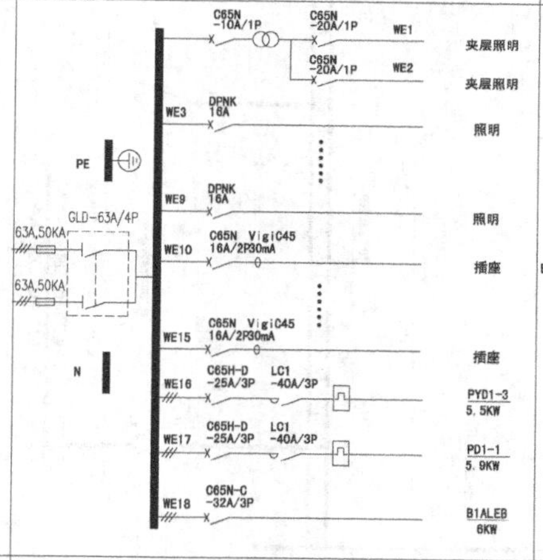 PE GLD-63A/4P 63A,50KA 63A,50KA N C65N -10A/1P；C65N -20A/1P WE1 夹层照明 C65N -20A/1P WE2 夹层照明 WE3 DPNK 16A 照明 WE9 DPNK 16A 照明 WE10 C65N VigiC45 16A/2P30mA 插座 WE15 C65N VigiC45 16A/2P30mA 插座 WE16 C65H-D -25A/3P LC1 -40A/3P PYD1-3 5.5KW WE17 C65H-D -25A/3P LC1 -40A/3P PD1-1 5.9KW WE18 C65N-C -32A/3P B1ALEB 6KW	E* B2 C2	明装	1. 箱体参考尺寸：800X400X200 2. 配电箱箱型：终端箱 3. 配电箱进线电缆编号：WL327, WL422 4. 配电箱进线电缆规格：NHYJV-T-4X35+1X16 5. 夹层照明变压器型号为：JMB-0.8KVA, 220V/36V
B1ALE2-20kW B1ALE1-20kW	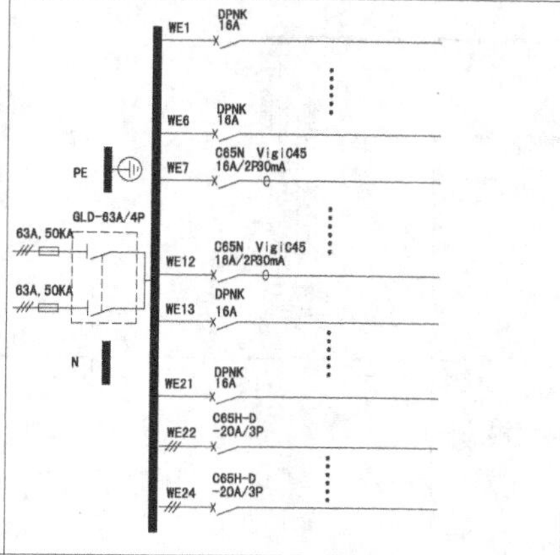 PE GLD-63A/4P 63A, 50KA 63A, 50KA N WE1 DPNK 16A WE6 DPNK 16A WE7 C65N VigiC45 16A/2P30mA WE12 C65N VigiC45 16A/2P30mA WE13 DPNK 16A WE21 DPNK 16A WE22 C65H-D -20A/3P WE24 C65H-D -20A/3P	E*	明装	1. 箱体参考尺寸：800X400X200 2. 配电箱箱型：过路箱 3. 配电箱进线电缆编号：B2ALE2—WL330, WL424 B2ALE1—WL407, WL308 4. 配电箱进线电缆规格：ZRYJV-T-4X35+1X16

照明配电箱系统图（一） 图号 电施-81

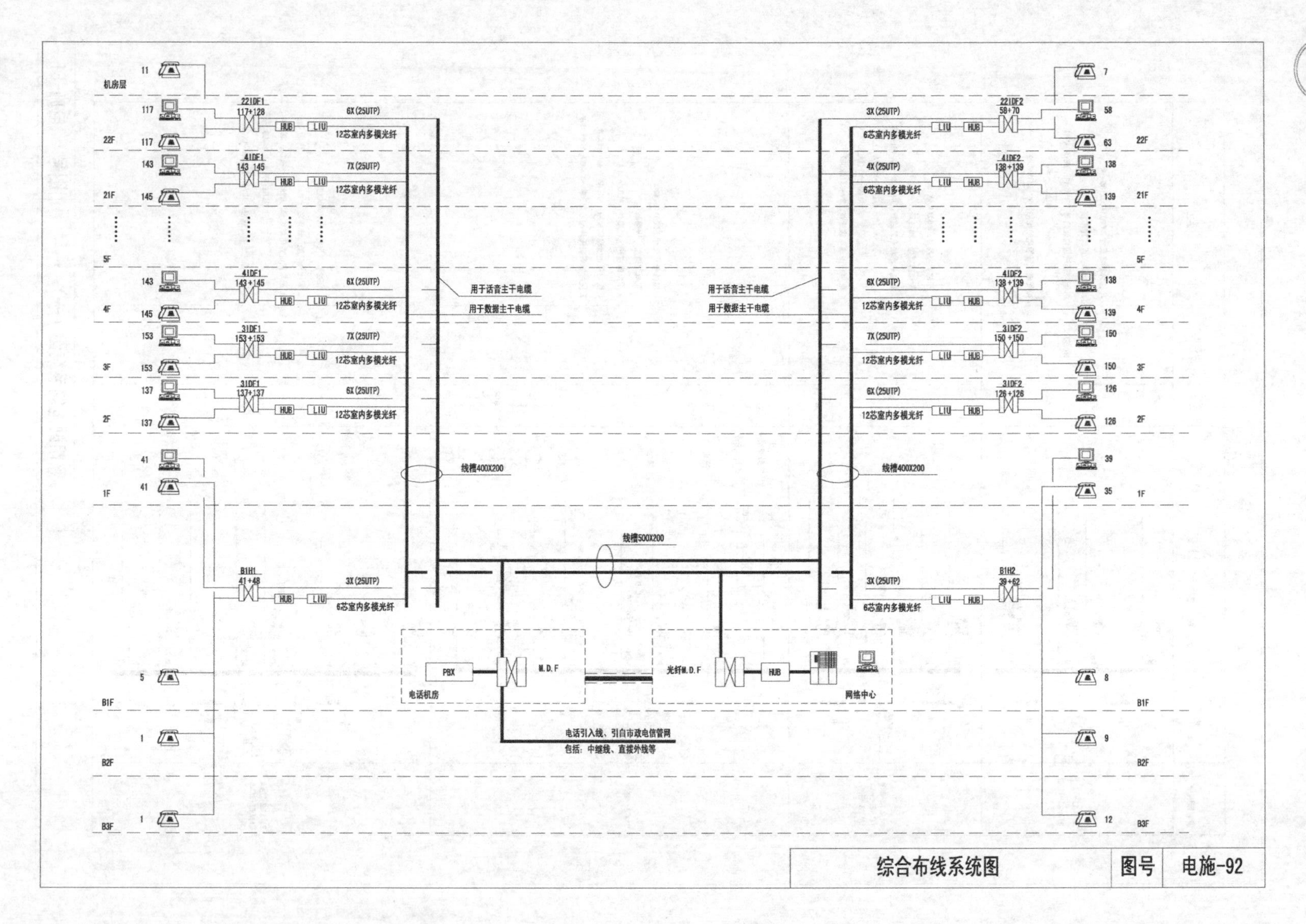
机房层
22F
21F
5F
4F
3F
2F
1F
B1F
B2F
B3F
22IDF1
117+128
4IDF1
143+145
3IDF1
153+153
137+137
22IDF2
58+70
4IDF2
138+139
3IDF2
150+150
126+126
B1H1
41+48
B1H2
39+62
6X(25UTP)
7X(25UTP)
3X(25UTP)
4X(25UTP)
12芯室内多模光纤
6芯室内多模光纤
HUB
LIU
用于话音主干电缆
用于数据主干电缆
线槽400X200
线槽500X200
PBX
M.D.F
电话机房
光纤M.D.F
网络中心
电话引入线、引自市政电信管网
包括：中继线、直拨外线等
综合布线系统图
图号
电施-92

火灾探测器与消防设备联动表

层号	火灾探测器编号	消防设备	备 注
		阀门B1F1(地上二层)打开	任何一组探测器动作，打开阀门B1F1
	报警	B3K101 B3K102 B3K103、打开 、PPYD3-2、 、PPYD3-4 、JD3-2	
	报警	B3K104 B3K106 B3K107 B3K108、 B3K109 B3K110、 打开 、JD3-5 B3ZY11、 打开	
	报警	B3K207、 B3K209、 打开	
	报警	B3K211 B3K213 B3K214、 B3K215、 打开 PPYD3-5、PPYD3-6、 PPYD3-7、 JD3-3、 JY-11、JY-12、JY-13 B3ZY201、 打开	
	报警	B3K204、 打开	
	报警	B3K201 B3K202 B3K203、 B3K205、 打开	
	报警	打开	
	报警	B2K101 B2K102、 B2K103、 打开 JD2-1、 PPYD2-1、PPYD2-2、 PPYD2-3、 B2ZY101、 打开	
	报警	B2K105 B2K106、 B2K107 B2K108、 打开	

火灾探测器与消防设备联动表	图号	电施-108

本 章 小 结

本章叙述了建筑电气设计的范围和内容，对民用建筑电气设计任务和总的原则、依据、设计的一般程序及基本步骤，以及学生课程设计的程序、深度和施工图的步骤做了系统的介绍，希望能将理论教学与工程实践相结合，目的是培养学生掌握工程设计的理念、规范要求和实际应用的知识和能力，对学生毕业后更快适应专业工作、掌握技术业务极为有益。

本章的重点是民用建筑电气设计任务和总的原则、依据、设计的一般程序及基本步骤。

参 考 文 献

[1] 孙少军. 智能建筑理论与工程实践 [M]. 北京：化学工业出版社，2011.

[2] 李英姿. 建筑电气 [M]. 武汉：华中科技大学出版社，2012.

[3] 孙成群. 建筑电气(建筑工程设计编制深度实例范本) [M]. 北京：中国建筑工业出版社，2004.

[4] 建设部干部学院. 建筑电气 [M]. 武汉：华中科技大学出版社，2009.

[5] 段春丽，黄仕元. 建筑电气 [M]. 北京：机械工业出版社，2012.

[6] 郭建林. 建筑电气设计计算手册 [S]. 北京：中国电力出版社，2010.

[7] 洪元颐. 建筑电气专业技术措施 [S]. 北京：中国建筑工业出版社，2006.

[8] 中华人民共和国住房和城乡建设部. 建筑物防雷设计规范(GB 50057—2010) [S]. 北京：中国计划出版社，2011.

[9] 中华人民共和国建设部. 高层民用建筑设计防火规范(2005)(GB 50045—1995) [S]. 北京：中国计划出版社，1995.

[10] 中华人民共和国建设部. 火灾自动报警系统设计规范(GB 50116—1998) [S]. 北京：中国计划出版社，1999.

[11] 马志溪. 建筑电气工程：基础、设计、实施、实践 [M]. 北京：化学工业出版社，2005.

[12] 陈家斌. 接地技术与接地装置 [M]. 北京：中国电力出版社，2003.

[13] 王继明，卜城. 建筑设备 [M]. 2 版. 北京：中国建筑工业出版社，2007.

[14] 刘玲. 建筑电气 [M]. 北京：中国建筑工业出版社，2005.

[15] 章士杰. 发电厂电气主系统 [M]. 北京：中国电力出版社，1999.

[16] 中华人民共和国建设部. 民用建筑电气设计规范(JGJ 16—2008) [S]. 北京：中国计划出版社，2008.

[17] 中华人民共和国建设部. 智能建筑施工及验收规程(DG/TJ 08—601—2001) [S]. 北京：中国计划出版社，2001.

[18] 唐定曾. 建筑电气技术 [M]. 北京：机械工业出版社，1998.

[19] 关光福. 建筑电气 [M]. 重庆：重庆大学出版社，2007.

[20] 陈志新，李英姿. 现代建筑电气技术与应用 [M]. 北京：机械工业出版社，2010.

[21] 唐海. 建筑电气设计与施工 [M]. 北京：中国建筑工业出版社，2010.

北京大学出版社土木建筑系列教材(已出版)

序号	书名	主编	定价	序号	书名	主编	定价
1	*房屋建筑学(第 3 版)	聂洪达	56.00	53	特殊土地基处理	刘起霞	50.00
2	房屋建筑学	宿晓萍　隋艳娥	43.00	54	地基处理	刘起霞	45.00
3	房屋建筑学(上：民用建筑)(第2版)	钱　坤	40.00	55	*工程地质(第 3 版)	倪宏革　周建波	40.00
4	房屋建筑学(下：工业建筑)(第2版)	钱　坤	36.00	56	工程地质(第 2 版)	何培玲　张　婷	26.00
5	土木工程制图(第 2 版)	张会平	45.00	57	土木工程地质	陈文昭	32.00
6	土木工程制图习题集(第 2 版)	张会平	28.00	58	*土力学(第 2 版)	高向阳	45.00
7	土建工程制图(第 2 版)	张黎骅	38.00	59	土力学(第 2 版)	肖仁成　俞　晓	25.00
8	土建工程制图习题集(第 2 版)	张黎骅	34.00	60	土力学	曹卫平	34.00
9	*建筑材料	胡新萍	49.00	61	土力学	杨雪强	40.00
10	土木工程材料	赵志曼	38.00	62	土力学教程(第 2 版)	孟祥波	34.00
11	土木工程材料(第 2 版)	王春阳	50.00	63	土力学	贾彩虹	38.00
12	土木工程材料(第 2 版)	柯国军	45.00	64	土力学(中英双语)	郎煜华	38.00
13	*建筑设备(第 3 版)	刘源全　张国军	52.00	65	土质学与土力学	刘红军	36.00
14	土木工程测量(第 2 版)	陈久强　刘文生	40.00	66	土力学试验	孟云梅	32.00
15	土木工程专业英语	霍俊芳　姜丽云	35.00	67	土工试验原理与操作	高向阳	25.00
16	土木工程专业英语	宿晓萍　赵庆明	40.00	68	砌体结构(第 2 版)	何培玲　尹维新	26.00
17	土木工程基础英语教程	陈　平　王凤池	32.00	69	混凝土结构设计原理(第 2 版)	邵永健	52.00
18	工程管理专业英语	王竹芳	24.00	70	混凝土结构设计原理习题集	邵永健	32.00
19	建筑工程管理专业英语	杨云会	36.00	71	结构抗震设计(第 2 版)	祝英杰	37.00
20	*建设工程监理概论(第 4 版)	巩天真　张泽平	48.00	72	建筑抗震与高层结构设计	周锡武　朴福顺	36.00
21	工程项目管理(第 2 版)	仲景冰　王红兵	45.00	73	荷载与结构设计方法(第 2 版)	许成祥　何培玲	30.00
22	工程项目管理	董良峰　张瑞敏	43.00	74	建筑结构优化及应用	朱杰江	30.00
23	工程项目管理	王　华	42.00	75	钢结构设计原理	胡习兵	30.00
24	工程项目管理	邓铁军　杨亚频	48.00	76	钢结构设计	胡习兵　张再华	42.00
25	土木工程项目管理	郑文新	41.00	77	特种结构	孙　克	30.00
26	工程项目投资控制	曲　娜　陈顺良	32.00	78	建筑结构	苏明会　赵　亮	50.00
27	建设项目评估	黄明知　尚华艳	38.00	79	*工程结构	金恩平	49.00
28	建设项目评估(第 2 版)	王　华	46.00	80	土木工程结构试验	叶成杰	39.00
29	工程经济学(第 2 版)	冯为民　付晓灵	42.00	81	土木工程试验	王吉民	34.00
30	工程经济学	都沁军	42.00	82	*土木工程系列实验综合教程	周瑞荣	56.00
31	工程经济与项目管理	都沁军	45.00	83	土木工程 CAD	王玉岚	42.00
32	工程合同管理	方　俊　胡向真	23.00	84	土木建筑 CAD 实用教程	王文达	30.00
33	建设工程合同管理	余群舟	36.00	85	建筑结构 CAD 教程	崔钦淑	36.00
34	*建设法规(第 3 版)	潘安平　肖　铭	40.00	86	工程设计软件应用	孙香红	39.00
35	建设法规	刘红霞　柳立生	36.00	87	土木工程计算机绘图	袁　果　张渝生	28.00
36	工程招标投标管理(第 2 版)	刘昌明	30.00	88	有限单元法(第 2 版)	丁　科　殷水平	30.00
37	建设工程招投标与合同管理实务(第 2 版)	崔东红	49.00	89	*BIM 应用：Revit 建筑案例教程	林标锋	58.00
38	工程招投标与合同管理(第 2 版)	吴　芳　冯　宁	43.00	90	*BIM 建模与应用教程	曾浩	39.00
39	土木工程施工	石海均　马　哲	40.00	91	工程事故分析与工程安全(第 2 版)	谢征勋　罗　章	38.00
40	土木工程施工	邓寿昌　李晓目	42.00	92	建设工程质量检验与评定	杨建明	40.00
41	土木工程施工	陈泽世　凌平平	58.00	93	建筑工程安全管理与技术	高向阳	40.00
42	建筑工程施工	叶　良	55.00	94	大跨桥梁	王解军　周先雁	30.00
43	*土木工程施工与管理	李华锋　徐　芸	65.00	95	桥梁工程(第 2 版)	周先雁　王解军	37.00
44	高层建筑施工	张厚先　陈德方	32.00	96	交通工程基础	王富	24.00
45	高层与大跨建筑结构施工	王绍君	45.00	97	道路勘测与设计	凌平平　余婵娟	42.00
46	地下工程施工	江学良　杨　慧	54.00	98	道路勘测设计	刘文生	43.00
47	建筑工程施工组织与管理(第 2 版)	余群舟　宋会莲	31.00	99	建筑节能概论	余晓平	34.00
48	工程施工组织	周国恩	28.00	100	建筑电气	李　云	45.00
49	高层建筑结构设计	张仲先　王海波	23.00	101	空调工程	战乃岩　王建辉	45.00
50	基础工程	王协群　章宝华	32.00	102	*建筑公共安全技术与设计	陈继斌	45.00
51	基础工程	曹　云	43.00	103	水分析化学	宋吉娜	42.00
52	土木工程概论	邓友生	34.00	104	水泵与水泵站	张　伟　周书葵	35.00

序号	书名	主编	定价	序号	书名	主编	定价
105	工程管理概论	郑文新　李献涛	26.00	130	*安装工程计量与计价	冯　钢	58.00
106	理论力学(第 2 版)	张俊彦　赵荣国	40.00	131	室内装饰工程预算	陈祖建	30.00
107	理论力学	欧阳辉	48.00	132	*工程造价控制与管理(第 2 版)	胡新萍　王　芳	42.00
108	材料力学	章宝华	36.00	133	建筑学导论	裘　鞠　常　悦	32.00
109	结构力学	何春保	45.00	134	建筑美学	邓友生	36.00
110	结构力学	边亚东	42.00	135	建筑美术教程	陈希平	45.00
111	结构力学实用教程	常伏德	47.00	136	色彩景观基础教程	阮正仪	42.00
112	工程力学(第 2 版)	罗迎社　喻小明	39.00	137	建筑表现技法	冯　柯	42.00
113	工程力学	杨云芳	42.00	138	建筑概论	钱　坤	28.00
114	工程力学	王明斌　庞永平	37.00	139	建筑构造	宿晓萍　隋艳娥	36.00
115	房地产开发	石海均　王　宏	34.00	140	建筑构造原理与设计(上册)	陈玲玲	34.00
116	房地产开发与管理	刘　薇	38.00	141	建筑构造原理与设计(下册)	梁晓慧　陈玲玲	38.00
117	房地产策划	王直民	42.00	142	城市与区域规划实用模型	郭志恭	45.00
118	房地产估价	沈良峰	45.00	143	城市详细规划原理与设计方法	姜　云	36.00
119	房地产法规	潘安平	36.00	144	中外城市规划与建设史	李合群	58.00
120	房地产测量	魏德宏	28.00	145	中外建筑史	吴　薇	36.00
121	工程财务管理	张学英	38.00	146	外国建筑简史	吴　薇	38.00
122	工程造价管理	周国恩	42.00	147	城市与区域认知实习教程	邹　君	30.00
123	建筑工程施工组织与概预算	钟吉湘	52.00	148	城市生态与城市环境保护	梁彦兰　阎　利	36.00
124	建筑工程造价	郑文新	39.00	149	幼儿园建筑设计	龚兆先	37.00
125	工程造价管理	车春鹂　杜春艳	24.00	150	园林与环境景观设计	董　智　曾　伟	46.00
126	土木工程计量与计价	王翠琴　李春燕	35.00	151	室内设计原理	冯　柯	28.00
127	建筑工程计量与计价	张叶田	50.00	152	景观设计	陈玲玲	49.00
128	市政工程计量与计价	赵志曼　张建平	38.00	153	中国传统建筑构造	李合群	35.00
129	园林工程计量与计价	温日琨　舒美英	45.00	154	中国文物建筑保护及修复工程学	郭志恭	45.00

标*号为高等院校土建类专业“互联网+”创新规划教材。